# 中国经济伦理学年鉴

CHINESE ECONOMY ETHICS YEARBOOK

(2010)

王小锡 主编　　王露璐 副主编

南京师范大学出版社
NANJING NORMAL UNIVERSITY PRESS

Chinese Economy Ethics Yearbook

图书在版编目(CIP)数据

中国经济伦理学年鉴·2010/王小锡主编. —南京：南京师范大学出版社，2011.9
ISBN 978-7-5651-0519-7/B·68

Ⅰ. ①中… Ⅱ. ①王… Ⅲ. ①经济伦理学—中国—2010—年鉴 Ⅳ. ①B82-053

中国版本图书馆 CIP 数据核字(2011)第 196128 号

书　　名　中国经济伦理学年鉴(2010)
主　　编　王小锡
责任编辑　王　瑾
出版发行　南京师范大学出版社
地　　址　江苏省南京市宁海路 122 号(邮编:210097)
电　　话　(025)83598077(传真)　83598412(营销部)　83598297(邮购部)
网　　址　http://www.njnup.com
电子信箱　nspzbb@163.com
照　　排　南京凯建图文制作有限公司
印　　刷　江苏凤凰通达印刷有限公司
开　　本　787 毫米×960 毫米　1/16
印　　张　20
插　　页　10
字　　数　358 千
版　　次　2011 年 10 月第 1 版　2011 年 10 月第 1 次印刷
书　　号　ISBN 978-7-5651-0519-7/B·68
定　　价　65.00 元

出 版 人　闻玉银

# 中国经济伦理学年鉴

## (2010)

# 编辑说明

为了全面系统地展示我国经济伦理学的发展状况和发展历程，总结我国经济伦理学的学科建设和学术研究成就，促进国内国际的学术交流，由教育部人文社会科学百所重点研究基地中国人民大学伦理学与道德建设研究中心和南京师范大学共建的经济伦理学研究所决定编辑出版从 2000 年起的《中国经济伦理学年鉴》(以下简称《年鉴》)。

《年鉴》的编写得到中国伦理学会名誉会长、我国著名伦理学家罗国杰教授的鼎力支持，他欣然担任编委会主任，并亲自审定了《年鉴》的总体编写计划。

《年鉴》的内容主要包括学者介绍、论文摘要、著作摘要、学术活动和主要课题等。《年鉴》主要反映我国经济伦理学发展的状况，为更有利于学术交流，《年鉴》还设置了"特稿"、"学术对话"、"伦理学前沿"栏目，也介绍国外经济伦理学相关中译本著作。尽管我们力图通过与学界同仁的共同努力，期望《年鉴》以完美的形态出现在读者面前，但《年鉴》的编写工作十分复杂，疏漏之处在所难免，恳请读者和相关同仁谅解。需要说明的是，《年鉴》中收集或编辑的内容大多经过相关作者认可，但由于我们时间和精力有限，故在与作者联系中可能会有疏漏，敬请相关作者理解和海涵。

《年鉴》内容凡涉及学者介绍按姓氏笔画排序，凡涉及学术信息则按时间先后排序。

为了便于年鉴的编辑工作顺利开展，请有关专家学者在每一年的 3 月底之前将前一年发表的论文(1 000～1 500 字)、著作(2 000 字左右)、主要课题、学术活动等参照出版年鉴的格式，发至编辑邮箱：zhgjjllxnj@163.com。

《年鉴》的编撰得到学界同仁的真诚关注和大力支持，许多作者主动帮助收集和提供相关资料；《年鉴》的编撰过程中，研究生张州、王磊、吴蔷、田瑞星、于亚东同学协助责任编辑做了大量的辅助工作，《年鉴》的出版有他们的辛劳；《年鉴》的编撰与出版始终得到南京师范大学"211 工程"重点建设项目和南京师范大学出版社的大力支持，对此，我们表示由衷的谢意。

# CONTENTS

# 学者名录

王　珏 …………………………………… /1
杨　明 …………………………………… /2
李　伟 …………………………………… /3
李　萍 …………………………………… /4
余玉花 …………………………………… /5
吴灿新 …………………………………… /6
陈延斌 …………………………………… /6
胡东原 …………………………………… /7
顾智明 …………………………………… /8
晏　辉 …………………………………… /9
黄云明 …………………………………… /10
强以华 …………………………………… /10
戴茂堂 …………………………………… /11

# 学者介绍

**王珏**，女，1964 年生，江苏溧阳人，哲学博士。2009 年入选教育部"新世纪优秀人才支持计划"。现任东南大学人文学院副院长、教授、博士研究生导师。

长期从事伦理学教学与研究工作，主要研究领域为：道德哲学、经济伦理、组织伦理。近年来专攻组织伦理研究，相关学术著作有：《组织伦理——现代性文明的道德哲学悖论及其转向》（专著，中国社会科学出版社 2008 年版，36 万字）、《伦理的经济学诠释》（译著，中国社会科学出版社 2008 年版，33 万字）；相关学术论文有：《组织伦理与当代道德哲学范式的转换》（《哲学研究》2007 年第 4 期）、《经济伦理哲学范式的辩证转换》（《哲学研究》2005 年第 11 期）、《"后单位时代"单位组织的伦理调查与对策研究》（《江海学刊》2010 年第 3 期）、《"后单位时代"集体道德行动的特征及其规律研究》（《道德与文明》2010 年第 4 期）、《后现代伦理谋划的道德哲学基础》（《道德与文明》2008 年第 6 期）、《和谐伦理的现代需求与组织伦理》（《道德与文明》2007 年第 6 期）、《现代社会伦理秩序的发生路径》（《伦理学研究》2008 年第 6 期）等。代表作为《组织伦理——现代性文明的道德哲学悖论及其转向》，该书获全国伦理学首届学术成果二等奖、江苏省第十一届哲学社会科学优秀成果二等奖、江苏省高校第七届哲学社会科学研究优秀成果一等奖。

近年先后主持完成该领域的研究项目 3 个：组织伦理的理论与实践研究，当代中国组织伦理现状、问题与对策，"道德风险"的控制与中国经济的健康发展。目前在研的课题 2 个：后单位时代组织伦理"中国问题"的道德哲学研究，江苏伦理状况实证研究。

**杨明**,江苏兴化人,1968 年 12 月出生。1986 年 7 月毕业于江苏省兴化中学;1990 年 7 月,毕业于南京大学哲学系,获哲学学士学位;1995 年 1 月,于南京大学获得中国哲学专业硕士学位;1998 年 7 月,于南京大学获得中国哲学专业博士学位。毕业后留校任教,2003 年 11 月任教授,2005 年 4 月获南京大学哲学系伦理学专业博士生导师资格;行政管理方面历任南京大学思想品德教研部副主任、主任,哲学系宗教学系党委书记,南京大学校务委员会委员。现任江苏省委党校副校长、江苏省行政学院副院长,南京大学哲学系伦理学专业教授、硕士和博士生导师,兼任国际儒学联合会理事、国际儒联宣传出版委员会委员、中国伦理学会理事、中国青年伦理学会副会长。2002 年被确定为江苏省高校"青蓝工程"省级优秀青年骨干教师。2007 年入选江苏省"333 高层次人才培养工程"中青年优秀科学技术带头人,被确定为江苏省宣传文化系统"五个一批"人才。中央马克思主义理论研究与建设工程"经典作家关于意识形态、先进文化和道德的基本观点研究"课题组首席专家。

主要从事伦理学专业的教学研究工作,研究方向为伦理学理论与方法、儒学与中国传统伦理、当代中国道德建设理论与实践。在学术研究中,注重史论结合,力倡知行合一,注重围绕重大现实问题开展学术探讨。

在南京大学开设的主要课程有:伦理学原理、中国伦理思想史、中国伦理思想专题研究、中国伦理思想原著选读、中国近现代伦理思想研究。先后参加或独立主持过 10 多项省级以上研究课题,目前正在主持的课题有国家社科基金重点项目"社会主义核心价值体系和核心价值观研究"、2008 年度教育部人文社会科学重点研究基地重大项目"中国化马克思主义与构建社会主义和谐社会理论研究"、马克思主义理论研究和建设工程教育部第一批高等学校哲学社会科学重点编写教材《中国伦理思想史》(首席专家)。在伦理学领域发表学术论文 70 余篇,代表性论著有《中华传统道德修养概论》(副主编,1998)、《当代中国道德建设》(合著,2000)、《现代儒学重构研究》(独著,2002)、《权力观地位观利益观》(主编,2003)、《伦理新论》(合著,2004)、《应用伦理的热点探索》(主编,2004)、《唐君毅新儒学论集》(主编,2008)、《现代西方伦理思潮》(合著,2009)、《宗教与伦理》(独著,2010)。

曾多次获得各种校级及以上的教学科研奖励,主要教学科研奖励有:2004 年获全国宝钢教育基金优秀教师奖,4 次获得江苏省哲学社会科学优秀成果奖(其中个人专著 1 次,合作著作 3 次),获江苏省高校第五届哲学社会科学研究优秀成果一等奖(排名第二),先后获华东地区大学出版社第七届、第八届优秀教材,学术专著一等奖、二等奖。

**李伟**,男,汉族,山东新泰市人。北京大学管理学博士,教授,硕士生导师,宁夏大学副校长。入选国家"百千万人才工程",宁夏回族自治区"新世纪 313 人才工程"学术带头人,国务院特殊津贴享受者,宁夏回族自治区政府特殊津贴享受者。先后主持和参与多项国家级、省部级社会科学和软科学课题,并获国家二等奖 1 项、三等奖 1 项;省部级一等奖 1 项、二等奖 4 项、三等奖 8 项。

主要社会兼职:宁夏社科联副主席,宁夏高级专家联合会副会长,中国民族学会副会长,中国伦理学会常务理事、宁夏伦理学会会长。

早期师从我国著名伦理学家周辅成教授和罗国杰教授专攻伦理学专业。1982 年北京大学哲学系毕业后长期从事伦理学教学与研究工作,是 20 世纪 80 年代初中国伦理学会第一批会员和当时最年轻的理事,宁夏高校第一位开设伦理学课程的教师,也是我国最早研究应用伦理学和民族伦理学的学者之一。由他撰写的《回族伦理思想初探》和与潘忠宇合著的《回族伦理文化导论》是我国第一篇研究回族伦理道德的论文和回族伦理文化的专著;在应用伦理学领域中是最早研究大众传播伦理学的,并在《中国伦理学百科全书》中撰写了"大众传播伦理"部分的辞条。1985 年在中国社会科学出版社出版的《青年科学纵横》一书中撰写《青年道德修养》,是我国最早研究青年伦理学的论文之一。

先后作为主编和副主编撰写过《传媒伦理学》、《青年伦理学》、《思想道德修养》、《人生哲理》、《新编伦理学》、《回族伦理文化导论》、《认识科学与科学认识》、《中国基层领导干部胜任力实证研究》等书。担任编委和参与撰写过《中国伦理学百科全书》、《伦理学大词典》、《社会主义市场经济大词典》、《国外领导方法与艺术》、《新领导力全书》等大型工具书。在伦理学知识的普及方面,也做出了突出的成绩。主编的《思想修养》、《人生哲理》和参编的《教师道德》等教材,曾是全国师范院校和宁夏高校改革开放后第一批高校思想品德课教材,主编的职业道德丛书现在仍然是宁夏各行业精神文明建设的主要教材。

目前已完成和正在完成的有关伦理学的国家社科规划和自治区社科规划课题有:“和谐社会构建中网络传媒伦理研究”、“回族伦理文化与精神文明建设”、“民族地区新农村建设中的伦理问题研究”、“民族地区创新型学校效率与公平研究”。

**李萍**,女,1957 年出生,广东蕉岭人,哲学伦理学博士,教授。教育部社会科学委员会委员,国家社会科学基金哲学学科评审组专家。首批“新世纪百千万人才工程”国家级人选,国家有突出贡献专家,第四届国家教学名师奖(2008 年)。曾获国家级优秀教学成果二等奖、教育部第一届百名优秀“两课”教师荣誉称号,广东省高等学校“千百十工程”省级培养对象及先进个人优秀奖、广东省优秀中青年科学家、广东省优秀教学成果奖一等奖。中国伦理学会副会长、广东省伦理学会长。

1982 年毕业于中山大学哲学系,先后在北京大学哲学系、上海第二外国语学院、美国太平洋路德大学教育学院、美国哈佛大学燕京学社等做访问学者。1994 年考入中国人民大学哲学系,师从罗国杰教授学习伦理学(焦国成教授为副导师),1997 年获哲学博士学位。现为中山大学伦理学、马克思主义理论与思想政治教育两个专业的博士生导师。

自 20 世纪 80 年代初以来,主要研究领域包括:比较伦理与比较思想道德教育、生命伦理、价值教育、学校德育等。曾先后主持“改革开放视域下社会意识变动趋向与规律研究”、“全球化背景下的意识形态与价值教育”、“我国社会主义思想道德体系建设若干重大理论问题研究”、“两种利他主义德育价值观比较研究——关于德育建构的文化向度与人性关怀”、“人生观理论与教育研究”、“文化市场与青年道德社会化”、“中国现代化进程中的伦理变迁与道德教育”、“比较思想道德教育研究”、“开放地区大学生道德问题研究”“中国马克思主义教育与传播研究”等十余项国家哲学社会科学基金及省部级以上研究项目。出版和发表了《走向开放的道德》、《现代道德教育论》、《中国现代化进程中的伦理变迁与道德教育》、《比较德育》、《人生观通论》、《文化视野中的青年道德社会化》、《现代人生导论》等 20 余部著作、教材;先后在《教育研究》、《中国高等教育》、《道德与文明》、《moral of education》等发表论文 40 余篇。

**余玉花**，女，1953 年 9 月生，浙江省余姚市人。20 世纪 60 年代曾在黑龙江插队务农，1978 年考入华东师大政教系哲学专业求学，1982 年留校任教，1986 至 1989 年在华东师范大学哲学系攻读伦理学硕士学位，师从周原冰教授和赵修义教授（论文指导教师）。现为华东师范大学教授，博导；华东师范大学精神文明研究中心主任、华东师范大学公民发展与现代德育研究中心主任、华东师范大学妇女委员会主任；主要社会兼职为：全国伦理学会理事、全国高校思政研究会学术委员会委员、上海伦理学会副会长、上海美学学会理事、上海《东方论坛》特邀讲师。曾获上海市模范教师称号，所负责的团队分别获得"上海市优秀团队"、"上海市三八红旗集体"、"上海市先进班组"；所负责的课程获"国家精品课程"。

主要研究领域为现代伦理与公民教育，先后在国内人文社会科学类杂志上发表论文 90 余篇，多篇论文被转载，曾获上海市哲学社会科学优秀成果奖多次；主要著作有：《瞿秋白学术思想评传》、《公共行政伦理学》（主编）、《当代中国道德价值导向》（合著），以及其他主编、参编著作、教材十余本。

1999 年、2000 年、2007 年应邀赴俄罗斯、美国参加"道德教育国际研讨会"、"青少年人格教育国际研讨会"和"信仰与科学对话全球研讨会"，2008 年分别参加在日本举行的"全球化时代分配正义问题的国际研讨会"和在南非举行的"第 3 届国际经济伦理学大会"，以及赴韩国、中国台湾等国家和地区进行学术交流活动。

独立完成或主持的研究课题有：教育部人文社会科学"十五"中长期项目"法治社会中的德治问题研究"、上海市政府重点课题"科学发展观统领公共政策研究"、上海市哲社项目"现代都市发展与社会公德建设"等 5 项，以及教育部、上海市教委、学校和社会委托课题 10 余项。目前主持国家社科基金重点项目"学习实践科学发展观的重大问题研究"。

**吴灿新**,男,生于1953年5月,广东恩平人。1986年研究生毕业于中国人民大学哲学系,哲学硕士。1986年7月到中共广东省委党校工作,历任学术秘书、部副主任、主任。现任中共广东省委党校(广东省行政学院)哲学部(系)教授、伦理学导师组组长,兼任广东省人民政府发展研究中心特约研究员、中国伦理学会理事、中国政治伦理学研究会副会长、广东省伦理学会名誉会长、广东省社会学会副会长、广东省精神文明学会副会长、广东省中华民族凝聚力研究会副会长、广东省社会主义辩证法研究会副会长、广东省妇女学会副会长,以及广东省精神文明研究中心研究员、家庭研究中心研究员、家庭期刊集团"家庭网"专家顾问等。先后获得国务院政府特殊津贴专家、广东省优秀中青年社会科学家、广东省五一劳动奖章、中共广东省委党校建校60周年"感动党校"先进人物等荣誉称号。

多年来从事于哲学伦理学等方面的研究;从家庭伦理的研究转向经济伦理、政治伦理的研究,再转向当代中国道德建设研究。先后出版了《情爱的探索》、《爱情与道德》、《市场道德论》、《经济哲学》、《精神文明学概论》、《政治伦理学新论》、《当代中国伦理精神》、《辩证道德论》、《中国伦理精神》、《当代中国道德建设论纲》等独著、主编、合编、合作的著作、教材50余本;发表了《略论社会主义新时期道德机制》等论文、文章300多篇。其中有约60多个项次获得国家、省部、市校级优秀科研成果奖。

**陈延斌**,江苏丰县人。1982年毕业于南京师范大学政教系。现为徐州师范大学伦理学与德育研究中心主任、校学术委员会委员,教授,博士生导师,《伦理学与德育研究》主编。兼任中国人民大学伦理学与道德建设研究中心特约研究员、中宣部政研所特约研究员、中国伦理学会理事、徐州市伦理学会会长等。

长期从事哲学、伦理学的教学与研究工作,作为第一带头人创办了徐州师范大学马哲、伦理学两个硕士点。其研究方向主要有中国传统伦理思想、当代中国道德建设与公民道德素质培养等。在《光明日报》、《哲学研究》、《道德与文明》等国内外刊物上发表论文160余篇;出版专著6部(包括合著),主编、编著的书12部。其中《雕塑明天的品质:跨世纪国民思想道德素质建构》等专著、论文获全国优秀青年读物二等奖及省、市奖励 10 多项。

主持的国家基金项目“青少年道德养成的可操作性研究”，受到中央文明办的肯定和表彰，并获得“江苏省第三届社科应用研究精品工程一等奖”、“江苏省第二届未成年人思想道德建设创新工作一等奖”等。该成果被徐州市教育局、文明办联合在全市幼儿园、中小学推广。在 2008 年由中央文明办、中国伦理学会主办的“首届全国未成年人思想道德建设论坛”上，该成果得到中央文明办、中国伦理学会、中国青少年研究中心领导和与会专家的高度评价，认为“成果对切实改变目前未成年公民道德建设重灌输轻养成的状况，为青少年群体道德品质的培养探索了一条符合其品德形成客观规律、有实践验证作参照、的确是行之有效的路径和具体操作方法”。与徐少锦教授合著的《中国家训史》被誉为“填补了中国家训研究的空白”，并由人民出版社再版。

江苏省首批“333 跨世纪学术、技术带头人培养工程”人员。2004 年被江苏省高校工委授予“优秀共产党员”称号。近年来他主持完成有国家社科基金项目“青少年公民道德养成的可操作性研究”、教育部哲学社科研究重大课题委托研究项目招标课题“社会主义核心价值体系寓于大学生思想政治教育”、教育部理论研究应急课题“社会主义核心价值体系与高校思想政治教育创新研究”以及江苏省、中宣部项目等 10 多项。现正主持国家社科基金重点课题“社会主义核心价值体系融入国民教育和精神文明建设全过程对策研究”。

**胡东原**，1949 年 5 月出生于河北省涿县，1971 年 10 月任南京工程兵工程学院政治部干部处干事，1973 年 8 月入吉林大学哲学系，系统地学习高清海教授、车文博教授等学者主讲的马克思主义哲学、欧洲哲学史、马克思主义哲学原著选读、心理学等课程，1976 年 8 月毕业任工程兵工程学院政治理论教研室教员，1980 年 8 月至 1981 年 7 月在南京大学哲学系进修，导师胡福明教授，1981 年 8 月至 1982 年 1 月在南京政治学院全军技术院校自然辩证法师资培训班学习，1985 年 8 月至 1987 年 7 月入东南大学科学与哲学系研究生，学习萧焜焘教授主讲的黑格尔哲学著作选读、自然辩证法，王育殊教授主讲的伦理学原理等课程，导师王育殊教授，获哲学硕士学位。1988 年 9 月聘为讲师，1992 年 12 月聘为副教授，1997 年 12 月聘为教授。2002 年 5

月任解放军理工大学军人心理教育(实验)中心主任、教授。现为中国伦理学会理事、江苏省伦理学会常务理事,中国心理卫生协会大学生心理咨询专业委员会委员、江苏省心理学会常务理事、江苏省大学生心理专业委员会副主任委员。

主讲过的课程主要有:自然辩证法、马克思主义哲学、马克思主义原理、军事伦理学、军人伦理学、西方科技伦理思想史、普通心理学、军人心理学、军人心理教育训练与作战、邓小平新时期军队建设思想等。

主要研究方向:科技伦理学、军事伦理学、健康心理学。先后承担两项国家社科基金项目,撰写或编写的著作主要有《马克思主义概论》(主编)、《解读人生》(主编)、《西方科技伦理思想史》(副主编)、《伦理百科辞典》(副主编)、《中国伦理文化宝库》(副主编)、《科学伦理学》(参编)、《当代中国军人伦理学》(参编)、《中国哲学史》(参编)等。发表的主要学术论文80余篇,其中13篇论文被人民大学复印报刊资料全文转载。

1990年7月被评为工程兵工程学院优秀教员;1996年12月教学研究成果"马克思主义原理教学为培养军校青年学生革命人生观价值观的探索"获中国军事教育学会第二届军事教育科学研究优秀成果二等奖;2001年11月荣立三等功;2002年12月获总参谋部颁发"军队院校育才奖银奖";2003年10月论文"军校学员心理健康教育整体化模式的探讨"获全国第一届海峡两岸心理辅导研习会一等奖;2007年1月被评为"江苏省大学生心理健康教育工作先进个人"、"全国高校心理健康教育先进个人";2008年8月获解放军四总部颁发的"军队院校育才奖金奖",赴北京国防部八一大楼受总参谋长陈炳德上将接见、颁奖。

**顾智明**,男,1948年生,江苏泰兴人,毕业于复旦大学哲学系,现任解放军南京政治学院理论一系教授、博士研究生导师,中共南京政治学院党委委员,中国伦理学会理事,江苏省伦理学会副会长。长期从事哲学、伦理学、军事伦理学教学研究,近年来,先后牵头承担了"当代外国军队道德教育研究"、"军队在建设社会主义核心价值体系中的地位和作用研究"、"当代革命军人核心价值观研究"等6项国家和军队科研项目,在《中国社会科学》、《哲学研究》、《马克思主义研究》、《光明日报》、《解放军报》等报刊上发表学术论文130余篇,出版《中国军事伦理文化史》、《西方军事伦理文化史》、《当代外

国军事伦理》、《当代外国军队道德教育》、《中国军人的价值》等专著、教材26部，多部获国家和军队政治理论研究成果奖，江苏省哲学社会科学优秀论文奖，多次受到总政治部通报表彰，立三等功3次，全军优秀教员，享受国务院专家特殊津贴待遇。

**晏辉**，男，蒙古族，1960年9月16日生于内蒙古赤峰市。1980年9月入内蒙古大学哲学系，1984年7月毕业，获哲学学士学位。1984年9月任教于内蒙古大学哲学系，讲授伦理学、西方伦理学课程，从1988年起讲授价值哲学课程。1991年、1993年先后获内蒙古大学先进教育工作者称号。1995年9月以同等学力身份考入南开大学哲学系，师从陈晏清教授，攻读马克思主义哲学专业社会哲学方向博士研究生，研究领域为经济伦理学，博士论文题目为《市场经济的伦理基础》。攻读博士期间，先后获得一等"光华奖学金"和特等"光华奖学金"各一次，代表全体获奖者在颁奖大会上发言，并获三好学生称号。1998年7月研究生毕业，获哲学博士学位。1998年7月统分到北京师范大学哲学与社会学学院，从事伦理学的教学与研究工作。2000年被本科生评为"最受学生欢迎的老师"，参加学校"十佳教师"评选，列第11位；同年获北京师范大学优秀本科教学奖。2002年再度被本科生评为"最受学生欢迎的老师"，并获2002年度"十佳教师"称号，同时获得北京师范大学优秀本科教学奖。2000年9月至2003年5月担任哲学与社会学学院（原哲学系）教学副主任职务。

出版学术专著4部：《市场经济的伦理基础》（山西教育出版社1999年版）、《经济行为的人文向度：经济分析的人类学范式》（江西教育出版社2005年版）、《公共生活与公民伦理》（北京师范大学出版社2007年版）、《现代性语境下的价值与价值观》（北京师范大学出版社2009年版）。先后在《中国社会科学》、《哲学研究》、《教育研究》、《哲学动态》、《光明日报》、《学术月刊》、《学术研究》、《天津社会科学》、《江海学刊》、《中国人民大学学报》、《北京师范大学学报》等报纸杂志上发表学术论文140余篇。现主要研究领域为公民伦理、公共管理伦理学、当代生活世界、婚姻与家庭伦理研究、道德叙事研究。

**黄云明**,男,1963年5月出生,河北省沧州人,中共党员。1984年7月毕业于中国人民大学哲学系,获哲学学士学位。现在为河北大学政法学院教授,河北大学政法学院副院长。兼任中国伦理学会理事,河北省伦理学学会副会长。

多年以来一直从事伦理学和宗教学的教学和学术研究工作,以经济伦理特别是宗教经济伦理为主要研究方向,近年开始关注法律伦理问题研究。已经发表有关论文40余篇,先后独立完成《罗曼蒂克的歌者——卢梭》(河北大学出版社2005年版),《经济伦理问题研究》(中国社会科学出版社2009年版)和《宗教经济伦理研究》(人民出版社2010年版)学术专著3部。与其他学者合作,完成学术著作4部。在学校,多次被评为教书育人先进个人和优秀共产党员。多次获得河北省社会科学研究优秀成果奖和河北省优秀教学成果奖。

近年来,先后主持完成了河北省社会科学基金课题"河北保定东闾天主教调查研究"、"宗教经济伦理研究",作为主研人参与完成国家社会科学基金课题2项。《论犹太教的经济伦理思想》、《论道德的本质》、《试论传统家族文化对中日企业发展的不同影响》等文章,被中国人民大学复印报刊资料《伦理学》、《宗教学》、《民营经济乡镇企业》等杂志全文转载。2008年于日本学术刊物发表论文《试论武士道对日本经济伦理的影响》,2009年、2010年先后在韩国学术刊物《东西思想》发表《论道生的涅槃佛性思想》、《道教经济伦理三论》、《儒家经济伦理四论》等文章。

**强以华**,男,安徽南陵人,1956年5月出生。1977年考入安庆师范学院中文系(本科),获文学学士学位;1984年考入武汉大学哲学系(西方哲学硕士生),获哲学硕士学位;1991年考入武汉大学哲学系(西方哲学博士生),获哲学博士学位;2007年赴美国康奈尔大学任访问学者,研究社会正义问题。

现为湖北大学教授,伦理学(应用伦理学方向)专业博士生导师,目前研究方向除经济伦理学外,重点尚有形而上学、西方哲学以及中国哲学。同时,兼任中国伦理学会经济伦理学专业委员会常务理事,湖北省伦理学会应用伦理学专业委员会副会长,湖北省企业文化促进会学术顾问，湖北大学德国哲学研究所所长，《价值论与伦理学丛书》副主编，《价值论与伦理学论丛》副主编。曾参与国家社科基金课题“邓小平思维方式研究”和教育部重大课题“中国现代经济伦理建设”的研究工作，主持了湖北省社科基金课题“社会信用体系研究”，以及湖北省教育厅课题“毛泽东邓小平价值观比较研究”等的研究工作。

先后在《哲学研究》、《光明日报》、《伦理学研究》、《哲学动态》、《道德与文明》、《江汉论坛》等报刊上发表过有关伦理学、西方哲学、中国哲学，尤其是经济伦理学等一批学术论文。出版了《存在与第一哲学》、《西方伦理十二讲》、《经济伦理学》、《企业：文化与价值》、《企业文化》等专著，并且翻译出版了英国启蒙思想家哈奇森的著作《逻辑学、形而上学和人类的社会本性》。此外，还曾合编或者参编过著作《毛泽东邓小平思维方式比较研究》、《现代西方价值哲学》和《书与社会》等。其中，《经济伦理学》曾获“湖北省社会科学优秀成果三等奖”。

**戴茂堂**，男，1964 年生，湖北省江陵县人。1987 年毕业于北京师范大学哲学系，获哲学学士学位。1996 年毕业于武汉大学哲学系外国哲学专业，获哲学博士学位。现任湖北大学哲学学院院长、教授、博士生导师。兼任全国价值哲学学会副秘书长、湖北省伦理学会副会长兼秘书长、全国伦理学学会理事、湖北省哲学学会常务理事等职。主要从事西方哲学特别是西方伦理学和西方美学的教学与研究。担任《价值论与伦理学论丛》主编、《价值论与伦理学丛书》主编、《德国哲学》主编、《德国哲学与文化丛书》副主编。出版学术专著 6 部，分别为《超越自然主义——康德美学的现象学诠释》（武汉大学出版社 1998 年版）、《西方价值观念与当代中国》（与江畅教授合著，湖北人民出版社 2002 年版）、《传统价值观念与当代中国》（与江畅教授合著，湖北人民出版社 2001 年版）、《西方伦理学》（湖北人民出版社 2002 年版）、《西方美学史》（武汉理工大学出版社 2003 年版）、《文艺伦理学论纲》（与赵红梅博士合著，中国社会科学出版社 2004 年版）。另外还翻译了哈奇森的《论激情和感情的本性与表现，以及对道德感官的阐明》（浙江大学出版社 2009 年版），主编了《西方哲学原著导读》（湖北人民出版社 2010 年版）等。此外，在《哲学研究》、《伦理学研究》、《道德与文明》、《哲学动态》等重要期刊发表学术论文 100 余篇。其中有 20 多篇论文被《新华文摘》、《中国人民大学复印报刊资料》全文转载。

主持了包括国家社科基金、湖北省社科基金在内的各项科研课题。倡导了以问题和专题的形式切入西方伦理学史的研究风格,以批判和反思的态度切入中国伦理学史的研究旨趣。其学术成果曾多次获得湖北省社会科学优秀成果奖和武汉市社会科学优秀成果奖,具有较好的学术影响和良好的学术声誉。

CONTENTS

# 目录

## 特　稿

当代经济自由主义的伦理反思 …………………… 王泽应、贺汉魂/1
转变经济增长方式也是伦理问题 ……………………… 陆晓禾/11

## 学术对话

经济伦理的当代理念与实践
——王小锡教授与科斯洛夫斯基教授学术对话录 ……… 王露璐/15
经济伦理与企业发展
——王小锡教授与恩德勒教授学术对话录 ……………… 王露璐/22

## 论文摘要

解读"商业和谐"
——读《商业和谐论——商品交换伦理研究》…………… 王　莹/32
企业道德的两个基本问题 ……………………………… 王　蕾/33
在平等与差异之间
——苏南乡村工业化进程中的分配模式及其走向 ……… 王露璐/36
试论现阶段公平对于效率的优先性
——对"效率优先、兼顾公平"原则的反思 ……… 王常柱、武　杰/39
消费伦理视角下的全球金融危机 ……………………… 毛寒松/41
利益相关者理论视野下的金融企业社会责任 ………… 毛寒松/43
中国企业伦理发展的挑战及未来之"应当"形态 ………… 孙丰云/45
慈善文化与消费伦理的价值契合及建设路径 ………… 何小青/46
经济学与伦理学视角下的企业社会责任 ……… 李　萍、李宝平/48
金融产品设计与发行操控者的美德建设
——源于金融危机的伦理反思 ……………………… 吴晓轮/50
公司社会责任的法哲学思考 ………………………… 吴高臣/52
资源与环境经济研究的伦理思考 ……………… 张向达、李　宏/53

家族伦理、家族愿景和华人家族企业的内部治理 ………… 杨光飞/55
中国经济伦理学六十年的逻辑进路 …………………………… 张志丹/58
高校经济伦理教育研究及政策建议 ……… 杨致忻、唐远志、张文学/61
社会资本为社会生产
——关于美国金融危机与资本信用的一点思考 ………… 陆晓禾/62
民生幸福与制度选择的哲学探索 ……………………………… 罗建文/63
论企业信用与道德功能 ………………………………………… 胡雪峰/65
基于利益相关者理论的外资企业社会责任概念模型研究
………………………………………………… 侯胜田、付维会、李宵松/66
分配正义的两个考察维度 ……………………………………… 高兆明/68
论税收的德性 …………………………………………… 曹　刚、杨盛军/70
道德市场的合理性及其存在论基础 …………………………… 傅鹤鸣/72
墨家"义"思想及其当代价值 ………………………………… 霍国栋/74
完善意义上的经济是内涵伦理道德的经济 …………………… 王小锡/77
经济能人·政治权威·道德权威
——以HH村为个案的苏南村庄领袖权威获得与延续之实证研究
………………………………………………………………… 王露璐/78
超越"成本—收益分析"的伦理学考量
——哲学、经济学如何携手应对全球气候变化
……………………………………… 方旭东、[英]约翰·布鲁姆/82
布坎南经济正义论 ……………………………………………… 许冬香/83
论经济道德人 …………………………………………………… 张志丹/86
过度金融化的弊端及其对社会伦理文化的负面影响
——对美国金融危机的哲学反思 ……………… 任重道、朱贻庭/88
道德的市场与企业道德行为的合理性 ………………………… 余炳元/90
环境伦理视域中的分配正义原则 ……………………………… 何建华/92
分配公平:是否可能及何以可能 ………………… 何建华、马思农/94
从比尔·盖茨到巴菲特
——对美国金融危机的成功观反思 ……………………… 陆晓禾/96
不能让资本分配的社会职能重新落入高利贷主手中
——从原东阳本色集团董事长吴英的死刑判决案说起
………………………………………………………………… 陆晓禾/98
文化学视阈下我国企业伦理的失范和重构 …………………… 周鎏刚/98

金融监管的伦理本质与局限性 …………………………………… 徐大建/99
道德成本—收益的简单量化分析 ……………………… 徐朝旭、孙尚诚/101
金融危机的“伦理诊治”:合理性及其限度 ……………………… 曾盛聪/103
现代商业伦理与构建和谐社会 ………………………………… 谭德礼/104
论企业生态伦理的实现机制 ………………………… 张　军、刘迪平/105
儒家传统经济伦理思想的现代检验
——关于中庸理性与儒商精神的探索性实证研究 …… 何　轩/106
慈善:先富者的自觉行动 ……………………………………… 李朝辉/108
金融危机也是伦理文化危机
——兼论金融危机的伦理文化对策 ………………………… 周中之/109
效率与公平的价值内涵及其关系新论 ……………… 贺汉魂、王泽应/111
当代中国劳动伦理研究述评 ………………………………… 夏明月/113
“道德性生产力”理念释义 …………………………………… 糜海波/114
论企业的慈善责任 …………………………………… 龙静云、戴圣鹏/116
墨子义利观之考辨 …………………………………… 邱　竹、邹顺康/119
消费主义价值观批判 ………………………………………… 邢雁欣/121
和谐社会与制度伦理建设 …………………………………… 何建华/123
关注高利贷下的产业资本困境 ……………………………… 陆晓禾/124
西方文明中的人性假设与现代市场经济的伦理特性 ………… 欧　健/125
发展问题的伦理考量 ………………………………………… 高春花/127
让正义成为社会主义制度的首要价值
——当代中国伦理学的迫切任务 …………………………… 程立显/129
金融机构的伦理冲突及其伦理治理 ………………………… 丁瑞莲/130
“忠诚”的价值:家族企业管理的核心伦理条件 ……………… 王　瑨/131
论企业社会责任的社会伦理文化基础 …………… 王淑芹、牟海林/133
企业伦理模式形成的若干要素分析 ………………………… 朱金瑞/135
经济伦理研究的新成果
——读李建华教授主编《伦理学研究书系·经济伦理》丛书
……………………………………………………………… 刘　琳/136
体育经济研究中的经济伦理 ……………………… 沈克印、周学荣/138
论企业伦理品牌的塑造 ……………………………………… 周俊敏/139
国际商务伦理:基本原则与一般共识 ………………………… 陈　燕/140
道德资本论的争歧及其启示 ………………………………… 胡　勤/142

“纯粹个人消费”的伦理审思 ………………………………… 钱广荣/143
道德意识形态的超验建构及其历史纬度 ……………… 钱广荣/144
后危机时代应加强金融伦理建设 ………………………… 卿定文/144
论分配的正义
——罗默尔对马克思正义论的重构 ……………………… 曹玉涛/146
论美国次贷危机中道德缺失的基本特点和伦理救援 …… 梅世云/148
论消费的人性限度 ……………………………………………… 程光泉/148
社会主义核心价值体系建设中市场经济道德规范的实施路径
…………………………………………………………………… 蒋家胜/149
中国传统金融伦理理念及其现代价值再造 ………………… 丁瑞莲/151
消费也有个道德问题 ………………………………………… 王小锡/153
论会计道德选择 ……………………………………………… 王双云/155
基于能力平等的分配正义观 ………………………………… 文长春/156
企业生态责任的生成逻辑
——从企业的经济道德人本质谈起 ……………………… 张志丹/158
论西方马克思主义消费伦理价值观 ………………………… 王雨辰/161
信用危机的“道德良方”
——读郭建新教授等著《财经信用伦理研究》 ………… 王露璐/161
财富伦理:关于财富的自在之理 ……………………………… 向玉乔/163
《史记》经济伦理思想探析 …………………………………… 朱美禄/164
企业非道德经营论的认识误区和实践危害 ………………… 张志丹/165
论公司经营者诚信的道德之维 ……………………………… 李玉琴/168
有“财”,就“富”了吗? ……………………………………… 张志丹/171
略论儒家经济伦理理论的若干问题 ………………………… 阮　航/172
“更加注重社会公平”是对“效率优先、兼顾公平”的批判与否定么?
——一种基于文本解读的理论反思 ……………………… 李海青/174
公平正义:中国特色社会主义的核心理念 ………………… 何建华/175
从消费奴役到消费解放 ……………………………………… 罗建平/176
《金银岛》中的经济伦理思想 ………………………… 周莉莉、程　郁/177
财富分配的正义诉求 ………………………………………… 向玉乔/178
财富伦理要澄明什么? ……………………………………… 李培超/179
马克思恩格斯生态文明观探究 ……………………………… 李春秋/181
论生态经济学的伦理基础 ……………………………… 张德昭、杨　华/182

企业伦理建设:挑战、关键与路径选择 …………………… 陈　雷/183
马克斯·韦伯的宗教经济伦理思想及启示 ……………… 孟庆刚/184
技术创新价值取向历史变迁的多重剖析 ………………… 易显飞/185
确证的道德信念为何可能
——语境对比主义对道德怀疑主义的批驳 ………… 曹剑波/186
"分"与"惠"的辩证
——先秦儒家分配伦理的价值路向解析 …………… 陈继红/188
论当代中国经济伦理的内在紧张 ……………………… 张志丹/189
利益关系格局的制度伦理调控
——对我国《物权法》的伦理解读 …………… 李建华、张善燚/191
正义之善何以可能
——权力之正义价值探析 ……………………………… 唐土红/192
论金融信用与伦理责任 ………………………………… 郭建新/193
试论财富积聚和财富支配的道德评价差异性 ………… 彭怀祖/196
后危机时代背景下对全球经济危机的哲学反思 ……… 冯晓宁/198
新儒商的商业伦理观及其管理模式 ………… 苗泽华、毕　园/199
经济伦理视野下的军民融合发展 ……………………… 高　剑/200
马克思的相对过剩人口理论与中国的"民工荒"问题
——对我国经济增长方式的一种反思 ……………… 陆晓禾/201
经济伦理的几个问题
——全国经济伦理学学术研讨会综述 ……………… 张　露/201
论儒家经济伦理与社会主义市场经济伦理的整合 ……… 车运景/203
民生问题的伦理学意蕴 ………………………………… 姚才刚/204
"十二五":公平正义的伦理呼唤 ………………………… 葛晨虹/205
消费伦理:公民社会的公共德性 ………………………… 王淑芹/206
浅论商业伦理研究的立场与视角 ……………………… 刘宝成/208
从马克思主义视角看哈耶克的正义理论 ………… 龙静云、沈昊驹/211
企业信息决策中的诚信问题 …………………………… 李玉琴/212
国有企业与民营企业的伦理比较
——以浙江省中小企业为例 ………………………… 陈　雷/215
论康德的责任思想
——兼论康德责任思想对当代企业社会责任问题的启示
…………………………………………………………… 强以华/217

## 著作摘要

《资本论》经济伦理思想发微 …………………………………… 胡贤鑫/219
金融市场秩序、伦理规制与有效监管 ………………………… 宋文昌/220
发展伦理探究 ………………………………………………… 王玲玲、冯 皓/221
金融发展的伦理规制 …………………………………………… 丁瑞莲/222
宗教经济伦理研究 ……………………………………………… 黄云明/223
金融伦理研究 …………………………………………………… 单玉华/224
经济伦理的当代理念与实践 …………………………………… 王小锡/224
儒家经济伦理及其时代命运 …………………………………… 张鸿翼/225
企业的道德
——走进真实的世界 ………… [美]安德鲁·吉奈尔,张 霄译/226

## 伦理学前沿

### 论文摘要

论当代中国公益伦理建构的现实视角 ……………………………… 卢先明/228
制度德育研究的缘起与发展路向 ………………………………… 杜时忠/229
空间伦理与文化乌托邦 …………………………………………… 张 中/230
公共健康伦理
——一个有待开拓的研究领域 ………………………………… 肖 巍/231
从行动者到行动:伦理主题的现代转换及其问题 ………… 晏 辉/233
当代西方德性伦理学研究的迷失 ………………………………… 黄显中/235
安全伦理观念是安全文化的灵魂
——以核安全文化为例 ………………………………………… 冯昊青/237
论个人道德责任的根据 …………………………………………… 江 娅/238
论伦理生态
——关于伦理生态的概念、思想渊源、内容及其价值研究
………………………………………………………………………… 张志丹/240
国外公务员伦理制度建设对我国的启示 ………………………… 刘兰华/242
探求死亡伦理 ……………………………………………………… 张怀承、姚站军/243
德育引领创新人才培养 …………………………………………… 周中之、王亚娟/246
制度伦理学:新学理典范的创制及其实践介入性品格
——现代社会"道德人"理想诉求何以可能的否思 …… 袁祖社/248

与世纪同步　与实践合拍
——读廖申白教授《伦理学概论》 …………………… 王小锡/250
加强大学生网络伦理教育略论 …………………… 何广寿/252
英国福利制度的伦理考量及启示 …………………… 庞永红/253
民生伦理:关于民生问题的伦理学诠释 …………………… 陈进华/255
社会救助的道德风险及防范 …………………… 邹海贵、刘　峥/256
高校道德环境建设与大学生道德价值认同 ……… 郭建新、王春茹/258
美好生活:关于城市意义的批判与建构 …………………… 李兰芬/260
从自然人到社会人:教育人性基础的现代转向 ………… 刘铁芳/264
多元文化教育与公民的多元文化伦理 …………………… 金生鈜/266
中学师德建设调查十大发现 …………………… 檀传宝/269
论世界主义伦理观的核心命题 …………………… 李建华、张永义/269
道德·正义·平等
——凯·尼尔森对马克思历史唯物主义的研究及其当代启示
…………………… 余京华/271
青少年网络生活的道德状况及对道德教育的挑战
…………………… 孙彩平、刘文亮/273
道德教育的根本作为:引导生活建构 …………………… 鲁　洁/275
道德:理性与情感
——兼论应用伦理学中理性与情感的地位 …………… 强以华/277
为生活德育论辩护
——与冯文全教授商榷 …………………… 高德胜/278
康德伦理学中的正义概念 …………………… 舒远招/280
动物本能起源的伦理因素
——凯恩斯与韦伯关于资本家行动逻辑的分析 ……… 贾丽虹/281
基于分层教育理论的榜样教育实效性研究 ……… 彭怀祖、杨建新/282
革命传统道德的先进性与当代性 …………………… 钱广荣/283

**著作摘要**

伦理学纲要 …………………… 李泽厚/283
西方道德难题 …………………… 张桂华/284
论道德判断的基础 …………………… 赵祥禄/285

计算机伦理与专业责任 ……………………………………………………
…………………… [美]特雷尔·拜纳姆、[英]西蒙·罗杰森,李　伦、金　红、曾建平、李　军译/286
杜威与道德想象力
——伦理学中的实用主义
…………………… [美]斯蒂文·费什米尔,徐　鹏、马如俊译/287
司法伦理 ………………………………………………… [日]森际康友/287
护理伦理学 ……………………………………………………… 徐晓霞/287
经济公民、国家公民和世界公民
——全球化时代中的政治伦理学
………………………… [德]赫费,沈国琴、尤岚岚、励洁丹译/288
医学伦理学 ……………………………………………………… 秦玉明/289
善恶的此岸:伦理学史话 ……………………………………………… 李　曦/290
伦理学要义 ……………………………………………………… 余仕麟/291
伦理学与公共事务(第四卷) ………………………………………… 李建华/291
当代生命伦理的争鸣与探讨
——第二届全国生命伦理学学术会议论丛
………………………………………… 刘俊荣、张　强、翟晓梅/292
和谐社会的公民伦理研究
——全球化时代哲学视域的一种转向 …………………… 周国文/292
中庸与中道
——先秦儒家与亚里士多德伦理思想比较研究 ……… 晁乐红/294
责任伦理导论 ………………………………………………… 程东峰/294
疑难与前沿
——科技伦理问题研究 ……………………………………… 韩东屏/295
关怀伦理研究 ………………………………………………… 沈晓阳/295

## 学术活动

"首届中国伦理学青年论坛"暨"中国青年伦理学会"成立大会 … /297
中国伦理学会经济伦理学专业委员会成立大会暨第四次全国经济伦理学学术研讨会 …………………………………………… /298
2010 第三届上海经济伦理国际研讨会:"危机中的资本、信用和责任:未来财富创造需要什么样的概念、制度和伦理" ……………… /300

“公平正义与社会和谐”研讨会 …………………………………… /303
“21 世纪中国慈善事业与慈善伦理”研讨会 ……………………… /306

## 主要课题

### 立项课题

和谐社会视阈下的榜样与偶像研究 ……………………… 彭怀祖/309
妥善应对国际金融危机中政府的道德责任及其限度研究
………………………………………………………… 彭定光/309
发展正义研究 …………………………………………… 何建华/309
中国经济伦理与经济伦理学发展研究 …………………… 余达淮/309
发展伦理视阈中绿色经济责任问题研究 ………………… 王玲玲/309
资本逻辑与经济正义 …………………………………… 毛勒堂/309

# 当代经济自由主义的伦理反思

王泽应　贺汉魂

2007 年 8 月，美国爆发的由次贷危机引发的金融危机因其波及范围之广、影响程度之深、冲击强度之大，为 20 世纪 30 年代以来所罕见而被人们称为金融海啸。危机充分暴露了当今世界资本主义经济和金融体系的弊端，以及西方国家占主流地位的自由主义经济学理论的严重缺失。从更深层次看，自由主义经济学真正的危机在于其研究宗旨、核心价值、价值立场蕴涵了深刻的伦理危机。在目前金融危机仍未见底的背景下，揭示这种危机对于促进经济及经济学的科学发展具有重要的意义。

## 一、自由主义经济学研究宗旨的欠人道性

所谓研究宗旨即研究的根本目的。经济学的研究宗旨是什么呢？不同时期的西方主流经济学对此问题的认识其实相当一致，那就是财富最大化。其中又尤以自由主义经济学对此阐析得最为明确。被称为自由主义经济学鼻祖的亚当·斯密的著作《国民财富的性质和原因的研究》一书的书名已清楚地表明了这一点。旧自由主义经济学另一代表人物萨伊则论证得更为清楚，“政治经济学根据那些总是经过仔细观察过的事实，告诉我们财富的本质。它根据关于财富本质的知识，推断出创造财富的方法”。随着资本主义的发展，自由主义经济学又有了研究“资源配置”的新提法。其开创者是杰文斯，阐析得最经典的则是萨缪尔森，他明确地指出，“经济学研究的是一个社会如何利用稀缺的资源以生产有价值的物品和劳务，并将它们在不同的人中间进行分配”。

财富最大化何以成为经济学研究的根本宗旨呢？自由主义经济学的论证简单而有力，因为人是求利的“经济人”。旧自由主义经济学“经济人”假设的基本内容即：每个人天然的是他自己利益的最好的判断者，应该让他有按照自己意愿的方式来行动的自由；每一个人在追求他自己的利益时，被一

只"看不见的手"引导着去促进并非属于他原来意图的目的,从而不仅会达到自己的最高目的,而且还有助于推进公共利益。新自由主义经济学基本上以重复的方式肯定此论证。如:新自由主义经济学的代表人物哈耶克强调自由地追求经济利益是人类本性在经济生活中的体现,为此他甚至挖空心思地对"个人主义"进行正名,"由于人们普遍相信个人主义是证明和鼓励人们自私的,这是那么多人不喜欢它的主要原因之一","我们的真正意思是,应该允许人们按照他们认为理想的方向去努力"。显然,自由主义经济学的"经济人"预设既是对人性简单的事实描述,也是对人的求利行为的道德肯定。

人归根到底是一种利益动物,而"经济学的特点在于它研究问题的本质,而不是该问题是否具有商业性或者物质性"。经济学所谓最大化的基本涵义即指在一定条件下的尽可能最大化。所以,财富最大化的研究宗旨及其"经济人"的人性预设有其合理性。问题是"财富最大化"的命题已经完整、科学地表达了经济学的研究宗旨吗?所谓研究宗旨即研究目的。而所谓的目的归根到底是人生目的。因此,一切以人为直接研究对象的科学(主要指社会科学,自然科学除医学外多以自然为研究对象)的根本研究宗旨都是为了实现一定的人生目的。在所有的人生目的中,必有一派生、决定人生一切其他目的的根本目的。这种根本目的也即所有社会科学的根本研究宗旨。各具体科学的研究宗旨不过是此根本宗旨具体化的研究任务,也就是说各具体科学的研究宗旨若不符合人生的根本目的,就是不人道的,至少是欠人道的。

那么,人生的根本目的是什么呢?人生的根本目的只能是幸福,"看起来,只有幸福才有资格称作绝对最后的,我们永远只是为了它本身而选取它,而绝不是因为其他别的什么"。尽管幸福的实质是什么是一个万古长青的伦理难题,"不幸的是幸福的概念是如此模糊,以至于虽然人人想得到它,但是谁也不能对自己所决定追求或选择的东西说得清楚明白,条理一贯"。从人生幸福看,经济学的确是一门财富之学,因为财富是人生幸福的物质基础;但经济学绝不应只是一门财富之学,因为形成并占有财富并不等于人生幸福的形成与实现,最大限度地占有财富更不等于人生幸福的最大化,"财富不是我们所追求的善,它只是有用的东西,以他物为目的"。道理很简单:一味追求财富最大化的人必为财富而疲于奔命,其求富行为最终会背离幸福的初衷。从人生幸福看,"经济人"作为经济学的基本人性预设是成立的,甚至是必然的。这一点几乎成为经济学的共识,如对立于自由主义经济学的凯恩斯主义就称:“正如几何学家离开物体的自然属性而只考察物体的尺寸,物理学家离开物体的化学结构而只考察物体的物理属性一样,经济学家只把人放在经济关系中加以研究,认为人的行为受制于一种开明的自私。”但必须指出真正的经济人同时又必是道德的人。因为作为感性与理性并存的存在物的人必然追求双重的善,即德性善与自然善,因而“幸福原则与道德原则的这种区别并不是因此立即就成了两者的对立,而且纯粹实践理性并不希望人们应当放弃对幸福的权利”。“一个人在把德性和幸福结合起来以后,才算达到至善。”可见,经济学的研究宗旨不是财富最大化而是为实现人生幸福而增值财富,或增殖使人生幸福的财富。

由上分析可见,西方自由主义经济学研究宗旨的缺陷不在于研究财富增殖最大化,而在于离开人生幸福这一最高目标来研究财富最大化,实际上是为资本家的贪欲提供道德依据和辩护,如斯密在《道德情操论》中就指出:“富人只是从这大量的产品中选用了最贵重和最中意的东西。他们的消费量比穷人少;尽管他们的天性是自私的和贪婪的,虽然他们只图自己方便,虽然他们雇用千百人来为自己劳动的唯一目的是满足自己无聊而又贪得无厌的欲望,但是他们还是同穷人一样分享他们所作一切改良的成果。”新自由主义经济学的代表人物哈耶克则公然宣称:“在一个进步的社会中,如果不允许少数人享有财富,那么我们就没有理由相信这些财富还会继续存在。这些财富既非剥夺于其他人,亦非其他人不可享用的东西。它乃是先锋人士所开创的新的生活方式的最初标志。”在这种经济学的流毒下,不少人将人生意义的追求简约为对金钱和物质财富的占有,将为增殖财富而进行的科技创新、制度创新、管理创新、欲望创新取代高尚精神的创造与提升。当这种经济学成为西方社会的主流经济学,尤其是符合此经济学教条的人们被凸显为社会中坚时,法律制度的建立和修改也服从于其理论的说服力,从而使其流毒进一步扩展、深化。现代发达资本主义国家的奢侈消费和“符号消费”的消费主义就是此流毒扩展、深化的表现。消费主义的流行则进一步激励人们以永不知足地追求物质财富的方式代替对具有丰富内涵的人生意义的追求。

但是研究宗旨欠人道的自由主义经济学却因其为资本家的贪欲进行道德辩护的特殊功能而成为资本主义社会的主流经济学,并被其强力推行之。结果虽在一定时期给资本家带来了无尽的财富且因财富的漏斗作用给其他阶层带来一定的财富增殖,最终却给人类带来莫大的人道灾难。间歇性却注定要发生的资本主义生产过剩的经济危机及其特殊形态的金融危机不断为此做出了事实性的证明。当然,不同时期的经济危机也有不同的表现形式。如果说在自由资本主义时期,通过在生产领域剥削工人的剩余价值,以及通过不平等的贸易和对外掠夺是资本家财富最大化的基本手段,并引起资本主义古典经济危机、金融危机的话,那么在现代,则是经济金融化与金融市场的交易和投机活动成为资本盈利的重要来源并最终导致以金融危机为基本形态的经济危机。此次源于美国次货危机的金融危机就是最好的例证。所谓"次级贷款"即针对信用评级低、还款能力较弱的借款人的贷款。一般情况下,这些人难以从主要抵押贷款机构申请到贷款。但随着住房价格的上涨和资产证券化的发展,贷款机构为了扩大自己的利益,开始放宽甚至取消相关标准,有时甚至纵容借款人弄虚作假。在借款人无力支付首付时,贷款公司鼓励其使用第二次置留权贷款来凑足首付。其诡秘之处在于抵押贷款公司转手将抵押贷款卖给投资银行或类似实体,投资银行将贷款打包成为债券然后将债券出售给对冲基金、退休基金、共同基金等投资者。抵押贷款公司既可以在贷款手续费上赚一笔,又能把违约风险转嫁到债券最终的买家身上,自己却不会有任何损失。如此做法,资本家当然明了其中的风险,为何还甘做"勇士"呢?这是因为通过组织生产来实现剩余价值的追求,对于资本家来说毕竟是劳心又劳力的事情,再加上同普通商品相比,虚拟资本代表更大的虚拟财富(市场价值表示的财富)和更多的货币要求权。可见,金融危机归根到底是资本家的贪欲造成的危机。对于资本家贪婪的德性,郎咸平的话可谓是一语中的:"对于华尔街的投资银行,目前你还不需要知道他们到底是谁。我可以告诉你们的是:这是一群最为贪婪的人。"当然,在次贷危机的发生与演变中,美国人超前的消费的理念也起了重要的推波助澜作用。其作用机理很简单,即超前消费行为推动了美国经济发展,但随着美国信用消费的膨胀,一些美国人所花的"明天的钱"是根本不能赚来的钱,最终使阻止美国经济陷入衰退的最后一道防波堤——消费者购买力终于开始崩溃,而个人消费大幅缩减,次级贷款者终因无力还贷而选择了违约,由此而产生一连串的金融动荡。最后,"资本那永无止境的贪欲便彻底撑破了这个制度荒谬的不合理性"。

二、自由主义经济学自由论的非自由性

自由论是自由主义经济学的核心理论,其实质是强调自发秩序是人类经济活动应遵循的基本规律,宣扬自由竞争自动调节经济以达到充分就业的均衡,视无所作为的政府为最好的政府。自由主义经济学"自由化"的基本依据依然是人性论。只不过此人性论与作为研究宗旨立论基础的人性论在内涵上并不相同，且新旧自由主义经济学的人性论内涵也有差异。

自由主义经济学主要以人性自私论经济自由化。第一个系统说明自发秩序依据与意义的经济学家曼德维尔指出：一切美德都起源于人的利己心，社会经济的健康发展和运行也有赖于它，由此而得出“私人的罪恶产生公共利益”的悖论；第一次对个人求利动机及行为导致社会财富增长的社会经济机制进行经济学论证的斯密则指出：“我们每天所需要的食物和饮料，不是出自屠夫、酿酒家或烙面师的恩惠，而是出于他们自利的打算。我们不说唤起他们利他心的话，而说唤起他们利己心的话。我们不说自己有需要，而说对他们有利。”新自由主义经济学家高度赞扬斯密的贡献：“斯密的决定性贡献，是对一个自发秩序作出了证明。”但新自由主义经济学主要从人的理性论经济自由化。其代表人物哈耶克认为个人只拥有分立的个人知识，它既包括个人明确的知识，即使我们陈述此事或他事为何的知识，也包括个人与环境进行调适所获的知识，如制度、规则、传统、习惯等。后者为人的理性所不及。由此哈耶克得出文明不能被设计的结论：“那种认为人已然拥有了一种构设文明的心智能力，从而应当按其设计创造文明的整个观念，基本上是一种谬误。”既然文明不能设计，那就只能让拥有有限知识的个人根据有限的知识，在顺从传统的前提下自由行动了。新旧自由主义经济学都将对计划经济之弊的批判作为根本任务，其主要依据就是政府无能却自以为能。斯密说：“在政府中掌权的人容易自以为非常聪明，并且常常对自己所想象的政治计划的那种虚构的完美迷恋不已，以致不能容忍它的任何一部分稍有偏差。他不断全面地实施计划，并且在这个计划的各个部分中，对可能妨碍这个计划实施的重大利益或强烈偏见不作任何考虑。”哈耶克则指出：计划经济根本之弊在于必须存在一个超验的且被个别天才人物或少数精英集团所掌握人类知识体系，但这是不可能的，因为建立合理的经济秩序所依赖的知识，“从未以集中的或完整的形式存在，而只是以不全面而且是时常矛盾的形式为各自独立的个人所掌握”。相反，以知识的个人分散性为哲学依据的市场经济却可以保障每一个个人大致了解他所处环境中的资源情况，作出决策，这样即使发生单个人的失败也不至于浪费大量的社会资源。

显然，自由主义经济学关于经济自由化的论证是不严谨的。旧自由主义经济学“私恶产生公益”之说没有说明其所谓的“私恶”，也即私欲，既可为“善”，也可为“恶”，“利己目的若就其结果来说，则是善与恶的共同源泉”，以利他手段实现是善，以损人手段实现便是恶。所以“私恶产生公益”之说显然是一种理论偏见，体现的是旧自由主义经济学对客观事实的盲视：只见资产阶级的"私恶"给本阶级带来的公益，却不见其"私恶"给无产阶级乃至整个人类造成的公害。新自由主义经济学没有意识到计划经济的形式也可发生变化；更没有说明自由市场经济的优势恰就是其劣势所在，因为每个个人根据大致了解他所处环境中的资源情况所作出的决策，往往不是科学的决策，决策失误带来的往往不只是个人的失败，而是社会资源的重大浪费。不过，虽然可以视不严谨的论证为自由主义经济学的重要缺陷，却不能视此缺陷为其学说的根本缺陷。因为论证的不严谨完全可以通过完善论证来弥补。按拉卡托斯的科学纲领理论来说，即便当科学理论与实践发生冲突时，科学家也可以通过调整保护带来拒绝对理论的反驳。

那么，自由主义经济学的根本缺陷是什么呢？学界普遍认为此根本缺陷有二：斯密命题是一个悖论，因而其所谓的经济人是人格分裂的不健全的人；自由主义经济学所倡自由化的意义与事实不符合，是片面的自由化。其实，所谓的"斯密悖论"也许是资本主义或市场经济发展的一个悖论，但并非斯密的悖论。因为，斯密在《国富论》中固然以利己的人性立论，其《道德情操论》对人性自私的论述也并不含糊。至于以客观事实论自由主义经济学的自由论之弊，其理由也不充分。因为计划经济之弊的客观事实正是自由主义经济学自由论的重要依据。至于对自由的推崇，甚至"自由过了头"也不能算是根本性的缺陷。本文认为自由主义经济学自由论的根本之弊在于其自由论是一种反自由的自由论。何谓自由？自由的经典定义即没有外在强制从而能够按照自己的意志进行的活动，"从最一般的意义来说，能够按照自己的意志、自己的目的来行动，而不是按照外界的强制或限制来行动，就叫做自由"。自由何以可贵？自由之可贵，从根本上讲是因其为人类之基本需要。巴甫洛夫曾指出：动物保持平衡、维持生存的根本条件就是自由运动能力。由此论推而可知，在动物进化的阶梯上，越是高级的动物，对自由的需要就越多、越重要、越基本；人是最高级的动物，所以对自由的需要最多、最重要、最基本，"自由是最深刻的人性需要"。人何以拥有高于动物自由的自由呢？因为人是理性的存在物，尽管人是有限理性的存在。康德说，"人们发现，在他们自身之内确实存在一种把他们和其他动物区别开，以至于把它们和被对象所作用的自我区别开来的能力，这就是理性"；理性的重要价值则在于使人能够超越人的求利本能，"理性对人类的用途如果与本能对畜类的用途一样，那末人类虽然赋有理性，那也并不能把他的价值提高在纯粹畜类之上"。马克思也有类似的表述，"意识的生命活动把人同动物的生命活动直接区别开来"是实现自由的阶梯；"自由是在于根据对自然界的必然性的认识来支配我们自己和外部自然界，它必然是历史发展的产物”。以自由的真谛视之，旧自由主义经济学所谓的“私恶”强调的不过是人的求利的本能——尽管其所谓的利益不等于动物的生存本能，但单纯的求利依然是人的本能，或者说是人的动物本能的放大。而其所谓的“看不见的手”自动调节经济达到彼此的利益和谐，无非是强调要放任个体的经济行为自由，即求利的本能；且蕴涵了另一层含义，即“看不见的手”能自动有效地调节经济运行，又何需“看得见的手”，即人的理性。可见，旧自由主义经济学的自由论具有反自由性：一方面降人的自由为动物的自由，另一方面又通过论证出于理性的自由是一种无必要性的选择而取消人的自由。新自由主义经济学的自由论以人的理性论人的自由，从人的理性有限反对理性的滥用，以及对传统价值的守持都是其合理之处。但其自由论依然是一种反自由的自由理论：其一，此自由论在强调“所有前进都必须基于传统”时，没有意识到完全依赖于传统、依赖于社会的自发前进无异于抹杀人类理性的主动创新精神，抹杀了理性可能及事实上已经对人类做出的巨大贡献。其二，此自由论没有意识到正是因为人类理性的有限，要保护个体的自由就需要社会性的集体力量，如政府的力量，而形成、管理这些力量则需要某些先进人物的引导与组织。尽管在此过程中可能已经出现了一些滥用理性所形成的灾难，但这只是提醒人们要防止理性的滥用，而不是要求人们弃理性不用。因为理性不用的市场经济也会造成灾难，“愈接近完全的自由市场，便意味着人们的行为将更依据市场价格的讯号，做出迅速的计算，而这种快速计算个人经济利益将进一步促使价格向‘自由市场’靠拢。可是，当个人行为完全依据市场价格讯号出现后，其后果往往是灾难性的，不单不会改善经济运行的效率，甚至会使运作中的经济活动解体，生产停滞不前”。理性滥用的灾难则往往始于“理性不用”的无为。如旧自由主义经济学自由论泛滥引起的经济灾难是法西斯专政兴起的基本背景。可见，新自由主义经济学在肯定人的理性的同时，又极力贬低人的理性，回避理性在社会演化发展中的巨大作用。其三，此自由论所谓的自由是不平等的自由，是利用规则层面的自由权利回避人们在自由事实上的不平等，因而是剥夺，至少是力图维持多数人不自由现状的自由论。如哈耶克就明确主张人们放弃对公正的追求，认为“坚持让一切未来的变化符合公正，这无异于要求终止进化过程……因此，罗尔斯的世界绝对不可能变成文明世界：对于有运气造成的差异进行压制，会破坏大多数发现新机会的可能性”。

自由主义经济学的“自由”之祸曾经被资本主义经济危机所证实。如循斯密“看不见的手”,上世纪 30 年代爆发了世界经济危机。面对危机,旧自由主义经济学又束手无策,“目前我们却陷入了无边无际的泥淖中,在一个微妙、复杂的机器的控制下,被搅得一塌糊涂,这个机器的运转规律,我们却并不了解”。由此产生国家干预主义的凯恩斯经济学。而今的金融危机则更充分地表现了自由主义经济学自由论的反自由性。众所周知,这场金融危机的源头是美国的房地产泡沫。房地产泡沫的始作俑者又是谁呢?目前形成共识的是美联储,特别是美联储前主席格林斯潘执掌美联储的 19 年期间对金融机构的监管放松及片面地追求经济繁荣而大力推行的宽松货币政策。其实,美联储只是泡沫的直接的制造者,更深层次的原因则是新自由主义的自由放任政策。新自由主义大肆宣扬私有化、自由化和市场化,盲目地否定公有制、社会主义和国家干预,却对“三化”之策削弱主权国家对经济发展的干预作用,使国民经济操纵权落入国际金融大财团的手里,进而使发展中国家的经济体系处于依附状态的消极作用避而不谈。新自由主义政策的推行必然会给发展中国家造成消极的后果,并殃及卖力鼓吹新自由主义经济学的发达资本主义国家。以此次金融危机为例,其实在危机发生以前,美国打着金融创新的幌子鼓吹起高达 680 万亿美元的金融衍生品泡沫,已大大地超过了美国实体经济所能创造的经济利益。这是资本的非理性扩张,整个金融市场已经严重异化的表现。但美国政府在金融监管上,尤其是在对华尔街金融衍生产品,及对一些金融机构,如投资银行、对冲基金、房贷银行和房贷经纪公司、评级公司、私人按揭保险公司运作的监管却严重地缺失,结果最终引爆了金融危机。可见,新自由主义政策的推行带来的并不是天堂,而是更猛烈经济衰退前的一次放纵的狂欢,它“正引导着我们走向社会的毁灭”。

三、自由主义经济学价值中立论的不中立性

价值中立是自由主义经济学标榜的基本研究立场,也是其自诩高于其他经济学流派、主要是马克思主义经济学的主要依据。不同的自由主义经济学家对价值中立的表达并不相同。但总而观此,可将其归为无价值的价值中立论与不偏离自由价值的价值中立论。

无价值的价值中立论表面上看是一个悖论的命题,实际非常切合实证主义经济学的理论实质或研究目的:通过使经济学像自然科学那样数量化、精确化,使经济学理论以经验来证实,从而做到在经济学研究中的价值中立。所谓实证主义经济学即在研究中强调遵循、运用实证原则的经济学。其主要特征一是坚持逻辑实证主义的抽象主义和理想主义的原则,“逻辑实证主义的基本观点是以观察与理论的严格区分为前提的”，将复杂多变的“社会人”抽象、舍弃、简化为只有消费需求和成本收益核算的“理性人”和“经济人”，从而达到在经济学研究中拒斥价值评价、价值判断，实现经济学的“科学化”的目的。二是在研究中力图使理论数量化、模型化、精确化，甚至视经济学为数学的分支，将精通数学作为成为经济学家的首要条件。以至于一些经济学家叹道：“我特别希望成为一个精通数学的人，我相信，没有数学家，什么也不可能做得非常透彻。”

但是经济学并不是不讲价值的实证经济学。本文前已论述人生的根本目的是幸福最大化。幸福如何实现呢？实现人生目的总是需要付出一定的成本。对于人来说，所有的成本归根到底都是人的生命成本，“尽管缝和织是不同质的生产活动，但两者都是人的脑、肌肉、神经、手等的生产耗费，从这个意义上说，二者都是人类的劳动。这只是耗费。这只是耗费人类劳动力的两种不同形式”。这就从另一角度证明了财富最大化不等于人生幸福最大化，因为财富最大化往往意味人生成本的最大化，而所谓的不合理就是占有别人的生命成本付出所形成的财富。由此也可见经济学的研究宗旨：增殖使人生幸福的财富，也即在人生成本最小化的前提下实现人生幸福最大化。明乎此，便可知经济学作为一门人学，根本无法摆脱价值的纠缠，“价值判断经常在经济学中发挥重要的作用……它们影响着经济学家所做出的政策建议以及他们对不同经济组织体制的优缺点所做出的判断”；更可发现无论是确定人生成本，还是人生幸福，经济学根本无法做到科学化、精确化；硬要科学化、精确化也只能是无多大实际意义的幻想。对此，美国经济学家、诺贝尔经济学奖获得者里昂惕夫批评说：“经济学工作者中的许多人是从数学领域转入的。这样，专业经济学杂志上就连篇累牍地充满了数学公式。这将读者从一套似乎有理而完全是任意的假说引到精确的但却是无关的理论结论。”马克·布拉格则更明确地宣布：“实证主义是一种虚妄的哲学，新古典经济学必定走向衰落。”可见，自由主义经济学所谓实证的因而是中立的是明显的虚妄之词，其根本目的不过是掩盖其为资产阶级服务的实质。

自由主义经济学价值中立论的第二种形态，也是其主要的形态可称为中立于自由价值的价值中立论，其巧妙处在于通过价值中立说有效地回避了对真正的自由问题：谁之自由、何种自由的回答（目前学界实际上多以自由主义经济学无价值的价值中立论为批判对象，其实多数自由主义经济学家并不否定经济学的价值性，而且还提出要以自由为核心价值，这就使得这种批判有了“欲加之罪”的嫌疑)。从历史发展看,自由主义经济学自由论的实际内容和真实内涵确有不同之处:在18世纪,英国新兴的资产阶级尚未成为统治阶级以前,其所谓的“自由”主要是反对封建主义国家对当时处于弱势地位的工商业资本家的种种限制,以求实现自由经营、自由竞争、自由贸易和包括资本在内的生产要素的自由流动。以亚当·斯密为代表的旧自由主义经济学正形成于此时期。当资产阶级取得政权成为强势集团以后,其所谓的“自由”就成为反对弱势群体试图通过政府干预实现平等的努力,并把政府干预说成是对自由的限制与剥夺。新自由主义经济学就是在此背景下孕育而生。可见,自由主义经济学所谓的自由是不公正的自由,其所谓的价值中立是偏向资产阶级的虚伪中立。

当然,自由主义经济学的价值中立论得以流行的真正原因并不在其虚伪性,而在其论甚合资产阶级之需要。所以,反观资本主义现实可以发现一个吊诡现象:鼓吹自由的资本家已成功地摆脱了自由竞争,真正“享受”自由的则是普通的劳动者;发达资本主义国家在国际领域鼓吹自由主义,同时却努力保护自己的国内市场。此中的道理,布罗代尔做出了解释。布罗代尔将资本主义社会的社会生活分解成三层领域:物质生活领域、市场经济领域和资本主义领域。最下层的物质生活领域,即指人们的日常起居生活,包括衣、食、住、行的各种形态。第二层便是我们熟悉的市场经济领域。此领域的经济活动主要是通过分工交换进行,往往带有浓厚的竞争性,所获利润便不会太高。位于最上层的便是真正的资本主义领域。这些经济活动通常包括大规模的房地产买卖、股票投机、银行业务、工业生产以至长程贸易等。由于经营的规模庞大,垄断集中的程度亦较高,因而利润也高,且因为只有极少的大资本家与掌权者能纵横驰骋于此领域,他们的交易不一定通过公开的市场来进行。当然,他们也不愿意投身于市场经济的浪潮,因为市场交换的一个先决条件是分工,把自己的经济活动限制在某一特定范围,从事专业的操作,会限制了其自身的最大资产——高流动性的选择能力。但大资本家的确需要自由市场经济。一方面,由于物质生活领域的丰富多样性,亦由于市场经济的竞争性,它们经常是创新和发明的温床,大资本的持有者可攫取那些有利可图的创新和发明,以此牟利。另一方面,在资本主义领域进行的经济活动,往往带有投机性质,很难单靠它来不断创造财富。所以,要使资本主义领域不断增长,必须同时存在大量从事实质经济活动的群众,通过自由市场竞争或以自给自足的方式,完成资本主义领域无法或不愿从事的工作。这样,大资本家才不仅可以集中精力于资本主义领域,从事较高利润的活动，同时也可以把生产成本（如工资）及再生产成本（如劳工的医疗及自然环境的重建等）转嫁给市场经济和物质生活领域，通过劳工、自然生态等“生产因素”市场的竞争来降低生产成本，并由家庭、朋友、大自然等来承担劳工与自然环境再生产的责任。

应该说自由主义经济学的价值中立论实际上已在资本主义社会得到了较好的实践。资本主义的金融自由化引起的危机便是此“实践”的最好证明。如：金融自由化导致利益更多地向金融垄断资本倾斜，实体部门利润下降。大量产业转移出去后其自身形成了空心化，资本家必须在发展金融产业和虚拟经济方面确立绝对优势，以从中获取更多的利润。美国国内金融自由化改革正是符合了这一目标，即满足金融资本自由逐利的要求。而自由化的环境又进一步导致金融机构为追逐利润而过度竞争，并转向投机业务和金融创新，增大了金融体系风险。美国当局对于金融风险和经济泡沫并不是毫无察觉，但作为金融资本家们的利益共同体，依然疏于监管。结果不仅弱化了监管、增大了金融系统性风险，而且导致社会财富向金融部门集中。就国际经济而言，现代的金融垄断资本已不再满足于通过资本自由流动，以股权和技术垄断等手段层层控制子公司、孙公司，而是进一步通过国家战略，利用在国际金融市场和国际货币体系中的控制权或主动权，大力推动各国金融自由化，以影响发展中国家的实体经济。结果金融自由化导致利益更多地向美国等发达国家倾斜，发展中国家的地位进一步相对下降。但是多行不义必自毙，近年来由美国主导的金融自由化加剧了资本主义基本矛盾，最终形成了殃及其自身的金融风暴。它启示人们：自由主义经济学的价值中立说已经走到了尽头，“聪明的做法应当是不惜一切代价寻找新疗法、新预防方案，以免我们最终也沦为它的猎物”。

（湖南师范大学社会科学学报，2010.1）

# 转变经济增长方式也是伦理问题

陆晓禾

胡锦涛在深圳特区建立30周年庆祝大会上的重要讲话中，要求深圳“率先”建成资源节约型、环境友好型社会，特别重要的是，要求深圳加快增长方式的转变，“起到带头作用”。

按经济学教授吴敬琏的研究,先行的工业化国家都经历了增长模式从主要靠资本投入转变为靠技术进步和效率提高的现代经济增长方式。中国经历了投资拉动型的经济增长方式,后来又采取了出口导向型方式,但却没能实现现代经济增长模式的转化。他认为,根本问题是我们的体制有问题。我觉得他的这种看法有道理,但还太笼统。首先,所谓"现代经济增长方式"究竟是什么方式?用马克思的观点来看,其实就是相对剩余价值的生产方式,即靠技术进步、提高生产率、缩短必要劳动时间,而不是靠延长剩余劳动时间来增加剩余价值。其次,先行工业化国家为何能够实现向这种现代经济增长模式即相对剩余价值生产方式的转化?与我国相比,一个很重要的原因,就是在这些先行国家,由于工人的斗争、劳动法的实施、社会舆论的力量,还有政府的干预,加上资本积累的增长和竞争的加剧,使得这些国家中的企业已经不再可能实行绝对剩余价值的生产方式了,或者说它们不得不也有能力转向相对剩余价值的生产。

一、全球流动的绝对剩余价值生产方式

但是在今天,我们所处的历史环境发生了一些值得注意的重要变化。在全球化环境下,同时也是在这些先行工业国家占主导地位、他们的企业和品牌在国际市场占有很大份额的情况下,这些国家的企业或品牌不仅有可能而且实际上很大程度地又回到了绝对剩余价值生产方式上来,不过不是在这些发达国家,也不是由这些发达国家中的工人,而是在后发工业国家或者说新兴市场经济国家,由这些国家的工人,如中国的农民工,在为国际资本为这些企业和品牌从事绝对剩余价值的生产。由于在全球化环境下,资本已经可以在很大程度上自由流动了,而劳动者却不能自由跨国流动,因此资本能够往还能够产出绝对剩余价值的国家、地区流动,能够往那些可以靠延长劳动时间增加剩余价值的企业流动。如果这种生产在中国遭到限制,它可以往越南去,在上海不行,它可以上广东去、上中西部去。这实际上就给国际资本回到绝对剩余价值的生产提供了可能,并且使得绝对剩余价值生产方式可以在全球流动。由此看来,经济增长方式的转变,或者说从绝对剩余价值生产方式到相对剩余价值生产方式的转变,并不是自然而然的。如果没有社会的压力,没有国际规则的制约,利润驱动的结果很容易回到原来绝对剩余价值的生产方式上,即回到延长劳动时间、加强劳动强度上来。因为毕竟绝对剩余价值的生产方式要比相对剩余价值的生产方式容易得多、便宜得多,风险也更少。

二、高端企业收益多负担少

国际资本能够实现绝对剩余价值生产的一种流行的方式就是代工企业或者说OEM,其性质类似马克思当年提到的英国的"血汗制度"(sweating-system),即由中间人接受订单后,交给工人去做,中间人赚取资本家交付的劳动价格和中间人实际付给工人的那部分劳动价格之间的差额。我国珠三角地区大量都是这类赢利模式的企业,包括用工高达80万的富士康。这类企业,自身在争夺国际订单中处于脆弱地位,许多利润率都不到2%,始终处于国际产业链的低端,并且随时有可能竞争失败而归入发达国家的代工企业后备大军中。高端企业具有发包权、订单权,处于绝对支配的地位,占有90%以上的高额利润,有改进技术的财力,却没有改进技术的压力;而处于低端的代工企业,有改进技术的压力却没有改进技术的财力,因为它的利润空间非常小。不仅是技术的压力,原材料、资源、环保,还有社会责任等所有的作为生产者的压力,实际上都压到了低端企业身上,最后又都转嫁到了产业链最低端的工人身上。这恰恰是员工实际上每日必须干10~12小时,每月只有2或3天休息日的原因之所在。即便在最有利于提升工资的"民工荒"时期,珠三角企业开出的1 700~1 800元月工资,也都是含加班费在内的。据新华社晒出的富士康员工工资单,员工加班136小时月薪2 149.5元,当月收入的60%都靠超时加班挣得,总计136小时的加班,比劳动法规定的最高加班时间整整多出100小时!

按公平原则,谁收益谁负担,谁负担谁收益。高端企业收益很多,其负担却很少,低端企业负担很多,但是它的收益却很微薄。所以我们应该通过各种途径,呼吁国际社会、国际企业界和经济伦理学界共同考虑产业链的公正问题,在这方面建立国际法律或者国际规范,使收益与负担能够统一起来。

三、到罗马做罗马人还是本国人

国际经济伦理学界过去三十年来主要关心的是有毒有害产品的生产,到罗马做罗马人还是做本国人,坚持伦理原则,还有人权问题,以及经济全球化提出的全球伦理问题等。特别在人权问题、腐败问题上,中国一直受到批评,经常说中国如何讲关系讲贿赂。但是,我们没有注意和提出产业链的公正这样的新问题。这是国内和国际经济伦理学界都应该注意的突出的经济伦理问题。正是在产业链中,高端企业在保持他们干净的手的同时,实际上促成了中国低端企业用工的野蛮和无人权。所以,在我们致力于经济增长方式转变时,应当正视由于"血汗制度"成为全球产业链的基础,代工模式成为全球化生产的通行模式,致使不仅低端产业有机构成的提高过程被中断,而且高低端地位和状况也被固定化和两极化。20世纪80年代以来,日本、韩国和我国台湾地区的竞争优势都成功地实行了从劳动密集型向资本密集型和技术密集型产品的转变,而我国大陆30年来,除了劳动密集型产品仍然处于国际竞争的强势状态外,资本密集型和技术密集型的产品几乎毫无竞争力。这说明了,无论我们如何界定与西方发达国家的关系,国际资本要利用的是中国仍然相对丰富的廉价劳动力资源,获取高额利润,而不是要使中国取代他们的高附加值地位。因此,转变经济增长方式就不只是我们一方面的问题,也不只是经济的问题,而同时是国际和伦理的问题。

## 学术对话

# 经济伦理的当代理念与实践

——王小锡教授与科斯洛夫斯基教授学术对话录[①]

王露璐

2009年12月，德国著名经济伦理学家彼得·科斯洛夫斯基教授(Peter Koslowski)应邀在南京师范大学公共管理学院开展讲学活动。讲学期间，公共管理学院院长王小锡教授与科斯洛夫斯基教授进行了一场别开生面的学术对话。

彼得·科斯洛夫斯基1952年生于德国格丁根，现任荷兰阿姆斯特丹自由大学教授。他在伦理经济原理以及市场经济伦理等方面有较深的研究，出版、发表了大量关于哲学、宗教、经济学、伦理学和经济伦理学等方面的著作和论文。其中，《资本主义的伦理学》(中国社会科学出版社1996年版)、《伦理经济学原理》(中国社会科学出版社1997年版)、《后现代文化：技术发展的社会文化后果》(中央编译出版社2006年版)等著作已翻译成中文在我国出版。尤其是《伦理经济学原理》一书，为我国经济伦理研究提供了重要的理论和方法资源，已成为我国学者从事经济伦理研究时引用最为频繁的著作之一，对我国经济伦理学学科发展也产生了很大的影响。

王小锡教授在我国较早开展了对经济伦理学的研究，现任南京师范大学公共管理学院院长，兼任中国伦理学会副会长、教育部人文社会科学百所重点研究基地中国人民大学伦理学与道德建设研究中心经济伦理学研究所所长。王小锡教授早在1994年就率先发表了研究经济伦理学体系的学术著作《中国经济伦理学》和学术论文《经济伦理学论纲》，他开创性地提出并以系列学术研究成果系统论证了"道德资本"、"道德生产力"、"经济德性"等范畴，阐发了颇具特色的学术理念。目前，王小锡教授主编的《中国经济伦

---

① 本次对话由南京师范大学公共管理学院陈真教授担任翻译。

理学年鉴》(南京师范大学出版社出版,现已出版5卷)是全面系统展示中国经济伦理学研究现状和成果的重要平台。

王小锡教授(以下简称王)与科斯洛夫斯基教授(以下简称科)的此次对话,可谓中外经济伦理学的一次高层次的"亲密接触"。两位教授就金融危机中的伦理问题、企业道德及其作用、企业自由和企业责任、道德资产及其评估体系等问题展开了充分的沟通和交流,并对中外经济伦理研究的共同性、差异性以及双方未来的合作进行了极富意义的探讨。

一、经济伦理视阈中的金融危机

科斯洛夫斯基教授近期刚刚完成了一部关于金融危机及其后果的新著,王小锡教授也曾就这一问题发表过《金融海啸中的中国伦理责任》一文。双方的对话首先由这一共同关注的现实热点问题展开。

**科:**金融危机的核心问题在于过度消费。一方面,这一问题体现在国家层面上的透支性支出,如美国在伊拉克战争和阿富汗战争上的大量付出、德国为统一付出的巨大代价等。另一方面,也体现在日常生活领域中过度的超前消费、贷款消费等。

**王:**过度消费也是消费主义的一种体现,是消费主义的变种。金融危机的重要原因是银行监管机制和监管制度不到位,说到底是人们的责任意识不到位。

**科:**完全正确。银行作为贷方应当承担起监管的责任,但事实上目前银行对于借方的监管很不到位。其中一定的原因在于,这种监管毕竟并非一件愉快之事。

**王:**金融高层监管不到位实际上是一种明知故犯,表明管理人缺乏责任意识。所以温家宝总理说:金融危机的根源是缺乏道德责任。就美国而言,金融从业人员尤其高级管理人员过分求利而不顾应尽的监管责任,丧失了对自己的金融产品、行业和客户应有的责任意识,导致金融监管远远跟不上金融创新的步伐。美国经济学家约瑟夫·斯蒂格利茨曾指出,全球性金融危机与金融业高管的巨额奖金有一定关联,因为奖金"刺激了高风险行为",即便他们失去了饭碗,他们仍能带着一大笔钱走人。在巨大的利益诱惑面前,责任意识早已被抛至九霄云外,荡然无存。

**科:**金融危机更重要的原因是制度缺陷。目前西方国家的金融政策是造成全球性金融危机的制度性根源。例如,房屋贷款抵押过低,尤其是美国,贷款是"只看信用不看能力",也就是说,几乎完全基于借款人的信用记录而不是其目前收入所代表的还款能力。这种金融政策存在很大的问题。

由于门槛过低，利率接近于零，借方感觉似乎可以无限制地支取。在这种“不借白不借”甚至“不借是傻瓜”的政策所带来的心理诱导下，人们竞相贷款而失去了应有的消费理性。

**王**：美国这种“只看信用不看能力”的贷款制度所引发的问题，恰恰验证了“信用不等于信誉”这一论断。信用更多体现为经济制度，信誉却反映出经济主体的道德觉悟。仅有信用制度是不够的，还要通过道德的教育提高经济主体的信誉意识。

**科**：道德确实是很重要，但要看到，道德无法解决制度、结构上的问题。比如，贷款利息低、门槛低，你不去利用就成了傻子，在这种情况下让人以道德去拒绝对自己有利之事是不可能的。也就是说，如果制度本身有问题，道德的作用是非常有限的。正如列宁所说，制度性的问题迫使一个人无法遵守道德，因此，列宁对资本主义制度的批判正是因为这一制度使人无法走向道德。而且，银行家以低门槛、低利率把钱贷出，不断推出新型的金融产品，他并不认为自己在道德上有什么问题或者过错，甚至认为自己是在做有益于消费者之事。

**王**：这恰恰说明，要解决带来金融危机的制度问题，必须从根源上解决制度的道德性问题。制度的合理性来自对道德的正确认识和把握，如果仅仅是为制度而制度，制度很容易沦为经济主体为自身利益服务的工具，只有建立在道德之应然基础上的制度才是真正合理和有效的。

二、企业道德在企业经营中的地位和作用

**王**：彼得，我注意到您曾经说过这样一句话，“对道德性的低估是一种唯科学主义的错误结论”①。我非常赞同您的这一观点。从宏观上说，一个企业不解决为谁生产、为谁服务这个理念问题，将会直接影响到企业的发展。原因在于，企业生产产品必定要考虑到市场需要，越符合人性需求的产品市场占有率越高，忽视这个问题，企业无法在激烈的市场竞争中立足。再如，一个好的产品如果售后服务不到位，同样会影响到企业的市场形象。但是，在今天市场经济的发展中，很多企业恰恰陷入了“唯科学主义”的误区，把企业视为纯粹的经济体，把企业行为看作纯粹的经济行为，把道德完全排除在企业和企业行为之外，这显然是一种错误。您能否再谈谈唯科学主义这一问题。

---

① 彼得·科斯洛夫斯基、陈筠泉主编：《经济秩序理论和伦理学》，中国社会科学出版社 1997 年版，第 8 页。

**科**:我说所的"唯科学主义"是针对在西方学术界和市场经济实践中一种非常流行的观点,即认为:无论出于何种动机,市场本身有一种物理的力量迫使行为不端者出于自身利益而做出有利于他人的行动。例如,企业为了赚钱必须卖出自己的产品,因而必须考虑并满足顾客的需求,否则,产品无人购买自然会导致企业破产。我认为,这种把市场完全理解为物理的、机械的客观规律的观点是错误的,我把这种观点称为"唯科学主义"。事实上,市场是非常复杂的,它并非是一种物理的或者纯粹机械的东西,市场活动也绝不等同于你一锤子砸到手后产生疼痛感这样的机械反应。市场经济中必然还有一些非物理的东西发挥作用,必然包含着很多精神活动,不能把精神的、道德的力量排除在市场之外。尽管人们在市场上受自我利益的驱动,但是道德的因素却不能因此而被忽略。

**王**:我理解得没有错,我的观点和你一样。就目前我国的企业情况来看,唯科学主义的情况比较严重。

**科**:柏拉图的《理想国》中有一个故事,讲述牧羊人盖吉氏(又译古各斯)偶然得到一枚可以让自己隐形的金戒指。于是,盖吉氏利用这枚戒指的神奇力量引诱王后、谋杀国王、夺取王位。[①] 这个寓言是个很好的思想试验,它说明人们更容易被自己的利益而不是道德所打动。也就是说,当一个人认定自己做了不道德的事不会被抓住,他就会去做不道德的事。商人也是如此,从其本性来说,商人总是将道德视为一种约束或负担,因而不愿意受道德的约束。

**王**:所谓"商人不讲道德才能赚钱"是建立在"人性恶"理论假设基础上的错误命题。事实上,在现代市场经济条件下,真正面向长远利益和未来发展的商人必须讲道德。原因在于,最终你的产品必须销售出去,必须满足他人需要,得到社会的认可,这就意味着,你必须诚信地为顾客提供优质的产品和服务。不讲道德的欺诈是一种冒险的短期行为,我国的三鹿奶粉事件就是一个典型的例证。从长远来说,企业必须讲道德才能真正实现持久的发展。

**科**:我同意。但是,我认为仅仅从长远利益来论证道德符合商人或企业的利益是不够的。对于一个商人而言,面对所谓的"长远",他可能首先会问"生命有限,我活得到吗?"而现实中每天都在出现的破产、倒闭,也容易使企

---

① 这个故事通常被称为"盖吉氏的戒指"(The Ring of Gyges),出自柏拉图的《理想国》。参见柏拉图:《理想国》,商务印书馆 1986 年版,第 47 页。

业因为长远利益的不确定性而趋向于“有钱先赚了再说”。因此,我想不从长远角度而是从参与交易的每一方的利益来为企业应当讲道德提供另一个论证。也就是说,参与市场交易的每一方讲道德对各方都是有利的,这一论证可以支持企业为什么要讲道德,并且,从当前市场经济的现实运行和经济主体的道德境界来说,这一论证在理论和现实中的说服力在一定程度上优于从长远道德角度进行的论证。

三、新自由主义与企业责任问题

**王:**彼得,你曾经说过,“把自由理解为完全不受市场的干涉,这最终导致一种纯粹的权力伦理学”①,我想请你进一步谈谈这一问题。

**科:**自由有很多形式,人们对自由也会有不同的理解。如果你的自由没有对他人造成伤害,那当然是没有问题的。对于企业而言也是如此。比如,企业只是想经营得更好,想降低成本增加收益,这不仅对企业自身是有益的,对全社会也有好处,当然应当是一种不受干涉的自由。但问题在于,企业存在于市场之中,必然存在着与利益相关者产生冲突的可能性,由此,企业也不可能处于完全无约束的自由状态。20 世纪 50 年代的新自由主义概念不同于今天的新自由主义概念,当时的新自由主义主张的是“自由资本主义+社会福利制度”,他们对 19 世纪的自由主义进行了批评,认为在国家干预下建立社会福利保障系统的资本主义自由市场经济是最好的。不过,现在这种自由主义似乎已经被忘却了。

**王:**我赞同彼得的观点。在不伤害他人的前提下,商人可以自由地决定自己的生产经营活动,包括生产什么、生产多少、怎样生产等等,这是没有问题的。但是,一旦这种自由伤害到他人就必须要用道德进行约束,甚至要把道德上升为法律来进行约束。也就是说,自由要受到一定的限制,这种限制来自于你必须承担的责任。因此,自由与责任密切相连,无法分开。所谓“企业不伤害他人而自由地从事生产经营活动”,其中的“不伤害他人”就已经构成了一种约束,既是一种理念约束,也是一种行动约束。从这一意义上说,对于企业而言,所谓自由的生产经营活动仍然是有约束的,这种约束是自我约束与外在约束的结合,约束的理念和手段应该是来自对“应该”的正确认识和把握。

**科:**新自由主义是一个比较复杂的问题。我认为,建立完善的社会保障

---

① 彼得·科斯洛夫斯基、陈筠泉主编:《经济秩序理论和伦理学》,中国社会科学出版社 1997 年版,第 9 页。

体系确实是政府应当完成的任务,但我不同意那种将再分配视为政府任务的观点。有一种观点认为,以公平为目的的再分配优于不公平的再分配。但这个问题实际上很复杂。比如在19世纪就有人认为,一个利润太大的企业会很快离开市场,一方面是因为风险与利润成正比,另一方面,更重要的是,由于赚钱太快,企业主就容易不进行再生产和投资,而是趋于过度消费,这对整个社会是不利的。我觉得,新自由主义的前途和资本主义的前途取决于诸如此类的很多问题,也是非常复杂的。

**王**:新自由主义反对政府干预经济的主张实际上缺乏基本的道德性。尽管政府干预并非永远正确,国内、国外都有过政府干预错误的例证,但一般而言,政府总是代表大多数人的利益,因此,政府形成的干预社会经济运行的制度、法律基本上来自于一种与时代要求相一致的正确的道德理念,是解决市场经济局限性的必要手段。

四、道德资本与企业道德资产的评估

**科**:道德对经济发展是有作用的,道德会影响企业生产,在这个意义上,企业的生产经营活动除了劳动成本、固定资产成本、流动资金成本等产生作用以外,道德显然也发挥着作用。对于这一问题,西方学术界以社会资本或文化资本来阐释,您提出的"道德资本"范畴具有十分重要的理论意义和现实价值。但我认为,这里有一个问题,道德资本不能完全用有用性来穷尽,也就是说,道德有资本不能穷尽的含义。

**王**:对。我补充一点,社会资本和文化资本的外延应该比道德资本更大,强调道德资本能够更好地显现道德的意义或价值,同时也更加凸显了伦理学的学科价值。我赞同您所说的,强调道德有用不等于说所有的道德都能成为资本。正因为如此,我提出道德资本有以下四种形态:第一,道德制度。制度本身是为了人并服务人的,应该具有某种价值合理性,因而,理性的制度本身不可能游离于道德之"应该"之外,它应该是道德化(道德性)的制度,即道德制度。如果一项道德制度能通过规范或制约人的行为,促进经济社会利益的增加,那么这项制度就具有道德资本意义。第二,理性关系。理性关系形态是道德资本的主体性维度的基本形态。作为道德指向的人与人之间、人与社会之间的理性关系的型塑,理性关系将直接决定着企业经济活动的成败与效益,这就是作为理性关系形态的道德资本。第三,主体觉悟。主体觉悟形态的道德资本着眼于主体崇高的价值取向和积极的人生态度。第四,物化道德。道德资本的实物性载体是道德产品,这是道德资本最终实现价值的依托。也就是说,产品应当具有道德性,符合人性化要求。概括起来说，并非所有的道德都能成为资本，道德一定要进入生产过程体现为效益才能成为资本。比如家庭关系中，孝是一种道德，但它不进入生产过程，因而也就不能成为道德资本。

**科**：这四种形态概括得非常好。

**王**：我认为，经济伦理研究要更好地发挥经世致用的功能，必须使其更好地进入到企业的生产经营活动中去。目前，我正在试图结合承担的国家社会科学基金重点项目“商业伦理与企业核心竞争力研究”，通过全方位、立体的镜像调研反映中国企业道德问题的现状，在此基础上，争取用2～3年的时间设计出一套具有实践操作性的企业道德资产评估体系。彼得，我想听听您对企业道德资产评估的看法。

**科**：如果能够以一定的方式对企业道德资产进行评估和测度当然是非常有意义的。这样一来，企业道德会更多地受到企业主或企业家的重视。对这个问题我没有进行过太深入的思考，但是，刚才我听您谈到道德资本的四种形态，我认为企业资产的评估完全可以以此作为理论基点，也就是从道德制度、理性关系、主体觉悟和物化道德四个方面细化出具体可测度指标。例如，理性关系应该是在某种程度上可以测试的，公司内部员工的相互关系、公司与利益相关者的关系等，都可以在评估体系中得到体现。再如，物化道德也是可以在一定程度上测度的。企业是否能够满足客户需要的理念贯穿于产品的原料、外形、包装等诸多方面，也可以通过设计一定的评估指标来进行测度。

**王**：这个问题对我的课题研究来说是个难点，感谢您的建议。希望在初步拟定评估体系后，能够再有机会与您就这一问题继续展开探讨。

此外，王小锡教授与科斯洛夫斯基教授还交流了目前中外经济伦理学研究的热点问题及中国经济学的未来发展前景，并就双方今后的学术交流与合作达成了初步意向。此次学术对话，创建了中外经济伦理学学科间高层交流与合作的独特的平台，既使我们了解到国际经济伦理学的前沿信息，也将我国经济伦理学的独创性研究成果推向了世界，充分彰显了中国经济伦理学蓬勃发展的良好态势。

# 经济伦理与企业发展

## ——王小锡教授与恩德勒教授学术对话录①

王露璐

2010年5月24—26日，美国圣母大学教授、著名经济伦理学家乔治·恩德勒教授(Georges Enderle)应邀在南京师范大学公共管理学院开展讲学活动。讲学期间，恩德勒教授以"财富创造与中国经济伦理的发展"为主题做了两场学术报告，并与公共管理学院院长王小锡教授进行了一次主题为"经济伦理与企业发展"的学术对话。

乔治·恩德勒教授于1943年出生于瑞士，1967年、1973年和1976年分别获慕尼黑大学哲学系、里昂神学院和弗里堡大学经济学系硕士学位，1982年和1986年分别获弗里堡大学经济学博士学位和圣盖伦大学经济伦理学博士学位，现任美国圣母大学门多萨商学院教授。恩德勒教授是欧洲经济伦理学网络的创始人之一，国际企业、经济学和伦理学学会(ISBEE)前会长(2000—2004)，在国际经济伦理学界享有盛誉。自1994年起，恩德勒教授开始在中国参加经济伦理教学和研究活动，并在中欧国际工商管理学院讲授MBA和EMBA的"经济伦理学"课程。恩德勒教授出版了18本著作，发表论文100多篇，其中中文版专著《面向行动的经济伦理学》及合著(编)的《经济伦理学大辞典》、《国际商务伦理学》和《发展中国经济伦理》等，在我国经济伦理学界产生了较大影响。

王小锡教授在我国较早开展经济伦理学研究，现任南京师范大学公共管理学院院长，兼任中国伦理学会副会长、教育部人文社会科学百所重点研究基地中国人民大学伦理学与道德建设研究中心经济伦理学研究所所长。目前，由王小锡教授主编的《中国经济伦理学年鉴》(南京师范大学出版社出版，已出版7卷)已成为全面系统展示中国经济伦理学研究现状和成果的重要平台。

此次王小锡教授(以下简称王)与恩德勒教授(以下简称恩)的学术对话

① 本次对话由南京师范大学公共管理学院陈真教授担任翻译。恩德勒教授在对话后提供了他即将发表在《经济伦理学季刊》(*Business Ethics Quarterly*)的论文 *Clarifying the terms of business ethics and CSR* 以及与此次对话相关的一些资料。在此专致谢忱！

主要涉及"经济伦理学的学科概念和实践意义"、"中美经济伦理理论与实践的现状"、"道德资本及其对企业运行的意义"和"全球化背景中中国经济伦理学面临的挑战与应对"等议题。双方在上述问题上进行了充分的交流与沟通,增进了彼此的了解,并在很多问题上达成了共识。现将对话主要学术观点整理如下。

一、经济伦理学的哲学分析与实践面向

如何理解"经济伦理学"这一学科名称的含义?中外经济伦理学界的两位著名学者的话题由此开始,并在此基础上对经济伦理学的哲学分析和实践面向这两个基本层面及其相互关系进行了探讨。

**恩:**在美国,尽管对经济伦理学的定义并不完全相同,但通常而言,学者们认为它是一个总括性的概念,包括微观、中观和宏观三个层次。经济伦理学并不等同于企业伦理学。我也持这样的观点,如同我在自己的书中所指出的,经济伦理学在三个层次上去改进决策和行动的伦理质量。美国一些著名的经济伦理学家也通常是从比较广义的意义上理解经济伦理学的。例如,理查德·T·德·乔治认为,作为一个领域,经济伦理学涵盖了商业、私有财产以及不同经济系统的伦理基础。①

一般来说,经济伦理学和商业伦理学是可以相通的。在美国有三个与此相关的概念:经济伦理、企业社会责任(CSR)、经济活动与社会的关系。过去两年中,美国出版的《牛津经济伦理手册》(布伦科特,2010)、《牛津企业社会责任手册》(克瑞恩,2008)和《经济伦理学与社会的百科全书》(科尔伯,2008)这三本书都谈及这三个概念。布伦科特把对道德问题的哲学分析和关于企业内外部问题的案例研究结合起来,将哲学分析和系统的、组织的和个人的道德问题联系在一起,是一部从企业角度出发关注"实践"的书,涉及企业中大量的各类关系,体现了对待企业伦理学问题的典型的美国方式。《牛津企业社会责任手册》主要是考虑企业与社会的互动关系,更多是利用哲学以外的如心理学、社会学、经济学等学科的方法进行分析。尽管"责任"

---

① 理查德·T·德·乔治在《经济伦理学的历史》一文中从"职业道德意义上的经济伦理学"、"作为学术领域的经济伦理学"、"作为一种运动的经济伦理学"三个方面回顾了经济伦理学的产生和发展,认为这三个方面的结合构成了最广泛意义上的经济伦理学的历史。参见 Richard DeGeorge. *The history of business ethics*, in The Accountable Corporation, ed. by Marc Epstein and KirkHanson, Praeger Publishers, 2005.

这一术语对企业社会责任来说是基础性的,但该书却很少去界定或解释它的三个重要组成部分:主体(谁有责任)、内容(要负什么责任)和权威(对谁负责)。《经济伦理学和社会的百科全书》有五卷,是迄今为止"经济伦理学"和"企业与社会"这两个领域中最大的百科全书。它对概念的界定是清晰的、内在一致的。该书认为经济伦理学旨在详细指出那些企业必须在经营过程中道德行事的原则,主要是依据西方哲学的传统;而企业与社会这个领域考察的是企业实体和社会之间全部的相互关系,主要依赖社会科学的工具。由此,我们不难看出,经济伦理学、企业社会责任和企业与社会这些领域需要在概念上更加清晰,更具有内在一致性,应该更多地尝试"两条腿走路"的方式,也就是哲学分析和社会科学的视角与方法相结合。①

**王**:我赞同你的观点,经济伦理学有两个基本层面,它既是一种哲学的分析活动,又必须是面向实践的。现在很多人有一种错觉,仿佛经济伦理或企业伦理单纯是对实践问题的描述而没有哲学思考,这是一种误解。近来我在两本书中批评了这种观点。我认为,经济伦理学是面向实践的,但它同时是一种哲学的分析活动。原因在于,经济伦理学的研究必然要涉及经济的本质和经济活动的本质,要弄清"经济人"的本质、"道德人"的本质等等,而这些显然都是一种哲学分析。此外,经济与伦理的关系、企业与社会的关系都是辩证的,只有用哲学的视角才能清晰地予以把握。经济伦理学的哲学分析与实践意义并不矛盾。在中国已翻译出版的您那本《面向行动的经济伦理学》一书,书名就强调了经济伦理的实践内涵。我觉得,这本书正是将经济伦理的哲学分析和实践应用这两方面结合起来,尤其是以下四个方面的论述非常突出:指出经济伦理学必须面向实践才有生命力;论述创造财富不仅仅在于物质财富也包括精神财富;辩证分析企业自由与企业责任的关系;强调经理人的道德作用。

**恩**:我觉得经济伦理的理论最终一定要能够应用于实践。正如英国著

---

① 恩德勒教授对经济伦理学、企业社会责任和企业与社会需要这三个概念的阐释,可参见其文 *Clarifying the terms of business ethics and CSR*,该文即将发表于《经济伦理学季刊》(*Business Ethics Quarterly*)。在该文中,恩德勒通过对 *The Oxford Handbook of Business Ethics* (Brenkert et al., Oxford, 2010), *The Oxford Handbook of Corporate Social Responsibility* (Crane et al., Oxford, 2008), *Encyclopedia of Business Ethics and Society* (Kolb, Los Angeles, 2008)三本书的简单概述,指出经济伦理学、企业社会责任和企业与社会需要在概念上更加清晰,更具有内在一致性。

名经济学家约翰·梅纳德·凯恩斯(John Maynard Keynes)所说,真正好的理论一定是应用性的,一定对实践有实用价值。

**王**:确实如此。可以说,我在20世纪80年代末开始从事经济伦理研究,也正是源于"实践"二字。具体而言,主要有三个原因:第一,我一直认为,伦理学要发挥自身的学科价值必须能够对经济社会的发展产生作用。从我国当时经济社会发展的实际状况看,改革开放后我们开始突出强调以经济建设为中心,我也就自然想到了伦理学应当面对的一个问题,即伦理学如何更好地推动经济发展。第二,以经济建设为中心的指导思想和实践行动,一方面极大地解放了生产力并带来经济的飞速发展,另一方面也导致人们对经济中心地位的片面理解,并因此引发了种种道德失范现象。这些现象和问题要求我们从伦理学的角度进行反思。第三,我本人对经济学有着浓厚的兴趣,马克思的《资本论》是我长期研读的著作。这些主客观因素,促使我想到从经济与伦理的学科交叉角度,把经济伦理作为自己学术研究的主攻方向。

**恩**:您的这番话让我回想起我个人的经济伦理学学术历程。1970年,我作为学生到印度,当时我是学神学的,在那里我听到这样一种论断:要真正了解社会必须了解社会的经济活动。所以,我开始转向经济学。我在博士期间研究的是收入分配问题,博士论文是关于瑞士的贫穷问题。通常人们认为,瑞士这个国家是不存在贫穷问题的,我正是要提醒人们,贫穷问题在瑞士同样存在。在这之后,我越来越认识到,经济与伦理有十分密切的关系。我在瑞士从事经济伦理研究时到美国访问,注意到美国的企业合作关系问题,这成为我后来到美国就职的重要原因。

二、中美经济伦理学的研究现状与面临问题

王小锡教授与恩德勒教授交流了当前中美经济伦理学研究的现状和关注的热点,以及在理论体系与实践应用方面取得的共识和面临的问题。

**恩**:关于美国经济伦理学的研究状况,我想首先要了解两个问题:一是在现实中发生了什么,二是在学术界学者们做了些什么。从1992年我到美国,至今已有18年。20世纪90年代出现了经济活动的全球化趋势,众多的美国公司都在力求对外发展。全球化产生了这样一个问题:伦理标准究竟是相对的还是普遍的?这个问题至今没有结论。从经济伦理在企业中的应用这个层面来看,应该说取得了很大的进展。美国联邦政府曾经给法官一个指导性原则:如果公司比较注重伦理问题,注意企业内部和外部关系的协调,那么在其对社会造成伤害(如造成污染)时,可以减轻对其判罚。显然,这一原则正是意在鼓励企业更加重视伦理道德。在美国,很多大公司通常是由企业的副总裁专门负责企业伦理问题。1991 年,美国还成立了一个"企业遵从伦理协会"(Society of Corporate Compliance and Ethics,简称 SCCE),横跨各州,参加者有数千人,大多是企业的副总裁。应当说,这是美国经济伦理发展中很重要的一步。但是,自 20 世纪 90 年代以来,美国也发生了很多丑闻,其中影响最大的是 2001 年的"安然事件"。这也说明,经济伦理学在实践中仍然没有得到真正的重视,在企业实践中,不道德的行为还是比较严重的。也正是由于"安然事件"等丑闻的发生,2002 年美国国会通过了一项法律,明确禁止一些非伦理行为(如欺诈等)。在这项新法律中,伦理被作为一个突出的因素加以强调。

**王**:对于这次席卷全球的金融危机,美国经济伦理学界是否进行了分析和探讨?

**恩**:在美国,无论是在学术界还是现实实践中,曾经有一种说法非常流行,即只要每个人把自己的事情做好,这个社会就会很好。但是,这场严重的金融危机迫使人们对这一观点进行反思。2008 年 10 月 23 日,前联邦储备局主席格林斯潘在国会听证会被问及对金融危机的看法时承认自己"犯了一个错误,我假定企业(尤其是银行和其他一些企业)的自利可以最好地保障企业的股东及他们在企业中的权益"。他认为,在这场危机中"那些看上去像非常坚固的建筑一样的东西,实际上也就是市场竞争和自由市场的重要支柱,的确是垮了",这令他震惊并改变了他"四十多年来一直相信会非常好地发挥作用"的思想体系。[①] 要知道,从 20 世纪 60 年代开始,格林斯潘就非常信奉个体主义哲学,尤其非常推崇安·兰德(Ayn Rand)的《自私的美德》(*The Virtue of Selfishness*)[②]一书,他声称阅读该书后确立了自己的人生道路。但是,这场危机却使其思想发生了改变。因此,我们必须远离这套个体主义哲学,更加关注公共利益、公共福祉和公共服务。事实上,美国现任总统奥巴马就试图在政策上更多地向公共利益倾斜,但他也受到相当大的阻力。

从当前美国经济伦理学研究来说,虽然没有形成统一的理论体系,但已

---

① 格林斯潘的陈述可参见 David Wessel: *In Fed We Trust: Ben Bernanke's War on the Great Panic*, *Crown Business*, 2009, pp. 65~66.

② 该著曾出版过两个中译版本,分别译为《新个体主义伦理观——爱因·兰德文选》(上海三联书店 1993 年版)和《自私的德性》(华夏出版社 2007 年版)。

经形成了一些基本共识:第一,个体哲学是不成功的;第二,相对主义和怀疑主义是不可接受的;第三,如果我们仅仅注意眼前利益是十分危险的,这也正是金融危机给我们的深刻教训。尽管美国经济伦理学的学科体系没有普遍的、共同的框架,但其理论大体基于四个方面:一是功利主义原则;二是权利,主要指人权;三是公平正义;四是美德伦理学。一般来说,美国经济伦理学教材都是强调这四个原则,并探讨这些原则的实践应用。

**王**:注重实践应用确实是美国经济伦理学教材的特色,也是美国整个经济伦理学研究的一个特色,这是你们的一大优势。而中国经济伦理学研究中理论与实践的脱节现象还比较严重。

应该说,中国经济伦理学是 20 世纪 80 年代末 90 年代初才真正引起关注的。20 多年来,主要研究了以下问题:第一,经济的伦理内涵。这个问题必须首先研究,在我国带有启蒙性质。曾有少数学者提出,经济与道德是没有必然联系的两种社会现象,经济学应当是“道德无涉”的。但是,我国经济伦理学研究中的主流观点认为,经济一定是人的经济和人际关系的经济,因此,经济一定内含伦理道德因素。第二,伦理的经济价值。伦理道德的经济作用如何体现?或者更通俗地说,伦理道德是否可以及何以能够帮助企业赚钱?对这一问题的认识是随着中国经济伦理学学科的不断完善而逐步清晰的,学界提出了一些新的学术范畴或学术理念,从而为伦理道德之经济价值问题提供了创新的研究视角和学术话语。我这几年专门研究“道德资本”问题,已经撰写发表了 7 篇系列文章,同时还阐述了“道德生产力”问题,这些在学界也引起了广泛的探讨。第三,关于企业伦理问题。具体而言,企业公民、企业责任、企业行为规则、企业诚信等问题,也是近年来比较受关注的问题。尽管 20 多年来中国经济伦理学快速发展,但总体而言还很不成熟。并且,尽管如此,一些理论观点已经很难被社会认同和接受。从现实来说,现在很多的企业还只是想着投入、产出、赚钱、效益这些问题,既没有认识到经济本身的伦理内涵,也没有懂得把伦理道德作为工具理性去帮助企业获得更多的利益。这些问题的存在,也要求中国经济伦理学更好地面向实践、面向问题,更好地承担起自身的学术使命。

从经济伦理的实践规范来说,我国目前还没有形成成熟的、统一的规范体系。但是,有一点是值得关注的,就是近年来我们越来越关注国际经济行为的道德准则,尤其是一些全球性的认证标准,如 ISO9000 和 SA8000。随着中国企业与国外企业之间交流与合作的增强,这些全球性的标准已在相当程度上成为中国企业走向国际市场的“准入”性标准和跨国公司选择中国合作伙伴的“准联”性标准。应当说,与美国相比,我国经济伦理在面向实践方面还有不小的差距,中国企业大多没有专门官员负责企业伦理问题,目前也没有像美国那样有影响的企业伦理行为协会。严格来说,中国经济伦理学的理论研究具有一定的超前性,而在应用这一层面上则相对滞后。但我相信,通过学者和社会各界的共同努力,经济伦理学理论一定能够在中国引起更加广泛的社会关注并在实践中得到认同和接受。

**恩**:我赞同您的观点。不过,这里我们需要关注这样一个问题:一个伦理上负责任的公司是否一定意味着商业上的成功?比如,一个公司对顾客负责,对员工公平,这样的企业是否就一定能够获得更多的利润?在美国,这一直是一个争论不休的问题。

**王**:这也正是中国经济伦理学现在特别关注的一个问题。从客观上看,由于实践中经济伦理规范体系并不成熟,可能出现这样的问题,即不讲道德反而能赚钱。我曾分析和归纳了我国企业道德状况的三种类型:一是道德自觉型,即能够自觉地将道德作为一种工具理性应用于生产经营活动,渗透于产品设计,帮助提高产品质量,加快销售速度。中国的海尔集团就是这种类型中的代表。但是,这样的企业可谓凤毛麟角。二是道德理念模糊型,时而觉得讲道德对企业有积极作用,时而又觉得道德无助于企业发展。正是因为理念上处于一种不确定和不清晰的状态,这样的企业自然也就缺乏一以贯之的道德行为。现实中这种类型占绝大多数。三是道德堕落型,为了赚钱不择手段,不惜以损害消费者或社会的利益为代价。“三鹿奶粉”就是这样的个案代表,美国当年的“安然事件”同样根源于企业诚信与责任的缺失。当然,这三种类型只是一个初步的分析。近来,我和我的研究团队正在拟写计划,准备做一次全方位的企业道德调查,力求通过调查客观反映中国企业道德的基本状况。

三、道德资本及其对企业运行的意义

“道德资本”是王小锡教授在经济伦理学研究中长期关注并加以系统阐释的独创性概念。在对话中,双方饶有兴趣地探讨了对“道德资本”这一概念的理解及道德资本对企业运行的现实意义。

**恩**:据我所知,德国也有学者在使用这个概念。我没有就此做过专门的研究,按照我的理解,道德资本是否是一种企业的品德?

**王**:可以这样理解。西班牙学者西松在《领导者的道德资本》一书中,就是把道德资本当做个人的品质、企业的品质。但他没有做进一步的展开论述。在我看来,道德资本可以更具体地分为道德制度、理性关系、主体觉悟和道德产品四种主要形态。这四种形态在道德资本的运行过程中分别扮演着不同的角色，承担着不同的功能，同时又相互渗透，相互影响。例如，一个企业如果能够建立公正、人道、诚信的企业管理制度，在企业内部和外部实现和谐的关系，员工和企业领导具备良好的道德素质和社会责任感，这样的企业一定能够设计和生产出符合市场需求的人性化产品，也必然能够获得更高的市场占有率和更多的利润。正是从这个意义上说，道德可以帮助企业获得更多利益。

**恩**：西方学者强调的企业道德资本，往往指的是企业的信誉。

**王**：这是道德资本中的一个部分。如同我刚才所说，道德资本还包括其他的内容。例如，一个水杯，生产和设计中必须有人性化的道德理念。比如说，它的直径要适宜人的要求，太大了手无法握住，太小了又不实用。这种"为人"的理念在它的材质、外形等诸多方面都要加以显现。也就是说，设计的依据是人的需求，违背人的需求，产品就没有市场，企业的利润自然也就无从谈起。所以，任何一个产品的设计、生产和销售都要符合人的需要，这就是一种道德理念。而企业的这种道德理念，对于企业而言就是一种道德资本。

**恩**：每个企业都是一个道德的行动主体，一个道德的行动主体是有它的品质或者说资本的。资本在英文中有两层含义：一种是有价证券和资产，另一种主要指现金流，也就是说，资本可分为存量资本和流量资本。我认为道德资本更类似于你拥有的股票，是一种存量资本，企业只有保有存量资本才能维持企业的正常运行。也就是说，企业的道德品质可以成为一种资产，道德资本如同一种企业所拥有的、以后能赚钱的有价证券，它和企业经济活动的关系就如同生产活动中资产和流动性的关系一样。

**王**：我认为，企业道德资产和道德资本是有区别的。企业所有的资产，无论是固定资产、流动资产或是物质资产、精神资产，如果不进入生产过程，就仅仅是企业的资产，只有进入生产过程，才有可能发生增殖而真正成为企业的资本。也就是说，资产是可能的资本，资本是进入生产过程产生效益的资产。同样，如果企业道德不进入生产过程时，它也仅仅是一种道德资产，只有当它进入生产过程，它才真正能够成为一种道德资本。

四、全球化背景中中国经济伦理学面临的挑战及其应对

恩德勒教授曾经指出："在中国，经济伦理是一个巨大的挑战，这一挑战

的广度和深度不容低估。"[①]两位教授由此出发,探讨了当前中国经济伦理学发展面临的问题和经济全球化背景中的普遍性道德准则。

**恩:**我把经济伦理分成宏观、中观和微观三个层次。首先,从中观即企业这一层面来说,中国面临着很大的挑战。过去中国很多企业都是家族企业,香港也是如此,并且有很多成功的例子。家族企业当然有自身的一些优势,比如,由于家庭成员间更容易产生信任,家族企业比较容易处理员工之间的关系。但是,改革开放后,中国企业发生了很大变化。伴随着企业规模的不断扩大,企业需要面对和处理的关系愈加复杂,原有的家族企业模式受到很大的挑战。如何把各方面的理念、动机、目标结合起来,这是一个很大的挑战。在这点上,我认为日本的一些企业提供了很好的思路和做法。例如,日本著名的松下公司(Matsushita Electric Industrial)就非常重视企业文化和企业伦理。其次,中国是从计划经济向市场经济转型,这是两种不同经济系统之间的转换,存在着很多不确定性。这就如同你建一个从南京到上海的高铁,必然牵扯到与之相关的整个系统都要发生相应的变化。在这个转型的过程中有三个不同群体:公司、政府、公民社会,其相互关系也会发生相应的转变。最后,如何定义中国在经济全球化中的地位?这也是一个问题。全球化的问题不是哪一个国家的问题。在全球化的进程中整个人类越来越变成一个整体,经济活动的全球化迫使你考虑自己在其中的地位和作用。事实上,这不仅仅是中国面临的问题,同时也是全球每个国家必须面对的问题。

**王:**您说的这些问题确实值得我们在发展中国经济伦理学的过程中加以重视。经济伦理的基本理念在不同的国度存在着很多的一致性,经济全球化更会促使各国企业寻求一些普遍化的道德准则。因此,较之其他应用伦理学的分支,经济伦理的理念和规范更具有共同性。

**恩:**2000年联合国秘书长安南曾经领导达成了一个包括十项原则的"全球契约",订立了十条企业应当遵守的条约。当然,这个条约是一种道德性的条约,对它的遵守是自愿的。全球契约是为承诺依据在人权、劳工、环境和反腐败方面普遍接受的十项原则进行运作的各企业提供的一个框架。作为已有100多个国家数以千家企业参加的世界上最大的全球企业公民行动倡议,全球契约的首要关切就是展示和建立企业及市场的社会正当性。

---

① [美]乔治·恩德勒,高国希等译:面向行动的经济伦理学,上海社会科学院出版社2002年版,第9页。

一个公司签约加入全球契约就意味着赞同其信念，即植根于普世原则的企业实践有利于使全球市场更加稳定、更加公平和更具包容性，并有助于建设繁荣昌盛的社会。[①]

自 2009 年起，南京师范大学经济伦理学研究团队开始尝试打造“经济伦理中外高层对话”这一独特的平台，以此加强中外经济伦理学学科间的高层交流与合作。此次王小锡教授与恩德勒教授的学术对话，是继王小锡教授与德国著名经济伦理学家彼得·科斯洛夫斯基教授（Peter Koslowski）开展首次对话之后，实现“经济伦理中外高层对话”系列化、常规化的又一次成功尝试。双方还就“中国伦理学会经济伦理学专业委员会”（筹）与国外经济伦理学专业协会间的学术互访和合作进行了磋商并达成了初步意向。

① 关于“全球契约”及十项原则的内容，可参见 http://www.unglobalcompact.org/Languages/chinese/index.html

# 论文摘要

**解读“商业和谐”——读《商业和谐论——商品交换伦理研究》** 王莹，道德与文明，2010.1

“商业”与“和谐”似乎是两个相互矛盾的概念。因为在现实世界中商业常常是被怀疑和抱怨的领域，许多人认为“商业就是欺骗”，商人就是“奸商”，这种看法显然有失公允。商业是进行商品交换的行业，商人在买卖商品中获得利润。他们为了获得利益而为他人提供商品或服务，实际上也是一种利他、利社会的行为。不过，他们从事商业的真正目的是利己，是在利己基础上的利他，促使他们进行商业活动的动机是利己心。人们往往有一种偏见，认为商业不可能“和谐”，商业和谐只是一种不切实际的空想。因此，阐明商业和谐，进而阐明商业不仅可以和谐，而且还可以促进社会和谐，不仅是对一个理论难点的突破，而且还可以改变人们对商业的偏见。

建设美好社会，实现社会和谐，是人类梦寐以求的社会理想。但和谐社会不是完美的社会，也不是没有矛盾的社会，而是存在矛盾和冲突但又能正视并妥善解决矛盾和冲突的社会。完美的社会和无矛盾的社会是不存在的。对于人或人类社会来说，和谐不意味着完美无缺，而意味着日益改善、不断发展、不断进步；意味着不断化解旧矛盾，又迎来新矛盾，而后再化解新矛盾，再迎来更新的矛盾。如此，矛盾不断解决，社会不断进步，人类不断走向新的和谐。

商业的发展也是如此，商业活动中有各种矛盾，商业和谐也不是完美的状态，而是不断发展、不断完善的状态。随着社会的进步和商业的发展，商业伦理秩序必将日益健康、有序、和谐，但不可能没有冲突和矛盾，设想没有矛盾和冲突的商业伦理秩序只能是一种不切实际的空想。

商品经济发展到今天，买和卖的过程越来越分离，交换的范围越来越大，交换的内容不断丰富，交换所涉及的伦理关系和形成的伦理秩序越来越复杂。商业活动在这种不断发展、不断进步的过程中，尽管也有各种不足、各种冲突、各种失范现象、各种违法乱纪行为，但商业发展的总趋势是越来越和谐、有序。各种矛盾和冲突的存在，恰恰证明了商业和谐不是一种固定不变的、完美无缺的状态，而是一种不断发展变化、不断改善，同时又伴随着各种矛盾的运动状态。

和谐的商业社会应该是一个公正而自由的社会，交易各方以各自的利益为目标，为实现自己的正当利益而奋斗。在这种条件下，通过商业主体之间公平交易，以达到利益平衡。这里需要的就是自由精神和公正原则。商业活动中不应该有特权，而应一律实行等价交换、自由竞争、自愿合作、遵守信用。一个理想的商业伦理秩序就是公平互利、自由竞争、机会均等的状态。和谐与竞争并不是对立的，真正的和谐来源于公平而自由的竞争。总之，商业和谐就是商业生态系统的各个方面、各个环节以公开、公正、公平、互利、自由的竞争与合作为手段，以信用体系为支撑，以法律法规为保障而达到的互利双赢的可持续发展的状态。

随着社会的进步和商业的发展，商业伦理秩序必然日益合理健康，商业道德必然日益进步。中国社会科学出版社出版的《商业和谐论——商品交换伦理研究》(河北经贸大学柴艳萍著)一书颇有远见地指出，不管商业经济和商业伦理达到怎样的程度，现代商业社会不可能没有冲突和矛盾，在商业活动中交易双方以及利益相关者之间的利益对立和冲突是始终存在的。自利与利他、经济发展与社会的可持续发展之间的矛盾是商业活动中的两对基本矛盾。和谐的商业伦理秩序应该是自利与利他的统一、经济发展与社会持续发展的统一，以达到各种矛盾相对平衡的状态。因此商业活动不能只考虑自身的利益，还必须考虑各利益相关者的利益。只有这样，才能实现从“以利润为本”的传统商业向“以人为本”和环境友好型的现代商业转变，最终实现商业自身的和谐、商业与社会的和谐、商业与自然的和谐。这是商业发展的大趋势。

**企业道德的两个基本问题**　王蕾，伦理学研究，2010.1

在20世纪50年代末60年代初，美国工商业活动中出现的一系列丑闻，如行贿受贿、规定垄断价格、欺诈交易和歧视员工等，使得在19世纪盛行的“社会达尔文主义”以及与之相适应的“企业经营的唯一目的就是为股东谋取利润”的思想日益受到学界乃至普通大众的诟病。因此，自从霍华德·博文首次于1953年在《经营者的社会责任》一书中提出企业必须具有社会责任、企业有义务去追求符合社会价值的目标这一革命性的观点以来，学界对于企业道德问题的讨论一直方兴未艾。事实上，企业道德问题说到底就是要解决两个问题，一是企业为什么要讲道德；二是企业怎样才能在实践中更好地履行道德责任与义务。

一、企业并不是非道德的:对自由主义模式的批判

以弗里德曼和哈耶克为代表的自由主义经济学家认为,企业作为一种“人为的人”不可能成为道德主体,因此也根本不存在企业社会责任一说。如果非要说企业必须承担什么社会责任的话,“企业唯一的社会责任就是增加利润”。至于大众福利的满足以及社会道德的进步,都会在亚当·斯密所说的那只“看不见的手”之下自然完成。他们认为,如果公司为了普遍的社会利益而花费股东的金钱、浪费公司资源,最终的结果将是:一方面,股东的利润受损,股东撤资;另一方面,由于那些不关心社会责任的公司具有更高的成本优势,将使企业在市场上的竞争优势下降,利润进一步下滑,最终可能导致企业的破产。

“看不见的手”只与商品的供需有关,而不能带来协商与对话,不能解释企业行为的动机与原则,更不可能自然而然地提升整个社会的福利程度。相反,道德的介入则是市场经济进一步发展的必然选择,是人类进化过程的必然选择。因此,“企业非道德”的合法性基础是有问题的,即使是站在自由主义经济的角度,企业不需要讲道德也是站不住脚的。事实上,价值观是社会经济生活的基石,所有市场的运作都是建立在信任以及超越纯粹个人利益之外的共同价值观的基础之上的,不存在与道德无关的市场行为。

二、企业为什么要讲道德:几种解释模式的分析

更多的学者倾向于认为企业必须讲道德,并从不同的角度对这一论点进行了充分的论述。总的来说,这些论述可以归纳为以下几种模式。

1.权力—责任模型

这种观念认为,企业的社会责任源于它的社会权力。这是一种扎根于社会现实的理论模型,其观念很容易得到人们的理解与共鸣:公司日益成为比家庭和教堂更重要的地方,成为人们满足生存、实现自我、与他人及社会建立联系的最主要途径。我们甚至可以认为,公司不再仅仅是组织经济活动的工具,而正成为社会的主要机构和人们生存的环境。因此,公司并不是与道德无关的存在,相反,责任与权力的对等是公司合理享用权力的唯一原因,也是社会公正的基本要义。

2.利益相关者理论

利益相关者理论是针对传统的股东至上理论所提出的,其代表人物有弗里曼、布莱尔、唐纳森、米切尔等。该理论认为任何一个公司的发展都离不开各种利益相关者的投入或参与,企业追求的是利益相关者的整体利益,

而不仅仅是股东的利益，企业对所有利益相关者都存在着道德责任。

实质上，利益相关者的理论基础来源于契约论。在契约论的基础下，这种理论把企业的本质看做各利益相关者通过一组复杂的显性契约和隐性契约所构成的法律实体，把企业的行为看成各利益相关者通过这组复杂的契约系统而相互合作与制衡的行为。这就使得企业服务的对象不再仅仅是股东，而是所有的利益相关者；股东的利益不再独立于其他利益相关者的利益而单独存在，他们只有按契约的要求完成了对其他利益集团或个人的责任与义务之后，才能获得自己应有的利益。在这种基础上，提出企业需要讲道德、需要关注其他利益相关者的权益，就再理所当然不过了。

3."伦理回报"模式

支持这种观念的人多为管理学家，如托马斯·贝特曼，迈克尔·波特等。他们从工具理性的角度出发，基于一种长期时间框架的分析，证明企业的道德优势可以转化为成本优势和差异化优势，达到提高企业竞争优势的目的。另外，对道德的重视还能帮助企业更好地进行风险管理，所以，他们提出讲道德是会有回报的，企业需要讲道德。

持"伦理回报"观念的人都认为企业道德与企业的绩效成正相关。"伦理回报"来源于这样一种朴素的道德理念：良好的行为会带来良好的回报，并且在人们的相互合作中互惠性总是优先于自私性。但这一分析模式也存在着两个有待完善的地方：其一，提高企业的道德水平，是需要大量的前期投入的；其二，有学者指出，"伦理回报"的说法并不承认伦理是一个独立的、不可动摇的原则，也不承认道德具有内在价值，相反，它仍然是以经济目标的满足作为伦理与道德的唯一价值，把财务业绩看做是最终决定一切的唯一评价标准。

4.伦理价值模式

伦理价值模式是专门针对"伦理回报"模式的不足所提出来的。这种观念认为道德本身自有价值，这种价值不依赖于经济绩效而独立存在。企业遵守道德最根本的原因不是因为这样能带来经济上的回报，而是因为道德本身就值得我们去重视与遵守。另外，经济绩效是企业遵循了伦理后所获得的奖励，而不是企业工商活动的终极目的。

三、企业怎么样讲道德：在实践中承担道德责任

正确说明企业必须讲道德的理论原因与现实意义，只完成了"企业为什么要讲道德"这个问题的一半。但"知易而行难"，企业很难仅靠对企业社会责任的重要性与必要性的了解，就在商业活动中一贯地按道德来行事。作

者认为,企业讲道德必须在实践中承担道德责任,而要更好地承担道德责任,企业又必须完成由道德认知到道德行为的转化。一方面,企业内部:知情意在企业层面上的合而为一;另一方面,企业外部:站在民主体制改革的高度,打破源于“财产权神圣不可侵犯”的企业集权神话,从根本上颠覆企业的概念与性质,为企业道德创造一个崭新的社会环境。

可见,要想企业真正地重视道德,使企业对道德责任的重视不再仅仅是一种改善公共关系的权宜之计,使企业社会责任运动不成为一种巧妙地阻碍社会民主的糖衣炮弹,我们必须重新思考财产权的地位以及企业的定义,进而站在民主与自由的高度来看待企业的社会责任问题。只有通过在社会意识与制度层面上对企业的权力进行彻底的改造,才能保证企业真正地道德地行事。

## 在平等与差异之间——苏南乡村工业化进程中的分配模式及其走向

王露璐,江苏社会科学,2010.1

一、平等与差异并存:苏南村庄共同体分配模式的基本态势

在相当长的一段时间,苏南地区“以集体经济为主体,共同富裕为目标”的发展模式,使公正共享成为其分配模式上的基本价值取向和伦理原则,体现为企业分配机制的“公平合理”与村庄共同体内部的“道义性调节”相结合。在企业内部,强调权利与义务的对等均衡,即“劳”与“得”的直接对应关系;在村庄共同体内部,通过一种近乎“平均主义”的方式实施“道义性调节”。这种分配模式,使我们看到苏南乡村独具特色的“差异”与“平等”并存的现象。

伴随着苏南乡村工业化的进程,尤其是20世纪90年代后乡镇企业的改制以及多种所有制经济的共同发展,苏南农民个人及家庭收入差距开始扩大。最主要的原因,是不同企业的经营状况、分配机制及劳动者的岗位的劳动数量、质量等方面的差异。就此而言,苏南乡村的企业分配机制并没有什么特殊之处,它遵循以“合理的差异”为前提的“公正”原则。这也正是当前市场经济条件下绝大多数企业所采纳的分配机制。不过,苏南乡村的特殊性在于,与这种企业分配机制及其所带来的收入差距并存的,是相当一部分村庄对村民实施的一种“人人平等”的货币或实物分配。

苏南乡村在工业化进程中的这种分配模式,既体现了市场经济发展所要求的具有激励作用的“合理差异”,又以村集体福利形式兼顾了失地农民和弱势群体的基本生活保障。这一分配模式所遵循的,是基于“平等”与“差

异”相结合的公正共享之伦理原则。罗尔斯曾指出，作为主要运用于社会基本结构或制度的基本正义原则系统，第一原则是“平等的自由原则”，适用于“支配权利和义务的分派”，第二原则是“差异原则”，适用于“调节社会和经济利益的分配”。反观苏南村庄共同体内部的分配模式，正是一种试图将市场分配、社会制度安排与社会道义性调整相结合的分配体系。这里，社会道义性调整是通过“人人平等”式的村庄共同体内部福利分配的制度安排得以实现。也就是说，以社区政府为决策者和执行者的这种制度安排兼有“政府调节”与“道德调节”的双重意义，社区共同体成员则通过平均分配的方式，共享社区经济发展的利益成果。

二、平均主义与经济理性的内在紧张与回应：苏南乡村分配模式的历史生成

苏南乡村在其发展中所显现的差异与平等并存的分配模式，与其独特的地域伦理文化特征及改革开放后形成的“以集体经济为主体，共同富裕为目标”的发展模式有着密切关联。具体而言，一方面，吴文化精明理性的传统、近代以降形成的重商主义经济价值观，使苏南农民较早具备了理性务实的经济价值观和功利主义的道德准则；另一方面，传统小农的平均主义意识和改革开放后苏南乡村以集体经济为主体的所有制结构，又为集体成员共享集体利益之理念提供了基础。

今天，在苏南乡村，我们依然能够看到平均主义思想存在的痕迹。在华宏村的调查中，几乎所有受访者都对“家家户户都一样”的居住环境表示满意。这一评价，似乎正是小农“平均主义意识”顽固之验证。不过，对于一个在走向工业化进程中个体富裕程度已出现极大差别且这种差别已然得到大多数村民认同的村庄来说，这种“平均主义意识”显然无法为村民“住房同一化”的意愿和行为选择提供合理而充分的论证。在苏南这一特殊的区域，长期经营性农业及市场行为的增加，使苏南农民较早萌生了现代经济理性意识，甚至产生了追求“利益最大化”的行为选择。改革开放以后，苏南农民在理性务实的经济价值观基础上，以独具特色的“苏南模式”率先将原先的致富冲动转化为区域发展的领先优势。

苏南模式所确定的共同富裕目标，更多是由集体经济为主体的所有制结构决定的。集体经济为主体的所有制特征，决定了苏南模式集体成员共享集体利益的分配机制，并由此带来了社区成员共同富裕的结果。而苏南村庄共同体内部的“平均分配”，也正是由这种以集体经济为主体的所有制结构及其基础上共同富裕的价值目标所决定的。成为苏南乡村经济之主体

的集体企业,为集体成员共享集体利益提供了坚实的物质基础。这种区域内部的"共富"和与区域外部相比较的"先富",造就并不断强化集体成员对基于村庄共同体内部"平均分配"所产生的"平等"的价值认同感,并进一步巩固了这种村庄内部的平等意识。

可以说,在苏南乡村独特的历史发展轨迹中,现代经济理性与传统平均主义意识的交织与混合,使苏南农民伦理价值观的变化出现了一种极为特殊的思路逻辑。平均主义的"求同"与经济理性的"致富"所形成的一种内在紧张与回应,既使苏南乡村以基于企业内部分配的差异性产生更高的效率,从而实现其区域经济的比较优势,又使这一地区以诸如"人人一样"的村民住宅和福利等形式,向人们继续展示着传统农民的"大同"理想。

三、差异扩大的必然性与平等维持的可能性:苏南乡村企业改制后的分配模式走向

大批苏南乡镇集体企业的改制,以及种种鼓励政策的采取,进一步扩大了村庄共同体内部的收入差距。此外,伴随着苏南乡村企业生产规模的不断扩大,大批外来务工人员开始进入这一区域。在本村居民和外来务工人员之间,以"同工同酬"为原则的报酬平等所体现的企业内部分配制度的公平性,与就业岗位、升迁机会的"地缘优先"和村庄福利分配上的"地缘排斥"所带来的事实差异同时存在,从而为苏南乡村"平等与差异并存"的分配模式注入了新的内容。

在未来相当长的一段时期内,苏南乡村不可能在其分配模式上实现本村村民与外来务工人员间在村庄集体福利分配上的"平等"。这是否意味着,苏南乡村经济发展中公正共享的分配模式,恰恰是建立在对外来务工人员不公正的"集体资本主义"基础之上?

此外,苏南乡镇企业改制的完成,也给村庄内部福利分配的物质基础带来了影响。在大批乡镇集体企业转变为股份制、公司制企业以后,理论上说,它们已经没有继续为村集体提供财力支持的"义务"。改制后的民营企业对村庄、乡亲的利益回报,更多只是一种"道义上的责任"。问题在于,这种失去了产权制度约束的"道义责任"是否能够被永久地兑现?如果失去了这种"道义"上的支持,村庄共同体成员"人人平等"的集体福利何以为继?

在苏南乡村经济的发展中,村庄领袖以自身能力带领村庄走向共同富裕,既是村庄成员的期待和要求,也是被村庄领袖认同的基本义务。这种"带领作用"的实践操作,往往以苏南村庄领袖的双重身份为前提和路径。目前,苏南地区绝大多数名村、强村的村书记由当地最大企业的老总担任,

这种村庄领袖“书记+老板”的双重身份，使其能够并愿意以企业利润的让渡为村庄共同体内部的福利保障提供物质基础，从而使“人人平等”的集体福利得以维持。

总体而言，苏南乡村企业产权制度的改革和外来务工人员的增加，将使这一地区分配模式和结果上的差异性进一步扩大。不过，与此同时，乡村企业领袖对村庄福利的持续贡献和道义行为，仍将使“人人平等”的村庄集体福利分配制度在一定时期内得以维持。从这一意义上说，差异与平等的并存，将在苏南乡村未来一定时期内的分配模式中得以延续。

**试论现阶段公平对于效率的优先性——对“效率优先、兼顾公平”原则的反思** 王常柱、武杰，伦理学研究，2010.1

在历史的长河中，公平和效率构成人类发展所追求的两个不同价值目标和用以评价社会发展的两个尺度。它们之间的关系，“实质上是如何从一定的社会生产力水平出发，充分调动各方面的积极性，最有效地利用社会的人力、物力和财力资源”。在社会结构中，公平和效率作为历史范畴分别属于上层建筑和经济基础、社会意识和社会存在，在不同的历史阶段表现为不同的关系形态。改革开放之后，“效率优先、兼顾公平”被选择为一种处理公平与效率关系的指导性原则。在此原则指导下，中国的改革开放事业迅速发展，创造出丰富的物质文明、政治文明、精神文明，但同时也出现了一些社会不公现象，一定程度上影响到社会的稳定。因此，面对新的发展形势，我们应当重新审视“效率优先、兼顾公平”这一原则，对公平与效率的关系问题作出时代的思考。

一、作为不同价值目标的公平与效率

公平和效率是人类社会所追求的两个价值目标，同时也是评价人类社会发展程度的两个尺度。公平体现了人类对自身权利和价值的追求，所评价的乃是该社会的道德合理性；效率体现的是人类对生产力发展水平的追求，所评价的乃是该社会经济发展的速度合理性。

公平作为人类追求的价值目标，与人类社会的发展形态相联系，为某一社会的经济关系或财产关系所决定。效率作为人类社会追求的价值目标也同样与人类社会的发展形态相联系。然而，公平和效率作为人类社会发展所追求的两个价值目标，在具体的社会发展中，它们之间的关系又怎样或者哪一个更具有优先性，对于这个问题，国内经济学界大致有三种观点：第一，效率优先论。这种观点认为，公平和效率是一对矛盾，效率必须放在优先的地位。第二,公平优先论。这种观点认为,公平不是指收入分配的均等,而是指机会的均等。第三,公平效率统一论。这种观点认为,公平和效率都是党和政府所要达到的政治目标,服从于中国特色社会主义的奋斗目标——实现共同富裕。

在现实的发展过程中,公平和效率之间的优先性总是会呈现出一种波浪式的变化趋势,即公平和效率随着人类历史发展的现实而交互呈现其优先性,甚至在一些特定的历史时期,会为了一时的效率而牺牲暂时的公平。

二、"效率优先、兼顾公平"原则的逻辑与历史的局限性

公平和效率是人类社会发展所追求的两个不同的价值目标,在共同富裕和人的全面发展的意义上,公平与效率相比具有终极意义上的优先性。改革开放之初,我们面对社会效率低下的严重局面,采用"效率优先、兼顾公平"原则来鼓励一部分地区和一部分人先富起来,引导人们创造高效率,促进社会主义市场经济体制的建立,这无疑是正确的。但是,"效率优先、兼顾公平"作为社会主义初级阶段处理公平与效率关系的一种指导思想,是那个时代的产物,无疑具有其历史的局限性:首先,"效率优先、兼顾公平"存在逻辑上的困境,即公平的缺失;其次,"效率优先、兼顾公平"是历史的产物,具有特定的时代特征;其三,"效率优先、兼顾公平"的原则已与新阶段的战略目标不相适应。

三、现阶段实现公平优先的重要性

在新的历史时期,"效率优先、兼顾公平"原则应当由"公平优先、追求效率"所取代,以便充分调动人民群众的积极性,更好地解决现阶段存在的问题,促进我国经济社会的持续、健康发展,保证中国特色社会主义事业继续兴旺发达。第一,中国特色社会主义事业已经进入了一个崭新的历史时期;第二,公平优先、追求效率,符合公平与效率关系的辩证统一原理;第三,公平优先可以充分调动人民群众的积极性,从而提高劳动效率;第四,公平优先能够增强人们战胜金融危机的信心,从而推动经济的快速发展。

四、结语

发展是第一要务,公平和效率均是科学发展追求的价值目标。追求效率,我们的社会才能发展得更快,才能使人民群众得到更大实惠;追求公平,才能使人民群众获得最大的价值认同,使社会更加和谐稳定。公平和效率作为人类发展所追求的不同价值目标和评价社会发展的两个尺度,何者优先,并不是绝对不变的,它们在人类历史的长河中,会随着社会形势的变化而表现出不同的关系形态。在现阶段,确立公平优先地位对于调整生产关

系、维护社会稳定和谐、促进社会主义建设事业的快速发展，具有特别重要的现实意义。

**消费伦理视角下的全球金融危机** 毛寒松，伦理学研究，2010.1

由美国房地产市场泡沫破裂所导致的本轮全球金融危机，因其造成的损失金额之大、波及的机构数量之多，被评论为自20世纪30年代“大萧条”以来最为严重的金融危机。随着危机的不断升级与蔓延，全球的市场稳定与经济发展都面临着极为严峻的挑战。对此各国政府均作出了迅速反应，动用利率调整、直接注资、推动并购重组与国际合作等多种手段进行救市，以防止危机进一步演变为实体经济的全面衰退。与此相对应，理论界尤其是经济学领域的学者也对危机表现出高度关注。为了确保各种经济政策在应对金融危机的实践中取得成效，就有必要从反思原有的理论入手，重新认识人类的经济行为与社会经济现象，就危机的形成原因、防范措施等问题提出更具有解释力与前瞻性的新理论。

一、消费行为：引发金融危机的微观因素

所谓消费，指的是这样一种行为方式：人类通过这种行为方式来占有并消耗某些物品，以满足自己的特定生命需要和生活欲望。虽然其他生命体为了维持自身生存和发展，也会从外界环境获取物质补充自身，但只有人类的类似行为才能被冠以“消费”之名，其原因在于：人类身处于商业社会中，用以满足需要的事物基本上是以合作生产和市场交换的方式获得的，消费行为也就总是以商品为对象，表现出自然界中所不具备的商品经济特征。换言之，正是社会分工和商品经济的产生，才促使人类形成了“消费”这一观念。

本轮金融危机是因为次级贷款本息无法按时收回，其坏账损失经由衍生品向整个金融体系扩散而形成的。而继续考察美国次级贷款由兴盛走向衰落的历史就会发现，坏账损失之所以大幅增加，主要在于长期以来，数量众多的消费者无视自身能力申请次级贷款购房，大量资金以次级贷款及其衍生产品的形式向房地产市场集中，呈现住房消费与生产双双扩张的局面。在市场繁荣初期房屋价格上升时，消费与生产所投入的资金能够不断增值，不至于影响到贷款偿还与资金周转，市场风险往往被人们所忽视。但是房地产市场不可能永远繁荣下去，任何一种因素所导致的市场波动，都足以影响到消费者偿还贷款的能力及继续消费的意愿。而一旦消费萎缩，金融机构就要面临贷款坏账与房屋资产贬值的双重损失，流动性不足维持正常生产的需要，风险终于暴发出来成为危机。简言之，本轮金融危机的始作俑者不是别人,正是贷款买房的消费者自身。

二、消费社会:催生金融危机的宏观背景

消费社会的到来的确标志着社会的物质生产与文化创造步入到了一个新的发展阶段,市场上可供人们消费的物质与文化商品空前丰富,满足了许多人对于幸福生活的美好憧憬。即便如此,我们既不应该也无法忽视那些隐藏在繁荣背后的深刻的社会问题。除了周期性的经济动荡,相信不少人早已亲身体验到,不加节制的消费行为并不能平抑日渐膨胀的物欲,也不能填补当代社会中广为流行的心灵萎靡,反而加大了社会各个不同阶层之间的不公平程度以及他们相互间的对立情绪,更造成了向大自然索取无度、资源濒临枯竭、生态环境遭到破坏等恶果。消费社会之所以成为理论界长期讨论和批判的热点,就在于经济危机、精神空虚、不公平与贫困、可持续发展这四大问题已经对人类幸福产生了实实在在的威胁。如果这些问题不能得到足够关注并予以有效解决,就很难保证抵御本轮金融危机的各项政策措施都能收到实效,让人们及早摆脱危机带来的痛苦与烦恼。退一步来讲,即使在短时期内金融危机得到了遏制,但如果人们不及时反思问题的根源,而继续奉行刺激消费和享乐主义的原则,重蹈之前的经济运行模式,那么也很难保证下一轮金融危机或者是危害更大的社会动荡不会在某天再次降临。

三、消费伦理:应对金融危机的行为准则

找到金融危机的症结所在不等于危机能够被轻松地攻克,人类可以顺利渡过难关,从此过上安定而幸福的生活。与此相反,在制定拯救金融危机的方案并付诸实施之前,我们应该清楚地认识到,消费社会是前人未曾经历过的历史阶段,在诊断以及治疗这个阶段中的社会问题时,并没有成熟的理论和丰富的经验可供借鉴。为了消除危机,改善社会环境,使人类拥有美好的生活状态,只停留在经济学的视角来看待金融危机的产生机制与发展过程还远远不够,必须作出更为深入的思考。而在之前的论述中,我们已经从微观和宏观两个层面分别归纳出消费行为是金融危机的直接推动力,消费社会则为金融危机的形成提供了外部环境。在这两方面原因的背后,更深层次的危机根源还是建立在商品生产和市场交换基础上的商品经济运行模式。就目前人类社会的发展程度和知识储备来看,我们尚没有能力立即设计并推行一种更繁荣也更安全的社会经济模式。比较现实的做法是在遵循商品经济基本规律的前提下,重新审视金融危机中的消费行为及其后果,制订出兼顾个人和社会发展要求的消费行为基本准则,并通过倡导这些准则,努力使消费社会转向良性发展道路。因为这些准则包含着对"什么样的消费行为才是好的,能被个人与社会同时接受”等价值问题的思考与评价,属于伦理道德的范畴,可以称之为“消费伦理”。

该文以伦理思辨的方法提出了有关消费行为的两条基本准则,即外在的社会性准则与内在的主体性准则。但是仍需要指出的是,在本轮金融危机中,金融机构、政府部门的作为同样未能达到消费伦理的要求,缺乏足够的社会责任感:正是次级贷款的推出为消费者有机会将潜在的需求转变为实际行为提供了便利条件,而金融机构为了盈利一再放宽贷款要求、监管者没有及时采取调控措施也为房地产市场的波动埋下了隐患。事实表明,面对消费社会的挑战,没有消费者、企业或者政府能做到独善其身。任何一方面逃避其责任的做法都只会对危机形成起到推波助澜的作用,到头来金融机构也损失惨重。只有当消费者根据消费行为的主体性准则与社会性准则,理性消费,科学消费,企业重视并主动承担起其社会责任,政府部门做好相应的宣传与监管工作,才可能营造一个既符合经济社会发展规律又能满足人类对幸福生活追求的新型消费社会。

**利益相关者理论视野下的金融企业社会责任** 毛寒松,道德与文明,2010.1

一、“利益相关者”理论

斯坦福大学研究小组于1963年首先提出“利益相关者”的定义,他们认为:对企业来说,存在这样一些利益群体,如果没有他们的支持,企业就无法生存。这个界定虽然模糊但已开始突破传统的“股东”概念范畴。此后30年,“利益相关者”理论获得极大发展,国内人士认为“利益相关者”是指那些在企业的生产活动中进行了一定的专用性投资,并承担了一定风险的个体和群体,其活动能够影响或者改变企业的目标,或者受到企业实现其目标过程的影响。

利益相关者具有许多明确区别于以往的企业行为主体的特征:(1)利益相关者与企业存在某种契约式的交易关系。(2)利益相关者在企业中拥有一份权益。(3)利益相关者与企业之间是互动的、相互影响的关系。

“利益相关者”理论和传统的“股东利益至上”理论有区别。“利益相关者”理论认为,企业并非只是非人力资本的契约联合,而是一系列非人力资本和人力资本的契约联合。“利益相关者”理论强调,包括股东在内的所有企业利益相关者都应拥有企业所有权和剩余索取权。企业的任何重大决策和市场行为都必须考量对各方利益相关者的影响。

二、金融企业社会责任分析

企业的社会责任不仅客观存在,而且不可逃避。美国乔治亚大学阿奇·B·卡罗尔认为,一般企业需要同时履行其经济、法律、伦理和慈善方面的责任。金融企业的经济责任首先是指要保证股东财务资本的安全并为投资者创造经济收益;金融企业的法律责任是法律规定金融企业必须承担的、且以国家强制力保证其实施的责任;金融企业的伦理责任是指为社会成员所期望或禁止的、尚未形成法律条文的责任;金融企业的慈善责任是指社会没有明确要求的责任,是金融企业自发的责任,又称为贡献社会的责任。

金融企业应协调好以上四种责任之间的关系。经济责任和法律责任是企业的强制性责任,同时也不能忽视了伦理责任和慈善责任。一个正确处理好自身经济责任、法律责任、伦理责任和慈善责任之间关系的企业,才有望成为一个卓越的企业公民,有助于企业获得更广泛充足的人力资源和市场资源。

三、金融企业社会责任的实践承诺与对策建议

美国金融危机的直接导火线是"次贷危机"。金融企业奉行的"股东利益至上"经营理念是导致美国"次贷危机"进而导致全球金融危机的更为深层和更为根本的原因。

金融企业的目标、战略、行动、绩效受利益相关者的态度和行为的深层制约。在21世纪欲克服周期性经济危机给全球经济带来的危害,金融企业必须扭转"股东利益至上"的传统治理理念,引入"利益相关者理论"。金融企业应从以下几个方面进一步完善企业社会责任的承诺和践履:

1. 金融企业应当加强企业社会责任管理

有效的金融企业治理结构应该包含企业社会责任的承担与实现机制,综合考虑到各方利益相关者的利益。金融企业要在企业内部营造良好的社会责任制度和文化体系,在企业外部构建和谐的社会环境关系网络。

2. 金融企业要维护社会公共利益

金融企业的发展依赖于良好的社会环境,社会的发展反过来又依赖于金融企业的发展壮大。金融企业应加强规范管理,规范经营行为,遵守行业规则,开展公平竞争,维护金融业良好的市场秩序。

3. 金融企业要加强环境保护,积极履行"赤道原则"

金融企业应当支持环境保护和循环经济发展,坚决杜绝向只顾经济利益,不顾社会道德和责任的企业以及不符合环保和产业政策的企业授信;应制定项目融资的环境影响评估程序,加强风险管理。

此外，要积极保护利益相关者的权益，还应重视金融消费者权益保护。

金融企业的社会责任不仅关乎金融企业本身，也关乎整个市场经济的良序发展，最终还关乎整个社会的持续、健康和科学发展。"利益相关者"理论提供了一种较为全面合理的解决方案，值得深入探讨和尝试。

**中国企业伦理发展的挑战及未来之"应当"形态** 孙丰云，道德与文明，2010.1

企业是兼具"经济人"、"道德人"和"社会人"的三维统一体，企业遵守伦理法则和道德规范既符合道德知识合法性的价值理性诉求，又与追求利润的经济理性诉求并行不悖，因此，企业伦理是价值理性和经济理性的有机结合。

一、中国企业伦理发展的挑战

中国企业伦理发展的挑战之一：社会价值观的断裂。许多国有企业的任务从为国家服务转向创造利润，社会经济政策的价值取向由原来的"公平优先，兼顾效率"转变为"效率优先，兼顾公平"。原有的道德价值和伦理规范遭到质疑或遗弃，为人们的行为提供基本指南的新的规范和体系尚未建立，道德价值和伦理规范的巨大破坏滋养了混乱无序的环境。一方面，人们的行为在很大程度上受赤裸裸的自我利益和贪婪所引导和驱使，极端个人主义、拜金主义和享乐至上的意识泛滥。另一方面，共享行为规范诸如仁爱、诚实、责任、公正等价值缺场，支撑这些规范的价值含混不清或者不存在，导致"伦理道德精神链的断裂"。

中国企业伦理发展的挑战之二：与社会主义市场经济相适应的制度不健全。当前中国企业伦理出现的混乱无序状态，很大程度上是一种"制度性危机"，表现在以下几方面：(1)社会法律制度相对不足。(2)市场运作制度稀缺，表现为市场竞争不充分、权力干预和经济行政运作、权力寻租、社会经济效益低下。(3)产权制度稀缺，表现为产权模糊、法人治理机构虚设、所有者缺位。(4)企业内部的监督与反馈机制稀缺。

中国企业伦理发展的挑战之三：非政府组织力量薄弱。非政府组织是政府体系和市场体系之外的庞大的社会组织体系的总称，是与政府和企业并存的社会主体的第三方，具有服务社会、沟通协调、监督管理等基本功能。在中国，非政府组织还存在一些深层次的问题：(1)与国外相比，中国非政府组织数量少。(2)中国非政府组织是在政府扶持或直接操纵下诞生的，政府和非政府组织行政关系错位，合作有余，分工不足，从属有余，自立不足。

(3)由于资金短缺或者受营利动机的驱使,一些非政府组织从事商业活动赚取大量利润,模糊了与企业的界限,忽视甚至损害了公共福利和社会效益,这在很大程度上导致非政府组织缺乏足够的社会公信度。

二、中国企业伦理之“应当”形态

中国企业伦理应当满足两种类型的限制:形式限制和实质限制。

中国企业伦理的形式限制。(1)与普遍道德价值具有可通约性。当今世界共同体拥有一套为大多数成员所接受的共享的价值和原则,这些价值在指导或评价人们的行为、行动或政策方面起着基础性的作用。普遍道德价值类似于“超规范”,也有人称之为“深层道德价值”。一方面,超规范与道德直觉相一致,能够被道德推理证明为是正当的,具有道德上的合法性;另一方面,超规范能够产生人类行为的其他理性规范和原则,如人权。所以,与超规范相兼容的伦理在道德上也能够证明是正当的,于是与超规范具有可通约性便成为中国企业伦理的题中应有之义。(2)与权威且合理的地方规范相结合,以保持其对地方形势的敏感性,增强适应性和践行性。(3)能够产生对行为具有约束力的规范。

中国企业伦理的实质限制。中国企业伦理应当满足一些实质性的限制,包括一般理论方面的考量和来自实践方面的挑战。一般理论方面的限制包括在中国当前政治经济形势下企业性质和目标的理论上的探讨;市场经济条件下的利润与道德;企业不同所有制结构及其伦理意蕴;公司对多元利益相关者的责任;企业、政治、社会与环境之间的伦理关系以及企业与人们善生活的关系,企业在构建和谐社会中的作用。实践方面的限制包括与企业伦理相关的中国文化和思想传统,以及中国当前面临的企业伦理问题。

中国企业伦理还必须处理一系列中国特有的伦理问题,比如农民工和血汗工厂的劳工问题等。从地方来看,构建中国企业伦理应该充分利用中国丰富的文化。从国际上来看,受尊敬的国际组织,像ILO、UN、WTO、OECD以及世界银行等都能够为中国企业伦理的构建提供诸如普遍价值规范、指南、标准以及实践法则等有用的资源。

**慈善文化与消费伦理的价值契合及建设路径** 何小青,浙江学刊,2010.1

在经济多元化和社会结构层次多样化的时代,如果说,国家政策和制度的公平正义是和谐社会的刚性条件,那么,以人道主义、同情互助为核心的道德教化则是和谐社会的柔性补充。正是在这一意义上,慈善文化应成为消费伦理与和谐社会构建的一个重要组成部分。

一、慈善文化的伦理内涵解析

慈善文化应该是人类在长期的慈善行动和慈善事业发展过程中形成的思想价值观念和行为规范的总和。其伦理内涵至少有三层含义。第一，慈善文化是与社会物质文明进步相伴随的一种先进文化。作为消费伦理对文化向度的一种折射，慈善文化既是社会发展的结果又引导着社会生活走向进步。第二，慈善文化是人们内心深处对慈善公益事业认同的一种精神理念。从历史的脉络可以发现，慈善文化与慈善事业源远流长，两者相辅相成，密不可分，在现实中，依然渗透在社会生活的各个角落，与各阶层人们的生活息息相关。第三，慈善文化是以责任为核心的道德教化。

二、慈善文化的消费伦理意蕴

在消费分层意义上，慈善文化的伦理意蕴主要体现在三个方面。(1)慈善文化通过彰显财富伦理精神而丰富消费伦理建设。一方面，财富伦理体现了超越金钱的生活体验和价值意识，与慈善文化的仁爱、平等、互助等深层理念是相契相合的，财富伦理、慈善文化的现状是衡量一个社会的文明程度的重要指标，一个高度丰裕、真正发达的社会，必定是财富与慈善双轮驱动的社会。另一方面，慈善文化是现代慈善事业的坚实基础。国内外的经验告诉我们，要建立与现代慈善事业发展相适应的财富伦理，需要有文化的承载和激励。(2)慈善文化通过引导大众消费而营建良好的伦理风尚。对于普通大众，慈善文化的消费的引导主要体现在：首先，慈善文化以隐性渗透的方式播种公益伦理和仁爱精神；其次，慈善文化以责任伦理为宗旨强化人们的自律意识。(3)慈善文化通过心理疏导化解阶层差异，促进消费和谐。对于弱势群体，慈善文化日趋凸显其心理疏导价值。首先，慈善文化通过心理疏导化解阶层差异矛盾。其次，慈善文化提高了弱势群体的幸福感指数。

三、消费伦理视域中慈善文化建设的现实路径

从消费伦理视域，慈善文化建设的现实路径主要从以下四个方面入手。(1)普及以仁爱关怀为价值维度的慈善理念，是慈善文化建设的伦理基础。慈善教育和文化养成最主要的途径是将慈善文化纳入道德教育体系之中，特别是学校教育要发挥主导作用，从中小学生就开始培养他们对慈善事业的情感，引导他们加深对慈善事业的理解，增强投身慈善事业的责任感。慈善教育在许多西方国家的教育中都是重要的内容，参加义工等公益活动成为学生综合素质的组成部分。(2)完善以民族特色为底蕴的传统文化，是当代慈善文化建设的历史前提。当代慈善文化的丰富和完善需要挖掘民族传

统文化积淀。(3)建立以社会公正为主导的责任伦理,是当代慈善文化建设的核心内容。公正是社会道德的基础,一个不公正的社会,很难谈得上是道德的。(4)倡导以现代公益制度为内涵的互助精神,是当代慈善文化建设的重要保障。公益是一种普遍互助的价值观念,现代慈善事业不是建立在传统社会道德基础上,也不是建立在个人之间感恩基础上,而是建立在日益完善的社会公益制度基础上。

**经济学与伦理学视角下的企业社会责任** 李萍、李宝平,光明日报,2010.1.19

一、企业社会责任的发展过程

作者梳理了社会对企业社会责任问题的认识的发展历史,这是一个逐步深化的过程。如今,尽管学术界关于企业社会责任内涵的讨论从未间断,但企业界已日益达成广泛共识,那就是除利润目标之外还应积极承担社会责任并致力于社会问题的解决,使这种有利于提高整体社会福利水平的理念转变为普遍的社会行为。因此作者认同"综合责任说",即企业社会责任的意涵应为企业在经营活动过程中承担的以利益相关者为对象、以实现自身利益和社会利益为内容、以达到实现企业可持续发展和共建和谐社会为目标的包括经济责任、法律责任、伦理责任和社会更高期望的责任在内的一种综合责任。

二、企业社会责任的经济学分析

受古典经济理论的影响,企业在生产经营过程中会尽可能满足自身利益而忽视社会利益。社会普遍存在的私人之间的谈判和协调障碍会导致边际私人净产值大于边际社会净产值,致使具有负外部性的行为主导整个社会经济活动。按照庇古的理论,可以通过征收"庇古税"消除边际私人净产值与边际社会净产值的背离,使二者达到均衡,以此实现社会资源的有效配置和整个社会福利水平的提高。实际上,庇古税就是边际私人收益与边际社会收益的差额,但这个问题却无法通过市场机制解决,只能以政府的行政行为或企业的自愿行为来解决。由此便引出关于企业社会责任的讨论,如果将企业社会责任货币化,即假定运用新的研究方法和统计工具将企业社会责任具体化,并用经济核算办法加以计量,那么庇古税即为企业追求利润最大化应承担的社会责任。

如何衡量企业承担社会责任的量呢?从理论上讲,只有当由企业生产成本和社会成本(企业应承担的货币化社会责任)所组成的企业总成本与该企业在此时所要达到的最大利润要求的最低成本相一致时,企业达到帕累托最优状态。此时的利润为该企业在总成本约束下所能达到的最大利润,企业承担的社会责任也为企业在最优利润时所能承担的最佳货币化责任总量,任何偏离此种状态下的企业行为均具有帕累托改进的空间。所以,企业社会责任均衡模型决定了企业社会责任是企业利润函数的内生变量,两者呈正相关。这就要求企业在生产发展过程中,要根据自身发展需要在不同阶段适时调整自己的社会责任战略,勇于承担社会责任,这样才能实现自身利润最大化。

三、企业社会责任的伦理学分析

在市场经济条件下,企业不仅是独立的经济实体,也是具有独立人格的伦理实体,具有"经济人"与"道德人"两种属性。现阶段对企业社会责任进行伦理解析有助于全面认识企业社会责任的本质内容。鉴于社会再生产过程包括生产、交换、分配、消费等四个环节,所以企业社会责任的伦理分析也依次以这四个环节为蓝本,分别探讨其中体现的伦理精神。

生产伦理:实现环保责任与质量责任的统一。生产是人与自然之间的交换活动,也是经济运行的起点,其双重身份决定了企业的双重伦理责任,即对自然的环保责任和对社会的质量责任。从环保方面来看,企业必须将生产伦理观念注入生产全过程,使企业在不违背生态和环保要求的前提下实现生产效率的提升。从质量方面来看,市场竞争和利润追求决定了产品质量是企业的"生命线",质量标示着商品的品质,企业的价值取向、企业在衡量社会利益和自身利益时所抱持的道德观都会影响产品质量,企业必须秉承"质量第一"的伦理原则,在质量管理方面不断改革和完善,从社会再生产的源头上杜绝侵犯利益相关者的行为。

交换伦理:发挥诚信的纽带作用。公平交易作为交换活动的内在要求成为交换者的基本伦理观念。随着交换关系日益复杂化,公平理念逐渐被深化为具有现代意识的诚信。市场提高效率与追求利益的二重性决定了它既会产生商品拜物教和货币拜物教意识,又内在地要求建立起能够发挥主导作用的诚信伦理,诚信作为市场经济发展的要求代表着市场道德发展的趋势。现代社会需要以诚信为重点的道德支持,它可以使企业获得一种新的资本形态——文化资本,由此形成企业的品牌效应,推动企业长足发展。尊重交换伦理的诚信原则是成就企业销售业绩的道德先决条件,履行诚信承诺是企业社会责任在交换领域的伦理要求。

分配伦理:将正义的价值理念融入分配全过程。我国当前的收入分配方式仍然是市场主导的初次分配与政府主导的再分配。但市场运行中出现的“市场失灵”和“政府失灵”,却为社会协调发展在分配领域留下很大的空白,特别是社会转型期出现的贫富差距过大、弱势群体等社会问题,使分配正义的价值观没有得到充分体现。为克服这一弊端,厉以宁教授将基于道德信念的伦理作为调节收入分配的重要力量,称为第三次分配。它是基于一种内化于社会成员内心的道德共识而自发实施的调节方式,主要采取慈善公益方式对社会资源和社会财富进行分配。因此,第三次分配是符合分配正义价值原则的。由此,企业在其发展过程中遵循社会正义的要求也是题中之义,这就要求企业把分配公正内化为其社会责任的目标要求,在积极参与慈善公益事业的基础上促进第三次分配。

消费伦理:实现满足顾客需求与引导消费行为的统一。只有理性、健康的消费才能实现社会再生产的和谐,因此企业在消费伦理方面必须承担双重社会责任,即实现满足顾客需求与引导顾客合理消费的统一。20 世纪 90 年代中期以后,我国供需结构发生了明显变化,卖方市场逐渐被买方市场替代,消费者的消费心态亦从关注价格转移到关注商品。为顺应市场导向的现实商业需要,企业在经营上需要树立以人为本的理念,根据不同顾客的需求生产多元化的优质产品。针对消费者在消费上的享乐主义及浪费、非环保行为等,企业在消费理念方面的引导将起到积极作用。企业将承担社会责任的行动落实到消费领域是对其生产环节的促进,消费者也会在合理消费的过程中逐步建立安全健康的生活方式。

## 金融产品设计与发行操控者的美德建设——源于金融危机的伦理反思

吴晓轮,道德与文明,2010.1

一、金融产品设计与发行操控者美德的缺失:金融危机发生的人文根源

信用是金融的生命。现代金融信用是建立在人们对金融抽象体系可靠性的确信之上的。金融危机,最简单的解释就是金融信用危机,即金融信用状况的恶化,或者说金融信用的支撑链条出现断裂。这与金融抽象体系联系起来解读,就是金融抽象体系因其某一构成要件出了问题而运转失灵。

根据吉登斯的解释,支撑现代信任的抽象体系由象征标志与专家系统构成。象征标志是指主体间相互交流的媒介,它能将信息传递开来,用不着考虑特定场景下处理这些信息的个人或团体的特殊品质;专家系统是指由技术成就及其专业队伍所组成的体系,它编织了现代人生活于其中的物质和社会环境的结构,并深入和延伸到现代人社会生活的各个方面。现代社

会存在的广泛的非面对面的交流及其信用关系，实际上是建立在这种抽象体系的支撑之上。由于金融是现代市场经济和经济生活的“命脉”所在，所以金融抽象体系的可靠性尤为重要。在金融抽象体系中，货币以及货币的各种替代品即金融衍生品，都是财富的象征标志，也可称为价值符号系统，而金融专业知识及金融专家队伍，则是金融专家系统。金融产品设计与发行的重大失误，既意味着金融象征标志出了问题，也意味着金融专家系统出了问题，而金融象征标志的问题又根源于金融专家系统的问题。由于华尔街贪婪的金融精英缺乏基本的职业操守而丢掉了金融的灵魂——信托责任，导致对金融产品的过度开发与滥用，进而导致全球性金融危机的暴发。

二、金融产品设计与发行操控者的美德：金融信任的基石

人们对金融抽象体系的普遍信任，是现代金融信用的基本支撑点。现代金融组织及其从业人员的道德品质，尤其是金融产品设计与发行操控者的职业美德以间接的方式支撑着现代金融的信用大厦。这主要体现在两点上：其一，体现在作为货币的替代品金融产品的设计与发行对相关专家与领导者的职业美德的依赖上；其二，体现于非专业性个人与团体对金融抽象体系的信任源于对相关专业人员的良好品质的依赖上。

现代金融信用的确立和维系与金融抽象体系的有效运行密切相关，高理性化、高智能化、高技术化的现代金融抽象体系的有效运行显然依赖于金融专业人员基于良好的职业素质而进行的负责而卓有成效的工作。种种金融风险的防范，尤其是内部与外部道德风险的防范，都是依赖于金融专业人员特别是中高层管理人员与领导者良好职业操守的支撑。

三、加强金融产品设计与发行操控者的美德建设：防范金融风险的重要路径

加强金融从业人员特别是金融产品设计与发行操控者的职业美德建设是防范金融风险的重要保障。防范金融道德风险，不能没有道德的屏障。金融职业人员是防止内部与外部金融道德风险至关重要的内部力量。金融产品的设计与推出不像科学主义者所认定的那样，是一种纯科学、纯技术的活动，它是一项涉及“信托责任”和“如何实现资本增值”的价值活动。道德作为金融产品设计者与发行操控者的主体素质，对于保障金融产品的质量与安全，至少有这样一些作用：一是增强金融产品设计者与发行操控者的职业敏感度，使其易于察觉可能会有的风险；二是增强金融产品设计与发行操控者的工作责任心或职业精神，使其更加负责、更加专心致志地工作，保持清醒的头脑和高度的职业警觉性，从而能够更多地避免与排除推出高风险

产品;三是增强金融产品设计与发行操控者的抗诱惑能力。

我国金融领域是道德风险的高发地带,为防范金融风险,一方面固然要千方百计地提升管理的现代水平,从管理体制、管理制度和管理机制的维度提升防范各种风险的能力,另一方面则必须从加强金融职业人员特别是中高级管理人员职业道德建设的角度,增强防止各种金融风险特别是金融道德风险的能力。

**公司社会责任的法哲学思考** 吴高臣,哲学动态,2010.1

一、功利主义催生公司社会责任

人类对自身认识的变化要求个人承担更多法律乃至道义责任。这种变化同样会影响人们对公司的认识。既然我们赋予公司法律人格,公司就是社会人,公司也应当像自然人一样,必须关注其他社会人的利益。由此引发了国家的经济政策从自由主义走向干预主义。边沁的功利主义当中其实已经隐含着国家干预政策的因素,一旦遇到现代社会的合适土壤,它就蓬勃生长起来。这样我们就不难理解为什么功利主义催生了公司社会责任。

无论是公司社会责任的支持者还是反对者均承认公司的营利性特征,只是在公司为谁赚钱这一问题上存在分歧。公司社会责任的支持者认为公司是股东的公司,公司当然应当为股东利润最大化服务;公司社会责任的反对者则认为公司是相关利害关系人的公司,公司当然应当承担社会责任。边沁的功利主义表明,公司是社会中的公司,它必须依赖社会。从这一点出发,就不难理解:上述两种观点并非对立、非此即彼的关系。我们一方面承认公司的营利性特征,另一方面必须强调公司不应唯股东利益是图,应当关注与公司利益相关的股东以外的其他人的利益。

二、新自由主义推动公司社会责任条文化

公司社会责任理论的产生,除了凯恩斯国家干预理论的支撑外,新自由主义哲学思潮的推动不容忽视。罗尔斯就是其代表人物,他提出了正义原则。依据罗尔斯第一原则即平等原则,股东作为物质资本的投入者与作为人力资本投入者的员工应当在公司治理结构实现某种平衡,保障员工也有参与公司管理的权利。就外部而言,公司和债权人、消费者、社区居民甚至政府之间存在利益冲突,依据罗尔斯的第二原则即差别原则,应当允许公司在不危及其他人基本自由的前提下利用自身优势谋取利益最大化,公司在自身利益最大化的同时必须考虑其他人的最大利益。

当然,新自由主义的正义观只是为公司社会责任理论提供了哲学层面的支持，在公司法领域具体化还必须经历一个过程，直到利害关系人理论的出现才使这一问题有了转机。利害关系人理论把公司社会责任纳入其研究的视野，不仅使公司社会责任的研究有了更科学的理论基础，而且也使自身的发展有了更加坚实的微观基础。既然股东和公司的其他利害关系人已经形成了“利益共同体”，那么公司在追求股东利益的同时，必须关注其他利害关系人的利益。

三、公司社会责任是公司法治走向社会本位的标志

随着时间的推移，利益相关者的保护日益凸显，法律必须给予他们合理的保护，否则公司的可持续发展将受到戕害，进而整个社会的可持续发展也将成为问题。与股东相比，利益相关者在公司治理结构中往往处于弱者地位，甚至根本没有地位，因而通常无法在公司中表达其声音。公司单纯为追求自身利益而造成的外部性行为，如环境污染、资源消耗等问题也日益严重。传统的私法理念已捉襟见肘，不能适应时代发展的要求，于是“个人本位”理念便逐渐开始向“社会本位”理念转变，要求公司保护利益相关者，承担社会责任。表面看来，这种做法似乎有悖于公司自治。权利义务相生相伴，公司自治向来是受到一定限制的。可以说，公司社会责任的确立是“个人本位”向“社会本位”转变的结果。由此私法一改长期以来对机会均等的保护传统，转而追求对实质正义的适度关注。如果说传统私法更关注罗尔斯所谓的平等原则，那么现代私法则在强调平等原则的基础上践行罗尔斯所谓的差别原则，实现其对社会正义的追求。

**资源与环境经济研究的伦理思考**　张向达、李宏，伦理学研究，2010.1

Amartya Sen(1986)曾经指出，“现代经济学不自然的‘无伦理’(non-ethical)特征与现代经济学是作为伦理学的一个分支而发展起来的事实之间存在着矛盾”。并认为，关于人类行为动机和社会成就的判断是经济学的两个中心问题，而经济学与伦理学的分离导致了当代经济学的一大缺陷。该文即是尝试将此一理念运用于资源与环境经济学研究的初步思考。

一、资源与环境经济研究概况

早在古典经济学时代，其时也正处于工业革命兴起的时期，就已经有了关于资源与环境问题的经济学讨论和思考。然而，与 Adam Smith 对未来繁荣所持的乐观态度不同的是，另有许多古典经济学家则持怀疑态度甚至是十分消极的预期，譬如 Thomas Malthus(1798)对于人口增长而导致环境承载能力极限的分析，David Ricardo(1817)对由于资源稀缺经济增长最终

会停滞的论述。John Stuart Mill 对自然资源所起的作用则具有更为开阔的视野,并也曾做过有关增长极限的分析。

透过资源与环境经济研究日益兴盛的纷繁芜杂的表象,稍加思索便不难得出:人类对于资源与环境问题的认识同对其他事物的认识一样,遵从了一个循序渐进的过程。就经济思想而言,除了在社会经济发展的不同阶段受制于客观的环境与条件,同时也服从各个阶段经济发展的不同需求之外,人们对资源与环境问题的分析与认识,自始至终贯穿了"效率"这一经济学的永恒主题。

二、伦理视角中的资源环境问题与环境伦理观

传统的伦理学所讨论的主要是人际道德,而 20 世纪六七十年代逐步成熟并发展起来的环境伦理或曰生态伦理,则把人与自然环境之间的道德关系作为研究对象,实现了伦理学由人际道德向自然道德的拓展。这主要是因为,生态环境危机促使人类逐步开始了对人类主体地位的反思,并给大自然以道德的尊重和关爱。同时,这也与人将自己看做"万物之灵",能够超越自身的"私利",从而能够成为地球利益的代言人和其他物种的道德代理人有关。贯穿环境伦理思想的有两个基本问题:一是人与自然的道德关系,即自然价值观问题;二是受人与自然关系影响的人与人之间的道德关系,主要是正义的问题。

综观伦理视角中资源与环境问题的各种观点,虽然彼此存在差异,甚至是存在抵触和背反,但总的来说有着这样几点并行不悖的基本共识:第一,正如美国哲学家 H. Rolston(1988)所指出的那样,环境伦理是一个人的道德境界的新的试金石,作为地球上唯一的道德代理人,人应能从道德角度考虑问题并用道德来约束自己的行为;第二,环境危机主要并非技术和经济的危机,实质上更是文化和价值危机;第三,未来世代的人们与我们对资源与环境拥有同等的权利;第四,对人和非人类存在物应区别对待并应扩大人们的责任意识;第五,人与非人类存在物是一个密不可分的整体。这也即是说,人的生存离不开一个持续稳定的生态环境,离不开生物的多样性。

三、资源与环境经济伦理的两个根本问题

作者认为,从根本上说,资源与环境经济研究有涉伦理的问题有两个:一是有关伦理立场的根本理念问题,即发展终极目标和对环境价值的评价;二是对应伦理规范的基本方法或原则的问题,即经济分析中"效用"的加总和贴现。

1. 根本理念:终极目标与环境价值

资源与环境危机将问题导向了人类社会发展的终极目标问题，而终极目标又实际上暗含了如何看待自然资源与环境价值的问题，因此资源与环境经济学不可能再如传统经济学般仅仅回答基于实证的效率问题。如果资源与环境经济研究不能首先很好地回答这个问题，或者说提出解决这个问题的更好的理念及思路，便仍将不能超脱狭隘的功利主义和实用主义范畴。

2. 基本方法：代内公平、代际公平与效用的加总和贴现

无论立基于何种根本的理念，资源与环境是否可持续总是要牵涉到代内和代际之间的公平问题。这应是属于基本方法的问题，而且在资源与环境经济研究中时常通过效用加总和贴现来加以解决。于是，代内公平涉及不同个体之间效用能否以及如何加总的问题，而代际公平则主要取决于如何选择效用贴现率以及选择的理由。

总之，资源与环境经济学已经将可持续发展与效率一道列入了研究主题范畴。然而，可持续发展作为理念已经得到极为广泛的认同，但其在可操作性方面仍有着较大的欠缺，而且可持续发展至少包括生态、经济和社会三个方面的可持续性，资源与环境经济研究仍需要不断拓展才能贯通其各个不同方面。与此类似，自然资源与环境的价值乃至动物权利也比较容易得到同情和认可，但对于究竟应基于什么样的终极目标，究竟应如何看待和处理代内以及代际之间的公平，仍存在着相当多的疑问。这些疑问的解答，时间无法确定，但可以确定的是，它需要综合经济、伦理以及现代科学技术知识在内的一切人类知识，并从更为综合的视角出发来加以解决。

**家族伦理、家族愿景和华人家族企业的内部治理** 杨光飞，伦理学研究，2010.1

一、相关背景以及问题的提出

随着华人家族企业的崛起，不少学者都从早期简单化的价值判断转移至对华人家族企业内部治理以及制度演进的探讨上来了，进而言之，这些学者已关注到华人家族企业在领导方式、管理风格、运作方式、动力机制甚至企业经营的精神理念等方面不仅不同于非家族企业，甚至和国外的家族企业也存在很大的差异。例如华人家族企业始终保持着小规模经营的特征，即使发展到一定规模，仍然不像西方家族企业那样注重职业化，也不积极引进经理人或者注重行政组织的有效分工等，并以家长制、灵活经营等特征见长；相关的研究也表明，华人家族因素对于企业的牵制显然远甚于西方，甚至也不同于日本财阀式家族企业，“中国人的家族企业通过复杂的网络扩大

交易与势力,其过程和机制似乎和日本完全不同。这是他们自己的创造,是独一无二的";另外,华人家族企业的"子承父业",家族企业上市后的"一股独大"以及委托—代理层面所存在的关系治理等特征也是值得关注的独特现象。

华人家族企业在内部治理上为何显示出上述特征?对此主要有两种不同的解释视角,一种可以称之为结构的解释视角,此种观点认为华人家族企业之所以在内部治理上呈现上述特征是因为中国转型期缺乏相应的制度环境以及信用制度;另一种观点则是文化的解释视角,此种观点则认为华人家族企业上述的诸多独特性在一定程度上是受到了中国传统文化的影响。从逻辑上讲,对华人家族企业内部治理产生更多实质影响的应该是中国社会中的家族伦理。

二、家族伦理的嵌入及其相应治理形式

从组织形式的演变来看,家族企业一般是从家庭农户兼业、家庭作坊和家庭工厂等演绎而来,然后不断演变成合伙制、有限责任公司以及股份有限公司。家族企业最初的寄生性以及对家庭的依赖性决定了家族企业的缔造者不可能完全按照一种现代企业的组织规则(科层制度和正式规则)来组建以及经营企业。在最初阶段,一般会借助于甚至复制亲缘共同体中的组织规则、伦理规则来治理,在这一点上中外家族企业可能概莫能外,但是,由于不同文化中,家庭、家族等亲缘共同体中的伦理规则并不相同,其对企业内部治理带来的影响也不尽相同。

根据学者们现有的研究,相比于异域的家族企业,华人家族企业的内部治理也显示出一定的独特性。首先是家长式的权威治理,华人家族企业与西方家族企业相比,一个明显的特点是家长在企业经营管理方面发挥着全面的作用,并且代表家族做出最关键的决策;其次华人家族企业在内部治理中还存在基于特殊主义信任的关系治理特征,华人家族企业的另外一个重要特征就是老板和家庭主要成员掌控企业的所有权与控制权,将企业重要的权力集中到家族成员手中,"关系"在配置资源、权力以及决策流程扮演重要功能,并且带来一定的差序导向,"自家人"、"自己人"不仅占据重要的职位,也掌控重要的资源和权力,而"外人"则常常被边缘化,即使是一些很能干的经理人也很难受到重用,企业没有形成真正意义上的契约治理。

不难发现,华人家族企业的这两个特征和日常家族伦理有着一定的对应关系。我们可作初步的理论假设:在家族伦理的一套信念系统的指引下,发育和成长于农耕社会的家族伦理也可能会嵌入现代市场经济以及工商组织中，对于家族企业而言，家族伦理所宣扬的纵向上的长老传统(序)以及横向上的内外有别(差)和华人家族企业中的家长式权威治理、关系治理显然也有着一定的“亲和”关系。

三、伦理偏好和家族愿景

华人家族企业在内部治理上为何和华人社会中的家族伦理存在一定的“亲和”关系？从形式上看，西方的家族企业最早也是从亲缘共同体衍生而来，家庭等亲缘共同体把企业作为支持家庭经济开支的来源，家庭中的主要成员(主要是夫妻)也会介入其中，但是随着企业的发展，家庭成员是否还留任在企业中，则取决于他们的兴趣和抉择，子女选择其他的职业也不会招致父母的激烈反对，也就是说，家庭成员尤其是成年子女，并没有一定要留任在企业的义务，企业和家庭往往会出现相“脱嵌”的情形。

家族愿景往往反映了家族成员最终的意愿和奋斗目标，是一种“价值理性”，在个人主义和宗教文化比较强势的社会中，家族愿景会相对淡化，而在儒家文化背景的中国社会中，不仅是因为儒家思想的教化，还因为家庭和家族在社会生活中所扮演的实际功能，导致了个体对于家族的依赖和尊崇，也形成了强烈的家族愿景。实际上这种日常的家族愿景也会嵌入至华人家族企业中，在一定程度上制约了华人家族企业的内部治理。

四、家族伦理的影响机理

华人家族企业主持人对于企业治理有着绝对的影响力，而其治理思想又是和其伦理取向有着内在的关联，其伦理取向对企业治理最主要的影响表征为两个方面：首先，家族企业主持人的伦理取向会影响企业的代际传承；其次，华人家族企业主持人的伦理价值观还会影响家族企业的控制权让渡。

五、制度演进与伦理脱嵌的可能性

当家族伦理和华人家族企业的制度相适应时，家族伦理一般不会出现脱嵌的情形，家族伦理脱嵌于企业往往是发生在这种伦理和企业的制度产生不相兼容的情形时，之所以不相兼容，主要是由于以下两个因素：首先，企业所要面对的市场规则、社会责任伦理和家族伦理规则的不相兼容；其次，企业自身的组织理性和家族伦理也会出现冲突。

市场规则、企业组织理性与嵌入于家族企业场域的家族伦理的不兼容性往往并不是显而易见的，因为家族伦理对于企业经营绩效、组织绩效的影响是间接和隐性的，往往也是通过家族企业主持人的伦理价值观施以影响的。从现实看来，在华人家族企业的制度演进中，伦理脱嵌往往起源于企业一些突发事件的发生包括企业的经营绩效问题、组织内耗问题等,并且通过家族企业主持人的反思,进而意识到家族伦理嵌入带来的负功能,才会主动采取制度化的矫正,让家族伦理和企业相对脱嵌。

**中国经济伦理学六十年的逻辑进路** 张志丹,南京林业大学学报(人文社会科学版),2010.1

新中国成立六十年来中国经济伦理学发展的特色在于,它“别开了一条异质于西方而又有别于苏联的中国特色的经济伦理学学科路径”,历史性地取得了学科建设成就,对现实经济生活尤其是社会主义市场经济发挥了积极的指导和引领作用。在此意义上,我们可以毫不夸张地说,六十年来中国经济伦理学的发展,正如中国的经济建设和社会生活所发生的变化一样,可谓翻天覆地,成就不凡。之所以取得如此巨大的成就,除了新中国提供的良好制度平台和改革开放带来的空前时代性机遇的客观因素之外,从主观因素看,与中国经济伦理学的发展始终努力紧扣时代主题、关注社会发展,适应和引领经济社会发展的现实需要大有关系。因此,中国经济伦理学在关注现实之汲取营养,在引领现实中彰显价值,并以自己独特的学科理念审视经济社会的发展状况,从而推动了经济社会的进步。

从发展的历程看,中国经济伦理学的发展经历了学科萌芽期(1949—1994年)、形成期(1994—2000年)到发展成熟期(2000年至今)三大阶段。这三大阶段既是不断“折射”出时代课题和新中国经济建设的发展吁求的过程,也是研究热点不断转换、研究视角逐渐丰富、研究方法逐渐成熟的过程。因此,经济伦理学在今天已然成为伦理学和应用伦理学之“显学”,成为与时代发展同步的“朝阳”学科。

一

新中国成立后,伦理学得到了一定程度的发展,可好景不长,旋即被作为“资产阶级伪科学”打入冷宫,因此,在改革开放之前的相当长的时间里,伦理学在我国人文社会科学的学科殿堂里遗憾地处于“缺位”状态。因此,经济伦理学产生与存在的前提就被“连根拔起”。新中国经济伦理思想的出场不是大张旗鼓,而是曲里拐弯,“犹抱琵琶半遮面”。尽管正式的经济伦理的专著、论文寥寥无几,但在领导人讲话、党和政府的政策文件以及一些经济学著作中确有经济伦理思想的智慧闪光。当时的经济伦理思想主要关涉对所有制、分配、劳动保险和信用合作等问题的探讨,主要体现有三:其一是所有制和政府调控问题。其二是分配问题。其三是劳动保险和信用合作问题。

综观这一时期的经济伦理思想发展史，我们不难看出，经济伦理（学）构建首先是在社会主义制度平台上展开的，这使得其思考问题的基本理路必然别于西方，且当时的思考已涉及与我国的经济生活紧密相关的经济生活的主要领域和层面。由于时代的局限和历史的原因，尽管新中国成立后30年经济伦理观受到“左”的思想影响，尽管我们当时难以根本突破苏联模式，却也存在对苏联模式的某些突破，比如“三个主体三个补充”、“价值规律是个伟大的学校”、“黄猫黑猫，捉住老鼠就是好猫”等，这些思想观点不仅与西方经济伦理思想大异其趣，而且与苏联经济伦理思想也有显著差别。它们作为思想和方法论资源已为改革开放时期我国的经济伦理思想所承继，即使在今天来讲也仍然具有重要的启发和借鉴意义。

改革开放至1992年，中国历史掀开了新的一页。改革开放事业一路凯歌高奏，社会经济发展突飞猛进。与社会主义商品经济发展的过程同步，国内学界开始关注和研究经济领域中的伦理道德问题。其中有一些代表性的论文、著作相继发表出版。它们集中代表了中国经济伦理学萌芽时期的理论成就。此间经济伦理的研究焦点在于经济与伦理、经济与道德有何关系，商品经济与道德进步是否一致，赚钱与道德是否截然对立以及传统的经济伦理观念研究等与社会主义改革开放和商品经济发展紧密相关的问题。特别值得关注的是，在道德与经济关系上，学界经过一段时期的研究，学者大多认为，伦理道德与经济是对立统一的关系，伦理道德是经济建设的题中应有之义，伦理道德内在于本真意义上的经济并对经济发展起着独到的作用和功能。这一重要观点为我国经济伦理学的学科创建提供了弥足珍贵的学科基本理念和立论原点。

二

经过四十年左右的酝酿和思考，20世纪90年代中期，国内学界开始明确地把经济伦理学作为学科来进行构建和研究，以研究经济伦理学为主旨的学术论文、著作开始产生，由此，经济伦理学学科的基本理念确立，经济伦理学步入初创阶段。在此期间，学界发表了系列论文。同时，专门研究有关历史人物的经济伦理思想和商帮经济伦理思想的文章也先后出场。这些论文、论著反映了学科创立的基本面貌，逐步廓清了中国经济伦理学的学科基础问题，初步勾画了中国经济伦理学研究的框架、基本理念、理论主旨和现实目标。

中国经济伦理学破冰前进，不断破除思想的禁区，直面复杂冷酷的现实。研究主要关涉的问题有三:其一,关于经济伦理学的研究对象问题。其二,关于经济与道德的关系问题。其三,伦理道德的经济功能问题。这些问题的探讨和有关成果的出版,促使中国经济伦理学学术理念确立和学科形成,也初步体现了经济伦理学的中国特色。

三

21世纪初至今,伴随着社会生活的多元化、经济发展的多元化以及中国加入世界贸易组织,在已经形成的经济伦理学学科体系的基础上,研究队伍的壮大、研究成果的增多和学科建设的完善,促使我国的经济伦理学学科出现了前所未有的成熟时期,其主要标志是:经济伦理学的不同版本的理论体系出现了百家争鸣、群芳吐艳的态势,不乏具有深度和理论说服力的著作,经济伦理学的分支学科的理论或者具有特色和个性的理论不断涌现并逐步深化,应用性研究已经成为主要的研究方向。

仔细审视不难看出,这些研究成果涉及面广,有学科体系的构建,研究方法的厘定,学科功能的澄清,现实问题的关照,企业伦理的研究,特色论点,从而将经济伦理学推向与时代发展同步、引领经济发展的水平。同时,北京大学出版社出版的《经济伦理学译丛》,上海社会科学院出版社出版的《当代经济伦理学名著译丛》,以及其他翻译出版的国外经济伦理的文献;再加上一些国际性会议在国内举办和国内学者参加国际学术会议,这些都开阔了我国经济伦理学的研究视野,并逐步把我们推向与世界学术交流的平台。可以说,十年来我国的经济伦理学学科体系发展已渐趋成熟。

这一时期的经济伦理学研究主要围绕以下问题展开:一是关于经济伦理学的研究内容问题。二是关于产权伦理问题。三是关于伦理道德的经济作用问题。四是国际经济伦理问题。五是关于企业责任问题。所有这些标志着我国经济伦理学的学科指向和理论目的已经适应时代进程及其要求,她已然稳步登上学科殿堂,成为应用伦理学之"显学"。

中国经济伦理学六十年发展成就斐然,其中问题也显而易见。主要问题有三:一是形而上与形而下的结合度不够,真正意义上的原创性理论尚不多见。二是对中外学术思想资源的研究和挖掘比较尚处于"零敲碎打"的阶段,尚需进一步系统化。三是对我国企业伦理道德的"镜像调查"尚处初步状态,难为企业提供具有很强应用价值的思路与举措,在经济建设、企业发展与决策中尚缺乏学科影响力等。现实的吁求亟需经济伦理学的理论解答,这本身必将成为下一阶段中国经济伦理学研究的新的增长点。

**高校经济伦理教育研究及政策建议** 杨致忻、唐远志、张文学，西安交通大学学报(社会科学版)，2010.1

一、研究背景及内容

(一)研究背景

近年来，关于经济伦理的研究在我国呈现出繁荣态势，成为显学，其研究可谓硕果累累，成绩斐然。但这并不意味着我们对经济伦理问题已经有了完全的了解和把握，对经济伦理领域内任何问题进行研究和探索都是非常有意义的。就我国的现状而言，经济伦理问题仍然主要限于理论界的研究，如何在市场经济体制下，将经济伦理理论研究成果纳入道德教育，特别是大学生思想政治教育还有些乏善可陈，有待于作进一步的深入研究。

(二)研究内容

(1)该文从高校大学生对经济伦理的认知、大学生经济伦理行为、大学生经济伦理问题产生的原因等三个方面，分析市场经济条件下高校对大学生进行经济伦理教育的现状及存在问题，并对当代大学生的经济伦理问题及其原因进行分析，找出将经济伦理融入大学生思想政治教育的正确路径，针对我国高校经济伦理教育的现状、需求进行深入分析，对以经济伦理为视角的当代大学生思想政治教育的可行性加以研究，并提出政策建议。(2)将经济伦理融入高校大学生思想政治教育的正确路径以及市场经济条件下大学生经济伦理教育的规律，并针对我国大学生经济伦理教育的现状、需求、问题，提出了可操作性的政策建议。

二、研究对象及方法

(一)研究对象

为了探索经济伦理学在高校开展的可行性，作者开展了选用体现大学生样本特征的随机抽样调查，调查对象为大学生，分为如下四个阶段进行抽样：第一阶段采用分层抽样选择地区。第二阶段是在中选地区采用简单随机抽样选择高校。第三阶段抽样是按照整群抽样在中选的高校选择几个学院作为代表。第四阶段抽样是在各学院中随机抽取一定数量的同学进行调查。

(二)研究方法

(1)文献资料法。(2)调研法：①问卷调查；②访谈法。(3)数理统计法：①频数分析；②列联分析；③频次分析。

三、结果与分析

(一)高校开展经济伦理教育的现状

1. 大学生对经济伦理的了解

约69.92%的被调查者对于经济伦理都不了解,约20.15%的被调查者表示说不清楚,仅仅有9.93%的被调查者对此了解。这说明高校经济伦理知识的教育与宣传有待于加强,需要提高大学生对其的认知程度。

2. 大学生所学专业及对经济伦理的了解

大学生所学的专业对其是否了解经济伦理是有显著性影响的。对经济伦理了解的人数比例最多的是医(14.08%),其次是文(12.50%),工最少(2.20%);对经济伦理不了解的人数最多的是依次为理(74.19%)、农(71.91%)、工(70.33%)、文(63.97%)、医(63.18%)。

3. 大学生对经济伦理的理解程度与所在学校开展经济伦理教育的关系

大学生所在学校开展过经济伦理教育的人数对经济伦理的了解的所占比例(36.19%),大于学校没有开展过经济伦理教育的(6.74%)。这也从另一方面说明了加强经济伦理教育的重要性,在大学有必要多开展一些相关课程,加强对经济伦理的认知程度。

(二)高校开展经济伦理教育的必要性

(1)在市场经济条件下高校大学生信用缺失。(2)高校大学生对信用理解与申请助学贷款时提供家境情况态度关联性。加强经济伦理教育,使大学生乃至整个社会对经济伦理有深刻的认识,对其经济行为的规范会有相当大的作用。(3)高校大学生道德建设的必要性。大学生还是比较注重个人在经济行为上的道德修养的,但仍存在部分大学生忽视经济伦理,出现不道德行为,因而,高校将经济伦理教育纳入当代大学生思想政治教育研究是十分必要的。

四、政策建议

第一,强化德育建设,规范市场经济行为;第二,普及经济伦理教育,扩大经济伦理教育覆盖面,将经济伦理教育分阶段、分情况、分重点逐步推广高校经济伦理教育应先对重点高校进行普及,再推广到其他各类普通高校;第三,建立完备的课程体系;第四,保障经济伦理教育的相关措施。

## 社会资本为社会生产——关于美国金融危机与资本信用的一点思考

陆晓禾,上海财经大学学报,2010.1

由美国次贷危机引发的世界金融危机,引出了一个重要问题,就是“没有私人财产控制的私人生产”问题。信用制度作为资本集中的强大手段,将日益庞大的社会资产集中到由少数人掌管的金融机构中。对次贷危机的分析表明，把社会资本作为私人生产来进行，是造成危机的一个重要原因。按马克思的观点，信用制度和银行制度扬弃了资本的私人性质，在社会生产组织和执行职能方面，提供了向新生产形态过渡的基础，但它“并没有克服财富作为社会财富的性质和作为私人财富的性质之间的对立”，因此，处在这种“过渡点”上，如何使社会利益得到伸张，也就是如何使社会资本为社会生产，是我们从美国金融危机的教训中，应该深入研究的一个重要问题。

**民生幸福与制度选择的哲学探索**　罗建文，哲学动态，2010.1

无论社会怎么发展，民生幸福始终是人们最关心的问题；无论寻找何种更好的发展模式都离不开以民生幸福为终极理念的政治探索和制度设计。马克思的基本思想是我们考察民生幸福与制度选择的理论基础，也是分析民生幸福与制度安排的理论前提。

一、人的本质对象化是制度产生的前提

人的本质对象化是制度产生的前提，制度是对象化的产物和标志。在一定意义上，人通过制度的演变来创造和实现人的本质，人不断地把自己的内在本质对象化为制度，同时对象化活动及其制度又进一步发展人自身。

人的本质力量对象化的产物——制度，也显示着人的主体能动的创造性，即通过创新制度来改善和完善人的关系，在此意义上，制度是人的专属标志。对象化过程是一个实践过程，对象化产生的社会关系就是实践产生的人的社会关系，也就是为了保障人们生存、秩序、价值的需要，通过一定的形式把人与时代或社会所契合的关系确定下来，从而把生产活动中那些能够提高效率的关系确定下来，这也是生产力发展的要求。

二、制度是人的类本质的体现

制度是人类社会的重要现象，也是人类社会特有的现象，甚至是人类社会的本质之一。从社会进步与人的发展中我们感受到制度价值的重要性，良好的制度推进社会进步也促进了民生幸福。因此，在哲学层面上我们应该更加关注对制度的反思。

关于制度，马克思在《德意志意识形态》中说：“现在的制度只不过是个人之间迄今存在的交往产物。”交往是人最基本的实践活动，通过交往，人的行动社会化，形成了各种社会关系形态，在对各种关系的规范过程中也就产生了制度。把制度作为“交往的产物”深刻地揭示了制度作为社会关系性范畴的本质。

人与人之间的关系取决于他们进行的生产关系,人们结成怎样的社会关系,这种关系是否合理、确定、有序,即作为社会关系所依托的相对稳定的基本框架的制度是否合理,必定会给人的发展带来积极或者消极的影响,甚至在很大程度上决定着人的发展程度和趋势。马克思说:"人的类特性就是自由的、自觉的活动。"为了保障人的自由活动的顺利开展,制度的建构就是必然的。

一种制度的确立,标志着人的思想、人的社会关系在与客观世界的博弈中的胜利。制度的不断发展与完善,是保障人的幸福由可能到现实的中介,也决定了人的幸福的实现程度。因此,制度是沟通人与社会进步的桥梁,是民生幸福由可能到现实的路径。

三、制度的发展与人的发展是互动的

制度规定和造就了人的类本质,制约着人的历史活动的展开,人的生存和发展又反作用于制度的建立和完善。就人的活动的历史起点看,人必须在社会关系中并通过社会关系才能开展自己的历史活动。人是通过类本质和社会本质的展示,通过对自然领域、社会领域对象化活动的展开而确立自己的主体地位的。人的实践能力的提高、社会关系的改善推动了制度的产生与发展;反过来,制度的存在与发展意味着人的本质力量的增强。

人类追求幸福是通过选择和创造适合自己生存的理想社会形式即社会制度而表现出来的。更重要的是,制度不仅是实现当下有限目标的路径,还可能为人的幸福的追求开辟更广阔的空间。对人来说,制度是人的过去活动和未来发展的统一,首先是人们过去活动的产物,而后成为未来发展的前提。人们在与制度的互动中不断开启新的世界。因而制度透显出一种意义:人们可以用自己的活动成果和活动方式超越有限空间而留下印记。一种制度是否符合人们的实践活动,能否成为人们追求幸福生活的一个平台,其优劣不在于它规定的细致与否,而在于它在维持人的对象化活动的秩序和稳定的前提下为主体能力发挥提供空间的大小。

四、人的幸福是制度选择的目的

人是社会的主体,我们只有从人的角度出发,才能找到制度设计与制度选择的目的。制度最直接的表现应该在于它的价值取向,即以人为本,推进人的发展与幸福。

在当代,制度作为一种特殊的公共物品是利益协调的需要,制度选择首要考虑的就是人的幸福生活;人们对其评价也必然要以保障人们的幸福生活为标准。所以,制度是人们在追求幸福时一种公共选择的结果,制度的必要性源于幸福生活的自成目的性。人们创设选择各种社会制度最终目的是为了给幸福生活创造条件。

人类社会一切发展的终极目标应该是人民的幸福，经济增长、政治民主、文化发展都是为了人民的幸福，而社会和谐更是为了人民的幸福。构建社会主义和谐社会是造福全体人民的伟大事业，其根本目的就是让人民群众在良善的社会制度安排中共享社会发展的成果，实现最大幸福。

**论企业信用与道德功能** 胡雪峰，江苏社会科学，2010.1

道德在企业信用建设中如何发挥其特有的功能，需要对企业信用中所存在的伦理维度与道德基础提供一种正当性的说明，也即是说，企业信用与社会伦理道德之间是否存在着某种关联。如果有，它究竟是一种什么样式的关系？该文从伦理道德能够在多大程度上影响并作用于企业的信用存在与发展，它在哪些方面可为，在哪些方面不可为，从而对道德在企业信用中的适度定位做出诠释，提出以道德的功能和作用来推动和促进企业信用的建设与发展，通过用道德的激励功能、道德的协调功能、道德的规范功能的方式与途径来发挥道德在企业信用建设中所的作用。

一、道德的激励功能

道德的激励功能是对信用主体而言的。从内涵上看，企业信用中的主体不仅仅是企业中的个人，而且还包括企业这种经济组织的集体性人格。道德的激励功能体现在个人上，就是个人德性在信用行为中的体现。道德的激励功能体现在企业的集体性人格上，就是对企业共同体的一种整体性激励。道德激励应该同时既要考虑到对企业全体的激励，也要考虑到激励的差异性和个体性，结合两者至关重要。

1. 作为企业人格的整体性道德激励

道德对企业整体的激励存在着这样一个前提，即这种集体性的人格化是否已经形成。这关系到企业是否能够形成以企业伦理文化为核心的团队精神的问题。基于企业道德责任的实现所产生的企业信誉可以是企业资产进行价值增殖的文化资本。如果这种资本既可以帮助企业带来收益，同时也能实现企业的道德责任，那么我们有理由相信，对这种文化资本的道德经营将是必要且有益的。

2. 道德激励是一种经济伦理式的激励

道德成为企业生产本身的重要内涵，成为生产的需要，成为生产要素充分发挥作用并获取利润的重要条件。道德激励作为一种经济伦理式的激励,它既不等同于单纯的物质与货币的奖励,也不同于仅仅是在道德上的精神性褒奖与评价。它是把基于平等人格和个人价值的实现同个人经济利益紧密联系的一种激励方式。

二、道德的协调功能

企业信用牵涉到各式各样的经济关系,企业要建立信用就必须处理并协调好这些关系,企业信用关系也是道德关系的一个载体。企业信用关系的和谐就不仅仅是经济利益关系的协调,同时也包含着道德关系的协调。道德以其特殊的功能协调着企业与各种利益相关者之间的关系,从而维系着企业信用的建构与正常发展。(1)企业信用有助于协调企业之间的利益关系。(2)企业信用有助于协调企业内部的利益关系。

三、道德的规范功能

1. 道德规范的约束作用

道德的规范作用首先是一种带有自律性的约束作用,它是一种基于自律的约束,这种约束是道德主体自己给自己的良心立法。为了企业的组织目标能够最大限度的实现,企业就必须把组织目标与理念表现出来以让企业成员有所了解,明确履行道德规范条例的责任就是其中的一种表现形式。

2. 道德规范的导向作用

道德规范的另一种作用体现在它的导向性上。它是企业成员认同企业通过种种努力所表现出来的观念、目标、规范,那么道德的规范作用在这个时候就真正开始发挥作用了。

**基于利益相关者理论的外资企业社会责任概念模型研究** 侯胜田、付维会、李霄松,国际经济伦理期刊(英文期刊),2010.1

一、引言

外资企业在中国快速发展的经济中扮演着重要作用。2009 年之前,外资企业借助中国的低成本人力资源、相关优惠政策等条件,取得了快速、稳定的发展,同时也为中国带来了先进的生产工艺与管理理念,为中国经济发展增添了新的活力。

随着 2009 年全球范围内金融危机的爆发,在华外资企业面临着新的挑战。新的挑战要求企业全面履行企业社会责任,为组织创造良好的发展环境;近年来,中国消费者开始关注企业社会责任,一些外资企业无视社会责任的不道德行为,已经引起了中国消费者的广泛关注。因此,外资企业的发展需要一个科学、综合、可行的评价体系,以对其企业社会责任履行进行监测。目前,还没有一个专门针对在华外资企业的测评体系。该文基于利益相关者理论以及中国实际背景,提出了在华外资企业社会责任评价体系概念模型。

二、理论背景

有关企业社会责任的研究可以追溯到20世纪50年代。迄今为止,企业社会责任一共经过了三个阶段的发展,分别是20世纪60年代早期到70年代晚期的"公司社会回应"、70年代晚期到90年代中期的"公司社会表现"以及90年代中期至今的基于利益相关者理论的企业社会责任研究。弗里曼是利益相关者理论的集大成者,在他的著作《战略管理——利益相关者方法》一书中,弗里曼构建了利益相关者理论的研究框架,并对企业的利益相关者做出了分类。尽管有学者对利益相关者理论提出了批评,但它的广泛性与可行性使它仍旧是一个帮助企业管理人员识别、分析关键利益相关者并与之协商谈判,以及进行企业社会责任分析的最基本、最有效的工具。

三、现有评价体系及指数评述

国际上现有的企业社会责任评价体系与指数主要有美国的道琼斯可持续发展指数DJSI、英国的FTSE4Good指数、南非的JSE-SRI指数以及中国社会科学院发布的中国100强企业社会责任发展系列指数。这些评价体系与指数主要以三重底线理论为依据,而较少运用利益相关者理论。三重底线理论应用极为广泛,但在面对各个利益相关者利益冲突时,三重底线理论却显得含混不清(John,2009)。对于企业到底要向哪些利益相关者承担社会责任这一关键问题,这些评价体系与指数不能够提供很好的解释。

近几十年来,众多学者与企业家就企业社会责任展开了广泛的讨论。当前有关企业社会责任的研究与公司的战略与管理的实际要求相去甚远。此外,利益相关者的利益诉求已经与企业的日常运作与管理融为一体。传统的企业社会责任理论框架与社会问题管理方法却过于宽泛,可操作性不强。因此对企业而言,利益相关者分析无疑是一个清晰明确且功能强大的工具,它可以将伦理规范与企业社会责任融入企业的战略以及日常管理之中(Fassin, 2009)。该文将三重底线理论中有关企业社会责任的相关规范与作者提出的模型相结合,作为对中国相关法律规范进行分类的参考依据。

四、法律以及道德规范

任何一家企业的生存发展都会受到法律的约束,它必须履行法律规定的义务。法律责任是企业要履行的最基本的责任,而企业如果想获得持续的发展,还应当履行自己的道德义务,并与利益相关者建立良好的关系。基于三重底线理论,我们将中国的相关法律规范总结为三大类:有关利益相关者的法律规范,有关经济、社会与环境责任的法律规范,有关在华外资企业的法律规范。这些法律规范使企业要分别对股东、员工、竞争者、供应商、债权人、消费者、当地社区、社会大众、政府、环境、承担相应的责任。

五、概念模型

该文基于企业必须承担的伦理与法律规范,构建了在华外资企业社会责任概念模型。该模型以弗里曼的改良模型为基础,以中国实际情景对模型进行了重新构建。例如:以股东代替原模型中的资本提供者,增加了债权人作为新的利益相关者,并将弗里曼模型中的社区分为当地社区与社会大众。所有的利益相关者构成了模型的一级指标。模型的二级指标包括了企业必须承担责任的相关方,例如:保护股东权益、风险控制与管理等。三级指标则包括了法律中所规定的更加详细的职责与义务。

六、结论

该文提出的概念模型为外资企业与其利益相关者提供了一套分析企业社会责任的方法论,使其能够进一步洞察在中国特定环境下实践企业社会责任的规范与方法。同时,该模型也可用于外资企业与其利益相关者监测企业社会责任表现。该模型基于利益相关者理论,这也为外资企业识别其关键利益相关者的利益诉求提供了一个相对简单的、实用的管理工具。此外,该模型还可用于企业战略规划以及相关策略的设计。而进行相关的实证研究以确认利益相关者的期望与诉求无疑是未来的研究重点。

**分配正义的两个考察维度** 高兆明,南京师大学报(社会科学版),2010.1

分配正义是一个含义极为丰富、又极具歧义性的问题。该文基于政治哲学的视野,从持有—转让—矫正、起点—过程—终点这两个不同维度具体讨论社会基本结构的分配正义问题。

一、分配正义:持有—转让—矫正

持有—转让—矫正这一关于分配正义的考察维度,在总体上是从主体的维度考察财富运动及其运动过程中的财富分配。在这个维度中,在持有正义的基础之上,转让与矫正构成两个基本环节。

(一)转让公平

当我们在讨论转让公平时,事实上就有两个前提性规定或假设:转让或交换主体间的人格平等及其自主权利,持有正义。

1. 转让什么?什么可以转让?是否一切均可以作为商品转让?

在市场交换中“我”只能在有限范围内转让属于自己的部分财富，而对于那些不属于“我”的财富，“我”作为“我”个人则无权转让。即使“我”不是以个人的身份转让这些不属于“我”的财富，那么，“我”也由于这些用以交换的财富原本就不属于“我”，因而，交换、转让后所得财富也不属于“我”。

2. 转让的社会背景规则

社会基本结构对于社会财富转让的背景性规定，在三重意义上保证了社会成员在社会财富初次分配中平等基本自由权利的实现：其一，这种背景结构规定了社会成员在日常生活自发交换活动中的合道义、正当的有限范围，并避免使社会本身成为受等价交换法则所支配的市场社会。其二，这种背景结构规定了市场交换中的平等身份、平等交换、平等竞争。其三，如果在市场交换中出现了纷争与不公，这种背景结构能够以一种客观中立的立场作出恰当裁决，以保证市场交换本身的正义性。

一个善的社会基本结构应当是这样的社会基本结构：社会不同行业、不同阶层的社会成员通过交换所实现的社会财富初次分配，应当是所有成员基本认肯为公平的；在这里，不存在着基于垄断、基于人为准入限制带来的机会不平等而造成的以各种形式存在的财富不平等交换与掠夺。

(二)矫正正义

1. 矫正正义的必要性

具体言之，其一，社会初次财富分配是市场分配，这是一个依据等价交换原则的财富分配方式。但是，这种平等交换意义上的基本自由权利的具体行使具有相当的偶然性与不确定性，这种偶然性与不确定性会伤及平等基本自由权利自身。其二，社会财富初次分配是一个不考虑社会成员具体存在状态的分配，它除了遵循自愿等价交换原则之外不再有任何原则。而作为现实社会成员的具体存在状态由于先天后天、主观客观等诸多原因，各不相同。因此就需要进行合理的矫正。

2. 基于平等的原则不能代替差异的原则

3. 作为矫正正义的社会财富二次分配的主体则是作为公器拥有公权力的政府

因此这一公权应该受到必要的限制，在必要的范围内运作。

4. 矫正正义二次分配惠利要有其普遍性

二、分配正义：起点—过程—终点

(一)起点公平

所谓起点公平，指的是社会成员不仅具有抽象的人格平等，更重要的是下述两点:其一,在包括社会财富分配在内的一切社会交往活动中,具有平等自由人格精神,主体性意识主体的存在;其二,社会成员用以进行交换的个人财富及其机会亦尽可能是平等的。起点公平就其实质而言,是权利(或广义财富)的初始持有公平。

(二)过程公平

过程公平是规则公平,是财富分配的规则性及其公平性。过程公平有两个基本前提:其一,作为财富分配背景正义的社会基本结构及其制度安排的正义性;其二,分配规则本身的正义性。

(三)终点公平

此处所言的终点公平,是相对于起点公平而言,指称的是人的自由存在状态。终点公平的核心还是立足于作为具有平等的基本自由权利存在者的平等的基本自由权利这一存在状态而言。终点公平就是一个平等的基本自由权利在经过一系列展开后所达到的反思性平衡。终点公平承认财富拥有的差别,但是这种差别又是通过社会基本结构及其制度体制调整后被限制在一定范围内的差别。这种差别的合理范围就是平等的基本自由权利。

**论税收的德性** 曹刚、杨盛军,伦理学研究,2010.1

从德性概念的原初意义上说,德性就是一种事物实现其目的的优良品质。我们基于这样的角度,认为税收具有特定的伦理德性,无论出于政治的立场,还是经济的立场,税收应该与伦理相结合。对于税收来说,它既是一个经济概念,又是一个政治概念,同时还是一个伦理范畴。税收是国家存在与运行的物质基础,税收的合理性证成国家的合理性,这是税收的政治价值,同时税收的目的不是为了国家机器本身,而是为了公共利益,为共同体成员提供公共服务,这是税收的社会价值;此外,税收是对个人权利的一种占有,但这种占有具有比例性与再分配性,所以对于个人来说,税收内在地具有了促进社会公平的价值。因此,税收的德性至少可以从三个方面体现出来,即国家维度上的政治德性、社会公共利益上的社会德性以及个人权利上的矫正德性。

一、国家正当性的证成:税收的政治德性

在霍布斯、洛克与卢梭等传统契约论思想家理论中,税收源于个人权利与国家权力之间的利益交换,要维持国家的运行,并实现国家对公民的保护,就需要公民纳税,所以,在传统契约论理论体系中,国家的合法性与税收的产生具有同质性,税收在政治维度层面证成国家的正当性。在马斯格雷夫与波斯纳的公共需要论中，税收的目的是为了提供公共服务，以满足国民的公共需要。第一，税收起源上的合法性是国家正当性的基础；第二，税收的征纳与分配证成国家的正当性。

二、提供公共利益：税收的社会德性

洛克在论及政府的责任时，正确地指出："凡是显然为人民谋福利以及把政府建立在它的真正基础之上的任何行为，都是而且永远是正当的特权。"洛克将人民的同意视为国家征税的前提，也同时指出了政府的目的是为了人民的幸福，当然，洛克承认政府的运行需要巨大的资金才能维持，因此，税收自然有一部分是为了满足国家机器的运行，但政府必须是为了公意的目的发生行政行为。

公共利益是全体社会成员共同追求的某种社会价值的愿望和要求，它主要包括要求公共安全的社会利益、追求社会制度之安全的社会利益、追求公共道德的社会利益、追求社会资源保护的社会利益和追求社会进步的社会利益。公共利益是对不特定的主体而言的利益，它具有突出的非竞争性与非排他性。

建立在人民收入基础之上的税收的合理性就只能在个人、社会与国家之间得到证成，显然，税收源于个人财产的部分，通过税收聚集而成的资金可以在国家权力的作用下反过来保护个人权利与财产，从这个角度上说，个人权利的保护是税收的目的之一，但并不是税收的直接目的。进一步言之，国家是人民权利的让渡，它本身不是目的，因此，税收的目的就只能在公共利益的维度中得到证成，在本质上，税收是在国家的作用下实现个人自身无法完成的公共服务，公共利益才是税收的真正目的。

三、权利的平衡与矫正：税收的个人德性

税收的目的是通过国家权力的运行为社会提供公共服务，凯恩斯等福利经济学家认为，市场自身无法解决资源的再分配难题，需要国家权力的介入，但国家权力对市场的介入需要界定自己的限度，否则政治力量将使市场成为权力的舞台，必然破坏市场本身的规则。

从税收的功能上说，罗尔斯所代表的自由主义与麦金泰尔所代表的社群主义并没有不能调和的鸿沟，我们在建构正义的社会制度时，个人权利的保护固然重要，但群体利益以及公共利益同样重要，并且在个人政治义务的前提下，通过对个体权利的调整可以实现权利的平衡与矫正。

罗尔斯认为，由于先天的原因或者自然的原因而获得比其他人更多的资源，在道德上并不是必然应得的，因为这些资源的获得并没有被先验地容纳在正义的社会制度之中,要使社会资源与财富具有正当性,必须通过正义的社会制度的检验,因为在罗氏理论体系中,权利、平等是正义原则的基础,而对弱者的关怀、对整个社会制度的有序安排是正义原则所关注并要实现的,因此,要兼顾两者,就需要在再分配过程中予以考虑。按照罗尔斯的理论,权利的尊重与需要的满足就可以依靠国家税收加以实现,可见,依据罗尔斯的正义理论,正义的税收一方面要做到对个人基本权利的优先尊重,另一方面又要对处于社会弱势地位的人们予以特殊关照,这就使税收内在地蕴含了权利与义务的平衡与矫正,唯有如此,才能实现社会的整体正义。

**道德市场的合理性及其存在论基础** 傅鹤鸣,伦理学研究,2010.1

在西方,随着市民社会的确立,道德与企业的市场活动一度被认为是两个互相不可逾越的领域,企业经营的终极目标是获得收益,经营者这一目的是他们致力于买卖交易行为的唯一催化剂,因此企业及从业人员根本不会把他们的经营活动同伦理道德挂上钩,他们为了获取收益而忽视了其行为可能造成的种种后果。我们认为,道德并不存在于市场的彼岸,市民社会形成以来,道德始终是与企业的市场活动相伴随的,只不过是市场经济秩序的转变,规范企业活动的伦理道德展现了其不同的特质。

一、"现代人"的出场与道德市场的建构

道德与市场并不存在一条不可逾越的鸿沟,恰好相反,自由社会的市场迫切需要伦理道德。米歇尔·鲍曼在《道德的市场》中认为,过去市民社会的企业是"经济人",现在市场经济的企业是"现代人","现代人"直接呼唤着"道德的市场"。

鲍曼的重大理论贡献是用"现代人"的概念来替代古典经济学中的"经济人"的概念。"现代人"和"经济人"虽然都是理性的效用最大者,但是,鲍曼赋予了"现代人"行为方式特定的道德内涵,这是它与"经济人"唯一重大的区别。他认为"现代人"的美德在人际关系框架中是一种非常重要的行为倾向,美德在社会生活的重大意义是涉及美德的个人能够成功地向关联伙伴证明自己的可能性,而非欺骗者和伪善者。这样,"美德"就与"现代人"的个人效用最大化挂上钩。在开放的社会中,"现代人"的美德就得到关联伙伴的奖赏,这种奖赏是以后果导向为宗旨的"经济人"所不能发挥作用的。正是由于社会的流动性和匿名性,"现代人"才更加觉得显示"性格"和"品格"的必要性,以及它折射未来行为和重大意义。"现代人"的出场,彰显了当代市场经济存在着对伦理道德的基本需求。

“现代人”坚持规范约束为行为导向的美德还与市场经济社会的集体行为和组织体制密切相关。高度发达市场经济社会中的组织，用鲍曼的话说，是一种“合作性企业”，该组织是在成员自愿合作及贡献态度基础上建立的；在组织中，成员要对企业规范和企业目标采取内在立场并且要付出实现企业利益所必需的贡献，即使该贡献在个别情况下同成员的个体利益并不吻合。“合作性企业”的组织机制使它克服了旧社会组织运行中的缺点，成为组织和企业成员并拥有加入和他人的合作性关系的机会对每一个人来说都是不可替代的生存基础；既然参与这样的组织的益处对个体如此重要，人们必定有很大兴趣成为该组织的成员。但“合作性企业”成员的“候选人”必定也按企业规范行事并对企业特有的义务采取内在的立场，也就是说，要成为企业中的人，首先必须是具有一定美德的人。在此条件面前，显然，经济人自动丧失资格，而“合作性企业”的组织机制同“现代人”的行为模式即“有行为倾向的效用最大化”是相一致的。因而，现代人是合适的人选。“合作性企业”的组织机制在某种意义上已蕴含着现代企业的商业经济活动的合作扩展秩序是建立在一定的道德基础上。

二、“囚徒悖论”与企业道德性行为的合理性

现代经济学的博弈论进一步论证企业道德性行为的合理性，它揭示了企业作为“道德人士”比作为利己主义者的“经济人”更能理想地实现自己的效用。“囚徒悖论”所显示的问题是：如何才能确保对方合作，从而使己方的合作行为合理性，以避免双方都不利的结果？研究表明，在“囚徒悖论”的博弈安排中，仅靠社会契约和国家制度安排是不能保证人们恪守合作选择的。于是，宾默尔明确指出：“假如真实生活的博弈是囚徒悖论，那么，唯一可行的契约将是背叛。”

如果我们将一次性“囚徒悖论”的情景改变成重复性“囚徒悖论”情景，则情况就会有所不同。在重复性的“囚徒悖论”情景中，弈者有两种策略可供选择，第一种策略就是要求行为过程中能立即给自己带来好处的；第二种策略就是要求行为过程能带来长远利益或好处的行为。主张第一种策略的人可称为“短视的人”，主张第二种策略的人可称为“有远见的人”。

由于“囚徒悖论”的情景不是一次性就完结，而是不断重复地发生的，“有远见的人”往往会采取第二种策略，他始终坚守协定的“美德”，即使自己在某种情景下这种美德会给他带来损失。“有远见的人”遵守协定的道德行为符合理性并且稳定的条件是：他的德性行为方式符合他的利益。研究表明，这个条件是成立的。因而看来，“短视的人”其实就是古典政治经济学所

设定的“经济人”的真实写照,而“有远见的人”则体现鲍曼所设定的“现代人”的人格精神,可见,企业作为“现代人”,其道德性的行为是符合理性的。

三、道德市场与人的本真性存在的实现

从哲学层面上看,道德市场还与人的回归存在的现实状态、走向真实的存在直接相关,道德通过避免与克服企业等经济组织体制可能导致的异化趋向为人自身的本真存在提供了担保,马克思的道德哲学批判对这一问题作了充分的论述。

要克服企业经济活动可能导致的异化趋向,就要求企业的经营活动必须同时是一种合乎道德的行为,企业只有以某种道德原则为导向,才能时时关注人自身存在的价值与意义,为人的存在提供合理、完善、持久的发展空间,从而抑制企业过度的功利冲动,为了片面的利益追求而危及人自身的存在。马克思的异化劳动说深刻地阐述了这样的思想,他说:“自我异化的扬弃同自我异化走的是一条道路”。在资本主义社会的经济体制组织下开展的生产活动,必然导致人自身的异化,最后使人丧失它的本真存在状态,为了克服这种异化趋势,它要求在这种劳动过程必须体现人的尊严,必须内含某种善的道德价值。在马克思看来,这种善的道德价值就是对人的本质真正占有的“自由”。虽然自由的道德目标只有在共产主义社会中才能实现,但是它可以作为一个范导原则贯彻到资本主义的生产活动中去,从而为自我异化的克服创造条件。马克思道德哲学批判理论,揭示了企业道德性行为是打开人真实性存在的回归的钥匙,为道德市场的合理性提供了存在论的基础。

**墨家“义”思想及其当代价值** 霍国栋,伦理学研究,2010.1

在传统道德规范体系中,“义”是仅次于诸德之纲“仁”的一个重要范畴。义在传统伦理思想史中的地位,在日常生活和民间文化中被广泛认可的程度,几乎不让于仁。但是,长期以来,由于儒学在传统文化中占主导地位,义的研究也大多局限在儒学的框架之内。其实,春秋战国时期的墨家学派,也有着丰富的“义”思想,研究墨家的“义”思想及其当代价值,是传统伦理思想研究不可或缺的一部分。

一、墨家义的含义和理论地位

义,一般通解为“义者,宜也”,表示道德行为的应当性和适当性。但是在墨家文本中,“义”是“利”的表征,《墨经》说:“义,利也”。进一步讲,“义”是墨家学说的伦理总则和精神实质,“墨子之道乃一‘义道’”。

义与兼爱、非攻等墨家“十义”是一般与个别的关系，兼爱、非攻等道德原则是“义”这一上位概念下的具体原则。与义比较起来，兼爱等原则在地位上并不具备与“义”同样的极致高度；义是一个根本性原则，具有价值序列的决定性和优先性。“义”在墨家之所以具有这样的地位，是由其内在特征决定的，这些特征可以概括为三个：法天、兴利和举公。

(一)法天

墨子认为凡天下事都必须有所依据，遵循一定的法则才能够取得成功。而父母、老师和君主的意见都不足以作为最终的“法仪”，只有天才具备这个资格。天道无形，化而为义。墨子说：“顺天之意者，义之法也”(《天志中》)，“天之志者，义之经也”(《天志下》)，“义之不从愚且贱者出，而必自贵且知者出也。然则孰为贵？孰为知？曰：天为贵、天为知而已矣。然则义果自天出矣”(《天志中》)。所以说义作为道德原则，乃是直接顺承天志的，换句话说，义的有效性和价值根源在于符合天的意志。

(二)兴利

墨子正处在中国“义利之辩”的开端和第一个高潮时期，当时有“义以为上”的儒家重义轻利观、“义利双弃”的道家超义利观等。而墨家的义利观可以概括为“贵义兴利”，也就是说，既要通过现实的利益来体现道义，又要用道义原则来制约利益的取舍。需要指出的是，墨家所提倡的利并不是个人之私利，而是与他人、国家、百姓相关的他利，是天下之利。

(三)举公

《墨子·经说上》曰：“义，志以天下为芬。”墨子也说：“举公义，辟私怨，此若言之谓也”(《尚贤上》)。在墨学看来，为义者应该剔除私念，以天下为己任，为天下谋福利。“夫义，天下之大器也”(《公孟》)，墨家义思想的价值旨归是天下之公。

墨子举公义，有三个超越：第一，超越了欲望和情感；第二，超越了个人和家庭；第三，超越了阶级和国家。概而言之，义在墨家思想体系中，有效性来源于天，可以称作法天明义；现实表现是公共利益，可以说是以利达义；价值效用指向作为整体的天下，不妨称之为举公正义。三者从形上到形下，构成了墨家义思想的“理论—实践”体系。正是由于其他道德原则(比如兼爱)不具备这些特点，同时，义的精神又贯穿于其他道德原则里面，所以说，义是墨家学说的伦理总则和精神实质。

二、墨家义思想的历史影响

墨学在战国初期和杨朱之学并驾齐驱，影响超过了儒学。“天下之言不归杨,则归墨。"(《孟子·滕文公下》)可见其理论具备深厚的群众基础。虽然秦汉以后墨学中绝,但是墨学在历史长河中仍旧有着深刻的历史影响,而这其间,我们不能忽视义的历史影响。

(一)法天明义,孕育了惩治恶政的改造精神

墨家的义,其价值根据在于天,义是天志的现实原则。而墨学中的天,不仅有善恶的价值取向,而且有扬善惩恶的价值功能,是一个有着意欲感觉、情操行为的人格意义天。因此在理论上,君主作为"天子"就不能为所欲为,必须按天志来行善。但是,君主作为具有自由意志的人,具有行恶的可能性。所以,天志与天子之间存在着内在的紧张。这种紧张表现为超越力量和现实政权之间、至善与丑恶之间的张力。可以推断,君主应该是有德者居之,否则就是逆天行道,要易位的。这与西周以来"修德配天"的思想并无二致。但是,在西周早年提出这个思想之后,直到墨子之前,各个学派的理论都不如墨家对这一思想坚持的彻底。墨学的"法天明义"思想和儒学的"道统"精神共同孕育了后世对恶政的批判和改造精神。

(二)以利达义,开创了群体导向的功利主义

义,作为道义来讲,本质上要求道德对于利益的优先性。而任何道德,归根结底都是经济社会发展的产物和反映,因此,义又必然以某种利益的形式表现出来。墨家在中国历史上第一次系统地阐发了兴利思想,首倡群体导向的功利主义,从本质上把握了道德和利益的辨证关系。墨家在春秋战国时期,就大力倡导"以利达义"的思想,既肯定物质财富发展的重要性,又兼顾其发展限度和受惠群体的广泛性,不能不说务实而富有远见。

(三)举公正义,助养了传统社会的大同情怀

墨学贵义精神的最终落脚点,是一个"公"字。这个公的主体不是国家或政府,而是民众,具有"普遍"和"全体"的特征,是意蕴最广阔的公。在这个"公"的范围内,君主是民选的,政治是贤明的,人们交相利而兼爱,"老而无子者,有所得终其寿。连独无兄弟者,有所杂于生人之间。少失其父母者,有所放依而长"(《兼爱中》),人们各尽所能,使"饥者得食,寒者得衣,乱者得治"(《尚贤下》),一幅大同景象。

三、墨家义思想的当代价值

墨家的义思想在历史上产生了深刻而久远的影响,那么,以现代的眼光重新审视它,其给我们的道德建设和社会生活带来的启示有如下三个方面:建立惩罚机制,维护道德有效运行;倡导友爱互助,建立和谐人际关系;防止假公济私,促进社会公平正义。

**完善意义上的经济是内涵伦理道德的经济** 王小锡，中国社会科学报，2010.2

究竟什么才是完善意义上的经济？经济和伦理道德是“二律背反”，还是有着本质关联？这些问题始终困扰学者，各派观点纷争，难以达成共识。争论的立场：一是从“自利最大化”的经济人假设出发，认为经济行为是“道德无涉”的理性自利结果；一是从“人的好生活和社会繁荣发展”出发，认为经济只是人类生活的一部分，经济行为的合理与否，最终取决于伦理道德的引导和评判。从古典经济学派强调经济范畴在一定意义上也是伦理道德范畴，到现代经济学家提出的“新经济人”假设，都从不同角度揭示了经济与伦理道德的关联性。

以“经济人假设”为前提的经济把“自利最大化”解释为理性，把理性视为唯一的经济行为动机，从而把一切经济行为的动机和效果都归结为自利的结果，继而再从自利的结果出发，反过来为假设前提做辩护。由此，人的好生活被片面理解为经济地位的改善，社会的繁荣发展仅仅是物品的丰足和财富的堆积。“经济人假设”虽不否认有伦理道德的存在，但在经济生活和伦理道德生活之间划了一道泾渭分明的界限。然而，仅仅就投入、产出、效益等纯物质、纯数据(量)概念来考量经济活动或经济生活质量和社会发展水平，不仅无法触及经济的本真内涵，而且易使人误入歧途。这次全球性“金融海啸”和我国的“三鹿奶粉”等事件表明，在经济运行过程中缺乏对人的生活质量和社会发展的责任意识是产生经济危机之“多米诺骨牌”效应的深层次根源之一，企业若是缺乏伦理道德责任，坑害顾客，甚或破坏社会进步，最终必将遭至毁灭性的惩罚。

完善意义上的经济是带着“道德体温”的经济，这是因为：其一，经济活动是现实生活中的人的活动，是处理人与人、人与社会之间经济利益关系的活动，它总是要反映人、人际关系、人际利益关系的本质，体现人和人际关系发展与完善的程度。而经济活动又受制于体现出人和人际关系完善程度的道德觉悟。因此，经济既是人类理性精神的一种活动方式，也是社会利益关系的主要存在方式。只有发现人和人际人伦关系的堂奥，才能真正理解什么是完善意义上的经济。事实上，经济与伦理道德从来都互为表里、相互依存。印度著名经济学家、诺贝尔经济学奖获得者阿马蒂亚·森就曾指出，尽管忽略了伦理学方法的现代经济学照样也能获得相当丰硕的成果，但经济学要使自己具备更强的说服力，就必须对经济行为中的“社会相互依赖关系”作更深刻的思考。这里所说的“社会相互依赖关系”本质上内涵着伦理道德关系,而对这种关系的思考在一定意义上也就是伦理道德思考。其二,无论从出发点、发生过程还是归宿来看,经济活动都与伦理道德密切相关,人类经济行为的动机是多元的、复杂的和相互影响、相互渗透的,不存在只是为了利润增殖的经济活动。德国著名经济伦理学家彼得·科斯洛夫斯基曾明确指出,"经济不仅仅是由经济规则来控制的,而是由人来决定的,在人们的意愿和选择中,经济上的期望、社会规范、文化的调节和道德上的善良表象的总和一直在起作用。因此,这种总和在经济行为和经济理论中,也必须得到考虑并反映到经济行为的道德特性上来。"

因此,完善意义上的经济是真正符合"人的好生活和社会繁荣发展"要求的经济,也是体现"道德—经济生态"的经济,能够与人文、生态协调共生的经济。其核心是以人为本,基本样态是循环经济、生态经济,价值旨归是可持续发展。20世纪以来,人类社会普遍面临着环境危机、能源危机和生态危机,引发这些危机的操盘手是片面的经济行为,但单纯依靠现代经济体及其经济学已无力化解这些危机与问题,需要伦理价值的指引和道德规制的约束,这就是"道德—经济生态"的价值和意义。

"道德—经济生态"中所体现的新伦理价值观主要包括:在认识和使用自然资源时,不仅考虑其开发利用能力,而且要充分考虑其对自然和社会生态系统的维系和修复能力,维持生态系统的良性循环,维护资源的再生与再利用;不仅考虑人对自然和社会的改造能力,而且重视人与自然、人与社会和谐相处的能力,促进人的自由全面发展,推动社会的持续进步。可见,这一新价值观要求人类在从事经济活动时,不是把自身置于自然和社会这个大系统之外,而是将自己作为这个大系统的一部分。从某种意义上说,伦理经济的当代形态在实质上是一种体现自然生态要求的经济。那种认为"发展经济总是要以牺牲伦理道德为代价"、"等经济发展了再谈伦理道德也不迟"的观点,是对完善意义上的经济的曲解。

**经济能人·政治权威·道德权威——以HH村为个案的苏南村庄领袖权威获得与延续之实证研究** 王露璐,道德与文明,2010.2

苏南模式的"强政府、弱市场"特征已得到学者们的广泛认同。而"书记+老板"型的村庄领袖,则被视为这一特征在基层村庄的具体表现。

一、孰是孰非:苏南村庄领袖的双重身份及其"绝对权威"

在苏南地区,兼有企业老总与村书记双重身份的村庄领袖并不少见,在名村、强村中更是一种普遍现象。这些具有双重角色的村庄领袖往往在村庄共同体内拥有“绝对权威”的地位。

对于这一现象，理论界更多是将其视为苏南模式“政企合一”、“政企不分”特征在基层社区的突出表现而加以贬斥。尤其是20世纪90年代中期以后，苏南模式一度走入窘境，在对其反思中，理论界也对这种村庄领袖的双重身份及其“绝对权威”地位提出了质疑。而苏南村庄领袖的“绝对权威”，在一定程度上源于吴文化传统影响下苏南农民阴柔隐忍的性格特征及由此产生的对村庄领袖的过度服从甚至个人崇拜。因此，村庄领袖的这种权威地位从一个侧面反映出，苏南农民并没有真正形成自主创业、自我发展的现代市场意识。

然而，值得注意的是，伴随着苏南乡镇企业改制的完成及所谓苏南模式的“终结”，基于苏南模式内含的社区共有制而形成的村庄领袖的“双重身份”并未终结，相反却有巩固与扩大之势，以至于相当一部分苏南名村、强村的村级经济演变为“能人经济”或“庄主经济”。作者在江阴市周庄镇HH村获取的田野调查资料，可以为我们描绘出一个苏南村庄领袖权威地位的事实镜像。问卷调查数据显示，访问对象将HH村的快速发展归因于“有一个领导有力的带头人”和“有一个团结进取的领导班子”的分别占38.7%和21.3%，两者累积百分比达60%。而在作者进行的访谈中，几乎所有受访对象都明确表示“H书记对HH村的发展贡献最大”，“村里没有人能代替H书记”。

上述资料，似乎使我们陷入了一种理论与实际的背离之中。我们不难从理论上阐释村庄领袖之双重身份及其“绝对权威”地位背后的制度缺陷，以及可能由此引发的“道德风险”等问题。然而，田野调查资料所反映的事实镜像，却又清晰地描绘了这一现象的存在及其正面效应。究竟应当对这一现象做何解释？村庄领袖的双重身份是否有其存在的合理性依据？村庄领袖的权威获得是基于何种路径？这种领袖权威是否将成为一种“不败的权威”？

二、何以可能：苏南村庄领袖权威获得的解释路径

韦伯认为，正当的（或称为合法的）权威有三种：传统型权威、魅力型权威和法理型权威。前两者及建立在其之上的统治较持久，能满足社会的日常需要。而在动荡时代，则特别需要魅力型权威及在其基础上建立的“卡理斯玛型领导”。费孝通指出，中国乡土社会的权力结构既有不民主的横暴权力，也有民主的同意权力，还有“既非民主又异于不民主的专制”的教化权力。同意权力和教化权力在中国传统乡土社会中（尤其在最基层）发挥着更

加重要的作用。周怡博士认为,费孝通对中国乡土社会的权威划分与Etzioni所设立的基于威逼的横暴性权威,基于恩惠、报偿或奖励的报偿性权威和出于信仰、规范的内省性权威类型基本一致。两者同有横暴权威,不同之处在于,费孝通将报偿和内省权威总括为“共意权威”,而这种“共意”的基础可以是恩惠的报偿性质,也可以是规范的内省结构。

上述权威理论,为苏南村庄领袖权威问题研究提供了从一般到具体的理论资源。作者以韦伯具有普遍意义的权威理论为逻辑起点,以费孝通对中国传统乡土社会权威特征的分析为理解进路,以周怡对地处苏南的华西村的个案研究为参照,结合HH村田野调查资料所反映的事实镜像,对苏南村庄领袖的权威获得路径作出阐释。

村庄领袖作为“经济能人”改变村庄面貌或进一步推动村庄经济发展的事实,既成为报偿性权威获得的基础,又使得上级赋予的法理权威找到了厚实的“共意”根基。具体而言,在HH村,HSY首先是作为“经济能人”得到干部群众的期待和信任。而在HSY确实改变村庄面貌、实现村民的期待后,他又顺理成章地获得了基于村民“共意”基础的上级任命所授予的法理权威。

那么,村庄共同体成员为何将改变村庄面貌、实现自身富裕的希望寄托在某一“能人”身上?在中国乡村经济最为发达的苏南地区,中国传统乡土社会的同意权力和教化权力为何仍在发挥其作用?在孟德拉斯和斯科特观点的帮助下,我们认为:一方面,经历了乡村工业化和市场经济的发展,苏南农民产生了强烈的致富冲动;另一方面,在他们的性格特征中,仍然保留着传统农民因惧怕风险而造成的保守。因此,他们习惯于将致富的希望寄托在“显要人物”和“精英”身上,希望通过“精英”的变革带来村庄的发展和自己的福利。而一旦“精英”确实实现了他们的“期待”,就会相应地得到“追随”(政治权威)与“感恩”(道德认可)。

基于上述思路,我们可以将苏南村庄的领袖权威视为一种由基于为村庄共同体带来福利的报偿性权威、基于上级任命获得的法理权威和基于个人人格与道德威望的魅力型权威所共同组成的“复合型权威”。并且,这三种权威之间有密切的内在关联。报偿性权威是苏南村庄领袖获得权威的基础。法理权威的获得,既以基于报偿权威的村民“共意”为基础,又为村庄领袖提供了有效运用和延续权威的合法路径。而村庄领袖以其慷慨回报行为赢得的个人道德威望,则使其权威得以进一步巩固和延续。

三、何去何从:苏南乡村企业产权制度改革后的领袖权威走向

从苏南开始了对乡镇企业产权制度的改革的结果,我们不难找到“书记”与“老板”角色重合的合理性依据:有利于村庄长远发展与规划;有利于村庄领袖的号召力;有利于政策的贯彻,等等。但是,仍然不免使我们对村庄领袖权威的未来走向产生困惑。其一,随着苏南大批乡镇集体企业转变为股份制、公司制企业,新的产权制度必然使“老板”和“书记”发生角色冲突:作为“老板”的企业领袖,无疑应将企业利润的获得和增长作为最基本的责任;而作为“书记”的村庄领袖,村庄共同体的发展及其成员的“共同富裕”,又是他必须承担的政治任务和道义责任。其二,在产权制度改革完成后,乡村企业领袖除了交纳土地租金等规定费用外,已经没有继续为村集体提供财力支持、为村庄成员提供其他福利的“义务”。改制后的企业对村庄、乡亲的利益回报,更多只是一种“道义上的责任”。问题在于,这种失去了产权制度约束的“道义责任”是否能够得到永久兑现?如果失去了这种“道义”上的支持,村庄共同体成员共享的集体福利何以为继?

化解两种角色冲突的路径在于,村庄领袖以其企业利润的让渡实现对村庄和乡亲尽可能多的“回报”,以对村庄福利的持续贡献和“慷慨”行为,不断获得村庄共同体成员的道德认同乃至领袖崇拜。包括企业在村庄基础设施建设、村民福利保障等方面的投入。同时,村庄领袖还常常通过企业就业岗位安置上呈现“差序格局”的“地缘优先性”原则,实现其在村庄共同体内部政治权威和道德权威的延续。

在 HH 村的实地调查中,我们清楚看到,HH 集团在企业内部遵循的本村人与外地人“同工同酬”的“报酬平等”原则,体现了其企业分配制度上的公平性和“非排他性”。与此同时,本村村民在就业岗位与升迁机会上享受的“地缘优先”,又体现了村庄共同体对外排斥的事实存在。理论上说,这种“地缘优先”,对企业人力资本的优化极其不利。但是,与 HH 集团副董事长、副总经理 HPX 的交谈,或许可以帮助我们建立一种新的逻辑思路:就业岗位和升迁机会上的“本地优先”所强化的村庄内部凝聚力,能够转化为有利于企业和村庄和谐发展的“道德资本”。此种“道德资本”的生成及其价值的实现,能够在一定程度上抵消或弥补企业因“非择优录取”所带来的人力资本缺失。同时,这种“地缘优先性”原则的贯彻,可以在村庄共同体内增强企业领袖的道德权威,并由此强化其作为村庄领袖的政治权威。

由此,我们可以对苏南村庄领袖权威的未来走向做出如下判断,即:村庄领袖的权威延续,必须基于作为“经济能人”给村庄发展做出持续贡献的

“报偿性权威”和作为“道德楷模”对村庄福利“慷慨”回报的“魅力型权威”之结合。在此基础上,村庄领袖的政治权威可以自然获得并不断巩固。相反,一旦失去这两种权威基础,村庄领袖的双重角色会自然中断。取而代之的,或者是具备两种权威基础的另一个“能人”,或者是以上级任命形式赋予其法理权威的“书记”。前者可以迅速获得基于村民“共意”的上级任命,从而为其领袖权威建立合法性依据;而后者如果不能将其法理权威与报偿性权威、魅力型权威相结合,其政治权威则可能因缺乏“共意”基础而丧失。

**超越“成本—收益分析”的伦理学考量——哲学、经济学如何携手应对全球气候变化** 方旭东、[英]约翰·布鲁姆,学术月刊,2010.2

**方:**我注意到,与一般的道德哲学研究者不同,您对气候变化的伦理思考有自己的特色,那就是比较多地运用了经济学的一些分析手段。您认为在处理气候变化这个问题上,哲学家究竟可以从经济学家哪里学到什么?

**约翰:**经济学实际上是建立在道德哲学基础之上的。很多经济学理论就是应用伦理学,我们哲学家必须让经济学家去完成这种应用。目的论伦理学与经济学方法相连,这就是为什么我们哲学家要与经济学家结盟的一个缘由。

**方:**用“成本—收益分析”经济学家顶多只能告诉我们成本有多大,收益有多大,以及什么人承受,什么人受益,至于为什么这一代人要为另一代人做出牺牲,“成本—收益理论”并不讨论这些问题,这是伦理学家要操心的问题。

**约翰:**是的。经济学拥有管用的手段去权衡复杂情况下的成本收益。因此,经济学可以为伦理学效力。另一方面,经济学家在处理这些问题时,也是在根据他的伦理立场行事,只不过有的自觉有的不自觉而已。

**方:**您的意思是说,在对气候变化进行“成本—收益分析”时,经济学家其实已经预设了一个伦理前提。如此说来,经济学家在气候变化问题上的争论,很大一部分其实是彼此的伦理观念之争?如果是这样,这倒为我们观察气候变化的经济学论争提供了一个有趣的视角。经济学家在评论时都特别提到了事关“代际平等”或“代际公平”的贴现率问题,它的设定其实反映了其背后经济学家不同的伦理立场。是这样的吗?

**约翰:**没错。如果按照一种所谓“优先主义”的伦理学说,到达一位富人那里的收益(我的意思是指在个体幸福上的一种增量),比起到达一位穷人那里的同样收益,应当被分配较少的社会价值。不过,按照另一种伦理学说,即所谓“功利主义”,一种收益,无论谁得到它,其价值都是一样的。社会只管致力于追求人们幸福总量的最大化，而不论这个总量在人群中是如何分配的。贴现率也取决于一个伦理因素。对于那些比我们富的未来人类，其收益的价值与我们的相比应如何估计？如果优先主义是对的，那么，我们将对那些相对较不宽裕的人的福利予以优先考虑。也就是说，未来人类收益的价值比起我们的就应当少一些，因为未来人类比我们富。相反，如果功利主义是对的，未来人类收益的价值就跟我们的一样。优先主义因此走向一个相对较高的贴现率，而功利主义则走向一个相对较低的贴现率。

**方：**您的说法让我对“优先主义”在气候变化问题上的表现颇有感慨。就其本质而言，优先主义赋予穷人的收益更多价值，它因此要求那些相对较富的人应当考虑为那些比自己穷的人作出一定的牺牲。然而，正是这种思路使它对于未来商品采取了一个较高的贴现率，从而对当代人在气候变化上的努力评价消极。本来，在讨论全球南北差距时，优先主义者比起功利主义者通常对发达国家的要求更多一些。现在，不无讽刺的是，在气候变化问题上，是功利主义者而不是优先主义者对发达国家提出了更多的要求。

**约翰：**是的，优先主义者与功利主义者之争在这个语境里发生了一个奇怪的、几乎令人心酸的换位。因此，要决定正确的贴现率，经济学家至少得回答两个伦理问题：我们是接受优先主义还是功利主义？我们是采纳纯贴现还是不计时间远近一视同仁？我的看法是：优先主义是错的，我们应当不计时间之远近而一视同仁。

这在一定程度上也许说明，经济学与哲学的对话还有一段很长的路要走。

**布坎南经济正义论**　许冬香，伦理学研究，2010.2

布坎南经济理论是从对主流经济学的批判开始，“他批评了罗宾斯在1932年以稀缺、选择和资源分配为基础的经济学的定义。他主张对社会来说重要的是交易而不是选择。因此，经济学或许不应该定义为选择科学而应该定义为交易科学”。布坎南认为经济学是一门有关交易的科学或市场理论，这种理论在19世纪上半叶倡导者那里叫做交易经济学，即交易学。最近，哈耶克教授建议用“自愿互利的交易”。市场的秩序（或规则）是理性的个人在交换自己利益的过程中，一致达成的契约。在布坎南看来，具有充分自由的个人活动是形成自发的经济秩序和社会秩序（即各种制度）的唯一源泉。这种秩序因内在的具有一种伦理的价值，而成为布坎南经济正义的基本规定。

一、契约式双赢是经济正义的宗旨

经济学研究主题是交易,布坎南认为用 catallactics 或 catallaxy 这两个术语来描述交易是最恰当的,他强调这两个词,不但指“以货易货”和“交换”,而且包含着“允许进入社群”和“化敌为友”的意思,包含有“道德”意义,它们最贴近布坎南对经济学的理解。在交换中,正像在普通博弈中一样,博弈者或参与者的行为是以个人效用最大化为出发点的,但他们的行为要受到诸多约束条件的制约,这些约束条件包括规则、禀赋和可以预料到的他人的反应。

布坎南经济思想的一个核心判断是没有任何人的目标或价值先验地比其他人的目标或价值优越,即不存在一个社会目标。主观价值论认为价值在于其效用,而效用都是主观的,不同产品的交换只要当事人自己满意就无可非议;主观价值论只是以契约关系来理解产品交换,所以“双赢”就是产品交换所应当产生的道德结果。根据这个观点,布坎南认为经济活动是由人的利己心驱使的,都在努力地为他自己所支配的资本找到最有利的用途,而这最有利用途的地方正是社会最需要投资的地方,靠一只“看不见的手”的调节,促进了整个社会利益。这样,布坎南在突出强调人本性上的“经济人”特质的同时,发现自然秩序的产生是由于交换的双方在交换过程中的各自的利益都得到了满足。市场经济的复杂秩序产生于,个体之间相互受益的分散化的交换活动会自动实现对资源的配置。因此,每个人都有权力在集体同意的框架下追求自己的目标,这样个人容易在利益交换的过程中一致同意某种规则从而达成契约。

二、以程序上起点平等为分配正义的核心理念

布坎南认为分配正义必然涉及社会的基本结构——社会体制分配基本权利与义务以及确定社会合等方面。但除了一定的社会政治体制与经济条件对一个人的生活有着重要的影响,个人与生俱来的能力与天赋对分配的影响也是极为深远的。这种对分配平等与否的影响是个人无法自我选择的。布坎南在他老师奈特所说的出身、运气和努力的基础上再增加了另外一个决定性的因素——“选择”。布坎南认为这四个决定因素是相互依赖的,且存在一定排列顺序即:选择、运气、努力和出身。他在反对强力掠夺别人的财产来实现事实平等的做法的同时,试图用资产转让税与政府出资的教育的方法,来消除选择主体的个体特殊性,保证起点的公平。虽然,事实上起点不公正的存在,但是“公正机会”或者用更易懂的“平等待遇”,对于人们对任何社会制度的“正义”信仰的产生仍有非常重要的作用。

实际上，布坎南分配正义的概念与程序正义的概念重叠在一起。因为分配正义是在宪政主义的共识下得到认可和采用，因此在规则下产生的结果满足了分配公正的要求，无论这些结果在任何既定时刻可能表现出什么样的收入分配特征。

三、宪政是经济正义的伦理维护

虽然布坎南主张个人主义和自由最大化，他也注意到尽管经济人的本性对于经济社会秩序的作用是直接的，但是“没有合适的法律和制度，市场就不会产生体现任何价值最大化意义上的‘效率’，如果我们真的能谈到‘市场’的话；因为法律和制度包括明确受尊重或强制执行的私有财产权和保证实行契约的程序。”经济发展的单向度价值取向的危害，就如同社会不公正在经济领域的凸现，在布坎南看来，仅仅通过理性的个人在一致同意规则下达成社会契约是远远不够的。布坎南认为，在现代民主社会条件下，人的“经济人”本性对利益追求的天然本性，使得传统理论宣扬的伦理道德规范的普遍有效约束作用已荡然无存。因此，布坎南认为，改变这一状况的根本途径不在于或者主要不在于道德伦理的规范制定重新制定，而在于通过制度或规则的确立来保证个人的权利，以及通过这制度结构或宪政来建立起来的公正秩序。布坎南最终指出，一个受约束的宪政政府的核心任务是保护每一个人的不是通过使用暴力、偷窃或诈骗手段而获得的财产权与人身权，消除各种形式的掠夺。布坎南宪政关注的是对法律之上的规则的选择，也就是政治规则或立宪规则，而非具体的法律规则的选择。

四、经济正义的推扩

布坎南经济正义的推扩主要是表现在把经济学传统意义上的某些关键概念赋予新的广义解释，尤其是把经济人模式从经济领域扩展到非经济行为领域即政治领域的分析，从而揭示出“经济人”的某些实际行为特征在政治领域的呈现。

布坎南架通经济学与政治学的桥梁，就是把西方经济学中的“经济人”假设引入对人们政治行为的分析中，以此作为考察个人与政府决策行为的出发点。布坎南这种对称论完全没有断定“经济人”就是人类行为的适当模型。布坎南这种对政府行为的独特观察视角，破除了人们对政府及政治家的迷信。用一些盛赞这一思潮的人的话说，他的独到之处在于他打破了经济与政治、法律之间的壁垒，将它们统一起来，为社会各领域的分析建立了统一的理论框架。

从个人主义方法论出发的布坎南经济正义理论，推崇个人主义和价值主观主义,认为个人价值准则是分析、判断一切经济活动、经济利益的准则,个人才是经济活动的主体,个人是经济利益的最终判断者。他建议人们从政治家和官僚们注定追求公共利益的妄想中摆脱出来,站在个人利益的视角分析政治决策的具体过程。由于看到了人性的弱点和政治权力的危害,他建议认为运用宪政对政治权力做出限定,使确定合理的政治结构。这是布坎南理论的合理之处。但是我们需要看到,即便合理的制度结构得到了选择,制度能够约束政治决策者的行为吗?尽管个人存在很大的激励去设计禁止破坏宪政秩序,但是个人均具有违背承诺、利用政府以他人的利益为代价来为自己牟取好处的内在激励。因此,通过对布坎南的规则内容及规则形式的研究,我们进一步发现了布坎南规则理论的内在困境和鲜明的乌托邦色彩,更清楚地看到了其宪政理论的内容实质及其局限性。但并不等于制度立宪改革毫无前途,因为经验事实证明,各个国家的立宪规则或多或少的有些正义性,也或多或少地对政治行动者的行为施加了看得见的影响。

**论经济道德人** 张志丹,江苏社会科学,2010.2

作为"显学之显学"的经济伦理学研究,其核心离不开对人的关注;不单是关注,关键是把人作为经济理论学研究的一个透镜和显微镜来审视学术和现实问题。可遗憾的是,学界在热心研究经济伦理学诸多问题的同时,却疏于对经济活动主体的建构,冷落了本应作为其研究出发点、切入点和归宿的"经济道德人"概念,而现实经济生活和经济行为的某种失范和无序,与经济道德人的缺失不无关系。

一、经济人与道德人的分野与融合:思想史的视角

在斯密那里,经济人和道德人之间似乎存在着对峙与裂痕,这就是时代的局限。正如马克思深刻指出,由于时代的局限,斯密对一切问题的见解都具有二重性。在斯密之后,特别是在德国历史学派的经济学家之后,在斯密那里尚且有某种关联的关于道德人—经济人的人性假设被截然劈开为二,经济学与伦理学从此势同水火,分道扬镳。但是,与后来张扬"经济学帝国主义"的路径形成鲜明反差的现象是,在约翰·穆勒思想中就浮现出经济人的道德回归的倾向。无独有偶,作为新古典学派的最大代表美国学者马歇尔认为:"即使生活中最纯粹的营业关系也是讲诚实与信用的;其中许多关系即使不讲慷慨,至少也没有卑鄙之心,并且具有每个诚实的人为了洁身自好所具有的自尊心。"除此之外,绝大多数经济学家,从亚当·斯密到边沁、密尔到康芒斯到哈耶克到罗尔斯都认为经济学与伦理学应该而且能够合

作，而一批获得诺贝尔经济学奖的经济学家也因其经济学中的伦理关怀而赢得世界性声誉。由此，经济人的道德回归已然成为一股难以扼制的时代性潮流。

回顾中国传统伦理思想史，关于人性假设问题的探讨可谓汗牛充栋。实际上，中国传统伦理思想的主流思维方式并不主张道德人与经济人、义与利之间的截然两分。比如早在先秦儒家传统中就有了丰富的“利以义取”、“义中求利”的思想。

二、经济行为“非道德性神话”的破产与经济道德人概念的合法性

长期以来，现代主流经济学把理性的人类行为等同于选择的内部一致性，并进而把它等同于自利最大化，认为经济行为是“伦理无涉”的，只管快快发财致富，不管手段如何卑劣无耻，所谓“自利摆中间，仁义摆两边”。这样，经济领域就变成一个“无德的空场”，“道德虚无的特区”。然而，从西方思想史来看，事实并非如此。经济学与伦理学的传统联系至少可以追溯到古希腊的亚里士多德。之后，从古典经济学派强调经济范畴在一定意义上也是道德范畴，到近代经济学家的“经济人”假设及随后的“新经济人”的提出，他们都从不同的角度揭示了经济与伦理的关联性。从本质上看，经济行为本身就是一种伦理行为，它可以实现经济主体的利益，为其谋求最大的幸福，但却不能把这种求利目的建立在损害他人的基础上。从理论上来讲，在认识论、人性论、学科论、价值论等四个层面上，经济行为的“非道德性神话”存在漏洞，宣告其破产势所必然。

道德人与经济人究竟如何契合呢？简单说，任何经济人都离不开道德人，因为实现自己利益的最大化，如果只靠不道德的手段来获取，最终害人又害己。反过来说，道德人也离不开经济人，因为道德说到底是为了人的，离开了人的利益和价值皈依，道德人就成为离群索居的、不食人间烟火的“高士”。从根本上来说，在完善的市场经济条件之下，经济人一定是道德人之经济人，道德人一定是经济人之道德人，正所谓“两极相通”。经济道德人之存在有其合法性基础。经济道德人概念的提出与其说是学术的需要，不如说是实践的吁求。经济伦理学研究不应仅仅停留于关注经济运行和主体经济行为的合道德性与否，而是应该转换研究视阈，关注市场经济主体（包括利益相关者）是否达到经济道德人的水平和层次，将聚焦和大力培育经济道德人作为自己的主打任务。

三、经济道德人与道德经济人和现实的人：不同学科维度的话语

经济道德人与道德经济人之间有何关系，是相同还是相异？经济道德

人和道德经济人是否会肢解了人的概念,使人变为一个四分五裂的人?

经济道德人和道德经济人都是某种合理的抽象,只不过所属的学科或者学科视阈不同,经济道德人属于经济伦理学的学科视阈,而道德经济人属于伦理经济学的学科视阈。这是讲两者的不同。如果从相同的方面来看,经济道德人是指在经济生活或活动中讲求伦理道德的主体,而道德经济人是在伦理道德活动中讲求经济和利益问题的主体,两者都把义和利,价值和工具,道德义务和经济目的,经济人(经济)与道德人(道德)统一起来了。从思维方式来看,同属辩证的思维方式。质言之,差异仅仅在于角度和学科视阈的不同,其实两者可以融通。对于经济伦理学而言,恐怕把人抽象为“经济道德人”是某种合适的尝试。经济道德人(道德经济人)都是对现实生活中人的“原型”的合理抽象。经济道德人不仅不是一个社会学的、非历史的、非批判的概念,相反,它本身是一个社会历史性的、批判性的哲学概念,因为它恰恰能够批判不能妥善处理经济与道德关系的现实的人,保持着道德之“应然”对于经济现实之“实然”的批判张力。

四、实践价值:社会呼唤经济道德人

现实社会迫切吁求经济道德人介入经济生活,因此这一概念实践价值尤为重要。现实地看,如果经济活动离开了经济道德人,经济活动很可能处于一种无序和紧张的状态,失去了经济行为所应有的道德维度。我国发生的三鹿毒奶事件和美国的金融海啸就毋庸置疑地证明了这点。经济道德人之实践价值还可以从经济理论思想史和企业哲学发展史中得到证明。

**过度金融化的弊端及其对社会伦理文化的负面影响——对美国金融危机的哲学反思** 任重道、朱贻庭,道德与文明,2010.2

一、过度金融化的表现

第一,资金、资产的过度膨胀,金融资产的增长速度远远高于实体经济的发展速度;第二,过度的金融内循环,即金融交易在金融部门内部的循环不断得到加强,为金融交易提供风险管理功能的衍生金融产品迅速发展,而直接为实体经济服务的金融活动规模却相对缩小;第三,过度的金融投机,庞大的、与实体经济没有直接关系的金融资产及其交易,构成了一个巨大的投机性市场。

二、过度金融化的原因

斯威齐等西方马克思主义经济学家认为,过度金融化是资本主义经济生产关系所决定的,正是私人资本的逐利本性导致了“实际投资减缓和金融化崛起并存的双重进程”。

三、过度金融化与经济运行机制的蜕化

过度的金融化导致了储蓄动员机制、风险管理机制和分配调节机制等一系列市场经济运行机制的失灵或者蜕化。

1. 储蓄动员机制的蜕化

金融危机的实体性根源是入不敷出的借贷消费方式造成的“赤字经济”。支持这种病态经济的，是一种独特的储蓄动员机制，即所谓的“资产型储蓄”观念。“资产型储蓄”是基于财产性收入而非劳动性收入的“储蓄”。“资产型储蓄”掩盖了借贷消费者入不敷出的财务真相，助长了一种不负责任的消费主义文化和轻视劳动性收入、过分迷恋财产性收入的财富心态。

2. 风险管理机制的蜕化

20 世纪 80 年代之后，银行系统产生了一系列新的运行规则，其中具有核心意义的是银行体系的“放款加转销模式”。在这种模式中，银行发放抵押贷款但是并不承担贷款风险，而是将这些贷款包装成各类证券化商品，为它们取得信贷评级机构的评级，再把它卖给投资者。银行等放贷机构本最具有风险管理信息优势和能力，但在这种模式下，它们缺乏风险管理的足够动力，就将风险识别和管理的责任转嫁给了投资者。投资者却因缺乏足够的信息和手段而无从判断其风险性质，所以这种局面形成了整个金融体系的系统性风险。

3. 分配调节机制的蜕化

过度金融化将越来越多的普遍民众卷入投机性的金融交易。越来越多的人像重视他们的房屋市值一样重视他们的金融资产，“家庭财政”中各种金融收入占比逐渐大于劳动收入；炒股成为和赌场、彩票、跑马一样的一种赌博方式，完善的交易系统使得只有万元存款的家庭妇女也热衷于炒股；对于那些即将进入老年，不得不靠退休金生活的人来说，对金融市场动荡性的赌博，已是他们生活的一部分。普通民众卷入投机性金融市场的结果是社会贫富悬殊的进一步拉大。

四、过度金融化与社会伦理文化的危机

除了经济运行机制上的变化，金融化还带来了社会生活、社会文化乃至伦理观念、价值观念的转变。过度金融化造成私人资本的贪婪本性无限扩张，使资本逐利本性凌驾于其他社会价值之上。美国金融危机不仅仅是金融业内部的一次危机，也是资本主义国家社会伦理文化的危机。

任何一个社会都不能容忍资本逐利本性的无限扩张，必须用金钱之外的其他社会价值来节制和平衡它。金融化所代表的是一种强化资本逐利本性并使之日益凌驾于其他社会价值之上的趋势。我们可以把金融化理解为"市场化"的进一步延伸,这里所说的"市场化"是指经济系统从社会伦理和文化习俗的束缚中解放出来。新自由主义的经济学家把金融理解为跨时间、跨空间的价值交换,所有涉及价值或者收入在不同时间、不同空间之间进行配置的交易都是金融交易。这种建立在超级原子主义的个人观念之上的金融观念,试图用利益交换关系和契约关系来取代一切社会伦理关系,使得整个社会成为一个超级的利益交换场所,但这样也会培养出一种最终葬送自己的贪婪文化。

把过度金融化归因于资本主义生产关系的特殊矛盾,并不意味着非资本主义的市场经济国家就不会产生同样的问题。金融资本的扩张有着突破国家、体制、文化疆界的内在冲动,金融化深刻地而又主要是负面地影响了全球经济运行。只有深刻认识过度金融化对于市场经济运行机制和社会伦理文化所造成的负面影响,才能在深化金融改革、扩大金融开放的过程中始终保持清醒的头脑,避免重蹈过度金融化的覆辙。

**道德的市场与企业道德行为的合理性**　余炳元,伦理学研究,2010.2

中西绝大多数的哲学家都认为伦理道德都包含着利他主义的因素或对他人利益的考虑,这使得"伦理道德"一词与作为利己主义的活动主体的企业好像是一对相悖的概念。在西方,随着市民社会的确立,道德与企业的市场活动一度被认为是两个互相不可逾越的领域,于是形成了"企业非道德性的神话"。这一神话的本质内容是:伦理道德与企业经营根本是两码事。企业经营的终极目标是获得收益,经营者这一目的是他们从事生产、提供服务并致力于买卖交易行为的唯一催化剂,因此企业及从业人员根本不会把他们的经营活动同伦理道德挂上钩,他们为了获取收益而忽视了其行为可能造成的种种后果。我们认为,"企业非道德性神话"是在特定的文化背景中形成的,它在企业的市场活动中已逐步走向破灭,而在理论层面上,也不断暴露出自己的种种缺陷。实质上,道德并不存在于企业活动的彼岸,市民社会形成以来,道德始终是与企业的市场活动相伴随的,只不过是,市场经济秩序的转变,使规范企业活动的伦理道德展现出了其不同的特质。

一、企业非道德性神话形成的文化背景

企业非道德性神话是自由经济社会的产物,是西方市民社会早期的一种意识形态,映射了当时西方社会人们的价值观和文化观。它的产生与古典政治经济学理论以及社会达尔文主义思潮密切相关。

17世纪和18世纪，西方市民社会秩序逐步建立起来，市民社会的一个重要特征就是“世界的祛魅”，也即是世俗社会秩序的确立。古典政治经济学的先驱人物借助“经济人”的命题和一只“看不见的手”来描绘这个世俗的社会秩序，同时把道德剔除于这个社会秩序之外。传统经济学以“经济人”来界定现代企业组织，实质上已经为“企业非道德性神话”作了理论预设。实际上，现代企业并不仅仅是作为一个利已主义者的“经济人”，它还是一个“社会人”、“政治人”，更是一个“道德人”。

在西方，“企业非道德性神话”获得了普遍的认同，还与名噪一时的社会达尔文主义直接相关。社会达尔文主义的“进化”、“自然选择”、“适者生存”等基本原则和核心内容已经在社会各领域产生持久而强烈的影响。“适者生存”曾经几乎成为现代商品经济社会的行动宣言，在很多人看来，现代资本主义社会的快速扩张、无情剥削、拼命竞争及对失败的断然排斥行为，简直成了“适者生存”原则的生动写照。“适者生存”是文明社会的规则，而同情弱者，从而造成的“不适者生存”是反文明社会的规则，谁忽视了这一法则就会陷入悲惨的境地。于是，竞争的残酷无情成了经济活动主体的唯一信条。现代社会成功的企业家经常不自觉地用达尔文主义的“适者生存”等术语来描述他们的生存状况。社会达尔文主义使人们形成这样的信念：市场活动的竞争、优胜劣汰是自然规律，与伦理道德无涉。这样，经济领域正常出现的竞争现象便被理解为生物领域中的生死抉择与无情淘汰，人类领域中的伦理道德已经被剔除在经济活动领域之外了。社会达尔文主义为人们的“企业非道德性神话”信仰提供了心理基础。

二、“现代人”的出场与道德的市场的形成

所谓“道德的市场”，就是从事经济活动中的经济主体身上的“道德”或“美德”可以像其他社会产品一样形成一种需求和供给的市场关系。现代市场经济社会中，绝大多数企业家追求合作性博弈战略，从而产生了对道德人士的强大需求。而人与人之间相互依存性越来越高的社会形成的彼此互助机制使市场存在足够数量的道德人士，他们向社会源源不断地提供“道德”或“美德”产品，满足市场中的基本道德要求。

米歇尔·鲍曼在《道德的市场》中认为，过去市民社会的企业是“经济人”，现在市场经济的企业是“现代人”，“现代人”直接呼唤着“道德的市场”。其关于“现代人”的理论构成了对“企业非道德性神话”的有力驳斥，在他看来，当代似乎确实有一只“看不见的手”在发生作用，不过这只手已经不是调节“经济人”经济行为的市场机制，而是变成监督“现代人”采取道德立场的声誉机制。企业活动并不是与伦理道德无涉，相反，企业中的“现代人”正成为市场经济的“道德人士”。当企业有着对道德人士的需求，而社会所有成员都作为潜在的道德供给者确实供给这个产品，则当代市场经济社会就形成了一个良好的“道德的市场”。

三、博弈论与企业道德性行为的合理性

现代经济学的博弈论进一步论证了企业道德性行为的合理性。博弈论研究的是理性的人如何为了使自己的利益最大化而进行策略选择的，“囚徒悖论”是博弈论常用的研究工具，它揭示了企业作为“道德人士”比作为利己主义者的“经济人”更能理想地实现自己的效用。

由于“囚徒悖论”的情景不是一次性完结，而是不断重复地发生的，所以理性的企业往往会选择始终坚守协定的“美德”，即使自己在某种情景下这种美德会给它带来损失。企业遵守协定的道德行为符合理性并且稳定的条件是：它的德性行为方式符合它的利益。研究表明，这个条件是成立的。第一，博弈方的德性行为能促使双方合作，而双方的合作比起双方的破坏得到更多的好处；第二，博弈方的投机行为，会偶尔或在短期内收到可观的收益，但一旦“东窗事发”，就会导致“全盘皆输”的严重后果，且这种后果是无法弥补的；第三，重复性的“囚徒悖论”能使不合作的弈者等到转化，一般说来，合作或守约的“美德”行为符合理性的一个不可或缺的条件是：双方都知道对方是“美德”的行为者或可转化为“美德”的行为者。

从博弈论来看，短视的企业组织其实就是古典政治经济学所设定的“经济人”的真实写照，而深思熟虑的企业则体现鲍曼所设定的“现代人”的人格精神，而按照高德的看法，企业作为“现代人”，其道德性的行为是合乎理性的。

**环境伦理视域中的分配正义原则**　何建华，道德与文明，2010.2

分配正义不仅存在于收入分配领域，还存在于自然资源在同代人或不同代人之间的分配过程之中。分配正义是人与自然、人与人之间和谐协调和可持续发展的伦理基础。

与一般意义的分配正义主要是指对一定社会结构、社会关系和社会现象的一种伦理认定和道德评价，具体表现为对一定社会的性质、制度以及相应的法律、法规、章程、惯例等的合理性和合理程度的要求和判断相区别，环境伦理视域下的分配正义，其重点在于保证当代社会的不同国家和地区享有平等的发展权利和机会，即他们对人类社会发展和进步，对自然环境和资源的保护利用有着相同的责任和义务，更重要的是保证后代人拥有与当代人相当的生存价值和发展条件。分配正义主要体现自然资源在国家之间的公平分配、国内的公平分配、代际之间公平分配、人类的需要与环境本身之间公平分配等层面。概括地讲，也就是代内正义、代际正义和种际正义。

代内正义指同一代人在进行资源开发和享受清洁健康环境时拥有同等的权利。由于自然资源和发展机会的有限性与需要的无限性的矛盾，一部分人对稀缺资源和有限机会的占有，就意味着对另一部分人占有机会的剥夺。代内正义要求以时间同一性、空间差异性为向度保持人与人之间在自然资源和发展机会分配上的公平正义，要求同一代的人们公平地享用自然资源，共同地保护生态，合理地承担责任，合适地取得补偿。代内正义主要包括国际正义和国内正义。代内正义是实现分配正义的前提和基础。

代际正义是代与代之间的分配正义，指当前一代与未来几代人的机会平等和待遇对等原则。代际正义要求以空间同一性、时间差异性为维度的当代人与后代人在利用自然资源、满足自身利益、谋求生存与发展上权利均等，即当代人必须留给后代人生存和发展的必要环境资源和自然资源。代际正义实际上是要维持“帕累托改进”的代际关系，当代人在不损失自己收益的前提下，使后代人的福利增加。代际正义涉及稀缺资源在不同代人之间的合理配置的问题，它集中体现为资源的合理储存问题。解决代际正义问题的难点在于：当代人消耗了资源，怎样为下一代做出合理的回补，使下一代人与前一代人机会平等而又不丧失经济活力。

种际正义是关于人与自然之间的正义原则。尽管对种际正义问题还不能形成一致意见，但公平对待人类以外的自然世界，已为当前伦理学界所公认。种际正义体现了一种物种平等的原则，是实现包括代内正义、代际正义在内的人际正义的基础。物种的最高原则是生存，物种平等是生存原则的体现。种际正义原则要求人类必须以一种不危及地球生态系统完整性的方式开发利用能源，它统摄代内正义和代际正义原则，就此意义而言，也高于代内正义和代际正义原则。种际正义包括生存权平等、需求平等和生物多样性三个方面。

环境伦理视域中的分配正义原则要求既立足当代人的利益要求，又确保未来人生存和发展的基本条件；既尊重人类的利益，又尊重自然界的利益；既尊重当代人的利益，又尊重作为利益主体目前尚还缺位的未来人的利益。由于人类活动对生态环境影响的必然性、人类中心主义价值观的根深蒂固、现实经济活动的外部性和资源环境消费的不可分性、人的认知局限及其难免的功利主义倾向以及缺乏实施分配正义的有效监督机制等,人类与自然之间的公正关系在理论上的成立和现实上的践行都面临着重重困难。但面对全球范围内形成的威胁人类生存和发展的资源短缺、环境污染、人口剧增、生态破坏等严峻问题,坚持分配正义原则,实现人与自然、人与人的和谐和可持续发展是我们必然的选择。

**分配公平:是否可能及何以可能** 何建华、马思农,伦理学研究,2010.2

分配公平问题是当今世界面临的重大课题。今天,无论是发达国家还是发展中国家,贫富差距越来越大。"尽管福利国家有所增加,收入分配状况却没有根本性的改变。事实上,在过去的20年中,国内与国际间的收入不平等明显扩大了。""贫困顽固地存在于富裕之中是现代社会中最令人烦恼的问题之一。"随着中国社会转型和社会主义市场经济的全面发展,分配公平问题在整个社会秩序中的重要性也日渐凸现。邓小平提出让一部分人先富起来,最终实现共同富裕。从实践来看,让一部分人先富不难,目前已是现实;而要实现共同富裕,则有很大难度。我们面对的实际情况是贫富差距还在继续扩大。在如何认识分配公平、如何实现分配公平的问题上,我国理论界的认识是不同的。如何看待收入和财富的不平等?分配公平是否可能及何以可能?探讨这些问题,对于我们正确认识效率与公平的关系,建立公正合理的市场秩序和社会秩序,至关重要。

一

克拉克指出:"对于实事求是的人和从事研究工作的人来说,在各个要求获得应得权利的人中间分配财富的问题,是一个极其重要的经济问题。"实际上,分配的公平与合理对整个经济社会的良性运行都至关重要。这不仅在于它的手段性——直接影响人们从事生产活动的积极性,而且还在于它的目的性——社会财富的公平分配是人类世代向往的理想目标,是人类美好生活的基础。由分配在整个经济社会生活中的基础地位所决定,在现实生活中,社会公平常常被狭义地理解为分配公平。

什么是分配?实际上,人们对分配的理解是各不相同的,大体上讲,主要有三种基本观点:第一种广为流行的观点,是把分配理解为经济活动的一个环节;第二种观点是把分配理解为经济活动中的基础性维度;第三种观点是把经济活动仅仅理解为生产过程,而把分配问题归属于政治领域,作为政治哲学或社会哲学的对象。

要研究分配公平，还必须弄清什么是“公平”。公平正义是人类社会具有永恒意义的基本价值追求和行为准则。从哲学的层面上讲，公平正义是属人的，是指人类群体活动的一种“合理的关系”，是对人的生存方式及社会关系是否具有合理性的追问。在人类社会发展史上，从来不存在也不可能存在最终的、绝对的、永恒的公平。作为一个历史范畴，公平在不同的社会制度下具有不同涵义和性质。即使是同一社会制度下的不同历史阶段，也有不同的内容和特点。也就是说，公平是相对的、有条件的，它受到一定历史时期的经济基础的制约。

那么什么是分配公平呢？分配公平因其涉及许多学科再加上人们的视角不同，可以说是仁者见仁，智者见智。我们对分配公平的理解主要是从经济伦理学意义上来思考的。在伦理学意义上，分配公平要求每个人都拥有平等的生存、发展权利和机会，社会成员共享经济成果。我们以为，分配公平的基本原则是应得原则，即“给予每个人他该得的”原则。分配公平是以市场分配公平即权利平等以及按努力程度分配为基础，同时遵循社会公认的道德准则和判断尺度，让社会成员适当分享经济成果，从而体现大多数人共有的心理判断和伦理标准的作用。因而，在把握分配公平时，必须注意三个方面：一是以竞争机会公平为前提；二是以按贡献分配为基础；三是与社会公平相统一。

二

分配公平作为一个历史范畴，是随着历史的发展而变化的，不同时代、不同信仰的理论家对于分配公平的理解是各不相同的。诚如恩格斯所指出的：“关于永恒公平的观念不仅因时因地而变，甚至也因人而异”，公平观念的形成“需要一定的历史条件，而这种历史条件本身又以长期的以往的历史为前提。所以，这样的平等观念说它是什么都行，就不能说是永恒的真理”。

然而，分配公平的这种历史性或相对性并不表明分配与公平之间有着不可跨越的鸿沟，也并不表明分配公平只是一种理想，不具有现实性，是不能实现的。在人类历史进程中，人们对分配公平的追求总是既维护本时代的稳定秩序，又超越本时代的局限，因而既具有理想性，又具有现实性，是理想性与现实性的统一。

总的来看，在现代社会中，实现分配公平不仅是必要的，也是可能的。事实上，分配公平已经成为现代社会制度基本的价值理念和价值准则。

三

分配公平不是一个纯粹的经济学概念，更不仅仅是一个简单的收入分配概念,它是一个包含着政治、制度、历史、文化、道德、心理等众多因素的综合性概念,它涉及财富的占有、收入的分配、权力和权利的获得、声望和社会地位的状况、享受教育的机会、职业的选择等,一句话,它涉及全部社会资源和社会福利的配置。由此,不能把分配公平仅仅局限于经济领域,在进行制度安排时,必须把分配公平当做一项综合运用多种手段、调适各类利益关系、促使各种利益集团相对均衡的社会价值工程来实施。必须通过完善市场制度、发挥政府在公共行为中的积极作用、加强社会保障、普及教育、就业和社会机会均等等措施,把经济活动起点公正、过程公正和分配结果的相对公平有机结合起来,才能真正实现分配公平,才能构建一个效率与公平相统一的和谐社会。

**从比尔·盖茨到巴菲特——对美国金融危机的成功观反思** 陆晓禾,道德与文明,2010.2

美国金融危机的发生不但同美国整个经济的过度金融化息息相关,而且更与基于生息资本公式的成功观关联密切。

一、"我要做巴菲特"

巴菲特被看做是投资股市、快速赚钱的成功典范。现实生活中很多人想通过赚快钱发财致富,这种想通过钱生更多钱的方式,可以用一个公式表示,就是 M—M′,即从钱 M 直接生出更多的钱即 M′来。美国次贷危机的发生就同这一公式,同整个经济的过度金融化有关。按马克思的揭示,资本的总公式是:M—C—M′,即货币—商品—增值的货币。货币作为资本只有回到生产中,通过剩余劳动,创造出含有剩余价值的商品,然后才能通过商品的出售,实现剩余价值。这次美国次贷危机实践的就是这个 M—M′省略化了的公式。

二、"我要做比尔·盖茨"

比尔·盖茨实践的是 M—C—M′公式,他将他的知识和资本投入到生产过程中,从事的是实际的剩余价值创造。

巴菲特和比尔·盖茨代表了两类资本家:货币资本家和产业资本家。他们是这两种资本的人格化的典型表现。一方面,信用及巴菲特这样的货币资本家、风险资本家等因素的同时存在及相互作用,使得资本总公式中的第一个 M,不再限于缓慢的资本积累,而是可以通过资本的集中来达到并且扩大了。另一方面,剩余价值的创造也正是由于产业资本家,由于比尔·盖茨,才使得巴菲特的钱,作为过去劳动产品价值的第一个 M 能够保存下来,或者说能够再生产出来。

美国信用市场占美国GDP的比例近年来上升很快,这就意味着用到生产过程中的钱很快变少。在信用资本即借贷资本的场合,所有的借贷资本也都把自己当做借贷资本即生息资本,而把其他资本当做生产资本即产业资本,因而致力于虚拟资本的无限度放大。如果所有的货币资本都不再转化为产业资本,则就没有剩余价值的产生了。当生息资本的这种无限度放大的对剩余价值的追求,在它的劳动者即生产资本身上得不到满足时,就转而通过虚拟剩余价值的生产来直接满足借贷资本对利润的迫切追求了。这即是美国银行将其传统的"贷放－持有"模式改变为"贷放－分发"模式的原因所在。

银行和金融机构取消和取代了比尔·盖茨环节,直接采取M－M′公式,甚至是B—B′即票据生票据的方式,来满足庞大的巴菲特及其追随者的钱生钱的需要,特别是作为社会资本管家的这些银行和金融机构管理人自己谋取巨额佣金报酬的需要。生息资本公式在美国次贷衍生品生产中得到了最虚幻和欺诈的表现,美国经济的过度金融化是日常生活中生息资本公式盛行及其在成功观上反映的原因,过度金融化又反过来,进一步加剧了过度金融化经济的不可持续性。

三、可持续经济发展需要什么样的成功观

即便是知道投资如何工作的并被华尔街的天才们认为是成功典范的巴菲特,到晚年时,也并不认为自己是成功的。马克斯·韦伯在其名著《新教伦理与资本主义精神》一书的最后注意到,胜利了的资本主义已经不再需要新教伦理的支持了,"因为这个资本主义的基石是机械"。金融危机发生后,考克斯圆桌会议执行董事斯蒂芬·杨继续韦伯的思考,他认为,金融危机的原因是美国资本主义脱离了伦理的支撑,人们考虑的仅仅是如何赚钱。巴菲特晚年的后悔,一方面表明人性不能完全为赚钱的冲动、为借贷资本的人格化角色所支配和泯灭;另一方面也表明,以个人物质财富的满足为经济发展驱动力的有限性。巴菲特的后悔也说明,仅仅发财致富,是不能为可持续的经济提供可持续发展的心理动力的。这也从反面启示我们,在利用资本的过程中,必须寻求经济发展的持续的精神动力。可持续经济不仅仅是物质的可持续、环境的可持续,更重要的是人生观、成功观上的可持续。

**不能让资本分配的社会职能重新落入高利贷主手中——从原东阳本色集团董事长吴英的死刑判决案说起** 陆晓禾,社会观察,2010.2

原东阳本色集团董事长吴英的死刑案促使我们反思产业资本在我国尤其义乌地区的制度生态环境,特别是政府对资本市场的管制责任、国家银行和信用机构的社会资本受托责任。对政府、学界和社会公众来说,这案件的紧迫性,不仅是对吴英及其企业的审判公正和量刑恰当的问题,而且是资本分配的社会职能是否允许重新落入高利贷主手里的严峻问题。

**文化学视阈下我国企业伦理的失范和重构** 周鋈刚,中国劳动关系学院学报,2010.2

一

我国社会主义市场经济中存在着一些企业伦理失范的问题,该文深入到中国企业生存的文化土壤中,从文化学的视阈来审视我国企业伦理的失范和重构。伴随我国经济体制的转型,我国的文化同样进入了转型期,呈现出各种不同性质的文化形态,契约文化和传统文化是两大主要形态。然而,由于我国对契约文化的建设并不规范,而对传统文化又不加以继承,终究导致文化在转型中出现了变异,形成了非伦理的功利文化。非伦理的功利文化是文化变异的产物,它破坏了由计划经济下的文化向市场经济下的文化转轨的正常进程,使文化转型停滞在非伦理的功利文化中,这是造成我国企业伦理失范的文化根源。重构我国的企业伦理需要导入责任文化,它能有效遏制和纠正这种非伦理的功利文化。

二

我国的文化转型有两条演变路径,一是引进西方的契约文化,二是挖掘我国的传统文化。然而,我国在文化转型中对契约文化的建设并不规范,而对传统文化又不继承,这是导致我国企业伦理失范的历史原因。

契约文化在我国市场经济的实践中并不规范:第一,契约的构建范围有限。我国对契约的建设局限于立法层面,仅仅从合法性的角度制定规范,不能规范企业经营活动的全部内容,忽视了合法性和合理性的统一,一些企业会钻合法不合理的空子。第二,契约在履行中形同虚设。我国市场经济中制定契约的多,履行契约的少。看起来社会上已经建立了各种规范企业伦理的法律法规、规章条例、合同协议,但这些契约的制度形态在企业执行中没有得到落实。第三,企业家对契约的心理冷漠。中国传统文化是以伦理为本位的,这种文化直接孕育出中国人注重德性、长于伦理的民族性格。然而,在市场化改革的浪潮下,传统文化的影响力变得十分脆弱,其基本精神在我国企业中没有得到继承和发展。

三

非伦理的功利文化是我国文化转型中文化变异的结果,这是一种不正常的文化形态,它与西方的功利主义文化有着本质不同,也是造成我国企业伦理失范的文化根源和现实原因。非伦理的功利文化给我国的经济社会带来了极大的危害。首先,非伦理的功利文化不讲动机合理、起点公平、程序正义而只强调最终的结果,给企业不道德行为提供文化支撑。其次,非伦理的功利文化强调一部分人的利益获取是以另一部分人的利益损失为代价的,允许一部分人打着增加整个社会财富的幌子损害他人利益。再次,非伦理的功利文化使企业家将"效用"单纯地定义为经济指标的提升,只重视眼前利益而忽视长远利益,只抓经济效益不抓社会效益、生态效益和文化效益,漠视了经济活动的人性特征。最后,非伦理的功利文化在全社会滋生了"以金钱为本"的拜金主义价值观,这使得很多企业将金钱看成一切经济活动的追求目标。

四

契约文化和传统文化存在文化冲突,而文化整合又是一项长期而困难的工作。因此,为有效治理非伦理的功利文化,完成面向市场经济的文化转型,社会亟待导入责任文化,将它作为重构我国企业伦理的路径选择。从理论上来说,责任文化是中西合璧、刚柔相济的文化,它巧妙地衔接了契约文化和传统文化,包含契约文化中"权利和责任相统一"的精神。从实践上来说,全球企业社会责任运动的发展为责任文化的导入奠定了组织基础和群众基础。责任文化的导入需要一定的实现机制。责任的实现分为内在机制和外在机制,前者是责任感的培养,后者又分为社会制约机制和社会调控机制。

**金融监管的伦理本质与局限性** 徐大建,道德与文明,2010.2

缺乏政府监管或政府监管没有跟上金融创新是二战以来最严重的金融危机的原因。若要有效地进行金融监管,我们还必须对金融监管的本质和局限性有清醒的认识。该文从经济伦理的角度出发,对金融监管的本质和局限性作简要探讨。

一

要正确有效地进行金融监管,必须对金融监管的根本目的、任务和原则有明确的认识。

金融是现代经济的基石。其一,金融活动通过货币的流动大大降低了贸易的交易成本,使得社会分工不断深化。其二,金融通过融资和投资活动来筹措资金,为市场经济活动提供了必不可少的资本。

金融活动的本质就是借贷。金融的基础是信用,是人们的诚信,信贷本身就被称之为信用。金融活动始终存在着各种不可避免的或可避免的风险,甚至会因信用受损而自我毁灭。金融监管的本质就是对风险进行控制或风险管理,保护金融的伦理基础即信用。

金融风险的原因可分为两大类:经济环境的不确定性和人为因素。环境的不确定因素主要指供求关系的变化和宏观经济形势,人为因素主要是指人们的投机欺诈行为。引起系统性风险和金融危机的人为因素主要是金融投机和欺诈行为。金融监管的任务就是防止各种破坏信用的投机欺诈行为,尤其是金融机构的上述冒险扩张行为。由于市场本身无法有效地克服这样的投机欺诈行为,金融监管的任务便自然落到了政府的身上,成为政府不可推卸的责任。在现代市场经济国家中,金融监管从来都是政府的执法行为,是法治的一部分。

金融监管的基本原则:融资活动应当遵循诚实不欺的基本伦理原则,严禁各种欺诈行为;投资活动则应当承担信托道德责任,遵循谨慎从事的基本伦理原则。这是制定关于各种金融活动的法律法规的伦理依据。

二

金融监管也有自己的局限性,具体表现在以下几个方面:

其一,在现代经济中,金融危机的最终根源在于市场经济本身的内在矛盾产生的总供给与总需求的不平衡,这种供求不平衡的矛盾是无法通过金融监管来克服的。根据金融危机的直接原因,金融危机大致可以分为两类。第一类金融危机的直接原因虽然不能完全排除金融机构的投机欺诈行为,但主要是由市场经济内生的基本缺陷决定的社会供求不平衡引发的。另一类金融危机的直接原因则主要与金融机构的投机欺诈行为相关。金融机构的冒险扩张行为的根源在于生产过剩和需求不足。

其二,金融监管的任务是防止各种破坏信用的投机欺诈行为,以便控制风险,维护信用。不过,金融监管虽然能在一定程度上控制投机和欺诈造成的经济过热,但这种控制是有局限性的。在市场经济条件下,由于生产处于无政府状态,牟利的冲动必然会造成投资过热。

其三,金融监管在操作中还要考虑如何维持监管与创新的平衡,由此也限制了金融监管的充分发挥。金融监管的实践也表明，金融监管与金融创新是一对矛盾，人们在实践中不断地调整着两者的冲突，努力实现金融安全与金融效率的协调和统一。

我们应当认识到，金融监管虽然是防止或缓解金融危机的有效手段之一，因而必须加强，但由于金融监管存在着以上的局限性，既不能消除金融危机的深层原因，也不能有效防止不断翻新的投机欺诈行为，我们不能把金融监管当做防止不道德金融行为和金融危机的灵丹妙药。两种有效的非监管措施表现为：(1)我们应当加强新闻舆论对资本贪婪的监督作用。(2)我们应当在制度设计上让金融活动的决策者自己承担起风险责任，具体地说就是政府不应当无条件地为金融机构担保。在制度设计上让金融机构必须为自己的决策承担起风险责任，是制约投机冒险行为的必要措施。

**道德成本—收益的简单量化分析**　徐朝旭、孙尚诚，哲学动态，2010.2

由于道德成本无法直接在会计账簿上体现，个体的道德收益应该是多少似乎也难以确定。但道德既然产生了经济收益，就有必要对其进行比较明确的成本、收益量化分析，该文就这个问题做了初步的探讨。

一、道德成本、收益不对称的原因及量化分析的必要性

在道德得到市场肯定之前，更多的时候，道德更可被视为一种成本，并且这种成本常常不能像其他会计成本一样和收益相对称。在此不妨给道德成本简单定义：广义地来说，道德成本指的是在经济运行过程中，基于社会共同伦理价值取向所做出的道德约束带来的财富数量减少、物质损耗以及主观感受上的情感压抑等。狭义的道德成本则指经济主体服从内心道德信念而做出的自我约束行为，使得其经济利益受到的损失。本文中讨论的是狭义的道德成本。

斯密传统似乎也不可避免地隐含着一个这样的二律背反：一方面是作为“经济人”追求利润最大化过程中会对良心和责任产生漠视；另一方面是作为“道德人”坚守良心和社会责任将致使成本增加、净利润减少。这个二律背反折射出的实际上是长期以来道德成本和收益的不对称。道德的外部效应是产生道德成本与道德收益不对称的源头所在。

基于道德追求正义和善的本质，其外部性表现为外部正效应，即社会收益大于私人收益的外部收益。道德的正外部性将引起效率低下。从整个社会福利的角度来说，道德的外部收益也将导致生产者生产积极性下降、社会产量下降，而引起社会总体福利的下降。

二、道德的成本、收益量化分析

1. 道德成本、收益的量化途径:机会成本法

作为一种无形的成本,道德成本无法在会计账目上得到直接明了的体现,在此不妨用机会成本法来给道德估价。选择道德和放弃道德之间存在一个收益差,这个收益差是由选择导致的。这个收益差便可视为道德成本和道德收益的取值空间。关于道德与经济行为的关系,有三种情形:(1)经济行为完全考虑道德和社会影响。(2)经济行为忽视道德和社会影响,但不会故意行使不道德行为来牟利(这种应该最为普遍)。(3)经济行为完全建立在疯狂以各种非道德手段来投机和牟利的基础上。对三种情形分别进行投资评估:(1)道德成本无法得到足够的弥补,生产受挫。(2)道德成本刚好被弥补。(3)道德成本得到弥补,并且有一定的道德盈余。

2. 道德成本或道德盈余的来源:财政补贴

对道德成本和收益进行量化解决的是取值问题。另一个更为现实的问题是:量化后的价值从何而来?通俗地说便是到底由谁拿出钱来向道德付费?由于道德成本并不直接表现在会计账簿上,因而道德收益也无从以市场价格来体现。不妨参考福利经济学代表人庇古的方法:依赖政府干预。庇古提出对非道德的行为造成的负外部性应该采用征税的方式。参照这条思路,道德成本的弥补和道德盈余则应当采用财政补贴的方式。理由有二:一是政府是公共利益的天然代表者,能够自觉对产生外部性的行为进行干预;二是政府的财政收入来源于社会,道德的外部收益既然由社会所得,而社会又不能自发通过市场弥补道德成本和嘉奖道德行为,那么政府通过财政的转移支出方式来对道德付费,这无疑是快捷公平的方式。

三、道德成本、收益分析中的硬件基础和软性参量

1. 制度化的道德成本、收益评估体系

一个经济自治、权力独立的评估体系就有必要被建立。这个评估体系至少应该包括如下几个方面:首先,政府是这个评估体系的组织者。其次,行业协会应在评估体系中承担一个提供技术分析的任务。再次,一个良好的成本、收益评估体系需要一批优秀的、专业的资产评估、会计、审计、统计等经济工作人员以及法律工作者。最后,除上述三个基本组织主体外,这一评估体系还应该包括伦理委员会为代表的外部科学监管制度,来监督评估体系的定期评估,以及监督政府是否如实把评估后的值支付给了应该得到道德回报的个体。

2. 道德成本、收益量化分析过程的偏差纠正参量

在道德成本、收益的分析过程中间，为了尽可能使量化值更精确、更能如实体现对道德的回报和奖赏，就必须尽可能减少其他因素对这个量化过程的干扰。第一个偏差纠正参量是信息参量。第二个偏差纠正参量是产权参量。

3. 伦理教化的软约束

相对于制度的强制性，伦理教化更多注重于“注错习俗”、“疆学而成”从而“化性起伪”、“积善成德”。伦理教化虽然是软约束，却有着最能深入渗透到社会各个层面、也最具柔韧性的持久效果。道德教化深入到社会各个领域，将使得道德行为逐渐演变成道德习惯。道德习惯一旦形成，道德盈余便可以不再存在，同时道德成本也自然地得到认同和弥补。

**金融危机的“伦理诊治”：合理性及其限度** 曾盛聪，马克思主义与现实，2010.2

一、伦理偏方：市场与政府双失灵下的必然思路

阶段性金融危机再次向世人揭示了市场无法完善地自我调控。完全诉诸市场的力量是无法挽救此次金融危机带来的颓势的。政府干预的合法性建基于市场失灵的不可避免性。然而，即使干预经济、调节收入、提供公共服务等这些带有普遍性的职能也不是每个政府都能完善地承担的。在政府这只有形的手和市场这只无形的手失灵之后，人们纷纷将摆脱金融危机的希望投向了伦理这第三只手。

二、诉诸经济行为主体的伦理批判之合理性

从伦理角度进行审思，金融危机的爆发和蔓延与金融活动主体的失范密切相关。经济和伦理对应着人的两个基本需要，即生产和怎样生产。前者主要出于经济的考量，后者则关涉到伦理。在发展经济的过程中，忽视伦理的因素必将使经济发展缺失价值的指引，走向误区，出现危机。对失却人文关怀的经济行为进行伦理批判，有着客观必然性与合理性。

三、金融危机伦理诊治的限度与出路

伦理规范能用以调节经济活动的另一前提是通过伦理的规导一定能推动经济的良序发展。经济发展就其作为实现人的全面发展和解放手段而言，本身就具有独立善的价值。伦理规范并不能直接解决经济发展本身的问题，但是它却能解决经济发展价值中立的缺憾。伦理对经济活动的匡正，其着眼点并不是经济本身的合理性，而是引导经济往善的方向发展。伦理

对经济的规导,其合理性仅限于经济发展不能解决的价值问题。经济发展必须有利于人的全面发展和解放。伦理规范的聚焦点应是确保经济发展必须有趋善的目的与行为态度,而不能为经济发展设置任何禁区。伦理诊治的限度是经济与伦理张力的必然表现。理性地看待伦理的限度不是贬低伦理的功效,反倒是祛除过去附在伦理万能之上的神魅。作为一种意识形态,伦理规范不可能主导经济的发展,伦理对经济发展仅具有反作用。我国必须更加倚重规范建设途径。

**现代商业伦理与构建和谐社会**　谭德礼,中国特色社会主义研究,2010.2

现代商业伦理恰是社会运行的基本伦理支撑。现代商业伦理的核心——诚信是和谐社会构建的关键。

一、诚信对于构建和谐社会的伦理价值

诚信是道德哲学的重要范畴,是人立身处世的根本原则。从历史到现实,从理论到实践都受到各方重视。诚信是社会发展的基础,诚信对于构建和谐社会具有重要的伦理价值。诚信的价值是社会发展的基础,是我们社会和谐发展最重要的伦理支持。离开了诚信,我们所有的制度规范都将不复存在。我们社会中最重要的价值目标之一就是诚信。诚信是我们人类社会中最高的道德律令之一。在商业社会的发展过程中,越是讲诚信,社会的运行成本就越低;反之就会越高。应该说,商业社会中,只有诚信度的价值高于经济发达程度的价值,这个社会才有生命力。否则,这个社会是短命的,没有生机的!对我们社会来说,应该毫无质疑地将诚信推崇为基本的价值目标。市场经济是契约经济,契约经济就是追求经济生活的有序与和谐的状态。如果把契约伦理看成是一种市场经济活动的操作伦理,那么它还需要一种更深层次的伦理信念的支持,这种支持就是诚信伦理。它是经济交往中的最基本的伦理要求,是在市场经济的环境条件下,任何社会经济实体的生存和发展必不可少的一项道德资本。在商业活动中,诚信就是要遵循价值规律的客观要求,公平交易,等价交换,在经济领域中,商业主体在履行契约的过程中,自觉遵循市场经济的客观要求,追求伦理标准所要求的"诚善于心、公平正义、恪守信义、履行合同"的职业道德和企业品格。它是企业自觉接受社会道德软约束中的最重要的道德标准,是其他道德标准的基础。

二、塑造现代商业伦理之主要途径

首先,必须认清诚信的价值意义,提升个人商业伦理的素养。诚信是个人在与他人、社会交往中应该遵守的基本的道德规范，是每个人为人做事的起点，立身处世的根本，更是社会发展的基石，是维系人际合作、保障社会存在发展之纽带。必须重视诚信的社会价值意义。诚信是一个人基本的行为准则和道德律令。要塑造现代商业伦理之精神，就是要提高企业经营管理者道德素养，加强个人的道德修养问题。

其次，从长期角度看，要塑造现代商业伦理，建立诚信社会，关键是要有全民的诚信意识。而人的诚信意识是要通过有效的社会教化机制来调动人内在的诚信潜质，形成牢固的诚信信念和行为习惯。提高我国企业经营管理者道德问题的对策，不仅仅是解决个体的道德修养问题，单个企业对商业伦理的认识与实践问题，还需要对中国企业家进行不断的商业伦理和职业道德教育。根据我国目前商业伦理的状况，最直接、见效最快的办法就是对中国 MBA 学生施以系统的商业伦理教育。

再次，塑造现代商业伦理，其实就是要改造建设社会文化，建立适应现代商业文明的社会文化环境，努力形成诚实守信的商业文化氛围。

最后，塑造现代商业伦理，不能只寄希望于企业家的自律，还应该完善和加强社会舆论和法律制度，对整个社会伦理大环境进行改善。

**论企业生态伦理的实现机制**　张军、刘迪平，前沿，2010.3

一、企业生态伦理

企业生态伦理作为生态伦理的一部分，是从微观经济活动的细胞——企业主体角度入手的，是处理企业与生态关系的伦理原则，道德规范和道德实践的总和。它拓宽了以往在谈企业伦理往往侧重于人与人之间的关系，注重企业的社会道德和企业的人际道德，把对道德的关注延伸至人与自然之间，即从企业社会伦理和人际伦理扩展到企业生态伦理，把利益平等原则从人和社会扩展到生命和自然界整个生态系统。因此，企业生态伦理作为生态伦理研究的一部分，其核心就是突出企业在发展中只有维持生态平衡，注重企业经济效益、社会效益和生态效益的统一，实现人与自然之间的和谐一致，才是符合道德的。

二、加强企业生态伦理建设的必要性

首先，企业不合理的生产活动是引发环境污染、生态破坏的主要原因。如果仍任企业我行我素，把利润留给自己，把责任推给社会，那么，很难想象若干年后，我们的社会，我们的后代是否还会拥有一个蓝天、绿水、净土这样的生存空间，而企业自身也将异化在自己创造的工业文明中。其次，生态环境资源的特殊性——产权的不确定和公共产品的属性,要提倡我们的企业本着生态伦理公平的原则,既考虑当代人合理的需求组织生产又为后代人的生存发展留有余地,使企业生产活动规模不超出自然资源和环境的承载力,走可持续发展之路。再次,就当代国际市场自生态危机后引发的环保潮流、绿色潮流来看,我国企业要与国际市场接轨,尤其是进人WTO后,要提高自身竞争力也要求企业注重生态形象,把生态道德引入企业管理之中。

三、提倡企业生态伦理实现的可能性

首先,从企业与生态环境的关系看,只有企业注重资源的合理开发和可持续利用,企业才能持续不断的发展。其次,当代公司的成败,不仅仅依赖于市场,还依赖于其形象。一个关心环保、注重生态道德的企业,不但能获得公众的好感,提高企业的知名度,也有利于促进与消费者、政府和社会其他方面的良好关系的形成。最后,企业提倡生态道德与企业自身谋利并不必然矛盾。

四、企业生态伦理实现机制

(1)促使企业转变经济理念,树立生态意识,形成正确的利益取向。在现代社会中,随着企业与生态关系日益受社会瞩目,企业的自我利益最大化原则应当是企业经济效益、社会效益、生态效益三者的统一,这才是检验企业是否优秀的试金石。(2)"绿色保险"、"绿色生产"——加强对企业生产过程中的伦理引导。要落实各企业主体的环保责任,政府应出台优惠政策,鼓励企业购买污染保险(绿色保险),以改变多年来我国污染企业获利,但是损害大家,让大家来买单的局面。同时要采用生态技术、清洁工艺进行绿色生产,把开发绿色产品当成企业必备的道德要求。(3)营建企业生态文化。企业生态文化是企业精神或风范的载体,企业生态文化建设就是使保护环境、维护生态平衡成为企业精神或风范的重要方面。(4)鼓励企业树立良好环境公关形象。企业在不污染、少污染、绿色生产的同时,还要积极参与社会保护生态环境的公益活动。要加强企业生态伦理建设,还必须加强对公众消费的引导,鼓励他们在消费中考虑对资源和环境的影响,以提高生活质量为目的的绿色和适度消费为可持续发展的生活模式。

**儒家传统经济伦理思想的现代检验——关于中庸理性与儒商精神的探索性实证研究** 何轩,上海财经大学学报,2010.3

已故著名历史学家罗荣渠(2004)在其毕生对于东亚现代化的研究中就曾先验性地提出,(如果说)儒家追求和谐与秩序的理性或价值观,不利于落后国家现代化的启动；那么在一个国家已经高度现代化或面临现代化危机之时，儒家理性和价值观的意义就必须重新估价了。美国次贷危机引发的金融海啸，可以说正是钱穆先生所指的“超出必须之经济”，他认为中国有必要在学习西方的同时坚守自古有之的“人文本位”的经济思想与经济政策，保持社会的均衡与良性，而不能像西方一样走向“超出必须之经济”。

该文也尝试对韦伯的命题进行实证回应，因为他曾经提出了一个重要的命题：亚洲文化和宗教传统远不合宜于现代化。中国今日的经济格局，的确从直观上对以上命题提出质疑，但是理论上的探讨还需深入。我们只停留在指出韦伯论断的错误是不够的，因为韦伯所提出的文化因素在经济中的作用这一问题仍然是非常重要的。如果现实证明文化在华人经济发展中也发挥了作用，那么学者就应该将工作重点放在研究传统文化发挥作用的过程和机制上，亦即将在经济发展过程中具有比较优势的文化特点品质或因素描绘出来才是关键。“传统”与“现代”并不相悖，“义”与“利”也不是对立的。我们将“义以生利”作为研究儒商的切入点，用现代计量方法来验证儒商精神(义)与企业绩效(利)之间的关系，以及儒家传统文化在现代社会中是否真的能够“经世致用”。通过数据分析后验证了我们提出的假设。正如余英时提出的，韦伯因为其对中国历史事实缺乏充足的认识，并没有发现儒教与新教有许多共同之处，例如勤劳、惜时等。儒家是通过修炼自身、改造自身、约束自身而到达与外界和谐相处，从而实现万物生生不息；而新教却是通过改造外界而使其适应自身，从而“征服自然”。那么在当下，到底哪种途径是比较好的(或许说不是坏的)呢？

该研究是从多学科(历史、哲学、经济和管理)交叉视角出发的一次尝试，或存在很多不足之处。作者与不同学科背景的学者们进行了激烈但颇具建设性的多次讨论，也不避讳他们所提出的批评，下面也简要地将部分非常有意义的意见与读者分享。经济学背景的学者认为，商人是否让利给对方，让利多少，取决于资产专用性和交易频率。如果双方的交易只有一次，那么谁也不会让利于人；反之，如果双方有维持多次交易的倾向，那么自然就不在乎一次交易中让利多点。只要交易双方处于一个完全竞争性市场中，大家都不会产生让利的愿望，因为价格是唯一确定的，不存在下一次交易；如果存在多次交易的可能性，那么就会产生让利以留住对方的倾向。归根到底还是出于利己的心态，归根到底让利是一种经营策略，不是价值观。而且，只要是多次重复交易的市场结构，就会产生让利行为，不论东方还是西方。这也就是贝克尔所提出的,利他行为终究还是包含在经济人自身的自利行为函数中的。但是我们认为,正如杨春学在对"新经济人"研究中所指出的,除了"私人偏好"之外,经济人还有"社会偏好","经济人模式"的现代模式所说的"个人利益"不只是物质利益,受人尊重、社会地位、名誉等"个人的社会价值"也可能是效用的源泉。

而具有历史和哲学背景的学者认为,"传统性与现代性"这样宏观的命题可以通过企业(家)层面的"义利"关系研究得以论证体现。关于这方面我们是这样考虑的,企业是整体经济的载体和原子单位,而企业家个体则更是传统与现代的最终作用点和生动体现。虽然该研究还是比较粗糙,但不失为一次令人兴奋的探索性研究,因为通过实证考量儒商精神与客观经济指标之间关系的研究毕竟还是首次,或者读者可以将该文看做是宏观话题的微观层面检验,作者希望能为后续研究抛砖引玉。而且该文的尝试也是为改变文化总是被当做一种"剩余变项"的尴尬状况所做的努力,因为文化之宏大造成"一个社会经济之不发展可以归之于文化;而社会经济的奇迹也一样归之于文化"。之所以造成这样的局面,部分原因是因为缺乏定量实证的支持,这是管理学科如何将传统与现代研究方法融合在一起的难点和重点,也是今后跨学科研究的发展方向。

**慈善:先富者的自觉行动**　李朝辉,中国教育报,2010.3.3

该文主要探讨将社会倡导层面的慈善转化为社会实践层面先富者(这里的先富者是指通过合法经营、诚实劳动先富起来的主要包括民营企业家在内的群体)的自觉行动。

一、慈善是先富带动后富、共同致富、实现共同富裕的有效形式

在我国先富者之所以能先富起来,除了主观的因素外,还是很多国家社会层面的因素起作用的结果,是国家和社会赋予了先富者可以先富的资格和权利。然而,没有无义务的权利,也没有无权利的义务。资格和权利不能离开责任和义务而存在。先富后富理论及相关政策是一个完整的概念,同时涵盖了"让一部分人和一部分地区先富起来"、"先富带动后富"、"最终实现共同富裕"的内容。先富者获得先富的资格和权利的同时,还应同时承担在先富起来之后带动还没有富起来的群体共同致富,最终实现共同富裕伟大目标的责任和义务。而先富带动后富有多种形式,或者技术支持,或者投资引资,或者对口支援。除了这些形式之外,慈善也应该可以成为先富带动后富,走向共同富裕过程中的重要形式。

二、慈善是先富者自身可持续发展的伦理要求

人们奋斗所争取的一切都与他们的利益相关。利益是道德的基础,离开利益,道德就会成为空谈。我国经济发展尤其是民营经济发展中存在一个值得学界更值得民营企业家注意和研究的现象,那就是民营企业往往是各领风骚三五年,很难实现可持续的发展,很难做成百年老店。如何在百变的市场竞争环境下立于不败之地,如何实现企业的可持续发展,晚清红顶商人胡雪岩的故事或许会给我们诸多启示。如果说胡雪岩的故事只是个案,那么,当代公益营销理论和企业发展的客观规律则从理论上向我们昭示了仁者寿、善者久的道理。营销与公益、伦理的结合,使社会对人的物质需要和精神需要的共同关注得到进一步张扬,使工具理性和价值理性在动态运行的过程中达到了平衡。现代社会,以技术理性为集中表现的工具理性在给人类带来便利和福祉的同时,也给人类带来了信仰的缺失和意义世界的失落。营销和伦理都从人的需要出发,分析问题、解决问题,现实的人再一次成为研究的出发点被人们重新关注。只有实现工具理性和价值理性的动态平衡,才能使企业在承担社会责任的同时,获得心灵的洗礼和价值的提升,才能形成支撑企业长期可持续发展的精神动力,为世界级企业和企业家的诞生创造必要条件。

三、慈善是环境成熟后先富者的必然选择

财富本于社会,最终将归于社会应该无可非议。但传统上,只对先富者提出道德责任要求而忽视其获得相应的道德权利的思想是片面的,不利于在全社会营造良好的道德环境,实现慈善的社会价值。我们要求先富者承担社会责任、做慈善不能以获得某种权利为前提,但在他们承担了社会责任之后,通常也应当享受相应的道德权利,这是一个公正理想社会对一个有德行者的正当奖赏。反之,如果要获得道德权利,同样也要履行相应的道德义务,这是起码的尊重道德的条件,是一种道德命令。在现实生活中,我们不能仅要求先富者做出履行社会责任的道德选择,积极参与到慈善的行列中来,而且还应该积极营造有利于慈善发展的大环境,通过主客观两方面的努力以切实推进现代慈善事业的发展。

**金融危机也是伦理文化危机——兼论金融危机的伦理文化对策** 周中之,上海师范大学学报(哲学社会科学版),2010.3

一、金融危机也是伦理文化危机

金融危机是综合性危机,不仅有经济因素、政治因素,也有文化因素。

对于金融危机的根源,学者们大多从经济因素层面和政治因素层面进行分析,也有一些学者指出了金融危机的根源在于美国的过度消费,但很少上升到文化层面,对此进行深入的全面的分析。消费主义是金融危机的伦理文化根源。

金融危机的导火索是次贷危机,它一方面反映出贷款公司"见利忘义"的行为,同时也折射出资本主义的发展过程中形成的信用消费、及时行乐的消费主义观念。金融危机的客观事实表明,消费主义不仅扭曲人性、破坏生态环境,而且对经济发展也有着巨大的负面效应。因为过度消费可能酿成经济危机,危害人类社会的发展。消费主义是金融危机的文化土壤的观点,是有充分根据的。

消费主义在现代美国大行其道,不仅是建立在资本主义生产方式基础上的,而且与美国的文化传统相承接。从更为宏观的层面分析,美国的消费主义是西方文化病症的典型表达。该文从伦理的角度分析西方文化的病症与消费主义的关系:第一是对传统的否定,打击了节俭的消费伦理观,使消费主义在西方获得了消费生活中的主导权;第二是享乐主义人生价值观的盛行,为西方社会接受消费主义提供了现实的基础。

二、金融危机的伦理文化反思与对策

其一,充分认识金融危机后文化对策的必要性和重要性,通过经济、政治和文化的"组合拳"来建立应对金融危机的基本思路,用伦理文化的力量支持应对金融危机的各项政策与措施。经济和政治的手段在"前台"是显性的,着重于眼前,而文化手段是隐性的。同时,还要重视用思想道德引导人们树立正确的消费观念,创造有利于战胜金融危机的良好社会风尚和舆论环境。

其二,从中国国情出发,建立金融危机的伦理文化对策。金融危机首先是在美国爆发的,美国国内首先对金融危机进行了多方面的反思。在文化反思中,他们认识到必须改变消费过度的社会风尚,实现文化转型。反观中国,地区经济发展状况的差异性和代际消费伦理观念的差异性,使人们形成了不同的消费方式和消费习惯。正因为如此,消费伦理观念的变革必须进行分类指导,从而建立符合中国国情的伦理文化对策。

其三,以"适度消费"为伦理原则,引导金融危机后中国的社会消费风尚。在金融危机反思中,人们不难得出结论:西方的消费过度,中国的消费不足,都是不可取的,适度消费是明智的选择。但是要掌握消费的"度",做到适度消费,走出金融危机的阴影,不仅要依靠经济的力量、行政的力量,还要靠文化的力量。同时还应注意到适度消费中的“度”是质和量的统一。适度消费意味着消费不仅要有与生产力发展相适应的“量”，而且意味着在生产力发展的情况下，必须有新的“质”，即消费内涵的新理解。鼓励消费一是要鼓励占用资源少的消费方式；二是要提高消费的效率，即在同样的消费量情况下，达到更大的消费效果。

其四，加强消费伦理观念教育，并将它作为应对金融危机的基础性工作。消费主义是金融危机产生的文化根源，消费需求又是走出金融危机的“瓶颈”。对于消费问题的理解，人们更多地是从经济角度思考的。在消费教育中，往往把它落实到技术层面，落实到解决理财问题上，这是不够的。在现代生活中，消费中的文化含量比过去大大增加了，人的消费行为在更大程度上受到伦理观念的影响。消费伦理观念通过人的消费行为，通过消费的社会风尚，对社会的发展产生重大影响。加强消费伦理观念教育，是一项应对金融危机的基础性工作。

**效率与公平的价值内涵及其关系新论** 贺汉魂、王泽应，哲学动态，2010.3

效率与公平的关系不仅涉及财富的创造与分配，更涉及人生价值与人生幸福方面的内容。应树立人生价值最大化的效率、公平观，并以此引导财富的生产与分配活动。

一、效率：人生价值形成的度量标准

效率可以拒绝道德的拷问吗？显然不能。因为人的任何行为都会对他人、社会产生利害关系，所以人的任何行为都可以且应该接受应该与否的追问，人类追求经济效率的行为自然不能例外。提高效率是一种最大的善或天然的善，从而是一种无条件的应该吗？显然不是。经济问题往往被简单地概括为如何生产、生产什么以及生产多少三个问题。就生产什么与生产多少的问题而言，提高劳动生产效率显然不是纯粹的经济问题，甚至主要不是经济问题。

人的一切活动都是为了实现一定的人生目的，因而目的的实现及其程度就是行为的评价标准，终极目的自然就是行为的终极评价标准，人类的劳动更是如此。效率内涵应理解为生产劳动的最根本成本付出与人生终极目标的实现程度之比。财富与快乐均不是人生的终极目标。劳动投入归根到底是人的劳动力的投入，也即人的生命成本投入。因此也可以说人的生命成本才是劳动的最根本成本，所谓提高效率必须降低成本，归根到底就是降低或节约人的生命成本。显然,实现此目的的基本途径,一是提升人的能力,二是合理安排人生活动使人的有限精力与时间用得最好。由此更能说明财富最大化不等于人生价值最大化。

我们可以得出这样的结论:所谓效率,从最深层次讲就是人的生命成本付出与人生价值实现之比值,人们真正需要的效率是人生价值最大化而不是财富最大化的效率。

二、公平:人生价值合理分配的基本原则

人们常说效率主要是一个生产问题,公平主要是一个合理分配问题。可是公平的分配就是合理的分配吗?未必,因为合理的分配还有一个前提性的问题,那就是什么才是应该分配的。

应该分配的人生价值包括哪些呢?有些人生价值是无法分配的,如自成目的行为所产生的价值——创造、情谊,以及一个人的社会出身和自然禀赋、运气和努力等。但除此之外的两类人生价值:一类是主体活动的前提条件,即生命、平等、自由等基本权利以及由它们派生出来的其他基本权利;另一类则是主体活动的结果,主要指各种经济利益,也包括社会地位。这两类可分配的人生价值虽然对人生意义具有不同的重要性,但必须公平地分配。

如何才能将应该分配的人生价值分配给应该者呢?人生价值的分配原则只能根据人生价值的类型来确定:对于主体活动的必要前提、基本权利,即价值,包括生命权利、自由创造的权利、受教育的权利和工作的权利等,公平的分配原则应是平等原则或机会均等原则;对于主体活动成果的经济利益和社会地位等人生价值因素,公平的分配原则应当是按劳或按贡献的分配。

三、人生价值最大化:处理公平与效率关系的基本精神

按照人生价值最大化的基本精神,效率与公平在价值上不应一被优先,一被兼顾,在性质上则是相互规定。一方面,效率应是公平的效率。公平的效率应是不损害基本人权的效率,应是保障发展机会共享的效率,还应是按贡献分配主体活动成果。另一方面,公平应是不损害效率的公平。什么是有损效率的公平呢?有损效率的公平,一是基本权利不平等分配的绝对不公平。二是非基本权利,也即对作为主体活动成果的物质利益和社会地位等人生价值因素,不按贡献分配的平均主义结果公平。

按照人生价值最大化的基本精神,真正的公平必然会导致合理的效率,合理的效率必然要求真正的公平,两者在作用上相互补充。一方面,效率之提升须依赖保持、提高劳动者的劳动积极性,公平则是保护此积极性的根本

因素。另一方面，效率是公平得以保障和发展的历史动力，是衡量公平的历史尺度，判断社会制度公正与否的标准关键在于这些制度是否符合效率的要求，是否能促进社会生产力的发展。由此可容易明白虽不能否定效率与公平价值及其作用的特殊性，但单凭“公平”或“效率”解决复杂的现实问题，往往会导致“公平失效”，“效率失灵”。

**当代中国劳动伦理研究述评** *夏明月，河南社会科学，2010.3*

一、回顾和梳理劳动伦理研究成果

近三十年来，随着市场经济的发展，劳动的伦理价值主要体现在劳动的物化与劳动的异化过程中，并且产生了一系列伦理道德问题。我国的劳动关系发生了深刻变化，诸多的劳动关系问题和争议日益凸现，不协调因素呈不断增加的态势，我国国内理论界对于劳动及相关关系的研究开始兴起，劳动关系问题作为一个社会经济问题引起了社会的关注，劳动问题涉及经济学、管理学、伦理学、法学、政治学等多学科，学者分别从不同学科不同角度对劳动相关问题展开了有益的探讨和研究。由于理论研究的时间相对较短，加之我国实践中劳动关系的复杂性，所以国内现有研究尽管已经涉及劳动相关的多个方面的内容，但这些研究还只是初步的、粗浅的，有待于进一步的深化和精益求精。尽管个别学者有所涉及，但总体上看，研究成果的数量不多，更缺乏在学界引起反响的高质量成果。

二、分析和总结劳动伦理研究成果

(1)关于劳动伦理的含义，对劳动伦理的阐述大体分为两种观点，一是“道德原则说”，二是“道德关系说”。前者认为劳动伦理是对劳动关系中道德现象的概括，主要是指在劳动中人与其他诸要素之间应当遵守的道德准则；后者认为劳动伦理是对劳动者各种道德关系的反映。(2)关于劳动伦理的基本特征，除了具有伦理的一般特征，即阶级性、历史性和普适性外，更深入社会生活；比一般伦理更具体、更深刻；更有实践性的价值和意义。劳动伦理研究的重点主要放在道德的实践活动方面，是一般伦理学基本理论在劳动实践中的具体应用和实现。(3)劳动伦理研究的主要内容：一是劳动过程中的基本伦理问题；二是在劳动过程中劳动者的道德问题；三是在劳动过程中劳动集体的道德问题；四是在劳动过程中现有的经济政治体制下公平与效率关系的伦理学思考等；五是职业道德，即人们从事特定工作时的行为规范。

三、目前劳动伦理研究存在的不足与缺陷

国内劳动伦理研究发轫于改革开放以后，经过三十年的努力探索，在一些主要问题上取得了一定的进展,但研究还存在一定的问题,主要表现在:一是研究多侧重于实践特性,理论特性的研究远远不够;二是研究偏向工具理性,价值理性层提升不够;三是对我国劳动关系中出现的一些热点问题的关注不够。

总之,加强劳动伦理研究是伦理学理论本身发展的需要,结合当前市场经济条件下劳动过程中产生的劳资矛盾、劳动保护、公平与效率等道德问题,进一步拓展伦理学研究的视域,是当前伦理学研究的应有之义。

**"道德性生产力"理念释义** 糜海波,道德与文明,2010.3

"道德生产力"命题自上个世纪90年代提出以来,在学界曾引起较为热烈的争论,学者们站在各自的理论立场提出了不同的看法和观点。那么,道德生产力究竟是指"道德是生产力"还是指"道德的生产力",这是两个不同性质却又相互关联的问题。作者认为,从伦理经济学的视角审视,将道德生产力解释为"道德性生产力"更合乎这一命题的本意,也即从伦理道德的视角对生产力进行价值分析和行为导向。因此沿着这一问题探寻的路向,该文从作为"精神生产力"存在的道德本体、伦理经济学视角中的道德性生产力以及道德性生产力理念的时代意蕴三个层面作一些粗浅的讨论。

一、作为"精神生产力"存在的道德本体

生产力包含物质生产力和精神生产力两个方面。知识、智力、科学和技术等可以归结为物质性生产力,而道德、哲学乃至政治等只是观念形态的精神性生产力。道德不等于狭义的生产力,它只是一种"精神性生产力"。然而,道德是一种不同于其他意识的实践理性,道德的本质不仅在于其外在的规范性,更在于其内在的主体性和超越性,甚至它也具有存在论意义上的本体性。那么,道德是怎样成为一种特殊的精神生产力,并成为物质生产力存在之本体的呢?这就需要分析道德与生产力之间本然的依存关系。一方面,从生产力存在的形式来看,人类的生产活动本质上并不是一种单纯的个体性行为,而是一种组织化的社会性行为。另一方面,从生产力实现的机制来看,道德是产生精神生产力进而促进物质生产力发展的力量之源。

二、伦理经济学视阈中的道德性生产力

马克思的政治经济学从政治的角度来研究社会的经济现象,同理,伦理经济学是从伦理道德的角度来审视社会的生产和经济活动。生产力并非是一个静态的实物,它动态地显现于人的生产过程和经济领域之中,所以生产力也不完全是中性的客体,它必然蕴含着道德的属性。由此,道德性生产力问题就可以从伦理经济学的视角来加以论证和诠释。首先,从生产力存在的目的性来看,道德的实践理性对生产和经济活动的工具理性具有规约和导向作用。其次,生产力问题说到底也是伦理道德问题,而利益和利益追求"只能在人际关系尤其是利益关系的协调中才能实现。又因为经济的发展又不断地实现着人的完美性。因此,经济现象与伦理道德现象是共生共存的"。最后,从道德的维度来理解生产力,实质上正是凸显了以人为中心的生产力价值导向。生产力发展的最终目的不在于财富本身,而在于促进人的自由全面发展。

马克思在肯定资本主义生产力高度发展带来物质财富增长的同时,也从道义上批判了资本和商品生产过程中产生的对人的异化和对人性的扭曲现象。道德性生产力理念的提出,就是要在价值维度中增加人的概念和人类自身发展的价值意识,实现有利于个性完善和人的自由全面发展的人类存在方式的转变。人对生产力的这种根本性意义,说明生产力不是一个完全自在封闭的体系,它必然要受到物质价值以外的其他价值的引领。所以,道德性生产力不但是为生产主义、物质主义和经济主义提供一个系统的知识框架和有力的理论根据,而且它更是一种面向问题与行动的实践理性和精神实践。

三、道德性生产力理念的时代意蕴

道德性生产力不只是一个抽象的概念和命题,也不只是对道德与生产力关系的一般性表述,它是一种具有包容性、概括性和综合性的体现理论联系实践的行为价值哲学。从道德的维度解释生产力,就要深刻认识到生产力发展本身所具有的道德属性,为生产力的科学发展提供价值论和方法论层面的文化支撑。

1. 关切生产力发展的共享性

从动态性上说,生产力本质上是社会生产力,是由从事生产活动的人与生产过程中的物质条件相结合构成的。从生产要素来看,道德作为社会的公共精神产品,匡正着人们进行生产活动的秩序,其实践价值为人们所共享。

2. 彰显生产力发展的人本性

现代生产力无疑促进了社会的全面进步和人类自身的进化,也为人类摆脱生存的困境提供了物质保障和现实基础。然而,财富的增长和物质的丰腴也诱发了人们走向物质主义的边缘。

3. 保持生产力发展的持续性

就人的需要而言,发展是人类永恒的主题,它标志了人的存在的超越性特质。生产力发展关涉着当代人和后代人的生存,因此生产力发展必须获得一种持续性。从哲学观点看,人类进行的历史活动遵循两个尺度:一是外在尺度或客体性尺度,二是内在尺度或主体性尺度。从生产力的可持续发展来说,道德知识使人们认识到人类与自然的和谐共存关系,人本身是自然界的一部分,对自然和环境的破坏不仅造成自然对人类的报复,而且直接影响生产力发展的可持续性。

现代性将发展等同于增长的逻辑导致的生态危机已提示我们:人类必须思考人口、资源、环境与生产力发展的本真关系,必须反思以牺牲生态谋求经济增长、以牺牲生命谋求资本增值、以牺牲他人谋求自身福利、以牺牲整体谋求局部发展、以牺牲长远谋求眼前利益、以牺牲精神谋求物质占有、以牺牲后代人谋求当代人享受的不可持续的生产发展方式。今天,生态伦理观已成为全球人的共识,对自然与人类命运的道德关切和道德责任要求人们确立全球伦理观。就此而言,道德性生产力理念是科学发展观的具体体现,是伦理经济学理论的应用和投射,它有助于我们在反思实践和超越传统中,实现自然、社会和人类自身的科学、和谐与和平发展。

**论企业的慈善责任** *龙静云、戴圣鹏,伦理学研究,2010.4*

慈善既体现了人们对构建美好社会以及美好生活的愿望,也蕴涵了人们对社会对他人所应承担的社会责任的一种自觉意识。而企业作为一种营利性组织,其社会责任体系中乃包含着慈善责任。慈善责任在企业社会责任体系中居最高层次,是企业主观意识到的自主自愿承担的责任,它不具有其他责任与义务如经济和法律责任的强制性特征。企业承担社会慈善责任,符合社会的倡导与公众的期望,但其对慈善责任的承担是有限度的,即企业承担社会慈善责任应与自身的承受能力和企业自身的正常生产以及可持续发展相适应,应量力而行。

其一,慈与善无论作为西方社会所倡导与认同的伦理价值理念,还是作为中华文化的伦理精神,都彰显了人类文化的精神与文明。对于慈与善是否内含社会责任的分析,该文主要从中华传统文化来追溯与探讨。关于慈善的概念,古已有之。在中国传统文化典籍中,慈即爱也。因此,慈所展示的是人的一种天然或自然情感,这种由血缘亲缘关系所产生的长辈晚辈、父母子女之间的亲爱、慈爱情感,构成了人与人之间最为原始与自然的情感关系。随着契约社会的形成以及公民社会的成熟,这样的一种天然情感关系逐渐演变成人与人之间的一种最为天然的权利与义务关系,即长辈与晚辈、父母与子女之间的权利与义务关系。慈在现当代所蕴含的这种关系，就包括父母所享有的权利与应履行的义务，也同样包含为人子女所享有的权利和应履行的义务。善与慈相比则是对血缘亲情关系的一种突破，是人的社会关系进一步扩大化的表现，是慈爱思想的进一步延伸。善在中国古代文化中的本义是吉祥与美好之意，许慎在《说文解字》中就做过注释：善，吉也；从言从羊，此与义美同意。篆文从言从羊，隶书省作善。二言有相善，君子之言吉，其嘉祥谓善。后来，善被引申为人与人之间友好亲善，品行高尚，即人们对人与人之间美好关系和美好生活的愿望。所以从原义或本义上说，善相较之于慈，更反映了人的主观愿望。善所体现的人们对美好生活的向往，必然要求人与人之间互助、友爱，而人与人之间的互助、友爱则是人们对慈的思想的进一步升华，即由亲爱走向人与人之间互助互爱的一种质变与深化，是人类社会意识观念发达的重要表现，是人们由自愿承担家庭责任向自愿承担社会责任的重大观念转变，体现了人类的一种道德自觉。二者都体现或蕴涵人所应具有的责任感与责任意识：慈体现的是长辈、晚辈或父母子女之间的存在的自然责任，而善体现的则是作为社会成员中的一分子在追求自己的美好生活中所意识到的对社会所应承担的责任，这种责任与慈所蕴涵的责任相比，更具有主观性，因此，善所体现的是人主观意识到的一种责任。到南北朝时期，慈与善常常并列言之，于是便有了慈善这一称谓，并为时人所习用。慈善既体现了人们对构建美好社会以及美好生活的愿望，也蕴涵了人们对社会对他人所应承担的社会责任的一种自觉意识。人们之所以会有这样的心态和产生这样的行为，就是源自于人们对社会对他人产生的责任感，更深层次来讲就是源自于人们对美好生活与个人幸福的向往与追求。这种责任感并不是任何人都具有的，也不是社会与他人强迫于你的，而是你在内心由于对生活、对社会、对未来充满美好愿望所自发生成的一种社会责任感，是个人或组织的一种自愿性承诺行为，是自身在自己的道德修养中所意识到的责任。关于责任，在《现代汉语词典》中，其含义有两种：一是分内应做的事，二是没有做好分内的应做的事而应当承担的过失。在英文中，通常用 Responsibility、Obligation、Duty 等词来表达责任的内涵。在 Webesters Ninth New Collegiate Dictionary（1994 年版）中，认为 Responsibility 的含义有：1. the quality or state of being responsible. A：moral、legal or mental accountability. B：reliability trustworthy. 2. something for responsible burden。可见在西方，责任的含义有三，第一指的是一种尽责的品质和精神状态，它包括道德上的、法律上的、心灵上的尽责以及可靠的值得信赖的品质与行为;第二指的是对什么担负责任的事情;而第三种则是责任主体主观意识到的自愿性责任。

其二,在市场经济条件下,企业行为的直接目的是追求利润的最大化,获得适当的利润,保障自身的生存与发展,这是企业必须履行的最基本的社会责任。但企业的社会责任在现代社会中又是一个广泛的范畴,它包括多方面的内容。西方学者阿奇卡罗尔(Archie Carroll)就把企业社会责任分为四项:经济责任(economic responsibility)、法律责任(legal responsibility)、伦理责任(ethical responsibility)以及慈善责任(philanthropic responsibility)。经济责任指的是企业有合理的收益、雇员或职工有稳定且收入相当的工作以及产品合理的售价与服务;法律责任是指企业应遵守法律规定,遵循市场游戏规则;伦理责任指的又是无论是否在法律的规约之下,都应使自己的行为与活动做到公正合理,符合大众期望;慈善责任是指企业出于自愿的行为与活动,是企业自愿奉献于社会的高尚行为与活动。

作为营利性组织,企业为什么要承担社会的慈善责任呢?首先,现代企业的性质(即企业的社会性)决定着企业要承担慈善责任。其次,企业承担慈善责任是社会正义的要求与体现。第三,企业承担慈善责任是企业长远发展与基业长青的需要。主要体现在三个方面:一是企业承担慈善责任有利于增加企业的收入,企业有收入有效益才会有长远发展与基业长青的可能。二是有利于企业节约成本,提高效率。三是有利于降低企业的风险,特别是当社会出现危机或企业自身出现危机时,有利于企业在危机中求得生存与发展。

其三,慈善责任作为企业社会责任的重要内容之一,与其所要承担的经济责任、法律责任有着很大区别:经济责任与法律责任是企业必须履行的义务,而慈善责任则是社会与公众对企业倡导与期望的一种责任,它不具有经济责任和法律责任的强制性特征。慈善责任属于社会道德责任范畴,它以应该和非强制性为特征,以不追求对等性的报偿,仅仅以帮助弱势群体和扶危济困以及追求社会正义为目的。慈善责任属于企业的美德行为,是一种高尚的道德活动,是企业社会公民角色成熟的标志,反映了企业对社会的主动关注与响应程度。具体说来,企业的慈善责任主要有以下三个方面的特质:(1)企业慈善责任是主观性责任。企业慈善责任是企业主观意识到的责任,属于企业主观责任的范畴。(2)企业慈善责任是自愿性责任。企业承担慈善责任几乎完全是建立在企业道德自觉的基础上的自愿性的承诺行为,是企业负责任的表现。(3)企业慈善责任是社会倡导性责任。企业慈善责任是社会所倡导、公众所期望企业承担的责任。

其四，承担慈善责任，不仅仅是你是否意识到有这样一种责任的问题，它还是你有没有能力来承担的问题。因此，慈善作为一种社会责任，并不是每一个人、每一个法人实体都必须要承担的责任行为，但作为公民社会中的一员，企业应有这样的倾向与意识，承担这方面的责任。所以对于企业承担的慈善责任的边界我们可以这样界定：企业承担慈善责任既有利于企业塑造良好的社会声誉和提高它的市场竞争力，又不会影响企业自身的正常生产和可持续发展，反而使企业获得长足发展，基业长青。

**墨子义利观之考辨** 邱竹、邹顺康，道德与文明，2010.4

义利之辨，在先秦道德哲学和政治哲学中有其显赫之地位，然则国内学者之著述，往往关注儒家经典对义利问题的论述而为之考辨。虽则儒家之义利考辨极为关紧，然墨家之义利之辨也难以忽视。墨子义利观在当代之境遇，或可称为门庭冷落，或可谓之旁门左道，然其中蕴含之丰富智慧却让人不忍释卷。墨子试图用其兼爱非攻之观念来力挽乱世之景象，此中之观念更在于义利之辨。是故，本论意对墨子之义利观给出阐释，此种尝试意在区分墨子的“义”之种类及“利”之类别，并区分不同类型的“义利之辨”。

翟之墨“义”，乃其立论之源，墨子曰：“天下有义则生，无义则死；有义则富，无义则贫；有义则治，无义则乱”(《墨子·天志上》)。墨子之“义”，其含意大致有二：一曰仁义，一曰道义。何谓仁义？墨子之“仁义”实则兼爱，“兼爱”即人与人之间互敬、互爱，不分等级、不分远近、不分亲疏地爱天下人，同等程度地爱所有人。墨子将兼爱(即“仁义”)作为解决天下大乱的方法之一。无爱则天下大乱，兼爱则天下大治，而“兼即仁矣，义矣”(《墨子·兼爱下》)。墨子把人民称作“天之臣”，“仁，体爱也”。天是对人们的体爱，故而，人与人之间更应互爱，彼此间更应讲仁义。何谓“道义”？墨子何以将道义作为解决乱世之另一方法？欲明其究理，当将视野转向墨子之军事思想。在墨子之军事思想中，非攻乃其核心。墨子反对攻伐掠夺的不义之战，认为这些战争均属掠夺性非正义战争，在《非攻》诸篇中，反复申诉非攻之大义。表面上看，墨子是在研究军事理论，实则暗含着一种政治思想，一种善善为德的思想。国与国以善为之，人与人亦要以善为之。而此种行为正可谓道义也。

墨子亦从反面考证何谓“义”，以“不义”对“义”做出诠释，认为不义者三。其一，贻误农时，破坏生产，斩断了老百姓的衣食之源。其二，抢劫财富，不劳而获。其三，残害无辜，掠民为奴。由上可知，作为解决乱之方法的

“仁义”与“道义”,墨子虽皆谓之义,而实则有别。墨子将“仁义”视为对人之要求,主张无论圣人或平民都应以兼爱(即仁义)为自己行动之准则,然墨子之“道义”不独对人有要求,还对国有要求,墨子之“道义”更多的是一种治国方略。墨子虽以“义”为除乱之法,“利”却也是墨子的重要思想,墨子重视“义”与“利”之结合。墨子曰:“义,利也。”(《墨子·经上》)虽“义”是基础,谈义却为显利,然后知墨子关注的核心是“利”。墨子亦欲使人们认识“义”,进而将“义”内化为品德,而后外显于行为,如此人们又能获得更多之利,故“利”即“义”也。这正如墨子就“利”产生之回答,墨子曰:“义可以利人。”犹是,我们可见“利”寓于“义”中。墨子之利除了有物质财富之外,还包括非物质财富。墨子之“利”,其含义大致有三:其一,公利。公利者何?墨子之说尚公利也,究其根本,公利乃施仁政利天下。其二,他利,又名利人。爱乃利之本质内容,利乃爱之表现形式。通过利人实现爱人。由此,他利在墨子看来实乃爱人之利。其三,私利。私利者,利己也。墨子以为先以利人,而后利己,如若人人利人,则人人皆得利,从而有兴天下之利。

仅对上述义与利作简单的梳理与罗列,未必符合墨子义利思想之本义,我们将墨子义利之辨的意义及各种“义”与“利”之间的关系进行阐释。墨子仁义与功利之关系乃你中有我,我中有你,相互促进、相互联系、相互影响之辩证统一。故仁义产生公利,公利也正是仁义。若墨子所言他利即利人,此二者又有何关联呢?他利与仁义(公利)之关系,其差异在于利之对象不同,一个是个体,一个是群体。人人兼爱,人人利他,如此他利便转化为公利。然而,何以见得仁义就能生成他利从而形成公利呢?何以为?他利也表现仁义,而他利渗透在仁义中。仁义中虽渗透着他利,然他利与仁义相悖时,应去他利而留仁义。人与人之间存在互利互惠的关系,人的自我利益的实现存在于利人之中,也就是他利之中。如果放弃仁义,只追求私利,最终私利也不会拥有。而追求仁义,爱人利人不仅无损于自身之利益,还可以通过爱人利人使自己的利益得到保障。故而,施仁义得私利。然私利与仁义却不是仅仅辩证统一。当私利与仁义目的一致时,可二者兼得。然二者出现冲突时,则应以仁义为先。这也恰恰符合个人与集体、国家发生冲突时,应以大局为重,个人服从集体。

墨子在多篇著作中对道义与公利之关系进行了论述,道义乃善善为德,公利实则乃蕴含于道义之中,它们相辅相成,公利因道义而可能。墨子之取道义而去他利也。墨子主张私利须在道义指导下,通过善行、善言与不相别来取得。利公、利他最终都可以认为是利己,从而只有满足公利,满足他利,才能满足自利。墨子认为道义是公利、他利之基,也是自利之基。墨子之道义与私利虽相互影响,但在治国之道上,确有其序。墨家视道义为首要原则,私利则放之其次。若私利之获得有失道义,则宁可弃之。然对个人而言,墨子认为私利与道义乃手指与手腕之关系,若须断其一,则"断指以存腕,利之中取大,害之中取小也"(《墨子·大取》)。

**消费主义价值观批判** 邢雁欣,道德与文明,2010.4

消费主义是20世纪20年代产生于美国的一种主张消费至上的价值观与生活方式。伴随着经济全球化以及全球经济的增长,消费主义的价值观也漫延扩展到世界各地以及经济欠发达国家。消费主义对于我国消费观念以及消费生活的影响已经展现,严肃对待消费主义价值观对我国消费生活、精神生活以及经济发展的影响,已经成为一个重大课题。

消费主义的价值观以消费主义的态度来看待自己的消费与人生,崇尚消费至上,认为消费体现了人生的价值与意义。消费本来所具有的维持生存需要的功能,在消费主义这里,则被转换成为消费而消费,并以之作为人生的价值追求。传统意义上的消费,从消费主体意义上看,是为了生存需要的满足,从消费客体意义上看,是其消费对象的实用价值。消费主义的消费,所看重的不是其内在固有的使用价值,而是其文化符号意义的附加价值。品牌、名牌效应不仅是因为其内在品质,更重要的是其产品因是品牌或名牌而具有的商标的价值。这种价值使得该商品的价格往往高出其同类产品许多倍。炫耀性消费成为人们身份认同的一部分,不是实用性消费而是符号消费的欲望,驱使人们去不断追求过度消费、奢侈消费。炫耀性符号消费甚至成为人们的生活指南,消费活动本身也成为人获得自由的精神假象。

丹尼尔·贝尔从根本上区分了传统消费与消费主义盛行后的消费观念,前者的消费是建立在人的生理需要的需求之上,这些需求是有限的;而消费主义所激发起的不是需求,而是欲求,即超越自然需求的欲望对消费起了支配作用。在消费主义的支配下,心理需求超过了生理需求,而且其本性是无止境无限度地需要。消费主义的需求以最大限度地占有财富为目的,在消费主义价值观的支配下,人们的幸福观念已经从维持生理需要向符号需求转变,每个人都感到幸福生活就是更多地购物和消费,消费本身成为幸福生活的象征。

随着改革开放以来,我国经济发展水平的提高,人们已经具备了大量占有消费品的经济能力,人们的消费观念也开始改变。个人与家庭致富已经成为改革开放以来受到社会鼓励的趋向,富裕与文明在我们时代是有着同等重要的政治与社会意义的。超出生活需求的消费并非是“生活腐化”,而是得到人们肯定评价的“生活享受”。与此同时,消费主义的价值观已经在人们的消费生活中得到显现,它主要体现在大学生的消费攀比、富裕阶层的挥霍性生活以及奢侈性消费上。

然而,中国仍然是一个正在追求现代化的国家,在经济发展水平上,还没有进入发达国家的行列。因此,一方面是消费主义的问题,另一方面则是分配不公导致的基本需求不足的问题。与富裕阶层的炫耀性消费形成反差的是,我们的社会从总体上看消费不足。消费不足并非是消费者主观上没有消费愿望,而是客观上消费能力不足所致。一方面是奢侈浪费,另一方面则是贫困的大量存在,消费主义的价值观所导致的过度消费以及炫耀性消费必然导致人们在社会心理上进一步拉大社会贫富差距。

批判消费主义的价值观,是为了建构合理的消费价值观。合理的消费价值观,既要把消费放在人生追求的合理位置上,同时也要与一定时期的社会经济发展水平相适应。只有在合理的价值观影响或支配下,才会有合理的消费需求。因此,我们既要根据经济发展水平来提出相应合理的消费理念,同时也要从合理的价值观意义上确立人们的消费追求目标。一方面,我们不要忘记过度消费所导致的对经济健康运行的严重危害;另一方面,又需要提倡相应的健康消费价值观。

建构健康的消费价值观,第一个问题就是如何看待我们的传统节俭美德。我们认为,我国还处于发展中国家阶段,仍然需要节俭的美德。但对于节俭的意义需要重新诠释,即在现代经济条件下的节俭,首先主要是针对与其相对立的铺张浪费而言,而不是器物唯旧的价值观念;其次,节俭指的是生活上不攀比、不向高标准看齐。在经济能力许可的前提下,我们应当提倡适度消费的价值观。所谓适度消费,就是既反对消费主义价值观所提倡的炫耀性消费、超限度的奢侈性消费、无节制的消费,把人的价值单一地定位于物质财富的享用和高消费上;同时又不提倡自我抑制性消费,并不认为在经济能力许可的前提下,降低自己的生活水平也是美德。

适度消费的价值观也就是健康的消费价值观,这种健康的消费价值观,不仅仅是对于人们的价值观而言,也是对于经济发展而言。提倡适度消费的价值观,关键在于“度”。适度消费的衡量标准,既在于一定时期的社会经济的总背景,而不能以相对贫困时期的标准来衡量改革开放后的消费水平;同时也在于不同个人的消费能力。因此,在反对过度消费的消费主义观念的同时,也要提倡在坚持节俭观念的前提下的合理消费观念。适度的消费观念把适度消费看成是合理消费。所谓适度,即根据自身的消费能力、消费水平来进行消费规划。这一“适度”还应与国家的消费需求相适应,即在适当的消费能力的范围内,敢于消费,扩大消费。这里的敢于消费,扩大消费,并非是要把消费看成是人生目标,甚至炫耀自己的财力与物力,而是要把它看成是人生美好的一个方面,是我们值得过的一种生活方式的一个方面。一方面是反对铺张浪费,充分节约和利用资源,另一方面又要有适度合理消费的新观念,即适度消费是美好生活的需要。总之,倡导适度消费的伦理观念,既有利于经济发展,又利于人性的健康发展。

**和谐社会与制度伦理建设** 何建华,中央社会主义学院学报,2010.4

在历史和现实生活中,我们常常把道德建设看做纯粹是个人修养的事情。其实,在一个各种制度和规章尚不健全和完善的社会公共生活环境中,个人是不可能承受整个社会道德状况的改善这副重担的。应当深刻认识到,个体的道德理性是有限的,特别是在各种新旧伦理观念相互冲突、善恶是非界限非常模糊的社会转型时期;同时,个人的道德意志也是有限的,往往难以克制自私欲望的膨胀,或抵御不道德所获的诱惑。这就需要社会以制度的形式,建立一系列明确的社会规范,告诉人们什么是应当做的和什么是不应当做的,协助个体确立正确的伦理道德观,强化个体的道德意志。加强制度伦理建设对于构建社会主义和谐社会至关重要。

制度伦理是指对制度的价值评价和制度本身所包含的对某些道德价值的追求和蕴含的伦理原则。制度伦理包括两个方面的内容:一是存在并体现于社会基本制度中的伦理观念、道德原则及规范,二是对制度本身的正当、合理、善恶与否的评价。制度伦理的基本价值是公正、平等、自由和安全。制度伦理总是以“应然”的价值指令把社会生活引向理想的层次,具体包括生活的幸福、人际关系的和谐、社会秩序的稳定等,同时也包括人类追求崇高精神价值的超越性。制度伦理存在于社会基本结构和社会基本制度之中,体现在制度产生、实现及发展变化的整个过程。与个人德性相比,制度伦理具有优先性。这是因为,第一,个体道德总是以体制的道德原则、规范为前提、为源泉。人的本性是社会动物。人的德性是在风俗习惯的熏陶和行为训练的过程中形成的,是在社会实践中实现的。相对于制度的德性而言,个体始终处于一种从属的派生的地位,其思想意识和实践活动的边界总是被制度的德性所预先限定。个体的道德观念和道德实践对整个社会客观存在着的伦理道德格局的影响,对权利和义务分配现状的影响,与制度伦理相比较,更是显得微弱。第二,与个人道德具有偶然性和个体差异性不同,制度伦理具有统一性、普遍性和客观有效性。对每一个道德实践主体来说,制度伦理所体现的是一种统一的秩序,它不仅不为道德实践主体的个人偏好所左右,相反对道德实践主体的个人偏好、价值追求起着矫正作用,把它们纳入到一个统一的社会道德秩序之中,制度伦理有着个体道德所不可比拟的优越性和先在性,是树立社会秩序的基础。

加强制度伦理建设对于构建社会主义和谐社会至关重要。在我国提出制度伦理,既是市场经济发展的客观需要,也跟传统伦理文化在市场经济活动中所暴露的缺陷有关。当前我国经济社会生活存在的种种现实问题,都与制度与体制问题有关,说明制度伦理建设的重要性和必要性。制度伦理是当代社会制度文明的基本特质,是建立和谐社会利益协调机制的基础,是市场经济社会伦理运作的主导方式,是构建和谐社会的伦理基础。加强制度伦理建设,特别是加强转型时期制度伦理建设对和谐社会的构建的作用十分重要。

随着改革向纵深发展,一方面,我国的社会体制赋予全体国民较之改革前更为广泛的权利,安排权利和义务分配的制度规范日趋全面和完善。每年所颁布的大量法规、政府条例、规章制度,有力地推动着我国朝“法治”国家迈进,人们社会生活过程的道德践行越来越有法可依、有制度可循。但是,另一方面,道德伦理建设尤其是制度伦理建设仍然严重滞后于社会经济发展和人们相互间权利义务关系变化的需要,制度伦理规范相互之间缺乏协调性,社会道德伦理格局混乱现象比较严重。因而,在和谐社会的构建中,如何通过改革和完善制度,进行合理的制度安排,成为摆在我们面前的现实课题。只有深化体制改革,加强制度伦理建设,对社会的有限资源和权利义务进行有效而合理的配置和安排,对政府权力进行合理的制度安排,以自由、民主、公正为原则加强制度创新,才能为公民德性的养成提供有效的制度保障,才能构建繁荣而公正的和谐社会。

**关注高利贷下的产业资本困境**　陆晓禾,社会科学报,2010.4

近日来,有关原东阳本色集团董事长吴英的死刑案,引起人们很大关注和激烈争议。该文认为,非法集资严重地破坏了国家金融管理秩序,另一方面,也是国家银行的领导职能在此缺失。社会资本应该为社会生产。国家银行和信用机构应该发挥领导生产和服务生产的职能,包括应该为生产性资本贷放,公正合理地把社会资本交给那些缺乏资本但懂得如何使用资本的勤劳和有才干的人来使用,同时加以必要的监督和指导,以使得社会资本最大限度地为社会发挥使用价值。

**西方文明中的人性假设与现代市场经济的伦理特性** 欧健，道德与文明，2010.4

早期西方制度伦理的人性假设主要是以性恶论为基础的。性恶论认为人的本性是自私自利的，倾向于追求自身的利益，这是保存生命和自身发展的需要。对个体而言，利己的动机是首要的，利他的动机是次要的，是在利己动机得到一定满足后的选择，因此，人类必须有法律并且遵守法律。霍布斯和休谟等思想家直接把人性恶作为制度存在的依据。霍布斯认为，人作为一个"自然物体"，自然本性支配着人的思想与行动，"任何人的自愿行为，目的都是为了某种对自己的好处"，霍布斯对近代文化最大的贡献在于，他不仅认可了人的自然欲求，从伦理学上肯定了人类追求物质利益的合理性，而且，霍布斯认为人性所表现出的一切欲求既是人的本性再现，也是人的一项自然权利。在霍布斯这里，权利的交换就是契约，而不必是物的交换，把原本作为一种经济活动的原则和方式的契约，辅之以自然法则，升华到一种社会和权力组织方式，升华为一种建国理论。休谟也秉持人性恶的观点，认为资源的有限性、自我保全生命和发展的需要导致了人的自私自爱，引发了利益的争夺和人与人的矛盾。制度设计不能遏制人的自私本性，但是可以控制恶的倾向，使人们在获取必要的物品时不损害别人的利益，并且维护公共的利益。

到了17、18世纪的启蒙运动，社会契约论者承袭和发展了这种人性恶假设，并设计用契约进一步规范制度，主张运用社会契约规则来约束和限制这种本性，以保证他人和公共利益的实现。以人性恶论为理论基础，西方的制度伦理偏重于以恶抑恶。契约论实际上反映了资本主义市场经济条件下人的特性及其个人权利、个人自由与平等的观念。社会契约下的社会必须是一个法治的社会，形成的契约必须有一系列强制执行的社会准则来规范缔约各方的行为，以保护契约各方的公共利益，保障人民的自由和平等，使契约得以执行。因此，启蒙思想家们都认为，订立的契约必须履行，不履行契约就是不正义，不正义就违背了自然法的要求。经济上，市场发展的客观规律是构造按照自愿、互利、互惠原则进入市场进行交易活动的独立主体，其生产和经营活动完全取决于市场，取决于人们相互之间的契约。社会契约思想代表和体现的伦理精神实质就是公平、平等、自由、诚信、负责任和理性，而这一思想恰恰是市场经济制度伦理的基本保证。在古典和新古典经济学理论中"人性假设"是最基本的假设之一。经济学理论家在承袭前人

"人性恶"理论假设的同时,又发展了这一思想,对市场经济制度伦理的至善性进行了探索,推动了市场经济制度伦理的发展。

西方自文艺复兴和启蒙运动伊始,理性主义便逐渐深入人心。建立在绝对理性主义人性假设基础上的法制国家、市场经济体制和自由民主的政治制度有了很大的发展。但是,19 世纪下半叶以来,传统理性主义受到挑战,有限理性逐渐取代绝对理性。西蒙最先对传统理性主义经济人假设进行了修正,他认为经济人要实现自身利益的最大化,其必须是具有完全理性的人。而现实中,人的理性是有限的,是不完全的。因此,"我们可以把那类考虑到活动着信息处理能力限度的理论称为有限理论"。威廉姆森继承了传统性恶论的思想,并接受了西蒙的有限理性说,认为经济人不但自利,而且只要有利己的机会,就会去损害别人的利益,以满足自己的利益。正因为人的理性是有限的,不可能对所有的信息都了解,一些人就可以利用某些有利的信息条件,采取不道德的手段牟取私利。20 世纪,罗尔斯提出了"冷淡理性人"假设,但人性假设是一个至今没有完全取得共识的复杂问题。从人性假设理论的嬗变历程来看,"利己"、"利他"、"理性"、"有限理性"是其基本要素。在人性假设视域中,现代市场经济当具有如下伦理特征。

一是利己与利他结合。市场经济制度伦理问题的核心在于如何看待利己与利他这两种秉性及其相互关系。人既在不断地满足自己的需求,也在不断地满足他人的需求,二者是对立统一关系。在满足别人需求的同时,自己也从中得到了补偿。但市场交易行为本身也不能完全排除经济利他主义的因素,经济利他主义也是市场经济伦理的一部分,利己与利他相统一的原则是现代市场经济的基本伦理原则。

二是经济与道德一体。从市场经济发展的人性基础来看,市场经济与道德具有一体性。把市场经济与道德对立起来的看法源于把个人理性与公共利益截然分开,认为个人的理性追求、公共选择和公共利益之间不可能达到斯密所论述的那种统一。个人理性的发挥不是为所欲为地追求最大化行为,个人理性是在一系列显性的法律规则和隐性的道德意识的约束下去追求利益最大化的。在一个充满各种复杂的交换关系的社会中,任何个人都不可能游离于社会及社会规则之外获得发展。市场经济与道德有一体的一面,表现在三个方面:道德价值原本就是人类经济生活中一个不可或缺的必要考量、市场经济本身具有道德的合理性及市场经济与道德建设相互促进、共同发展。

三是竞争与合作的互动。从制度伦理的视角来看,市场经济中的竞争与合作,与人性本质密切相关,具有"道德性"和"非道德性",是二者的辩证统一。从主观动机上看，竞争与合作的主体都是以自利作为其活动的动机，但从客观影响上看，这两种行为都具有利他的性质。从一定意义上说，市场经济的各个环节的运行就是在竞争与合作的互动中实现的。

四是公平与效率的平衡。现代市场经济的发展已经表明，公平与效率的矛盾并非只是对立的关系，在它们两者之间，还存在着一种统一的动态的“平衡”关系，存在着相互促进的内在机制。公平本身就意味着一种合理的社会秩序安排，这种社会秩序安排是效率的一种保障机制和激励机制。简单地说，没有公平也难以实现效率。正因为这样，罗尔斯将正义看做是社会的首要美德，并且是与效率相容的和一致的。这样，公平就具有了更为重要的伦理意义。

当今中国的社会主义市场经济是从自然经济、计划经济转型而来的市场经济。中国的社会主义市场经济建设是既吸纳了西方社会历经几百年积淀的市场经济的一般特征和建设经验，又是在中国独特的文化土壤上构建起来的、有着鲜明特色的社会主义市场经济。但社会主义市场经济在发展的过程中也显现出早期市场经济的某些弊端。现代市场经济伦理特性无疑为完善社会主义市场经济体制指明了方向。

**发展问题的伦理考量**　高春花，哲学动态，2010.4

一、如何发展和为什么发展两种角度相结合

发展理论中，“如何发展”与“为什么发展”是有区别的。从一般哲学问题来看，两者可以分别看做本体论和价值论的问题。它们虽然有联系，但是在现实中往往表现为差异甚至冲突。这种冲突可能表现为发展中不同主体的价值取向的冲突，也可能表现为发展中出现了不利于发展的情形；发展为了幸福，而发展的结果是幸福的丧失，等等。

任何发展观都存在着特定的价值预设和价值追求，只不过其价值预设和追求各不相同而已。面对发展这把“双刃剑”，是放弃发展还是更新发展观念？许多学者提出，引入伦理学范畴对发展困境进行反思，是解决问题的重要方面。为了解决这些问题，我们需要在发展中对人的精神和物质生活的统一给予重视，重视幸福感。首先，物质生活与精神生活的统一是人的理想存在方式的重要体现。其次，过幸福的生活是人的理想存在方式的又一个重要表征。

当人们把注意力集中于如何“拥有”时，绝不能放弃以超越这种物质“拥有”为主要内容的精神追求。我们一方面要谋取足够的物质生活资料，另一方面又要在这一过程中不断获得更加完善的存在方式。不仅如此,发展中幸福是重要的,对于满足人的价值选择而获得的幸福需要给予充分的考虑,要把物质幸福和精神幸福结合起来。这样,“如何发展”和“为什么发展”才能够比较完美地结合起来。

二、警惕对物的依赖与资本的控制

当代社会发展中的发展主体性,需要考虑两个方面:一个是发展中的人对物的依赖性的消除;一个是在当代条件下,资本控制人的局面必须给予警惕。

对人的主体性的理解必须超越抽象人道主义的局限,让人的主体性充分站立在现实的土地上。首先,发展伦理学视域中人的主体性是消除了人对物的依赖的主体性。在当代中国,科学发展观作为马克思主义既一脉相承又与时俱进的科学理论,最重要的一点就是抓住了人的全面发展这一社会发展的本质属性,它坚持以人为本,从现实的层面上关注人的全面发展:即人的自由个性的全面培育,人的需要的全面满足,人的素质的全面提高,人的才能的全面发挥。其次,发展伦理学视域中人的主体性是摆脱了资本对人的控制的主体性。马克思通过对现实的资本主义社会的透视,以及对以物为基础的人的独立性的分析,深入透视了资本主义条件下人们的生活方式,揭示了利润至上是构成现代社会所有矛盾的总根源。因此,超越资本逻辑,变资本对人的控制为人对资本的控制,是人的主体性的题中应有之义。

三、通盘考虑代际与代内公平

在当今的发展背景下,公平的核心规定是人们共享发展成果,这就是说,发展之于社会公平的伦理意义至少包含代内公平和代际公平两个方面。

代内公平是同代人之间的公平,主要是指个体在资源占有、财产分配、受教育及就业机会、社会福利与保障等方面的平等。它要求人们在个人利益得到满足的同时,也要顾念到同一共同体中的他人利益或集体利益、社会利益乃至全球利益的满足;也要求个人利益的满足不能以牺牲他人利益或集体利益、社会利益乃至全球利益为代价。

代际公平是当代人与后代人之间的公平,主要是指后代人在对地球有限资源的利用上享有与当代人平等的权利。当代人要合理有效地使用资源、保护环境,实现地球生态资源的可持续性利用,绝不能杀鸡取卵、涸泽而渔,透支子孙后代的资源。

马克思主义的整体性思维方法为代内公平和代际公平提供了重要的方

法论基础。马克思明确地把“现实的个人”诠释为整体性个人，同时，从自然性与精神性、个体性与社会性的统一等方面，揭示了人的整体性内涵。这样，就为人们正确处理代内的个人利益与整体利益、代际的眼前利益与长远利益的关系提供了重要的理论支持。

**让正义成为社会主义制度的首要价值——当代中国伦理学的迫切任务**

程立显，学习时报，2010.4.26

一、改革时代呼唤“正义伦理学”

“幸福”、“尊严”、“和谐”和“公正”(或“公平正义”)均为伦理学的基本范畴，均为最基本的道德价值，其中的“公正”或“公平正义”又是伦理学的核心范畴、道德的核心价值，它统率或决定着“幸福”、“尊严”、“和谐”等伦理范畴和道德价值。中外伦理思想史表明，“没有公正便没有道德，没有公正论，便没有伦理学”。伦理学家和人类学家对人类道德发展史的充分考察，揭示了这么一条真理：“人类社会没有不关心公正的道德体系，因为没有公正，就不可能有社会的和谐、个人的幸福和尊严。”可以毫不夸张地说，人类的伦理思想史，几乎就是一部公正思想史。

因此，以“正义”为核心范畴和首要价值，揭示“民主法治、自由平等、公平正义”之实现途径的“正义伦理学”，才是当今改革时代所需要的“高尚伦理学”，才能引导人们崇尚和追求社会公正，让人民享有越来越多的公平和正义。

二、公平正义的要义

公平正义是古往今来人类共同追求的道德价值。公平正义的具体内容和尺度因时代和阶级之异而异，因道德体系之异而异，但它作为一定道德体系所认可的权利义务之合理分配的方式和状态，其本质要求——“得其应得、有其应有”则是确定不移的，它同权利的高度相关性也是确定不移的。公平正义的要义就在于确定人们应有哪些权利，从而确保其受到合乎权利规范的对待。因此，“哪里有公正问题，那里就有权利问题”；争取社会权利的实现，就是争取社会公正。

那么，就当代人类社会而言，该如何理解公平正义呢？在人权和公民权理念已然普及的当代，要准确地理解作为“社会制度的首要价值”的公平正义，必须铭记马克思的经典论断：一个人有责任不仅为自己本人，而且为每一个履行自己义务的人要求人权和公民权。没有无义务的权利，也没有无权利的义务。根据这一论断，当代社会公平正义的第一要义，就是主张权利平等,尊重自由平等的人权和公民权,坚持权利与义务的统一,实现“没有无义务的权利,也没有无权利的义务”。而蔑视或践踏人权,侵犯或克扣公民权利,以及种种特权和腐败现象,均属典型的社会不公。说到主张“权利平等”的社会公正,必须强调指出的是,在政治经济的利益分配和社会福利等领域,公正原则将确保人们的所得待遇合乎其应有权利和基本人权,但绝不追求利益相关者所得待遇的“结果平等”,绝不主张小农平均主义。

三、当代中国的伦理学与公正原则

改革时代所需要的“高尚伦理学”是“正义伦理学”,是以公平正义为鹄的伦理学,是以公正为道德原则的伦理学,它要贯穿于人类社会的所有领域。如此说来,要发展我们的社会主义市场经济和民主政治,要建设法治国家与和谐社会,固然离不开经济学、政治学、法学、社会学等社会科学,尤其离不开宣扬公正原则的“正义伦理学”。当代中国伦理学的迫切任务,就是要深入研究伸张人权和正义的公正原则,阐明公正原则在社会道德体系中的重要地位及其实现途径,阐明社会公正原则如何催生经济公正、政治公正、司法公正、教育公正和环境公正等等。

我们所需要的公正原则大体说来,它有两大特征:第一,维护权利与义务的统一;第二,保障平等与效率的最佳结合。这种公正原则至少有三项基本要求:第一,实施民主法治,切实保障人权;第二,坚持“按劳分配为主,多种分配方式并存”,既反对平均主义,也反对贫富悬殊;第三,健全社会保障,及时扶贫济困。实践证明,只有全面落实公正原则,才有可能逐步解决当前经济、政治、司法、教育等领域严重存在的腐败和不公正,在全社会激发起现代化事业赖以发展的“公平、正义和道德的力量”。

**金融机构的伦理冲突及其伦理治理**　丁瑞莲,道德与文明,2010.5

金融机构高资产负债的特殊资本结构、非市场化和非标准化的非透明资产交易、严格的监管等,不仅使金融机构经济主体之间形成了比一般工商企业更加复杂的利益关系,而且使这些利益关系的协调具有更加突出的伦理特质:股东与债权人之间的利益关系突出公司治理的责任特质;股东与管理者之间、控股股东与中小股东之间的利益关系突出了公司治理的公平特质;监管者与利益相关者之间的利益关系突出了公司治理的公正特质。

传统公司治理理论从“经济人”假设出发,创设了以制度主导的治理机制。由于伦理缺陷的存在,这种机制未能激发经济主体自觉认同制度规范的内在动力,从而引发了多种伦理冲突:股东利益最大化的公司治理目标把债权人和社会公众的利益引向高风险之中;业绩—报酬敏感性高的激励机制使管理者过分关注公司业绩而形成扩张性企业文化,刺激机构的不伦理行为;过分依赖政府外部干预的监督机制加剧了金融腐败。

随着经济金融化和金融社会化进程的加快,伦理治理应该成为现代金融机构治理的重要内容。它要求金融机构在一个更广泛的信息基础上,谋求所有利益相关者的共生,完善伦理激励机制,拓展监管的伦理维度,培育优良的社会伦理文化。

**“忠诚”的价值:家族企业管理的核心伦理条件** 王珺,伦理学研究,2010.5

家族企业的一元形态以及内外分域结构,使家族企业管理总是优先强调“忠诚之价值”,并使“忠诚的价值”成为家族企业管理的核心伦理条件。

一、忠诚之两面:家族忠诚与企业忠诚

家族忠诚是以家族企业中家族的“内外分域”为前提而建立的“由外向内”凝聚的企业团结理念和意义诠释系统,企业忠诚则是以家族企业中企业的内外分域为前提而建立的“由外向内”凝聚的家族团结理念和意义诠释系统。这两种类型的“忠诚价值”构成了家族企业伦理中忠诚价值的两面规定,且是家族企业伦理中其他诸层次的忠诚之价值的意义界定的基础。

家族企业的“家族—企业”二元形态、四维关系特征(家族管理人员、企业雇员、家族亲戚和外人)以及建立在此基础上的“内外分域”结构。它是我们分析家族企业管理中“忠诚价值”的两面性及多面性的向导。由此我们尝试概括家族企业管理中忠诚价值的若干特征:

其一,家族至上的忠诚理念或者企业至上的忠诚理念,都属于一种漠视家族企业中忠诚价值两面性及多面性的单向度“由外向内”运行的忠诚概念。它并不利于形成家族企业成长和发展所特有的企业团结。

其二,忠诚价值之为家族企业的核心伦理条件,其理由在于:惟有忠诚才能将复杂多变的内外关系引向“企业团结”的“康庄大道”。

其三,由于家族企业的四维关系特性,家族企业伦理中忠诚价值在主体尺度上表现为多面性,它至少在四个关系维度表现出三种不同层面的忠诚概念:一是核心层的忠诚,即家族伦理人员的忠诚;二是最大利益相关者的忠诚,它可分为家族亲属的忠诚和企业雇员的忠诚;三是最小利益相关者的忠诚,即外人的忠诚。

二、基于忠诚的管理:从依赖性中获得独立

从家族企业伦理的伦理—经济二元性及其内外分域原理出发,我们认为,“基于忠诚的伦理”应当成为一种“强意义”的家族企业经营战略,其核心理念、内在矛盾、主导原理和战略目标如下。

(1)核心理念:企业伦理团结。从总体战略高度看,透过对“忠诚之价值”的意义诠释造就企业伦理团结(或者企业伦理凝聚力),是一种“基于忠诚的伦理”的家族企业经营战略的大理念和总纲领。(2)内在矛盾:依赖性与独立。依赖性与独立是“基于忠诚的管理”的内在紧张关系。对于家族企业伦理来说,依赖性决定了忠诚是需要选择的,其首要原则就是要仔细地挑选顾客、雇员和投资者,然后想方设法地留住他们。而独立又表明,只有双方都能提供特殊的价值,才有可能建立起互利互惠的商业伙伴关系。(3)主导原理:忠诚领先原则。该原则致力于为顾客创造足够的价值。忠诚领先的企业,更多是从企业整体的长远利益出发,致力于一种更高的价值追求;它并不把利润看做自己的首要目标,而是当做保障企业体系中全部利益相关者之生存和福祉的必要元素。(4)战略目标:价值与忠诚的良性循环。创造价值与忠诚,共同构成了企业强劲竞争力并实现可持续经济优势之核心。

综上所述,忠诚对企业伦理团结的造就,忠诚作为依赖性与独立的辩证统一,“忠诚领先”作为企业核心伦理价值,以及忠诚与价值创造之间的循环交织,作为“基于忠诚之伦理”的核心理念、内在矛盾基本原则和战略目标,最终将会构建起一个互利互惠的经济共同体。在其中,雇员、顾客、投资者之间相互联系互为影响,雇员忠诚、顾客忠诚与投资者忠诚共同构成了一股“忠诚的力量”,这股强大的忠诚力量将不断地推动着增长利润、持久价值的螺旋式上升。“忠诚”,正是家族企业创造出丰厚的长期经济效益关键之所在,它使得实现强劲竞争力和可持续的经济优势成为一种可能。

三、伦理忠诚与家族企业的愿景

对于家族企业而言,建立在家族血脉基础上的伦理忠诚一直是一把“双刃剑”。它的积极方面在于,这种自然发生的伦理性血缘忠诚是家族企业形成企业凝聚力或向心力的得天独厚的优势之所在,它作为家族忠诚的一种本原性力量,本能地促进并推动着家族企业的企业团结。这是其他非家族型企业所不具备的一种力量。但是,这种伦理忠诚亦极易走向对家族利益或者家族血缘关系的过度强调,并演化为一种与家族企业的共同梦想或愿景相背离的“家族至上”的“强意义”的伦理忠诚。这恰恰是家族企业所独有的伦理忠诚的消极方面或负面效应。因此,一种“基于忠诚的管理”作为家族企业管理中遵循的企业经营战略,必须避免“家族至上”、“企业至上”两类极端的发生。

家族企业处理伦理忠诚必须遵循的“忠诚法则”:

其一,忠诚意义之转变。从“盲目的和义务的”忠诚转变为“有洞察力的和争取的”忠诚。而且,在那些有着清晰定位的价值观和挑战标准的组织里,更容易获得忠诚;对那些会带来产品、服务和人际关系上的巨大成功的价值观,人们可能是忠诚的。

其二,忠诚境界之跃升。伦理忠诚必须从对家族血缘团体的忠诚,跃升为对以家族为标志的价值和原则的忠诚。

其三,忠诚向价值观之转化。价值观,特别是清晰定位并且正确的价值观与原则,将更容易激发人们的忠诚,由此也更可能促进企业创造出丰厚的长期经济效益,并始终保持强劲竞争力和可持续的经济优势。

其四,由忠诚构筑共同梦想。家族成员要具备创造共同愿景、编织共同梦想的能力,要能够赋予家族企业以意义并明确家族企业的长期奋斗目标,体现的是家族企业企业家的创新精神与企业的核心价值,能够激发起家族企业创业者的创造力与激情,是家族企业蓬勃发展的动力之所在,更是家族企业代代相传家业长青的重要基石。源自于家庭家族最基本的价值观和信念的家族企业的愿景或“共同梦想”,它的编织与创造,归根结底源自或者转化自家族企业的伦理性的现实存在或者伦理忠诚。

**论企业社会责任的社会伦理文化基础** 王淑芹、牟海林,伦理学研究,2010.5

企业社会责任是人类商业文明的表现,也是现代社会的一种文化现象。企业社会责任思想的萌生和发展,既是企业组织形式变化、社会作用彰显的必然,也是社会文化滋养的结果。但目前学界对企业社会责任兴起条件的分析,多囿于经济学的研究视阈,对社会伦理文化的价值先导作用存在着忽视之嫌。由此,探究企业社会责任的兴起,更应站在经济哲学的视阈,系统阐述企业社会责任兴起的伦理文化致因。

企业性质的社会伦理学思考,为企业社会责任的兴起奠定了理论基础。在古典经济学的理论分析框架中,企业作为由股东们共同出资而依法组建的经济组织,其唯一的功能就是为股东谋求利润的最大化,从而忽视了对“何谓企业”、“企业为何存在”这类看似是经济学最基本问题的回答。直到现代经济学者罗纳德·科斯《企业的性质》一文的发表,才扭转了这种局面。

科斯运用交易成本理论阐述了企业何以存在,认为企业不单单是服从市场需要而生产产品,而且是在市场资源配置中起着重要作用的市场主体。科斯的这种对企业的社会性思考的企业理论,不仅扭转了古典企业理论仅把企业视为生产性组织的传统观点,而且也打破了古典企业理论仅把企业视为牟利工具的单一经济角色的观念,从而为企业作为一种社会性组织、承担一定的社会责任奠定了理论基础。

经济与道德价值无涉论的逆转,成为企业社会责任兴起的理论先导。20世纪30年代之前,欧美的经济学界和企业界流行的是经济价值中立论,认为经济领域不受伦理制约,只受经济规律的支配,力图将一切含有意识形态和伦理规范的价值判断全部清除在经济论域之外。20世纪60年代以后,经济学内部对这种经济价值中立论开始反思和批判,认为经济活动和现象不是纯粹的一种自然过程,而是与社会政治、伦理等密切关联的社会活动,人们只能在抽象研究中把政治、伦理等价值进行暂时的剥离,但在社会现实生活中,任何经济活动和现象都是在一定的政治制度下和道德文化中呈现的,它们是杂糅在一起的。显然,任何经济学都不能脱离"应该是什么"的价值诉求。经济学的这种对经济价值中立论的反思和批判,在某种意义上,成为企业社会责任兴起的理论先导。

环境危机的伦理价值诉求,是企业社会责任兴起的推动力。伴随着生态环境的恶化和人类对自身与环境关系的重新审视而诞生的现代环境伦理思想,对社会发展价值观产生了深刻的影响。它将以往把经济增长与经济发展相混同的发展观转变为强调在利用自然、发展经济的过程中,要在维持物种多样性、均衡性、自然资源的再生性以及可持续发展的前提下,合理开发自然和节约资源。现代环境伦理的这种对自然物种及其环境保护的思想,为企业的环保社会责任奠定了理论基础和营造了良好的思想氛围。

社会福利制度责任分担的伦理理念,促发了企业社会责任的兴起。社会福利制度是人类设计和安排的一种国家、社会组织(企业)、个人之间的责任分担机制,它来源于人类利益矛盾化解的责任分担伦理理念。在社会福利制度的责任分担框架中,企业的那些单纯牟利而引发的环境危机、损害员工和消费者利益所引致的矛盾和冲突对社会稳定的破坏性,也是对政府责任的瓦解。因此,政府对企业的经营活动有所要求和制约就成为政府责无旁贷的职责,以至于工人的公平工资、工作环境、工人的健身、环境保护等,不可避免地成为企业的法定社会责任。

**企业伦理模式形成的若干要素分析** 朱金瑞，伦理学研究，2010.5

企业伦理模式是企业在长期经营实践中所形成的价值共识和文化积淀的产物，是企业伦理个性特征的表现结构。其形成要素极为复杂，是企业内外部因素交互作用的结果，既受到企业所处时代的经济体制、社会经济发展的阶段和政企关系等外部条件的深刻影响，也与企业发展的历史阶段、企业经营管理者的伦理观念等内在变量密切相关。

一、经济体制决定企业的伦理认知

现代组织理论的研究表明，企业作为一个社会经济组织，是在社会系统中与社会系统有着密切联系、受其制约、为其服务的开放子系统。其运行机制的形成与行为方式与其存在的外部环境密切相关。

当代中国企业伦理模式从单一的政治性伦理到多样化的形成与中国经济体制的变革紧密相连。一方面，政府制度的理念、奖励与惩罚影响着企业的伦理选择。另一方面，企业经营管理者是在对体制的感知和理解的基础上进行决策的，因此，经济体制决定着企业的道德理想和追求。同时，巨大变化的制度和体制所提供的社会生态在促进着道德进步的同时，也存在着某种道德风险。

二、政企关系影响企业的伦理选择

政企关系是市场经济国家社会关系体系中最为要害的关系。从世界各国的情况来看，政府与企业的关系大致可以分为三种类型：第一种是"交警与司机"关系型，第二种是"手足"关系型，第三种是"父子"关系型。进入20世纪90年代以来，尤其是在WTO的体系之内，后两种类型的政企关系明显出现了向第一种类型靠拢和同化的趋势。

改革开放以来，随着我国社会主义市场经济体制的确立，企业与政府的关系发生了根本性的变化。企业从计划经济条件下政府的一个"车间"变成了具有独立法人地位的市场主体。政府对企业的作用表现从计划经济体制下的"全能型"向市场经济体制下的"效能型"转变。政府和企业的边界在日益清晰化，两者良性互动关系的初步建立有力地促进着企业伦理的进步。

三、企业不同发展阶段促使企业伦理变化

在市场经济中，任何企业都是"理性经济人"，在生产经营活动中进行成本与收益的计算、实现利益最大化是其永恒不变的追求。改革开放以来，我国企业的质量意识、信誉意识、效率意识、创新精神、品牌意识等道德精神与行为的不断进步无疑与企业处在不同阶段对自身利益的追求密切相关。

企业在不同的发展阶段其伦理认知存在着不同。(1)原始资本积累阶段:“先理性后伦理”,即先建立理性规则后产生道德自觉。(2)主业规模化发展阶段:老板道德文化倾向,这类具有老板道德文化倾向的企业,如何援引与对接现代企业管理思想与技术,如何形成自己的伦理文化个性在一定程度上成为决定企业兴衰成败的主要原因。(3)从大型企业向成功企业发展阶段:企业伦理个性化的逐步形成,企业迈向真正成功意义的企业,逐步形成了独具特色的企业伦理文化个性。

四、企业经营管理者道德对企业伦理个性的导向

企业作为一种经济组织,其行为如果涉及伦理问题,究竟是组织还是组织的管理者是行为伦理的主体?从现代西方企业伦理研究的最新进展来看,人们似乎更强调管理者个人的地位与作用。

其一,企业经营管理者的伦理取向对员工道德选择的导向。企业伦理建设是一种将精神生产力转化为人才生产力,再转化为物质生产力的系统工程。在这个过程中,集团的高层决策者的伦理是企业伦理水平的关键之一。

其二,企业经营管理者的伦理行为对员工道德选择的示范。经营管理者行为对企业员工的道德示范作用。

其三,企业的各项制度中体现着经营管理者的道德观。在企业的经营管理中,企业各项制度、政策中体现着经营管理者的道德观。具有较高道德境界和高尚人格的企业家,他所领导的企业会在各个方面显示企业的伦理特性。

其四,企业经营管理者的道德发展阶段直接影响着企业的伦理水平。企业伦理不仅受到企业经营管理者本身道德水准的影响,而且和其道德发展的阶段也密切相关。

其五,企业经营管理者的道德需要与企业伦理。道德需要也称“道德获准”,是指人们获得他人或自己的道德赞许,或至少避免受到道德反对派的要求与愿望。它说明人的道德行为源于人的道德责任意识,取决于人承担道德责任的一种内在需要。

**经济伦理研究的新成果——读李建华教授主编《伦理学研究书系·经济伦理》丛书** 刘琳,道德与文明,2010.5

李建华教授主编的《伦理学研究书系·经济伦理》丛书的系列著作共计六本,分别是:《现代企业的道德难题》(李建华)、《和谐文化与企业管理》(尹德和)、《企业并购的伦理审视》(廖朝晖)、《现代金融的伦理维度》(丁瑞莲)、

《机会平等与分配正义》(周谨平)、《现代社会的消费伦理》(徐新)。它涵盖了现代社会经济生活四大领域即生产、流通、分配和消费中的伦理问题,开创了当今学界经济伦理研究的全新境界。

一、系统性的学科体系研究思路创新

通观当代中国经济伦理学研究20余年的学术史,所讨论的内容也已由最初的"经济(学)要不要讲道德"的辩谈,进入到对经济社会发展中的伦理向度进行实质性的分析探讨阶段。以往国内的一些研究成果无法深入到经济伦理"问题域"抑或"场域"中说明问题。本书以现代科学发展系统化的前沿眼光开拓疆域,在学科体系建设发展上的巨大成就自不待言。

这套系列著作恰如其分地展现了当代经济伦理研究的实践场域即生产、流通、分配和消费这几大环节中的伦理运思。以辩证唯物主义的整体观为考察社会伦理问题方法的科学思路,在现代企业伦理、金融伦理、分配正义和消费伦理的研究方面形成了当代我国经济伦理研究向纵深层面推进的标志性创新成果。

二、科学的经济伦理学科分析范畴运用

众所周知,国际知名的汽车制造业日本丰田公司自2009年末起深陷"召回门"。这起事件再一次使人们深入思考企业发展中的道德责任问题。正如李建华在其主编的《现代企业的道德难题》中指出的,企业中道德问题的产生有企业自身内在的经济与道德的矛盾,有企业家经营理念上的偏差,也有社会道德环境的影响。

长期以来,缺乏经济伦理问题研究的科学合理的分析范畴一直是这个研究领域备受诟病的主要方面。李建华主编正确地指出,今天一些大公司、大企业(以丰田公司为例)出现的丑闻并不是源自公司的经济活动,而是早就潜藏在不同时点做出的一系列决策之中。因此,道德水准是管理能力的组成部分,伦理是企业科学决策的必要考量。①

难能可贵的是,尹德和博士认为,构建以"和"为核心的企业伦理将对企业的经营管理产生更加深远的影响,也是现代企业管理的最高伦理境界。

廖朝晖博士以独特的伦理视角审视企业成长中的并购现象。他结合具体案例,深入分析了企业并购中产生的各种"恶意"行为及对我们的危害。中国在企业伦理研究方面还很落后,很多有关企业伦理价值与企业伦理精神的研究还停留在空洞的政治化伦理原则和理念的简单演绎上。这样坦诚

① 李建华:《现代企业的道德难题》,人民出版社2009年12月版,第29页。

深刻的洞见越多越好,这样,学科发展及实践才可能不断前进。

三、突出的经济社会现实指导价值

在《现代金融的伦理维度》中,丁瑞莲博士认为,现代金融的技术革命在促进金融创新和金融发展的同时,遮蔽了金融的价值取向和主体德性问题,伦理资源供求矛盾成为制约现代金融持续而健康发展的现实难题。同时,丁瑞莲博士也提出了综合运用价值引导机制、文化提升机制和教育疏导机制优化金融伦理秩序的现实路径。

丛书中周谨平博士所著《机会平等与分配正义》一书中,提出了建立以现代公民社会为背景的"复合机会平等分配体系"。周博士的研究,综合分析当代分配伦理研究最具有代表性的相关理论,展现出深刻的学术价值和现实意义。

徐新博士所著的《现代社会的消费伦理》一书以振聋发聩的"拥有即存在?"问题为始,提出了消费伦理如何可能的问题。她独具匠心地规划了消费伦理秩序建立在人与自然、人与人、人与自身这三种基本伦理关系和谐基础上的现代建构图景。

李建华教授主编的这套丛书,展示出了理论研究的厚重笃实和经世致用的道德理想的高度统一。如今,这套丛书给予了经济伦理研究应有的学术价值和学科地位,它当之无愧是当代经济伦理研究的学术标杆。

**体育经济研究中的经济伦理** 沈克印、周学荣,上海体育学院学报,2010.5

该文运用文献资料等研究方法,阐述经济伦理学的兴起与应用,分析体育经济领域出现的道德问题,从道义论、功利论和美德论三个维度论证体育经济伦理研究的道德理论基础。认为:现代意义上的体育经济不仅是法制经济,更是德治经济,经济伦理是体育经济研究的一个新视角。体育经济伦理研究对于丰富体育伦理学和体育经济学理论系统具有一定的价值,同时对体育市场经济的社会实践也具有指导意义。我国目前体育伦理研究队伍的数量、素养与其他应用伦理学科有很大差距,且应用研究视野较窄,研究思路和方法简单化,内容偏重于竞技体育伦理、体育精神及职业体育道德方面的研究,而针对体育经济活动中的伦理问题研究极少,即便是有个别学者在从事这方面的研究,也只是涉及经济诚信问题,缺乏深层次探析,且比较零碎,缺乏系统性。体育经济伦理研究将以伦理学理论为指导,结合体育经济活动的特征,探讨体育经济主体在围绕体育产品所进行的生产、交换、分配、消费等活动中出现的伦理道德问题，提出建构体育经济伦理的对策，对于丰富体育伦理学理论体系具有一定的意义。

**论企业伦理品牌的塑造** 周俊敏，伦理学研究，2010.5

企业伦理品牌是企业伦理价值积淀、凝结形成的独特社会资本，是基于技术品牌、质量品牌、服务品牌、信誉品牌等形成的综合价值体系，也即是在伦理行为方面因广具社会声誉而形成的品牌。伦理品牌是企业品牌的基础，伦理品牌的塑造已成为提升企业竞争力的关键因素；塑造企业伦理品牌，是企业步入文明发展阶段的重要标志。塑造企业伦理品牌的方法包括培育企业的伦理精神，加强企业自身的伦理特色建设，勇肩企业的社会责任，重视公共活动的参与，加强与社会公众的沟通等。

一、企业伦理品牌的涵义

企业品牌是现代消费社会的产物，是企业价值的有机复合体，其构成要素很多，包括资金、技术力量、产品质量、服务质量、企业信誉、企业社会声誉等，依靠不同要素的支撑，品牌的属性是不同的，因此，企业品牌可划分为技术品牌、质量品牌、服务品牌、信誉品牌等。伦理作为一种价值体系和实践方式，广泛且深入地渗透于企业的生产、管理、营销、服务等方面，并通过企业经营的各方面反映出来，其价值的积淀、凝结形成独特的社会伦理资本，形成基于技术品牌、质量品牌、服务品牌、信誉品牌等之上的综合价值体系，这就是伦理品牌，即企业因伦理行为广具社会声誉而形成的品牌。

二、企业伦理品牌的价值

(1)企业品牌的基础首先是伦理品牌。(2)伦理品牌的塑造已成为提升企业竞争力的关键内容。(3)塑造企业伦理品牌，是企业步入文明发展阶段的重要标志。塑造好企业的伦理品牌能促进企业与利益相关者关系的和谐发展，从而拥有良好的企业发展环境，并最终使企业获得长远的发展。支撑国内外优秀企业卓越的基石，使这些公司具有不可模仿禀赋的正是企业的价值观和先进的企业伦理道德体系。企业的可持续发展必须以社会责任为出发点，贯彻经济与伦理相协调的原则，在实现社会利益的过程中追求自身利益，从社会责任和道义出发去实现利润最大化。

三、企业伦理品牌塑造的方法

塑造企业伦理品牌是一项艰巨的基础性工作，完成该工程的主要方法：(1)伦理品牌塑造的关键是伦理精神的培育。(2)伦理品牌的塑造要突出企业自身的伦理特色。(3)伦理品牌的塑造要勇肩企业的社会责任。(4)伦理品牌的塑造需要企业重视公共活动的参与。

伦理品牌的建设是企业品牌建设的基础,也是企业品牌塑造的重要内容。伦理品牌的塑造内在地要求企业有高层次的理想追求,勇于承担社会责任,注重相关者利益,因此,其对内有利于企业赢得员工忠诚,激发员工的工作热情,实现卓越领导;对外有利于赢得公众支持、顾客满意、投资者青睐和供应者的信任,建立良好的客户关系、社会关系,实现企业的可持续发展。

**国际商务伦理:基本原则与一般共识** 陈燕,伦理学研究,2010.5

国际商务伦理是在当代经济伦理学的形成和发展过程中逐步兴起的一个研究领域。它着重研究国际商务领域中的道德问题,揭示其中存在的道德困境,寻求合理的解决之道。其主要途径是,通过各国学者、商务经营者及政府之间的相互磋商,建立一个为全世界所有国家都接受的价值体系,形成促进世界经济运行的良性国际背景机制,以期减少因文化价值差异而带来的各种摩擦,为国际商务活动提供一个有秩序的伦理环境。

一、国际商务伦理兴起的原因

20 世纪 80 年代以来,随着国际商务的飞速发展,人类经济活动日趋全球化。国际商务领域产生了大量与伦理相关的问题,仅靠该领域中原有的基本法律、道德规范约束以及市场调节的作用,已无法为国际商务活动提供充分的规范指导。于是,越来越多来自不同国家的专家和学者们开始关注这些问题。

这些问题主要集中在三个方面:其一,国际商务主体的一些经营活动在为东道国带来利益的同时,也产生了许多让它们难以容忍的“副”作用。其二,从事跨国经营的主体面临不同文化价值的冲突,常常处于难以抉择的困境,建立一种新观念是摆脱困境的关键。其三,由于建立国际商务背景机制的迫切需要,对国际商务伦理的研究逐渐成为经济伦理学中的一个焦点领域。可以说,国际商务伦理就是为适应这一需要而兴起的。

二、国际商务伦理与国家间的多元文化价值

如何理解和处理国际商务中文化价值多元的伦理学背景,是关系到国际商务伦理的发展方向,以及能否具有理论活力的关键。大体说,在此问题上存在两种态度:伦理绝对论和伦理相对论。绝对论者认为,存在某种最优且普适的文化价值观。伦理相对论者认为,尽管文化价值多元共存的世界意味着各种不同的、甚至有时是冲突的标准,但不应武断地判定哪一种文化价值观更优。事实上,无论是绝对论还是相对论,都会使国际商务伦理走向绝境。

要发展国际商务伦理,需要一种超越两者的观点。一些关注全球问题的伦理学家认为,国际商务伦理应立足于文化价值多元的"事实",实现一种新的超越。他们既承认不同国家文化的不同特色,又认为对于不同的文化应该站在全球的立场上来看待。国际商务伦理与其说是要排斥价值多元,毋宁说是要以文化价值多元作为发展其伦理共识的背景,由此形成的能被普遍接受的道德理念,不是以某一国家或某一地区的价值观为标准,而是以整个人类的共同利益为圭臬。

三、国际商务伦理的基本原则和一般道德规范共识

国际商务伦理领域的道德机制可以因主体不同分为三个层次:宏观层次主要解决确定国际社会经济活动的背景制度的道德原则问题;中观层次主要解决的是国际企业及组织在商务活动中所应承担的道德责任及应该遵循的道德规范;微观层次主要针对个人,包括国际企业和组织的管理者和普通工作人员,他们在国际商务活动中应该具备何种道德气质以及应该如何处理体制、组织和个人价值观的矛盾。这三个层次构成了国际经济伦理的一个基本规范框架。

在经济全球化的背景下,国际商务主体的自身利益最大化,不应该成为国际经济伦理的基本原则。经过来自世界许多国家的工商业者和专家学者的不断探究,在平衡不同准则的基础上,确立了一些能为人们普遍接受的国际商务伦理的基本原则。其中《考克斯圆桌商业原则》提出的"共生"和人类"天赋尊严"的原则较为典型。

以跨国公司为代表的各种国际商务组织是中观层次的责任主体,国际性的大公司在全球范围发挥着越来越重要的作用,他们在具体的经营实践中必须具有相应的道德敏感度。跨国公司应该遵循具有全球性特点的伦理规范。这些伦理规范应该体现两个特点:首先,督促跨国公司在追求自身利益的同时,也应以促进人类社会的发展为目标;其次,由于缺乏有效的国际经济背景机制,有必要对跨国公司的经营提出更高的道德要求。

微观层次的责任主体是国际企业组织的领导者及所有职员。在国际商务活动中,企业领导者应该具备的道德素质可概括为三点:第一,跨国企业的领导者在为自己设立利润目标的同时,应该同时设立一个伦理目标,并保证在任何时候都不能因利润的原因而破坏伦理目标。第二,跨国公司领导人必须具备以全球为背景的价值观念系统。第三,跨国公司领导人应该具备一定的道德勇气。

**道德资本论的争歧及其启示** 胡勤,求索,2010.5

"道德"是不是一种"资本",学界于此存有争歧。尽管学者们对道德是否是一种资本持不同意见,但他们对当前道德现状的担忧及对重新框定道德的冲动却是一致的,这表明了学者们的学术敏感性与强烈的责任意识,不论争歧的性质与结果如何,这一点始终值得倡扬。

一、道德是一种资本吗

赞成者认为,道德是一种资本。这里所谓的资本,是指投入经济运行过程,能够带来剩余价值或创造新价值,从而实现自身价值保值、增殖的一切价值实体和价值符号;从外延上,它既包括资金、厂房、机器设备、劳动力、能源等一切实物形态的价值实体,又包括科学技术、管理、制度、社会意识形态等非物质形态的价值符号。一句话,凡是能创造新价值的有用物均可构成资本。在这个意义上,道德尤其是科学的伦理道德就完全可以看成是一种资本。科学的伦理道德就其功能来说,不仅要求人们不断完善自身,而且要求人们珍惜和完善相互之间的关系,以理性生存样式不断创造和完善人类的生存条件和环境,推动社会的不断进步。

反对者认为:资本的特点在于能使自身增殖,而道德则是一种无形的理性因素,它只有在借助并依附于资本而参与经济运行的条件下,才能促成价值增殖;而如果不直接参与经济运行,道德因素的这一特点则不再存在。故此,郑根成认为道德并不是独立的资本实体。再者,资本的本性是贪婪。如果把道德解读为一种资本,或者以资本及其运行的逻辑来考察现当代市场经济体运行中道德因素的地位与作用,那么,这必然会导致一种道德意义的危机。这就意味着道德是可交易的。

二、关于道德资本争歧的实质

(一)当前对我国现状的道德担忧

在道德资本论问题上,认同者与反对者都注意到了当代中国的这个道德现实,并都积极地反思当前态势下的道德作为问题:道德资本论思考背景是当代中国社会的道德失范现象已经严重影响了经济运行——经济活动中过低的道德含量直接提高了经济运行的成本,并导致了经济活动的低效;其理论冲动则在于通过资本化道德来引导经济运行,以实现降低交易成本,提高经济绩效的目标。而反对者的思考则是,当代中国正进行社会道德重建工程,这一工程的核心是重塑道德价值及其有效性机制。他们担心的是,如果道德的资本逻辑成为一个普遍的实践逻辑,可能会导致人们过于关注道德的功利性工具价值,道德之于个体、社会的终极意义被消解,而这势必使得道德重建工程变得更加艰难。

(二)道德的经济意义

尽管在能否把道德解读为一种资本上存有争歧,但双方都在自己的论证中强调了道德的经济意义。一方面,道德是一种利益调节的手段,它最终是符合行为主体的长远利益的调节手段。另一方面,任何经济行为都不是独立或单纯的经济行为,它是在一定道德关系中发生,并且是包含了相应道德考量。但作为资源的道德有着超越性的一面,不论人们对道德作为一种资源持何种态度,人们都会且应当坚守"道德不能用来交易,更不能以交易为目的"这一价值底线,也就是说,在任何情况下,道德都是不能完全工具化的,更不能资本化的。

(三)对重新框定道德的冲动

道德资本论的争歧双方无疑都认识到了这一危机,并试图重新框定、诠释道德,以使道德能如其最初的作为:成为伦理学合理的理论奠基石,并恰当地实现伦理学的实践价值。把道德解读为一种资本,其侧重点在于后者,即恰当地解决伦理学实践机制的危机;而反对者们则更倾向于对道德之意义追寻的执守。

**"纯粹个人消费"的伦理审思** 钱广荣,齐鲁学刊,2010.5

改革开放以来我国人民的消费水平有了很大提高,消费观念也有了很大改变。然而一部分人奉行"纯粹个人消费"即"自己赚钱自己花"的消费理念,严重影响了社会和谐、稳定。因此,有必要对"纯粹个人消费"进行伦理审思并提出相应的调控理路和措施。

从根本上说,"纯粹个人消费"行为是不存在的,个人消费必然和他人、社会发生千丝万缕的联系,从而围绕个人消费会形成广泛的伦理关系。在市场经济条件下,个人消费行为又大多直接地带有公共生活的方式和特性,这使得个人消费行为的社会伦理属性更加突出。因此,任何"纯粹个人消费"行为都会影响社会的和谐和人际关系的和谐。

消费行为总是受一定的消费观念支配的。一个人的消费观念如果与社会主导价值观相一致,就会有益于社会主导价值观的倡导和推行,相反就会干扰、阻碍社会主导价值观的实现。"纯粹个人消费"的消费观严重干扰着社会主义核心价值体系和核心价值观的倡导和推行。

个人消费应该建立在尊重消费正义原则的基础之上。为此,国家和社会应当制定评判个人消费正义原则的标准,并建立相应的约束机制,如试行个人消费税制度、制定调节个人消费的法律制度和伦理制度,以遏制各种“雷人”消费,促进社会和谐。

**道德意识形态的超验建构及其历史纬度** 钱广荣,江海学刊,2010.5

道德作为一种特殊的社会意识形态和由此推定的价值形态即社会道德标准与行为准则,是以超验的方式反映“生产和交换的经济关系”及其“物质活动”过程、以假定的方式干预和调节社会生活包括人的行为和心态的。同政治法制联姻并为之辩护、与“伦理观念”和道德经验相左、经由道德价值标准和行为规范调节而引导社会生活、以形而上学本体论提升理论层级,四者构成了阶级社会道德意识形态超验方式的历史纬度。假定和超越的道德意识形态及由其推定的道德价值标准和行为准则,一旦进入社会提倡和推行的实践活动中就会受到实践主体道德认知和德性水准、道德智慧和道德能力等当下的不变因素的影响,致使行为在推进过程中不可避免地会出现善与恶同时显现的情况,从而赋予道德意识形态以“道德悖论基因”。阶级社会里道德意识形态超验方式内含的“道德悖论基因”在实践过程中必然会合乎逻辑地演绎出普遍的道德悖论现象,这在道德教育和道德评价领域表现得尤其突出。

转变“道德悖论基因”的逻辑前提是构建超验的合理纬度:首先应当把握自古以来道德意识形态超越和假定的基本轨迹和发展演变的总趋势;其次,应当注意充分肯定和普及“伦理观念”和道德经验,并在此基础上建构两种道德社会意识形态之间的逻辑关系;再次,应当实行伦理学的理论创新,从“以人为本、正确阐释人与自然关系的道德性问题”、“以和谐为本,正确阐释个人与社会集体之间关系的社会道德标准”、“以现实为本,正确阐释传统道德与现实道德关系的合理性问题”的三维向度上重建中国特色社会主义道德意识形态的形而上学体系。

**后危机时代应加强金融伦理建设** 卿定文,人民日报,2010.5.7

一、正确认识现代金融活动的伦理属性

随着经济理论、管理科学以及应用伦理学的发展,金融活动的伦理属性日益为人们所认识。首先,金融活动是利益相关者的活动。不管是金融机构、金融从业人员还是其他参与者,都是具有一定社会责任和价值取向的主体。但是,这一特质与“经济人”的属性是存在一定冲突的,经常会使经济主体陷入利他与利己的两难选择中。现代金融理论认为,金融不仅是一种技术性活动，而且涉及价值判断。在使用委托人的钱进行金融活动时，作为受托人或代理人的金融从业者面临着是实现委托人或者被代理人的利益最大化还是实现自身利益最大化的选择，这就使得金融活动存在一定的道德风险。其次，金融制度内含道德要求。金融制度承担着维系金融秩序、配置金融资源、界定利益相关者责任与义务的重要职能。这种制度安排首先应坚持公共利益至上，倡导互利守信、合作共赢的道德要求。这充分说明，金融伦理客观地存在于现代金融活动之中。

二、准确把握金融伦理的内涵

对金融伦理，可以从广义和狭义两个方面来理解。广义的金融伦理，是指金融活动参与各方在金融交易活动中应遵循的道德准则和行为规范。金融活动所涉及的金融机构、金融从业人员、政府、社区、个人等利益相关者，在金融活动中所涉及的伦理关系、伦理意识、伦理准则和伦理活动，都属于金融伦理的范畴。狭义的金融伦理，仅指金融机构及其从业人员在金融活动中应遵循的道德准则和行为规范，或者说作为金融服务与产品的供给方所体现出来的行为准则。应该说，在现代金融活动中，金融服务与产品的供给方和接受方同时参与，双方的行为准则都属于金融伦理的范畴。但相对而言，供给方处于主导地位，可以直接影响接受方(参与者)对其提供服务或产品的判断，并且在很大程度上决定金融交易活动能否正常进行。因此，提高供给方的道德素质是金融伦理建设中的重要方面。

三、积极推进金融伦理建设

金融活动涉及多元主体。因此，加强金融伦理建设，需要相关国际组织、各国政府与金融行业达成共识、共同努力。首先，应从维护全球金融稳定与重构国际金融秩序的角度，在国际层面制定新的金融伦理规则。世界银行、国际货币基金组织以及区域性开发银行等国际性金融机构应从规范行业行为的角度制定相应的伦理规则，召开相关的国际金融伦理研讨会和金融伦理论坛，进行深入的理论探讨。其次，各国政府应大力推进金融信用体系建设，推动信用立法和征信数据的开放与共享，带头使用相关的信用数据产品；加大对金融市场、金融机构、金融从业人员的监管，督促金融监管部门认真履行职责，维护公平的金融市场秩序。再次，应在全社会大力推进诚信宣传与教育。充分发挥现代传媒的作用，营造共建金融伦理的浓厚氛围；加强行业自律，强化各类金融机构在金融活动中的伦理意识与伦理精神，督促其制定相关金融伦理细则、加强对员工的金融伦理教育；等等。

**论分配的正义——罗默尔对马克思正义论的重构** 曹玉涛,哲学动态,2010.5

一、剩余价值:剥削非正义性尺度的失效

与当代许多西方经济学家一样,罗默尔也对马克思的剩余价值论持否定和批判态度,但与西方经济学家的实证研究理论进路不同,罗默尔主要是从道德的角度来否定剩余价值论。

罗默尔认为,马克思的剥削理论以揭示资本主义制度的不公正性为旨归,即剥削是指社会成员在收入分配上的不平等,这是剥削的技术性含义,而且这一技术性含义恰恰是从口语意义中引申出来的,是马克思所表达的剥削的真正含义。但是,马克思对剥削的技术性规定遭遇了现实的挑战,正面临深刻危机。

第一,按照马克思的剥削定义,以雇佣他人从而无偿占有他人剩余劳动为特征的剥削同样可以在最终收入分配完全平等的条件下实现。这一点从根本上违背了马克思谴责资本主义剥削非正义性的初衷。第二,新古典经济学派提出,如若资本主义剥削出现在既不存在强制也不存在欺诈的理想竞争的市场经济中,是人们自由选择的结果,那剥削的非正义性何在?第三,在当代社会主义国家中,生产资料的私人所有权已经被取消,按照马克思的经典剥削理论,剥削的前提已经不存在了,换言之,在当代社会主义社会中剥削现象已经消失了。罗默尔认为,传统马克思主义的剥削理论回答不了上述三个问题。

二、初始生产资料分配不公:剥削非正义性的道德基础

遵循马克思的历史唯物主义原则,罗默尔指出,每种经济结构都有一种与其相伴随的不平等形式或剥削形式,它来源于体现某一经济结构特征的那种财产权:封建剥削是那种与封建领主占有农奴劳动的财产权相联系的不平等形式,但它不是那种与这两个阶级不同的物质财富相联系的不平等形式;资本主义剥削是那种可归因于对经济中可转让性资产的不同所有权的不平等,但它不可归因于成员的不同技能;社会主义剥削是那种在可转让资产的私人所有权被废除后与不同技能相联系的不平等。藉此,罗默尔借助于博弈论构造出一个"一般剥削理论"。这一理论蕴含三种不同的、具体的剥削形式:封建剥削、资本主义剥削和社会主义剥削。这三种具体的剥削形式彰显了社会历史的维度,是伴随不同财产形式的内在演进逻辑。资本主义社会取消了劳动力的不平等持有权进而消灭了封建剥削;社会主义社会则取消了可让渡的生产资料的私有权进而消灭了资本主义剥削,从封建

剥削到资本主义剥削进而到社会主义剥削，伴随剥削形式的演进，社会也在不断递进中。

三、福利平等：社会主义的分配正义原则

在社会主义社会中，随着生产资料公有制的建立，资本主义剥削被消灭，但剥削和不平等仍然存在。罗默尔坚持认为，马克思主义的精髓在于其历史唯物主义理论，而这一理论要求用经济基础诠释政治及社会行为，从经济的不平等中寻求政治和社会的不平等的解答；罗默尔认为只有找到了现代社会主义社会政治或社会不平等的经济根源，才算为社会主义社会的不平等找到真正合理的解释。罗默尔的观点是：我们必须承认社会主义国家目前存在政治和社会的不平等现象，而根源在于社会主义社会仍存在经济上的不平等。造成这种经济上的不平等的原因一方面是自然的，即人们在"技能"上存在着一定的差异；另一方面是社会的，即人们在身份上的差异决定着他们在分配上的差异，从而也决定着他们在社会主义的财产关系中的不同地位。

罗默尔批判资本主义剥削制度的价值取向是鲜明的，他试图以自己构造的"一般剥削理论"来进一步印证马克思所批判的资本主义的非正义性，针对新古典经济学为资本主义剥削所作的辩护，罗默尔对他们的论据逐一进行了批驳，为社会主义的合理性进行辩护。不容否认，罗默尔的思想具有一定的原创性。罗默尔提出消灭资本主义剥削，不是消灭生产资料本身，而是消灭生产资料的资本主义私有制；他还巧妙地处理了公共所有制和自我所有制的关系，在批判当代自由主义的基础上提出了社会主义的分配正义原则。这些对于我们当今坚持和发展有中国特色的社会主义市场经济理论具有重要的借鉴意义。

但是，罗默尔的剥削理论也存在着致命的缺陷。马克思的劳动价值论和剩余价值学说在当代尽管受到种种诘难，但仍然是当前分析资本主义剥削不可替代的科学武器。罗默尔为了一套分析哲学的话语和经济模型，不惜抛弃作为马克思主义经济学基础与核心的劳动价值论和剩余价值学说。罗默尔把马克思主义经济学仅仅看做是对资本主义的道德批判显然是对马克思主义的一种误解。罗默尔对资本主义剥削的分析仅仅停留在初始生产资料的分配方面，显然是片面的。仅仅看到生产资产的不平等并不等于揭示了剥削，尤其是资本主义剥削的"秘密"。剩余价值论要比分配正义论更深刻和科学，而不是后者比前者"优越"。正是由于这些原因，罗默尔对资本主义剥削的批判是新颖有余而科学性不足，其重构的分配正义理论是对马克思主义的阐发和补充,而不是超越。

**论美国次贷危机中道德缺失的基本特点和伦理救援** 梅世云,伦理学研究,2010.5

次贷危机中道德缺失的基本特点:

一是道德责任感差。房贷风险的转移实质是弱化风险制造者的风险责任。财政赤字削弱"官商"的贷款责任感。在政府救助困难银行时,由于财政资源分配的信息不对称也会弱化政府官员、公共资源使用单位的责任感。隐性担保弱化责任意识。社会责任严重缺失,其一社会责任治理缺失;其二信息披露不完全;其三对冲基金裸卖空无视社会责任。

二是资本主义制度的道德缺陷。其一,自由资本主义以个人利益至上为标准,缺乏社会和公共道德的基础。其二,自由资本主义制度的核心是资本自由,导致制度道德的片面性。其三,自由资本主义的市场信息的不对称性,形成道德风险。其四,自由资本主义以个人短期经济利益为核心的激励制度,放大了市场中的道德风险。

三是过度自利。其一,过度追求金融资产的高收益。其二,美国人的过度借贷。其三,过度金融创新。其四,过度福利。

次贷危机的伦理救援措施:即坚持金融道德教育,重建以信任为核心的金融伦理,积极践行社会责任,建立道德董事会,实施道德性激励机制和管控机制,不断完善金融道德的运行机制。

**论消费的人性限度** 程光泉,哲学研究,2010.5

在消费问题的讨论上,消费的可能性与正当性相互关联。消费的正当性是基于消费的可能性之上的;倘若不考虑来自对象与条件的限制,消费的正当性问题就是一个假问题。因此本文主要探讨消费之可能性问题。

文章首先从消费之人性基础的讨论,指向人的消费行为的原始发生的内在机制——不足、匮乏与饱和、过量这两种状态决定了需求的内容。再加之人自身的感觉、记忆与想象能力的作用,使这种有限的需求变成虚拟化与多样化的无限欲望。欲望作为虚拟化和多样化的需要,是仅限于心理与精神中的事情;惟其如此,欲望才是不受时空、条件与对象限制的。人之"难填"的欲望并非能够全部实现,其广度、强度、深度和力度是被限制在社会历史条件之内的,人类构造社会结构以及社会运行方式的过程,同时也是构造欲望类型以及满足欲望方式的过程。

紧接着文章又从激发人的不断膨胀的欲望的市场社会入手，讨论其内在机制对人们需求的激发与满足。在市场社会里，资本的运行逻辑造成了相互分离的两个世界构成：需求世界和供给世界。作为相互独立的两个世界，这二者之间保持着足够的空间和时间距离，其间的张力为二者之间的相互构造提供了现实基础。市场社会的企业家把可能的欲望变成现实的消费。实现这种转变依赖于两种途径：虚拟的和现实的。虚拟的途径与货币有关，现实的道路与商品的物理设置有关。在现代社会，没有任何东西能像金钱那样，货币总是使供给与需求达到了前所未有的广度和深度：它使人的经营和消费超越了时空的限制，在提前的和延后的时空中进行，这就是虚拟经济和虚拟享用。货币的虚拟性与人的心理联想和理性预期相匹配，货币作为一种符号，它意味着货币拥有者掌控一定的力量，这种力量可以兑换成其他的力量。货币作为购买手段，其目的在于购得人们真切需要的东西，尽管人们经常购买一些实际上并不需要的东西。而货币的虚拟性帮助人们产生某些心理联想，激发他的购买欲望。但是，欲望的神圣激发和需要的极大满足并没有带来人们期许的和谐与幸福，相反倒是引发了三种问题：人与自然之间的危机，人与人之间的冲突，身体与心灵的分离。

因此文章最后谈到了重建消费的合理限度问题。消费不再是一种与生活有关、与好的生活有关的事项，而成了扩大再生产从而追求更大收益的环节。事实上，全面的消费运动并没有带来幸福感指数的全面提升，相反却导致了重重危机。要重建消费的限度，就要适度安排物质与精神两种生产。而且人是生物性、社会性和精神性的有机统一，要追求这三种性状的有机统一。在这种社会形态下，人类将把向外的对象化活动限制在适当的范围内，而把主要精力用于构造和谐的社会关系和丰富的精神世界。

**社会主义核心价值体系建设中市场经济道德规范的实施路径** 蒋家胜，毛泽东思想研究，2010.5

在社会主义核心价值体系建设实施过程中，如何建构市场经济道德规范具有十分重要的理论意义和实践价值。

一、社会主义核心价值体系的经济伦理意蕴

社会主义市场经济本身蕴涵着特有的伦理道德本性，不断丰富社会主义核心价值体系的内涵；而社会主义核心价值体系与市场经济秩序的建构的有机结合，有利于市场经济运行效率的提升，有利于化解社会矛盾、实现公平正义，使社会主义市场经济在不断“试错”中完善自己。

1. 市场经济的伦理价值不断丰富社会主义核心价值体系的内涵

市场经济与伦理道德规范是密不可分的,现代经济制度由于包含伦理道德规范的要求而具备了“硬”的约束功能,而伦理道德规范也由于适应现代经济制度而获得了“软”的约束力。当我们把人类追求物质之利的经济行为与追求精神之善的道德行为置于人类自我完善、创建和谐社会的整体目标加以考量的时候,就会发现属于人的最完整意义旨在实现物质利益与伦理道德的和谐统一。

2. 社会主义核心价值体系为市场经济的健康发展提供伦理支撑

建设社会主义核心价值体系,就赋予了市场经济的社会主义价值取向,可以把发挥社会主义制度的优越性和市场经济配置资源的有效性结合起来,既强调效率优先,又注重公平正义,处理好先富与共富的关系,实现社会和谐;既促进经济社会较快发展,又注重转方式、调结构,以人为本,统筹兼顾,实现经济社会可持续发展。

二、社会主义核心价值体系建设中市场经济道德规范的建构原则

1. 继承创新原则

面对实践,依据实践,与时俱进,大胆创新,努力实现科学社会主义的基本原则同中国实际、时代特征有机统一,积极建构社会主义市场经济的道德规范,推动我国改革开放的伟大事业不断前进。

2. 适应超越原则

社会主义市场经济的伦理道德规范既要适应市场经济的运行规律,但又要超越市场经济的缺陷,用社会主义市场经济为人民的价值目标引导、制约、规范各个经济利益主体的逐利行为和相互关系,引导各经济利益主体把自己的生存和发展放在发展中国特色社会主义和满足人民群众的生产生活需要上来考量。

3. 评价调控原则

在当代,离开了发展,离开了社会主义生产力的提高、综合国力的增强和人民生活水平的提高,去空谈什么人的全面发展和人性的完美,就会变成无本之木、无源之水,陷入抽象人性论和道德论的泥潭之中。但只强调发展而忽视科学发展,难以抑制市场经济的自发性、盲目性和滞后性给经济社会发展带来的负面影响。

三、社会主义核心价值体系建设中市场经济道德规范的实施路径

1. 完善各项市场经济制度,为市场经济道德规范的建构提供制度保障

逐步建立完善的各项市场经济制度和相应的法律规范,着力增强全社

会的法律法规意识，加大力度实施商业诚信、政务诚信乃至整个社会诚信的建设，切实提升市场经济法制化、规范化水平，在坚持市场经济的改革方向的同时，确保公平正义，确保社会主义的前进方向，为社会主义市场经济健康运行提供坚实的制度保障。

2. 培育市场理性和契约精神，建立和完善经济主体的道德约束机制

整个社会信用发挥作用，需要培育市场理性和契约精神，建立经济主体的道德约束机制，主要指人们参与市场经济活动的目的要符合伦理道德理性，追求公平正义；参与过程中要遵守游戏规则，具有良好的经济伦理规范、道德素养和法制观念，讲求诚信，信守承诺，自愿履约，维护良好的市场秩序。

3. 加强社会主义核心价值观的教育，搭建社会公众人文素养的教育平台

市场经济必须有经济伦理、人文精神、道德、法律的约束、规范和引导，建立起与社会和谐发展的伦理支撑，以社会主义荣辱观引导人们的道德追求，才能消除资本的贪婪本性，才能使经济发展的主体超越物化，消除物欲，控制人的物化，从而对整个社会经济生活进行调控，使之成为经济社会持续健康稳定增长的动力源泉。

**中国传统金融伦理理念及其现代价值再造** 丁瑞莲，伦理学研究，2010.6

中国古代拥有十分丰富，甚至领先于世界的金融思想，特别是金融伦理理念。这些理念虽然植根于小农经济，但它对金融活动所给予的价值关怀，却具有历史的普遍性。开发中国传统金融伦理资源，并对其进行合理转换和价值再造，对缓和现代金融发展中的技术和价值紧张，推进金融伦理秩序的形成和演化，具有重要的借鉴意义。

一、“理财乃义”与金融制度正义

理财作为国家的重要政事，必须以义为基本价值取向。在中国传统金融活动中，这种价值取向具体表现在两个方面：一是国强重于民富，二是扶弱重于助强。在传统社会伦理文化重义轻利的主流价值影响下，尤其是出于对富商巨贾威胁中央政权的恐惧，相对于助强，中国传统货币信用理论和实践更倾向于扶弱。

中国传统金融理财中关于国强和民富、扶弱和助强的价值取向问题，实质上是一个金融制度的正义性问题，其中所蕴含的对政权的维护、对贪欲的

控制、对弱者的扶持和救济等制度伦理内涵，至今仍具有正当性和借鉴意义。

二、“金不与粟争贵”与金融和谐

在利用货币信用手段调控经济时，如何协调与农业生产的关系一直是中国古代思想家们和统治者关注的问题，在认识和实践中，也形成了许多有价值的资源。第一，“金不与粟争贵”。第二，“食货相通，理势自然也”。第三，“废钱用谷帛”。第四，采铜铸币不能“销阴气之精”。

要摒弃传统金融理论过度贬低钱币作用的主张，又要借鉴金融以农业为基础的传统理念，促进现代金融的和谐发展。第一，金融与农业和谐发展。第二，金融与其他实体经济和谐发展。第三，金融与生态和谐发展。

三、“言而有信”与金融市场诚信

中国传统文化中关于诚信的这些思想深刻影响到古代金融活动。标期制的创立和早期期货交易的盛行表明中国古代金融领域已有了相当高的诚信水平。中国传统金融活动中的诚信观念生成于以物易物的实物经济和以家庭为核心的社会结构，是在“一对一、面对面”的商业交易和以血缘和地缘为纽带的社会交往中直接经验到的认识。随着商品交换时间、空间、形态和主体距离的拉大，传统诚信伦理表现出明显不足：一是长期以来，对个体德性的过分依赖和对个体道德境界的盲目乐观，导致了对诚信制度建设的轻视和诚信机制的缺失。二是受“家”文化影响，金融市场缺乏“陌生人”之间的诚信基础。这就需要融合现代金融市场的发展要求，建设规范性、责任性和契约性伦理文化：第一，诚信表现为一种遵守制度的行为；第二，诚信蕴含一种恪守契约的精神；第三，诚信需要相应的保障机制。

四、“智足以权变、勇足以决断”与金融创新

智勇双全是成就大功大业的先决条件，瞬息万变、波诡云谲的金融领域尤其如此。在中国传统的金融理财活动中，人们积累了丰富的权变智慧和决断谋略。第一，与时俯抑、以奇制胜。第二，知足知止，量入为出。第三，不敢为天下先。其中“不敢为天下先”，不是退缩，而是一种谨慎的态度，即当时机尚不成熟时，绝不贸然行事。或者反过来说，是“一种‘谦德’，源于自信和拥有‘在关键时刻亮出武器’的能力”。

在现代金融活动中，智勇主要表现为一种创新精神，即管理部门应对金融突发事件的创新意识，金融机构分析和解决新型信用风险的创新思维，金融从业者开发社会潜在需求、全面满足实体经济需要的开拓精神等。

**消费也有个道德问题** 王小锡，光明日报，2010.6.1

一

宽泛地说，消费有生产消费和生活消费之分。前者是社会再生产过程中的一个环节，是指生产资料的耗费和流转；后者是指生活资料的消耗，目的是为了满足个人的生活和发展需要。就生活消费来说，它是个人行为，源于人的各种需要，但基本前提却是社会的生产条件、分配制度和消费文化。而且，消费也决不是与伦理无涉。一定的社会条件在根本上规定了消费的对象、形式和实现方式，在这基础之上，才有源自需要的个人消费选择，这就是生活消费的社会本质。如今，在市场经济条件下，人们的物质生活和精神生活都得到了极大的改善，消费对象和消费方式也日新月异、形式多样。但是，一些不合理或有违道德要求的消费现象也比比皆是，归结起来，主要有以下几类。

(1)过度消费。按照西方消费主义文化的漂亮说法，过度消费也叫超前消费；稍带贬义地说，就是透支消费。过度消费的情况有两种，一是超出个人当前支付能力的消费，另一种则是纯粹的浪费。(2)身份消费。就是用消费能力来标榜不同的社会地位、社会身份，甚至是人格尊卑。可以说，身份消费是一种极不正常的消费方式，它不仅会损害社会的公平正义观，还会扭曲人们对个人社会成就的评价，从而助长等级观念，败坏社会风气。(3)奢侈消费。近些年来，奢侈品消费也风靡国内。虽说奢侈品消费视个人的支付能力而定，但在我们这样一个资源有限、人口众多的发展中国家，决不能提倡奢侈品消费。如果奢侈品消费滋长了奢靡之风，还掺进了身份消费的成分，则要坚决抵制。(4)高碳消费。相对于低碳消费而言，高碳消费是指那些高能耗和不环保的消费方式。在日常生活中，高碳消费不仅和社会的经济结构有关，还和人们的生活方式和消费习惯有关。如果社会的产业结构是高碳型的，那么消费者在很大程度上也就只能消费高碳商品。不过，这里所说的高碳消费主要针对的还是个人的生活方式和消费习惯。

二

上面提到的这些不合理的消费现象是由许多原因综合导致而成的，道德缺失则是其中的重要因素。实际上，现实中的生活消费不是经济学所理解的纯而又纯的物质消耗过程，而是一种内涵着道德理念、伦理关系、精神境界的行为方式和生活方式。为此，我们可以从考察消费与人、消费与自然生态、消费与社会之间的相互关联去把握生活消费的道德内涵。

消费与人的生存、发展和完善。人要求生存、谋发展、促完善，消费一定的生活资料是基本前提和必要条件。从哲学上讲,消费是人和外部世界进行能量交换和精神沟通的纽带,是外部世界的内化方式。同时,在理想的意义上,消费是人的自我完善与发展的必要途径和实现方式。消费对象和消费方式不仅满足着人的需要,也塑造着人的需要和人本身。所以,在消费对象的选择上和在消费方式的实现上,就存在一个合不合理、健不健康的问题,人的消费的合道德性关键就在这里。什么是健康合理的消费,什么又是道德的消费,这不仅是个生活智慧上的问题,也是一个道德认识上的问题,说到底,就是需要的合理性和实现的正当性问题。首先,需要的满足和实现取决于人的价值追求和理想信念,取决于人对"应当如何生活"和"想要成为什么样的人"的回答;其次,需要的满足和实现取决于人的能力,这种能力既包括人的体力、精力和思维水平,也包括人的生活经验和支付能力;最后,需要的满足和实现还取决于人的价值选择,也就是人在选择消费对象和实现方式时所依循的价值观念和价值标准。值得注意的是,消费对象和消费方式只不过是人完善自我的一种手段,倘若倒过来把手段当做了目的,那么,结果就会蜕变成为商品在消费着人、奴役着人。日常生活中所说的"房奴"和"车奴"等就是现实的写照。

消费与自然生态的可持续发展。随着全球经济产能的大规模扩张和人类消费能力的急剧膨胀,人们对未来的能源使用前景和自然生存环境产生了危机感。如果人类的消耗超出了能源和生态的再生速度,那么资源就会逐渐耗尽,自然生态系统就会丧失功效,人类生存便无从谈起。所以,为了维持自然生态和人类社会的可持续发展,生活消费必须有所节制,必须朝着更加科学合理的方向发展,必须更加符合一定的道德价值要求。归结成一个思路便是:要开源节流。所谓开源,就是要开发新能源和清洁能源,大力发展循环经济和低碳经济,调整产业结构和经济增长方式,从而在保护自然生态环境的基础上用好能源;所谓节流,就是在开源的过程中,在满足一定消费需求的条件下,转变不环保、不生态、高能耗的生活方式和生活习惯,把生活消费限制在合理可控的范围之内。

当然,我们要摈弃守财奴式的消费观念,主张生态性节俭的伦理取向。所谓生态性节俭,是指在消费品充裕的条件下,通过适度消费来发挥消费的最大作用;而在消费品相对匮缺、不能充分满足消费需求的情况下,使有限的消费品能够得到合理的均衡配用,从而可以产生更好的经济效益和社会效益、提高生活幸福指数的节俭。

消费与社会和谐。道德性消费不仅是完善人的消费、推动自然生态可持续发展的消费，还是协调和促进合理人际关系的消费，是和谐消费。在现实生活中，消费资料和消费需要之间会构成一对矛盾，不同的消费选择和消费方式会牵动到一定的人际关系和利益关系。进一步说，消费行为对人际关系和利益关系的拨动还会影响到人们的消费观念和消费态度，甚至是人们的价值观和人生观。道德的消费就应该是促进社会人际和谐的消费，从而有助于人们树立正确的消费观、价值观和人生观的消费方式。消费者在应明了自己"究竟需要什么"的同时，还要知荣辱、明是非、辨美丑。应当知道，所有正当的消费品都是劳动者的劳动结晶，没有劳动者在社会化大生产中的分工协作，就不会有丰裕的劳动产品可供选择；反之，若是消费者都不顾及他人和社会的利益，大肆挥霍，骄奢淫逸，那么最终或许也就不会再有消费品可以选择了。

三

搞清楚消费的社会属性和功能作用，其目的还是为了找到一种合道德的消费模式和生活方式，以实现人的美好生活。就目前来看，低碳消费方式无疑正是这种消费模式最新、最集中的代表。无疑，低碳经济是时代的发展趋势，在低碳消费问题上，我们既要破除低碳消费的"非道德性神话"，也要破除低碳消费的"道德性神话"，将其厘定在合理的位置上，以最大限度地发挥其积极功效。从根本上讲，提倡低碳消费并不是要降低生活标准，而是要倡导一种环保、人本、和谐的道德价值观。这种价值观合乎时代潮流，顺乎社情民意，是一种科学、文明、健康的消费模式和生活方式。它对缓解能源紧张的矛盾、实现经济增长方式的转轨和社会和谐来说，都不失为明智的美善之举。

**论会计道德选择** 王双云，伦理学研究，2010.6

一、会计道德选择的内涵及形式

会计道德选择是一种特殊的社会选择，是人们在一定的会计道德意识的支配之下，根据某种会计道德标准在不同的价值准则或冲突的义务之间所作的自觉自愿的抉择，是经过人的一系列心理意识活动而达到的一种价值取向，是人为达到某一种会计道德目标而主动做出的取舍。会计道德选择又是价值观的表现形式，它把会计内在的价值观念、会计道德品质、会计道德情操以心理活动和行为活动的形式呈现给自己或别人。

会计道德的一切内容无不具有选择的意义，不仅会计道德原则、道德规范指导着人们的行为选择，而且会计道德的认识、感情、意志也指示着人们的选择方向。

二、会计道德选择的心理机制

会计道德选择是一种复杂的行为活动。要把握会计道德选择体系,关键在于把握会计道德选择的机制。会计道德选择的心理机制,是会计道德选择得以进行并发挥作用的意识结构和心理基础。它是一种自觉、自主、自控的联结方式或运行方式。第一,会计道德选择首先来自于认识的选择性。选择性是认识能动性的一种表现。首先,认识的选择性在于主体的信息感知模式。其次,认识的选择性也表现为主体的认知定势和期待。最后,认识的选择性还表现在人的注意上。第二,会计道德选择也体现在道德情感上。在会计道德选择中,道德情感通常由三个环节组成,即兴趣、情绪和情感。第三,会计道德选择还体现在道德意志上。意志所做出的每一个决定,都是在多种可能性中反复权衡而进行的一次选择。意志为道德选择提供了依据也奠定了基础。

三、会计道德行为选择的实现

会计道德选择的实现是一个在一定自由的基础上,依据正确的选择尺度,选择正确的手段,达到选择的目的并承担相应的道德责任的过程。第一,会计道德行为选择的前提是会计道德主体具有独立性。会计主体地位的不明确、会计合理独享权利的缺乏、会计正当行为选择空间的缺失是会计人员道德责任承受乏力的直接原因。第二,会计道德行为的选择尺度。根据现实的客观需要,面对会计行为中的道德冲突,会计道德行为选择尺度可以概括如下:真实性、情理相融和义利统一。第三,会计道德行为选择的目的与手段。道德选择的目的是人们通过行动所要达到的预期结果。手段的选择总是受目的的选择制约的。一方面,由于目的是行为的灵魂,目的支配着手段,目的的选择决定手段的选择。高尚、正当的目的必须通过正当的手段来实现,卑劣的目的则常常采用不正当的手段。另一方面,手段也不是完全听命于目的的。手段本身是一种积极能动的力量,因为目的必须靠手段实现。

**基于能力平等的分配正义观** 文长春,学术交流,2010.6

一、以权利伦理看待经济

为了重建经济学与伦理学之间的密切关系,森提出与新经济理论相符合的功利主义观。他的做法就是使权利成为功利满足的内在化要求,调和效率与平等的内在关系。“事实上,在经济分析中,较为典型的看法是,权利仅被当做纯粹的法律实体，只具有工具价值而没有任何内在价值。”也就是说，“传统功利主义者只是按照权利取得理想的结果的能力来判断权利，而没有赋予权利的满足以内在的重要性，因此，权利本身被忽视了……人们所关注的只是帕累托最优和效率。……我们可以公正地说，权利不具有内在的重要性的观点，在已经形成的经济学传统中是根深蒂固的，部分原因在于功利主义的影响（尤其是福利主义的影响），部分原因在于福利经济学对于任何稍微复杂一些的伦理理论都缺乏兴趣。”

森坚持一种目的权利论。工具权利观与义务论权利观自然是对立的体系。不过，它们有着一个共同的不足之处：都没有把权利本身包含在目的考虑中。义务论权利观独立于目标规定权利，功利主义视权利为追求效用目标的手段。与此不同，森提出对待权利的“目的的观点”，即把权利包容在目的中，在事件状态评价中考虑权利的满足和侵犯。“依据基于目的的结果论观点，认为道德权利体现在事件状态的评价中——权利的满足有利于事件状态的价值，权利的侵犯有害于事件状态的价值。”权利与后果主义的紧密结合确立了权利的道德性地位，实现伦理学与经济学的一体化。

二、以实质自由看待发展

自由在发展中能起到“建构性作用”与“工具性作用”。森认为其建构性作用是关于实质自由对提升人们生活质量的重要性。此外，自由还具有工具性作用，就是能力自由方面。即关于各种权利、机会和权益是如何为扩展人类一般自由，从而为经济发展做出贡献的。自由作为工具的实效性来自以下事实：即各种类型的自由相互关联，而且一种自由可以大大促进另一种自由。它具体包括五种工具性自由：政治自由（以言论民主和自由选举的形式）有助于促进经济保障；经济条件（以参与贸易和生产的机会的形式）可以帮助人们创造个人财富以及用于社会设施的公共资源；社会机会（以教育和医疗保健设施的形式）有利于经济参与；透明性保证（以满足人们对公共性的需要）在保证信息公开和明晰的条件下自由地交易；防护性保障（固定的制度性安排）提供社会安全网以防止受到影响的人遭受深重痛苦。森认为，这五种工具性自由能帮助人们更自由地生活并提高他们在这方面的整体可行能力，同时它们也相互补充，并进而相互强化。

三、以能力平等看待正义

森从“可行能力”视角阐发出一种新的平等——“可行能力平等”，它既是对经济学和道德—政治哲学领域狭隘平等理论的一次抗争，更是对当今时代人类平等问题的深层反思。在其“可行能力平等”中，森从人类固有的多样性出发，将评价平等的“焦点变量”从有限的收入、效用或“基本善”的领域扩充到更宽广、更包容的可行能力领域，并将平等与自由有机联系起来，勾勒了一种全面、实质和积极的平等概念。

森一针见血地指出：“不顾后果的政治优先性理论的建议由于在很大程度上漠视了人们最终能够享有(或不享有)的实质自由而陷入困境。”森难以接受这种非正义的“简单的程序性规则而不计后果——不管那些后果对所涉及的人们的生活会何等可怕，并且完全不可接受”，怎么应对这种困境，森建议应该是“后果性考虑可以赋予实现或侵犯个人自由权很大的重要性(甚至可以给它特别的优待)，而同时不忽视其他的因素，包括特定的程序对人们实际享有的实质自由的实际影响”。只有这样，才能做到珍视被其忽略的“能力自由”，所以森的理论任务不只是指出问题所在，而是给出整改措施。他要软化自由至上主义，为正义提供一个更具广泛信息基础的理论框架。真正的正义必须有助于人们的实质自由的增加与可行能力的提高。

**企业生态责任的生成逻辑——从企业的经济道德人本质谈起** 张志丹，武汉科技大学学报(社会科学版)，2010.6

一、企业本质：经济道德人

在经济伦理学看来，企业的本质是区别于纯粹的经济人、道德人的所谓经济道德人。企业既不是纯粹的经济人，也不是纯粹的以利他主义为行动原则的道德人。大体说来，企业的本质具有三重维度，一是经济维度。企业必须注意自身利益的保存和扩大，实现自己经济目标也就实现了自己生存发展的保证。二是社会维度。作为社会一分子，企业如同现代社会的公民一样，必须在自我保存和发展的个体维度之外，还必须承担作为企业公民的应尽之责，否则，必将自绝于现实的生活世界。三是生态维度。企业不直接与纯粹的生态系统相联系，它却处于人化自然、人化生态之中，它必须承担起自己的应尽之责，不伤及自然生态。按照最新的有关生产力的观点，最为基础性的内在要素是生态和谐问题。企业三个维度所表征的都是企业的本质属性，它们具有三方面特性：一是不可或缺性，即三方面特性在今天的企业逻辑中同时存在，缺一不可；二是相互交融性，即三方面的分开只是在逻辑上的，现实生活中实在难以分开，而是整合在一起的；三是社会历史性，即企业三维度的提出本身就是社会历史发展的产物，并且会随着社会历史的发展而不断发展、丰富内涵。

二、企业生态本质异化之经济学原因

尽管现时代的企业本质是经济道德人，关涉经济、社会和生态三个维度，这意味着企业要承担生态责任。但是，“存在并非先于本质”，存在也不等于本质，企业的实然也不等于企业的应然。造成企业生态维度的存在与其本质的巨大裂痕，原因是多方面的，有制度原因、利益原因和惯性、习惯的原因等。企业的存在现状可以窥见其内在本质，非道德经营现象表征着企业的经济人本质。从认识论方面来看，企业非道德经济所反映的企业本质的生态维度的缺失，是因为以纯粹的经济学的视角去看待自然，而伦理学、生态学视角被弃之一旁。经济学视角中的生态价值，不在于它对于企业、社会乃至人类的生存以及其本身的内在价值、愉悦之外的善等，只在于能否给企业带来直接的或间接的利润。换言之，生态的价值评估就看给企业盈利的贡献率。贡献率大就其价值就大，反之就小。

回顾西方思想史，对于生态价值的审视问题，过去在西方几百年中形成了三种主要方法：功利主义、实用主义与现代经济学。功利主义之弊在于，它把快乐提升到与人类幸福等同的高度，而实际情况并非如此。实用主义与功利主义联系是如此密切，以致难以彻底分清。功利主义、实用主义与现代经济学看似有着原则性的分歧，而在对待生态价值问题上，它们的立场又惊人的相似。这种相似性在于，它们都是戴着“工具价值”的墨镜来审视生态价值的。

三、企业生态责任生成的反思及意义

（一）企业生态责任生成的方法论反思

从方法论层面看，实际上，审视企业生态本质回归和企业社会责任生成逻辑的方法是内在的伦理历史主义的方法，而非伦理自然主义的方法。内在的伦理历史主义的方法尽管汲取了伦理自然主义方法的智慧与思想资源，但在根本上思维理路上不同，因而实践路径的选择上也必然存在差异。

具体说来，就内容看，今天的企业与生态的和谐统一，不仅要求企业提升自身的技术水平和生产经营理念，而且要求企业以高技术渗透到环境保护过程中来。而这些情况，在古代社会基本不存在，从环境污染所带来的威胁和危害程度也不可比拟。可见，现实的问题和挑战必然决定简单的回归是没有出路的，所谓的“回归”只能理解辩证法意义上的“否定之否定”的过程。

（二）企业承担生态责任的意义

承担企业生态责任，是企业在新的时代条件下的重要使命和责任。经济人性化、市场伦理化、利润与道德的有机整合已然成为全球性的时代潮流,生态经济作为新型的经济形态,代表着人类的新的经济理念和生产生活方式。从国内看,科学发展观作为统领我国经济社会发展的指导思想,它顺应了时代潮流,科学总结了国内发展的经验教训,是马克思主义发展观的最新理论成果。对中国企业而言,承担生态责任是企业可持续发展的必由之路,因为存在环境和资源的挑战、环保政策和法制的挑战、消费者的挑战、国际市场经济规则的挑战。

从本质上说,基于企业的经济道德人本质和企业的生态维度,决定着生态责任承担的必然性和必要性,生态责任承担不仅具有经济价值,而且具有伦理价值。在环境保护问题上,经济道德人的遵守互利主义的行动原则,既有利于企业自身的利益最大化,同时有利于利益相关者和社会公益。概言之,企业承担生态责任对企业来说具有三方面意义:其一,企业承担生态责任有力塑造企业生态文化。其二,企业生态责任有助于利提高产品的市场占有率。其三,承担企业社会责任有助于企业打破"绿色壁垒",提高国际竞争力。

四、余论

如前所述,在经济伦理学和企业生态学视阈中,企业与环境的关系是相互依存、和谐互动的关系。企业经营决不能以破坏、污染生态环境为代价,这是必须坚守的一条道德底线,任何时候都不能逾越。这即是生态经济和循环经济的逻辑。惟此,企业生态本质的重构和企业生态责任的实现不仅是必要的,而且是可能的。

然而,现实的逻辑毕竟不同于理论的逻辑,企业的存在毕竟不同于本质。现实地看,据有关企业社会责任调查报告显示,中国企业承担生态责任的状况总体上刚刚起步,且发展极不平衡。因此,当代中国企业生态责任的承担,需要放在全球化的视野之下,保持全球经济伦理和中国特色之间的内在紧张,需要量力而行和尽力而为结合,需要"扩容"、"分层"和"提升"相统一。惟此,企业的经济道德人本质才能现实地建构出来,企业生态责任才能符合逻辑地自然生成。如何使企业承担生态责任,如何让企业承担本应承担的生态责任,是一个系统的工程,决不能靠"单打一"、一蹴而就地完成,需要安全、环保、人本的理念贯彻到企业生产经营中去,也需要相应的制度、法律、环境和人才的培养。

**论西方马克思主义消费伦理价值观** 王雨辰,陕西师范大学学报(哲学社会科学版),2010.6

该文指出,西方马克思主义批判了作为政治统治工具的异化消费、作为生存方式的异化消费和作为生态危机根源的异化消费,指出消费主义价值观的危害在于消解了人们的批判否定能力和政治意识,造成了非生产性的病态人格和生态危机。与应用伦理学把消费伦理主要看做一种经济伦理不同,西方马克思主义的消费伦理价值观主要是从哲学本体论和资本主义制度批判的视角,强调破除消费主义价值观对于实现人的自由和解放的重要性。

当前我国现代化进程中呈现出两类不同层次的消费问题。一是经济层面的消费问题,主要体现为高生产和低工资之间的矛盾而导致的消费不足,进而影响生产的问题。对于这一层面的消费问题和文章的主题无直接关联,此处不予以探讨。二是哲学价值观层面的消费主义价值观问题,主要体现为物欲至上的享乐主义和消费主义价值观的弥漫,社会生活中人文精神的失落和信仰迷失,部分人把感官享受和对商品的消费当做实现自我确证的方式。如果任由这种消费主义价值观蔓延,不仅会导致人们对物质商品无止境追求的"贪欲",以及人们道德生活中的败德现象加剧,致使人们生活质量的下降,影响人们对满足方式多样性的自由选择,而且也必然会强化人们对待自然的工具性思维,加剧人和自然之间的紧张关系,造成更为严重的生态问题,危我国现代化发展和人们生存的根基。因此,树立人自身身心和谐发展、人和社会和谐发展、人和自然和谐发展的消费价值观,引导人们合理的消费,避免在异化消费中迷失自我就显得尤其重要。破除消费主义价值观,形成人的健全人格,创造适合于人们以多种方式获得满足的社会环境,这正是西方马克思主义消费价值观给我们的启迪。

**信用危机的"道德良方"——读郭建新教授等著《财经信用伦理研究》** 王露璐,道德与文明,2010.6

对于2008年席卷全球的金融危机的缘由和"终结"危机的办法,不同专业的学者和业界人士见仁见智。郭建新教授等推出的《财经信用伦理研究》(以下简称《研究》)提供了令人耳目一新的独到见解。该书以新兴的跨学科视角对金融危机做出了全新的诊断和解读。在结合理论研究和对策研究的基础上,创新性地提出了现代财经信用体系中的伦理机制概念及其实践方式,极大地开拓了当代财经伦理研究的学术视野和应用前景。其学术价值和现实意义至少有如下三点。

其一,以独到的跨学科视角和知识背景对现代信用危机的缘由做出了创造性的解释,系统分析了现代财经信用体系中的伦理机制及其运作方式。

《研究》开宗明义地指出,“研究现代信用问题的一个最为重要的现实题旨就是要化解现代性的信用危机”,并认为,2008 年的金融危机从本质上说就是信用危机。历史地看,信用关系是经济关系与伦理关系的一种价值同构和规范互补,而现代性的信用危机正是“经济关系及其价值和道德关系及其价值的一种失衡”,从实质上说,这种失衡就是“经济关系及其价值的增强和道德关系及其价值的衰退造成的”。这是一种对信用关系和信用危机的独到见解。作者敏锐地抓住了信用关系的这一根本特质,以经济伦理学的跨学科视角,深入分析了信用关系中经济关系与道德关系之间相互制衡的变动规律,其对现代信用危机深层病因的诊断,可谓是直达“病根”。

但是,《研究》并没有仅仅停留于准确地找出“病根”,而是在此基础上开出了一张精心谋划且独具特色的“道德处方”。作者认为,只有在财经信用体系中全面细致地融入包括信用规则体系、信用价值体系和信用信息体系三个子体系在内的一套合理的伦理机制,才能从根本上解决失信风险,化解现代信用危机。

其二,从健全体系和融通机制的立场出发,将经济伦理学的各类知识触角延伸至财经信用领域,拓展了财经部门伦理研究。

要使伦理机制在财经信用体系中发挥作用,就必须结合财经信用各领域的信用特征和实际情况,以专业视角研究各类信用关系、失信风险并提出相应对策。《研究》一书分别就各信用领域内的失信风险提出了富有现实针对性的各项对策。

第一,金融信用具有经济和伦理的双重属性。第二,正当合理地认识关系人需求是寻求会计活动伦理原则的重要依据。第三,公共财政有两个基本伦理维度,即私人品的市场配置应强调效率和机会均等的规则公平。第四,审计行为最终审计的是被审计主体的信用,审计伦理应遵循独立、公正、诚信三个原则。第五,企业信用既是一种承诺权利义务对等的契约伦理要求,也是一种主体德性的自律要求。第六,信用是现代广告伦理的核心,是广告运作的成功基石和广告业健康发展的根本保证。

其三,对策研究具有强烈的现实感和针对性,为现代财经信用体系的系统化建设提供了具有实践操作性的方法和路径。

《研究》一书将理论结合实际和现实依托理论很好地融为一体,在布局谋篇上详略得当、调配有序，可谓是理论与实际相结合的成功范例。作者并没有停留于大而化之地空泛谈论现代财经信用体系中的伦理机制建设，而是深入细致地探讨了各信用领域内建设伦理机制的操作方法和具体途径。

尤其值得一提的是，为了全面而真实地了解当前道德信用的实际状况，《研究》一书还在前期的课题研究中设计了关于信用道德体系的调查问卷，并在江苏省金融系统内对银行信用的道德情况进行了广泛而深入的社会调查。大量的一手资料及分析有力地确证了书中的基本理论和观点。

《研究》一书是在经济伦理学的知识立场上对现代财经信用体系中的伦理机制做出的开创性研究，其理论价值和现实意义十分显见。

**财富伦理：关于财富的自在之理** 向玉乔，伦理学研究，2010.6

财富伦理是隐藏于财富背后、反映财富的实质和价值、说明人与财富之真实关系的自在之理或客观真理。作者就财富的涵义、人类遭遇财富伦理问题的原因、财富伦理的定义、财富伦理原则的确立等内容展开探讨，对“财富伦理”这一热门话题提出自己的看法。

一、广义的财富与狭义的财富

“广义的财富”指人类所能拥有的一切，它包括人的身体、人的内在精神和外在于人的物质财富。“狭义的财富”则仅仅指人类能够拥有的物质财富。

二、人类遭遇财富伦理问题的原因

第一是人类对财富的片面或错误认识使财富伦理常常处于一种被遮蔽状态。第二是占有物质财富的贪欲常常将人类推上不顾财富伦理的轨道。第三是物质财富的匮乏也为财富伦理问题的出现提供了条件。人类具有创造物质财富的强大能力，但他们所创造的物质财富并不能充分满足人类本身的物质生活需要。财富伦理问题的出现与人类对财富和财富伦理的认知、理解和解读有关，也与人类的本性、人类的物质生活状况等因素有关。

三、财富伦理与财富道德

说明人的身体健康、内在精神和外在的物质财富之间的真实关系的财富伦理可以被称为“广义的财富伦理”。说明人与物质财富之间的真实关系的财富伦理可以被称为“狭义的财富伦理”。“广义的财富伦理”告诉我们，身体健康、内在精神和外在的物质财富都是值得人类珍惜的珍贵财富，人类的福祉不在于仅仅拥有物质财富，更在于人的身体健康、内在精神和物质财富需要的满足之间能够达到一种协调。“狭义的财富伦理”告诉我们，物质财富是人类生存和发展所必须依赖的物质基础,但它不是人类所能拥有的财富的全部内容,人不仅应该借助于物质财富来满足其物质生活需要,而且应该超越其物质生活需要,从而全面享受身体健康、精神追求和外在的物质财富。"广义的财富伦理"和"狭义的财富伦理"都强调,物质财富之所以能够成为财富,并不仅仅是因为它是人类必不可少的生活资料,更重要的是因为人类对它的创造、分配和消费能够折射出人类对财富伦理的道德领悟。只有作为物质财富的认识者、创造者、分配者和消费者存在的人将其对财富伦理的认识和领悟植入了物质财富之中,物质财富才获得了一种道德价值,也才成为了人类愿意追求、值得追求的东西。财富伦理要求人类珍惜物质财富,但也要求人类不受物质财富的羁绊和奴役。通过培养财富道德的方式,人类能够亲近和领悟财富伦理,并用合乎财富伦理的方式拥有财富。

四、普遍有效的财富伦理原则

"广义的财富伦理"中,居于根本地位的伦理原则是"身体健康、内在精神和外在的物质财富相协调"的原则。"狭义的财富伦理"是关于物质财富的客观真理或"应然"道理。既然物质财富只能作为人类生存和发展所依赖的一种工具或手段而存在,那么人与物质财富之间的关系只能是一种创造者和被创造者、控制者和被控制者、支配者和被支配者之间的关系。物质财富的创造主要是一个人类应该如何对待自然和人本身的伦理问题;物质财富的分配主要是一个分配正义问题,即物质财富的分配是否公正的问题;物质财富的消费则主要是一个如何将物质财富的使用限制在合理限度之内的伦理问题。为了避免生态危机的发生,人类在创造物质财富的过程中应该坚持"可持续性"的伦理原则,为了保证人类创造的物质财富能够真正满足其自身的物质生活需要,人类在创造物质财富的过程中应该坚持"无害性"的伦理原则,"分配正义"是一个支配物质财富分配的伦理原则,支配物质财富消费的核心伦理原则是"适度"。

**《史记》经济伦理思想探析**　朱美禄,贵州财经学院学报,2010.6

该文指出,司马迁的《史记》"究天人之际,通古今之变,成一家之言",不但具有超越流俗的历史眼光,还具有深邃的经济伦理思想。这一思想资源对我们当今建设社会主义和谐社会不无启示意义。《史记》为刺客立传,为游侠立传,为商贾立传,颠覆了中国文化中根深蒂固的"荣宦游而耻工贾"的传统,这在当时是很新的平等观念。社会虽然有士、农、工、商的分工,但是"四民异业而同道,其尽心焉,一也"。司马迁"四民"人格平等的经济伦理思想，对于我们建设和谐社会，实现社会公平，具有重大参考价值。中国自古以来就奉行“君子爱财，取之有道”的道德信条，商人作为财富的专职追求者，伦理道德不可或缺。当下中国经济高速发展，“让一部分人先富起来”已成社会现实，然而其中也不乏不择手段致富者。

面对司马迁推许的崇高伦理人格，这些原罪深重者该发羞耻心，“处财货之场而修高明之行”。只有这样，才能消弭日益凸显的经济伦理问题。随着我国改革开放的深入和社会主义市场经济的建立，出现了导致人的本质异化的拜金主义。这要求我们建立起适应社会主义市场经济的伦理规范。而司马迁的经济伦理思想对我们实现这一目标具有启示意义：在义利之辨中，既要反对安贫乐道、无所作为的保守思想，又要反对唯利是图、一切向钱看的极端功利主义，把义和利有机结合起来，在个人利益、集体利益和国家利益关系上，要有全局观念，不能为一己之私而损害国家根本利益。只有这样，才是具有伦理意识的现代公民。

**企业非道德经营论的认识误区和实践危害** 张志丹，道德与文明，2010.6

该文从哲学方法论视角对企业非道德经营进行深度批判，指出其认识误区和实践危害，从而为重构企业经营理念、培养经济道德人、实现企业道德经营扫除思想认识障碍。

一、经济观：一种畸形的经济学思维方式

“企业非道德性（经营）神话”并不新鲜，因为它源自由来已久的西方经济学逻辑假设（经济人），这种假设来自西方自由经济社会（市民社会）的经济意识形态。回溯西方经济思想史，在古典经济学那里，伦理学与经济学、伦理与经济、企业与道德并非形同冰炭，难以相融。在斯密那里，经济与伦理、企业与道德并非截然二分，不可公度。遗憾的是，斯密的遗产之后也被肢解为二。尽管上述分裂的确产生了某些积极的结果，取得了巨大经济学成就，但是，对其中存在的问题却不能视而不见。斯密所代表的古典经济学式微之后，取而代之的是代表西方主流经济学的新自由主义经济学，它推崇斯密的“经济人假设”，偏爱纯粹的抽象数模（数量）分析。这就造成了经济学的“价值空洞”问题，也是企业非道德神话的主要根源。

但是，“随着现代经济学与伦理学之间隔阂的不断加深，现代经济学已经出现了严重的贫困化现象。”“经济学研究与伦理学和政治哲学的分离，使它失去了用武之地。”反省之后，一批获得诺贝尔经济学奖的经济学家乔治·布坎南、科斯、阿玛蒂亚·森等国际级理论家正因其经济学中的伦理关怀而赢得世界性声誉。尽管他们的具体理论观点存在差异,基本理念却是惊人的一致,即认为经济学与伦理学,经济与伦理,企业与道德具有内在关联。与此相呼应,伦理学界存在一股经济与伦理、企业与道德之间融通交叉的声势浩大的呼唤。事实上,经济、经营不是纯粹的物质活动,经济不是道德的“真空地带”,而内含着“精神基因”和“道德元素”的人文空间。如诺斯认为,“社会强有力的道德和伦理等意识形态是使经济体制可行的社会稳定要素。如果没有一种明确的意识形态理论,那么,在解释资源的现代配置以及历史变迁的动力上就存在着无数的困境。”

企业非道德神话的另一根源是,在科学研究中崇尚客观主义的所谓“价值中立”学说。经济学研究是价值中立的,经济活动本身就无需伦理道德的追问和审查。企业非道德神话同时受到社会达尔文主义的影响。企业应该变为以己他两利的互利主义为行动原则的“经济道德人”。

二、本体论:一种抽象的形而上学思维方式

唯物辩证法作为世界观、方法论,它以历史的、辩证的、整体的视域来审视大千世界林林总总的事物。可是,非道德经营神话则把企业“抽空”,悬置为一个孤零零的“单子”(莱布尼茨语),如同一座存在于商海中的“孤岛”和“围城”,这不仅斩断了企业存在之根(与社会、自然之间的联系),而且抽空了其“安身立命”之本的道德。从而,我们无法解释企业的发生学逻辑,它从何处来又向何处去,它就变成了难以认识的神秘化“黑洞”。

在唯物辩证法看来,企业是社会和人际关系组成的,是人化的有机体,而非游离于社会、自然之外的“孤岛”或者“独立王国”。因为在马克思的视阈中,经济、企业、社会、个人等都是复合性的关系性存在。企业具有社会历史本质,是由社会历史关系整体决定的,其本质不是某种先验的给定性。以唯物辩证法的过程哲学和整体视阈来认识企业,一个清晰的企业本质自然就会向我们呈现出来。

企业非道德经营的形而上学性不仅表现在没有在本体论意义上认识到企业的辩证本质,还表现为对于道德自由的非法界定、道德的适用范围的非法框定。

企业非道德经营论之所以无视企业的社会的、历史的辩证特质,也许是想给企业经营以最大的自由。之所以历史上能够如此,因为“企业的职责就是赚钱”也是曾经得到政治认可的流行语和神话。但是,自由并非天马行空、独往独来,并非我行我素、怎样都行。在康德看来,自由是自主性与自律的统一。综上所述,只有从唯物辩证法出发,抛弃原子式的思维方式,转向关系性的实体式思维方式,企业的本体论维度才会向我们敞开。

三、价值观:一种企业中心主义的思维方式

与前述形而上学思维方式紧密相连的是企业价值观的异化。从价值观的层面上,企业非道德经营论崇奉企业中心主义,这是一种失去应有平衡的价值观。这种思维方式源自古典经济学的经济人假设,认为人的本质是自利的,甚至是自私的。

企业非道德经营的人性假设坚持人性自私论,作为人格化组织的企业的唯一主旨是实现自身利益(利润)的最大化。在西方学术史的理论谱系上,人性自私论影响深远,甚至占据压倒性的优势。所谓非道德经营所秉持的人性自私论的逻辑假设,就是汪洋浩瀚的西方思想史中的冰山一角了。

企业中心主义价值观崇尚企业利益至上。在它看来,企业与利益相关者之间不是平等主体,而是主体与对象、目的与手段的关系。实际上,企业中心主义理念同样与企业伦理学的基本价值取向和伦理审查相悖。同样,阿玛蒂亚·森指出:“人类的实际行为不能离开道德规范的约束,反之亦然,道德规范也只能通过人的行为来体现。”基于此,企业才能抛弃企业中心主义异化的价值观,重塑平衡的新型价值观。

四、企业非道德经营:实践危害

企业非道德经营的认识误区,是导致该论常常在现实生活中具有相当市场的主要根源,如果只靠硬性的制裁将其打压往往难以奏效,反而它又会死灰复燃,卷土重来,因而理论上的批判确有必要。然而,了解企业道德经营的现实“镜像”可以促使我们给予企业以必要的同情和宽容,但决不能成为纵容企业非道德经营的合适理由。企业非道德经营论好比一个巨大的理论陷阱,会带来难以估量的道德风险和实践危害,其主要体现有以下几个方面:

其一,经济代价。损害包括企业自身在内的利益相关者的利益。与利益相关者的关系是引导企业发展的生命线。因此,企业及其管理者不应仅仅关注企业自身利润最大化的单一目标,而应通过致力于战略管理,在与利益相关者交往中趋利避害,实现共赢的目标。

其二,人文代价。助长以邻为壑、尔虞我诈、损人利己、坑蒙拐骗等不道德现象和价值迷失。企业非道德经营论奉行“人对人是狼”的准则,以狭隘的股东(企业)利益为圆心,以利己主义为半径,其结果必然导致尔虞我诈、人人自危,人情冷漠、人际关系僵化。我国经济领域的诚信缺失现象不能说与企业的非道德经营没有关系。实际上,信任基础的缺乏又会直接影响到经济发展和企业进步的水平，使得市场领域变成了一个弱肉强食的“经济丛林”。企业道德经营观的缺失势必带来人文代价。

其三，生态代价。损害自然生态环境，殃及人类和子孙后代的生存。在环境污染源五大方面中，有两项与企业非道德经营直接相关，即工厂排出的废烟、废气、废水、废渣和噪音；矿山废水、废渣。非道德经营常常不惜损害环境为代价，来填充企业自己的永远满足不了的“欲壑”。

尽管全球环保主义的呼声一浪高过一浪，但是，现实生活中杀鸡取卵、涸泽而渔、毁林而猎这类“吃祖宗饭，断子孙路”的短期(视)性的掠夺式行为仍时有发生。因此，需要抛弃经济理性或者工具理性的态度的生态观，树立生态美学的视点，企业要树立必要的生态道德理念，保护环境、治理污染。

其四，政治代价。损害自身、本行业、本国乃至全球的经济利益，造成政治动荡与损失。在“一荣俱荣，一损俱损”的地球村中，企业的非道德经营时常会产生“蝴蝶效应”或者“多米诺骨牌效应”，不仅会引起本企业、本行业、本国的利益受损，甚至会导致全球性的经济危机、政治灾难。

**论公司经营者诚信的道德之维**　李玉琴，社会科学家，2010.6

一、问题的引出

在现代公司制度中，财产所有权与经营权的分离，一方面体现了现代社会分工的效率化与规范化；另一方面也使公司的所有者与经营者分化为两个具有不同目标函数的利益集团。所有者想获得自己资产的最大利益，而经营者也希望自己的管理利益最大化；所有者要求经营者承担善良财产管理和忠诚的义务，为公司最大利益行为，而经营者往往会利用“道德风险”也即“签约后机会主义”行为来谋求自身效用的最大化。这种经营者利益对所有者利益的偏离不仅直接损害了所有者的利益，而且最终大大降低了公司市场运作的效率。因此，如何规范公司经营者的行为，使其诚心诚意、最大限度地为所有者努力工作，业已成为现代公司治理中亟待解决的核心问题。

针对公司经营者不断出现的失信丑闻，理论界和实业界已经从多方面探索了解决这一问题的有效对策。有人提出应强化公司内部监督机关——监事会的职能，完善其对公司经营者行为的监督机制。但是从信息经济学的角度看，加强内部监管势必会增加交易成本，并且非对称信息条件下试图通过建立所谓“完善”的直接监督机制，以杜绝经营者对公司的不利选择和失信行为，是根本不可能的。

近年来越来越多的公司采用了股权类激励方案来刺激经营者努力工

作,但发生在本世纪初的安然、世通等世界著名公司的惊天丑闻以及当前金融危机中不断披露出的美国华尔街高管的种种造假事件却充分暴露出这一方案的不足。很显然,在公司经营者诚信行为的引导上,单纯依靠利益驱动、经济刺激是远远不够的,它不能从根本上遏制公司经营者自利动机的产生与机会主义行为的选择。

面对公司经营者失信行为所带来的越来越大的恶性后果,社会各界要求加强和完善相关立法的呼声也越来越高。事实证明,不管是哪个国家,面对各类公司性质、规模、业务等的复杂性以及公司自治的需要,试图通过立法来给所有的公司经营者订立统一的诚信行为标准和模式是不可能的,并且“行为标准一旦客观化、普遍化,则只能从经营者行为要求的最底线出发予以规范,但这种最大公约数式的行为标准往往与个案中人们期待经营者应当达到的行为标准有相当落差”。所以,法律在规范公司经营者诚信行为方面的作用只能是有限的。

综合以上种种,该文认为,公司经营者诚信行为的规范既需要外在经济因素的诱导、法律制度的强制,更需要经营者主体内在诚信德性的培育。因此,在完善各种制度设置的同时,还必须加强道德建设,不断提升公司经营者的道德素质和诚信品质,以此方能从内外两方面不断推进公司经营者的诚信实践。

二、公司经营者道德诚信的基本要求

在经济活动中形成并作为公司经营者行为准则的诚信道德,要求公司经营者在经营和管理公司的过程中应信守国家法律法规、公司章程、股东大会决议以及聘用合同的规定,信守商业正当行为准则和被普遍接受的基本企业道德规范,诚心诚意地为公司利益着想,代表全体股东为公司利益最大化而尽心尽力工作。具体而言,至少应包括以下几方面的基本要求:第一,经营者不能故意使公司违法;第二,经营者应正派行为,不能故意使公司违德;第三,经营者应自觉将公司利益放在个人利益之上;第四,经营者在为企业行为时,应努力排除个人诸如憎恨、贪婪、忌妒、报复、虚荣等非经济不当动机的影响;第五,经营者应及时、坦诚地向所有者披露相关信息;第六,经营者应忠于职守,对其职责不应存在根本性的疏忽或懈怠,更不能有恶意经营行为。

三、加强公司经营者道德诚信建设的基本路径

公司经营者诚信存在一个从低水平诚信到高水平诚信的递进过程。公司经营者的诚信建设正处在发展之中。就目前状况看,必须在完善立法、严

格贯彻执行法律制度对公司经营者诚信要求的同时,加强经理人职业道德的培训,从多方面不断提高公司经营者的诚信道德品质。

首先要引导公司经营者确立义利统一的价值观。在现实的经济活动中,就具体的公司经营者而言,其诚信行为固然受多种因素影响,但现实取向却是由该主体所持的价值观念所确定的。在现实的职场中,公司经营者实质上扮演着“道德人”与“经济人”的双重角色。作为公司资产所有者的合法代理人,满足了所有者资产增殖与盈利的需要,从这一方面来看,公司经营者的行为完全符合“道德人”的要求,具有利他性和服务性的特征。但公司经营者之所以对公司事务进行尽心尽力的管理,其更深层次的内在动因还在于对自身管理利益的追求,从这个方面来看,公司经营者对公司的经营管理只不过是其获取自身利益的手段,作为“经济人”的经营者其劳动自然具有为己性和牟利性的一面。总之,在其现实性上,公司经营者是一个把利他性和为己性、服务性和牟利性内在地集于一身的矛盾统一体。经营者对利他与为己、服务与牟利的内在价值抉择则最终决定了其外在的行为特征,是道德的还是不道德的,是诚信的还是不诚信的。应当承认,公司经营者在经营和管理公司的过程中,通过自身的诚实劳动,谋取正当利益,是无可非议的。然而,“君子爱财”,要“取之有道”。公司经营者只有确立起义利并举的价值观,才能使公司取得长远发展,也才能使自身利益得到不断增长。

其次要强化公司经营者道德诚信的心理机制。从道德心理学的角度来讲,人的心理机制的作用犹如德国学者米歇尔·鲍曼所说的“内在制裁”,它能更有效地改变人们相关行为“选择下的主观效用价值”,影响个人意志的形成;更能抑制主体的不良愿望、动机和行为,“抵消违反规范的诱惑”,促使人们“经常性服从规范”。因此,强化心理机制的作用、构筑坚固的心理防线也是加强公司经营者诚信道德建设的一个不可或缺的重要环节。就我国经营者的现有心态而言,强化其诚信行为的道德心理:一是要培育经营者的仁爱之心;二是要增强经营者的责任之心;三是要充分激发经营者的羞耻之心。

再次,要优化公司经营者道德诚信的外部环境。优化公司经营者道德诚信的外部环境,首先是公司所有者或股东大会的代表要能为公司确立恰当合理的发展目标。公司发展目标的定位对公司经营者的行为选择起着非常大的制约作用。切合实际、恰当合理的发展目标不仅能为公司的长远发展正确指引方向,而且还能为公司经营者创设相对宽松、自由的工作氛围,避免“逼良为娼”的恶果。其次还需要政府提供一定的制度支撑。政府及其制定的政策的保护、法律法规的支撑是公司经营者道德诚信得以实现的重要条件。一方面要在我国现行的《公司法》、《民法通则》中充实和完善有关公司经营者诚信义务的相关规定。另一方面,要以政府权力及其具体措施保护和激励公司经营者诚信道德品质的养成。

**有“财”,就“富”了吗?** 张志丹,中国教育报,2010.6.21

关于财富生产问题,本身并非一个简单的纯而又纯的物质或数量的问题,真正的财富生产一定是富含“道德指数”的生产。诺贝尔经济学奖获得者阿马蒂亚·森指出,没有证据证明自利最大化、追求个人利益的所谓“经济人”是对人类行为的最好近似,也没有证据证明自利行为假设会导致有效率的结果(帕雷托最优)。他认为,自利不是人类行为的唯一动机。伦理对于经济来说,不是一种外部的力量,而是经济增长的内生变量。一个人要维持的基本道德底线是什么?应该是“你活,也得让别人活”。对于企业家而言,道德并不排斥“利己”,正所谓孔子奉为黄金法则的“己所不欲,勿施于人”,但不能损人来利己,否则,咎由自取、责任自负。同样,每个人也应该倡导一种生财有道、用之有度的价值观。

一、关于财富的分配伦理问题

中国改革开放试图先富来带共富,实现财富共享,但事实上存在“一手硬、一手软”的偏向。因而,我们一直在进行财富分配政策的调适,以适应中国特色社会主义市场经济的发展,实际上,这本身就是在寻找财富分配合理的价值平衡点。另一方面,财富的分配问题也涉及程序的正义问题。在此维度上,哈贝马斯的商谈伦理学会给我们一些有益启发。如果在一定时期的初次分配注重效率(目的是为了鼓励人们的劳动积极性)的话,那么,再次分配就应该注重公平;而当一个社会处于严重的收入差距的情势下,必须更加注重公平问题,这不仅关系到人民生活,而且关系到社会的和谐稳定。

二、关于财富的交换问题

市场经济要健康发展,必须有与之相适应的财富交往伦理。这就是公平交易、等价交换、互利主义原则。但是,市场经济是一个“着了魔的颠倒了的世界”,拜物教空前猖獗起来,不讲道义、尔虞我诈、损人利己等现象必然扰乱社会经济秩序。而另一种偏向是重义轻利、不把“利”放在应有的位置上,这也不利于市场和谐。而在个人交往领域,我们则无需奉行公平等价、互利主义原则进行财富交往,而是主张礼仪对等、礼尚往来。

三、关于财富的消费伦理问题

财富伦理要求财富的消费使用是在一定的时空条件下财富被人合理地最大限度地利用的帕累托最优状态。知荣辱、明是非、辨美丑,是做人和财富消费的最基本的道德底线。否则,财富往往是自己的陷阱。可见,花钱和消费财富问题绝不仅仅是个人自由行为,同时是一个个人的道德修养问题,也是一个经济伦理、社会伦理问题。

总之,只有从财富的实质、目的、生产、交换、分配和消费等层面来审视财富伦理问题,才能实现马克思所说的让财富成为人的自由全面发展的重要条件。财富的伦理之维既有社会向度又有个人向度,因而打造个人德性和"为天地立心"不可偏废。

无须讳言,财富伦理会随着社会的发展而发展,但无论如何,保持对财富"实然"的"应然"批判之张力,以"应该的应该之应该"来审视和处理财富问题,必将有益于现实中财富活动的良性展开,也必将有利于社会和谐、人的全面自由发展,并实现两者之间的良性互动。惟其如此,有"财"就能"富"。只要财富活动内含丰富"道德指数",它给人类带来"幸福指数"也就不言而喻。

**略论儒家经济伦理理论的若干问题** 阮航,道德与文明,2010.6

一、儒家经济伦理的概念

儒家经济伦理与儒家经济伦理思想这两个提法是有根本区别的。以其他理论为标准和分析框架来梳理儒家的思想资源,由此发展出来的观点,均可归为儒家经济伦理思想的范围,但并不表现儒家的自性。儒家经济伦理的提法则不同,它要求一种与前者完全不同的研究思路,但必须基于"儒家经济伦理有其自性"的判断。

二、儒家经济伦理成立的可能性

思考发展儒家经济伦理的可能性,不应以经济理性和西方理论作为判断标准,而先须具备开放的态度:其一,经济伦理的理论内容应是开放的,应容许从多种文化视角去思考。其二,从方法论自觉的意义上来思考理论的开放性。一方面须自觉到,西方的经济伦理理论是从西方文化特定的立场和思考方式来表达的一种特定观点;另一方面,不应以西方理论去标定儒家经济伦理的范围,必须考虑儒家的特点。

态度开放的同时,还需有学术的谨慎。须在两方面有所交代:其一,儒家是否具有能有效介入当代经济伦理问题的理论资源?其二,这些理论资源能否通过梳理而做到脉络清晰、系统一贯?在此,我们虽不能视西方经济伦理理论为标准，却不碍以之为参照。当代西方的经济伦理研究，是针对当代经济生活中表现出来的种种非人性化后果，从各个思想和实践的层次来寻求以伦理规范经济的合理方式。

历代儒家的思想，都围绕如何建立一种合乎人道的社会生活而展开，建立人道的经济生活亦为其中应有之义。儒家的义利观、诚信观、公平观等等，也都包含了从各种伦理观点对如何规范经济生活的审视。它们或就人格立言，或对行为而发，或由秩序立论，但要求经济生活合乎伦理的观点则一贯。就此而论，儒家具有能有效介入当代经济伦理问题的丰富的理论资源，其基本观点也是一贯的。

三、发展儒家经济伦理的必要性

首先，中国的经济伦理研究需要有属于自身的本土理论，发展儒家经济伦理，即是发展本土理论的一个重要方面。中国的经济伦理研究首先要面向自身的经济实践和问题，只有结合对文化传统的考虑，这些研究才能落实。

其次，要建立有自身特点的经济伦理理论，必须在基础理论方面就注重挖掘传统的理论资源。且唯如此，才能有效地吸收西方的经济伦理思想。

最后，儒家经济伦理有其独特的优点，其思考经济伦理问题的方式与西方有根本的不同。西方的思考方式，其长在形式程序方面，利于发展出明确的制度、刚性的规范和原则，为分析问题提供方法和工具。其短在基本价值观方面，鲜有从德性伦理的角度提出有效途径，以启发出自律型的道德人格。儒家的思考方式趋于一元。其优长当在于，能启发行为者的道德自觉，有助于在深层次上思考经济与伦理的关系。

四、关于如何发展儒家经济伦理的思考

对儒家思想进行有效诠释，是发展儒家经济伦理的一个基本途径。诠释要有效，先须依据儒家自身的思考方式，顺应其问题发展的脉络。用牟宗三先生的话说，就是要基于“同情地理解”。

就文本的解读而言，“同情地理解”意味着，先要跟着文本说话，其次是要帮着文本说话。最后才是与文本对话。就思想的诠释而言，“同情地理解”意味着须把握儒家经济伦理的特点。而就面向当代经济伦理问题而言，要形成有效诠释，还必须表现诠释的主体性，必须纳入对当代经济伦理的问题意识，调整诠释方式，使诠释更具确定性。

**“更加注重社会公平”是对“效率优先、兼顾公平”的批判与否定么？——一种基于文本解读的理论反思** 李海青，伦理学研究，2010.6

我们党和政府在收入分配领域很长一段时期内一直强调“效率”的前提性与优先性、“公平”的兼顾性。也就是说，个人收入分配分为初次分配和再分配两个环节。初次分配应当首先遵循市场经济的规律，发挥市场经济激励机制和竞争机制的作用，在机会公平与规则公平的前提下充分体现效率；再分配要在坚持“效率优先”的前提下，由政府采取必要措施来调节个人收入的差距，防止出现两极分化，最终推动实现共同富裕。换言之，这里的“效率”在理想的意义上并不否定基本权利的公平、机会与规则的公平，实际上就是要发挥市场经济对初次分配的基础性调节作用，而再分配的“公平”则是合理协调社会成员按要素分配后的收入差距的意思。当然，至于“公平”再分配的力度与范围，可以随着具体发展状况的变化而调整。在此，一定要明确“效率优先、兼顾公平”本来是针对分配领域而言的。

分配领域的关系理念被置于以经济赶超与发展为根本任务的语境下时，在认识上却发生了明显的异化与扭曲。分配领域的效率被置换为经济发展的速度与数量意义上的效率，并被赋予了经济至上的增长主义的含义。这种增长主义必然助长权力干预经济，在社会矛盾的处理上往往倾向于为GDP让路，这不可能不积累许多社会矛盾。急于求发展的现状本身就使得这一关系理念有可能被扭曲与放大，而公共权力对经济发展的单向度重视与强调则使之必然发生某种转换与变形。

由于对公平的忽视，不论在初次分配领域还是在再分配领域都必然会造成大量的问题，必然会引起社会的利益矛盾与冲突。第一，在经济至上的发展战略下，权力部门为迅速推动经济增长，往往会直接涉入微观经济领域，这不但难以从根本上扭转GDP崇拜的政绩观、妨碍真正市场经济体制的建立、造成短期效应，还容易造成政府部门与资本集团的结盟，增加寻租与腐败的风险，使得社会资源流动的公平性难以保证。第二，以经济利益与效率至上为指导，大量的社会资源不可避免用于高积累、高投资、高消耗以追求经济总量的迅速提高，这不仅容易造成发展与人口、资源与环境的矛盾从而引发相关利益冲突，而且必然导致国民财富中用于公众消费的比重出现较大的下降。第三，增长主义模式下对经济利益与效率的单一追求必然隐含着对公平的忽视。

单纯追求经济效率的增长主义理念与模式是造成当前大量经济社会问题与利益冲突的总体性原因。在改革的攻坚阶段，在社会利益冲突已经严重影响与制约经济社会健康持续发展的情况下,不重公平而单只强调经济至上的发展模式已经不再具有可持续性。对于社会公平的注重与强调,特别是十七大“初次分配和再分配都要处理好效率与公平的关系”的提法并不是对原先就分配领域提出的“效率优先、兼顾公平”提法的根本否定与实质性变动。如上文所述,市场经济本身要求按生产要素的贡献进行分配,而按生产要素贡献分配本身在规范意义上就要求社会成员在经济生活中机会与规则的公平,这是市场经济的一条根本性原则。

**公平正义:中国特色社会主义的核心理念** 何建华,浙江社会科学,2010.6

公平正义是人类社会发展的重要目标,更是社会主义的本质要求。早在18、19世纪,空想社会主义者就从“公平”、“正义”、“平等”、“善”、“理性”等抽象的概念中形成自己的社会主义理想。作为科学社会主义理论的创始人,马克思、恩格斯从现实的人和现实的社会关系出发,尤其是从现实的社会生产关系或经济关系出发,深刻地批判了近代西方文明、特别是西方资本主义的正义原则和实践,并在批判现实的基础上,表达了他们卓越的社会正义思想——共产主义理想。列宁领导的布尔什维克创立了世界上第一个社会主义国家。在列宁看来,“只有社会主义才可能根据科学的见解来广泛推行和真正支配产品的社会生产和分配,也就是如何使全体劳动者过最美好、最幸福的生活。只有社会主义才能实现这一点。”以毛泽东、邓小平、江泽民、胡锦涛为代表的中国共产党人领导中国人民进行了社会主义革命和建设实践,并根据我国生产力发展的实际状况,丰富和发展了经典作家的公平正义思想。中国共产党的性质和宗旨,决定了其从诞生之日起,就把实现社会公平正义作为一项政治主张和奋斗目标。从一定意义上讲,公平正义是社会主义的代名词。没有公平正义的价值追求就没有社会主义。

自1848年马克思、恩格斯宣布共产主义的幽灵在世界徘徊以来,公平正义一直作为社会主义核心价值目标贯穿并指导着国际共产主义运动,成为我们理解科学社会主义理论与实践的中心线索。尽管人们从各个时期、各个国家的实际情况出发对社会主义进行各自不同的制度设计,并且根据社会主义的实践经验不断加以修正,但坚持把公平正义作为社会主义的价值理想则是一脉相承的。尽管东方社会主义国家在实现社会公正的过程中,出现了理论与实践的巨大反差,但公平正义一直贯穿于社会主义实践过程中,引导、鼓舞和支撑着社会主义者前赴后继,不懈奋斗。在人类社会的发展过程中,正是社会主义思潮的出现,使得西方社会越来越关注社会公正的实现,并有效地把社会公正的理念制度化了。任何社会都要求公平正义,但社会主义社会更应该坚持公平正义。公平正义是社会主义的本质要求。

公平正义是社会主义最核心的价值追求,也是中国特色社会主义的核心理念。建设中国特色社会主义从根本上来说,就是在大力发展生产力和不断完善社会主义基本制度的基础上,实现社会的公平和正义,建立各尽其能、各得其所而又和谐相处的社会主义社会,促进人的全面发展和社会的共同富裕。实现共同富裕是中国特色社会主义的根本目的,"共建共享"是中国特色社会主义理论体系的核心理念。公平正义是坚持以人为本,全面、协调、可持续发展的伦理意蕴,是实现五个统筹的伦理基础。无论是以人为本,全面、协调、可持续发展,还是五个统筹,其核心的伦理意蕴就是公平正义。公平正义是建构和谐社会的伦理基础。社会主义和谐社会是民主法治、公平正义、诚信友爱、充满活力、安定有序、人与自然和谐相处的社会。这六个方面科学地勾画出了社会主义和谐社会的基本特征,而公平正义是这六个方面的基石。总之,公平正义是中国特色社会主义的核心理念,是科学发展观的伦理意蕴,是构建社会主义和谐社会的伦理前提和基础。

实现社会公平正义是中国共产党人的一贯主张,是发展中国特色社会主义的重大任务。在我国社会转型时期,公平正义是动员和凝聚社会力量、增强社会团结的旗帜,是和谐社会制度建构的价值准则,是建立社会利益协调机制的价值目标,是人民安居乐业、社会有序发展的伦理基础。只有坚持公平正义原则,才有可能既增强社会经济发展的活力,又提升社会的整合程度;才有可能既建立起市场经济的正常运转秩序,又逐渐实现人人共享、普遍受益的社会发展的基本宗旨;才有可能既赢得民心,又改善中国的国际形象。如果忽视了公平正义,改革就会失去共识和动力。在构建社会主义和谐社会的实践过程中,必须大力弘扬公平正义的社会主义价值观,加强公民意识教育,树立社会主义民主法治、自由平等、公平正义理念;必须加强民主和法制建设,切实保障人民权益和社会公平正义;必须在经济发展的基础上,更加注重社会建设,着力保障和改善民生;必须以公平正义为原则深化分配制度改革,促进社会有序发展。只有坚持公平正义原则,才能构建公平正义的社会主义和谐社会。

**从消费奴役到消费解放** 罗建平,哲学研究,2010.6

人作为消费的主体,在消费的过程中再生产出自身,再生产出自己的社会。因此，消费是人的存在方式。人进行什么样的消费，就会再生产出什么样的自身，以及与之相适应的社会。而消费主义所宣传的观念，在当代人的具体消费实践中体现为消费奴役，即消费演化为奴役性消费。奴役性消费僭越了合理消费，成为宰制人的消费，使人丧失了主体性、独立性以及人所特有的人文精神，从而造就了人的另类本质。

文章从奴役性消费谈起，从四个方面体现奴役性消费的特点。奴役性消费僭越了合理消费，颠倒了人与消费的关系，使人逐渐丧失创造性，蚕食人的生存空间等。

消费奴役状态是人的异化存在状态，是人的发展和人的本质实现的障碍。资源、环境对人类的生产与消费、生存与发展的显著制约，以及消费权利的合理规定与不合理分配之间矛盾的凸显，是对人类智慧的考验。消费不仅是一个经济问题，更是一个政治问题；不仅是国内政治，也是一种国际政治，是与人类解放相联系的根本性政治问题。这就首先需要人类自身的消费自觉，树立科学消费观，破解消费奴役的陷阱，以获取消费解放，最终为人类的解放创造条件。

文章提到要破解消费奴役的先决条件是达到消费自觉。一方面要靠消费者自已提高自身的素质，增长对消费的认识能力和养成科学的消费意识；另一方面要靠国家、社会、广告、传媒等对消费者进行消费自觉的教育和提醒。消费自觉是破解消费奴役的先决条件：只有建立了消费自觉，人才可能主动抛弃消费主义价值观和生活方式，树立科学消费观并践行科学消费方式，打破消费奴役的枷锁。其根本方法是形成“以人为本”的健康、文明的消费方法，这才是合理的、适度的消费，是和谐的和可持续的消费。对奴役性消费的批判和扬弃，需要审视物所承载和传递的人的存在样态。对需要、欲望、消费、陷阱和奴役的考量，本身就是对人与其创造的物质产品之间的关系、人与物的关系的再次反思。这样才能真正实现“自由自觉的存在”，为人类的自由而全面的发展、为人类的自由解放创造条件。

**《金银岛》中的经济伦理思想** 周莉莉、程郁，西南科技大学学报（哲学社会科学版），2010.6

该文指出，文学作为社会生活的镜像，是对产生它的时代和文化背景的一种体现，以直接或隐晦的方式折射出特定社会中特定群体的伦理诉求与实践。《金银岛》这部小说虽然为儿童而作，但是它所表现的并不是远离社会现实的童话世界，而是反映了 19 世纪处于资本主义高度发展时期的英国,在对外扩张的趋势下,推崇用理性适当调节经济行为,让它在不损害自身经济利益的前提下,符合基本的传统伦理道德的经济伦理诉求和实践。小说中斯蒂文森用分别代表邪恶与正义、平庸与英雄的人物形象生动鲜明地呈现出这些人物所代表的经济伦理观之间的差异及达到的不同效果,用儿童能接受并喜爱的英雄历险故事的形式展现传统的经济伦理观与当时经济发展需求之间的矛盾,以及传统的经济伦理观被理性主义经济伦理观弱化并替代的社会现实,推广了当时主流话语所推崇的理性主义经济伦理观。这样的伦理观与19世纪英国经济活动之间的契合,为当时英国对外掠夺行为的正当化提供了伦理环境,让孩子们在潜移默化中认可并接受理性主义经济伦理思想。

**财富分配的正义诉求** 向玉乔,中国教育报,2010.7.5

我国当下,财富空前丰富与贫富悬殊并存的现象相当突出,这使得财富分配问题特别引人注目。因此,不仅应该致力于增加社会财富,而且应该致力于实现社会财富的公正分配,即分配正义。为了实现分配正义的价值目标,我们应该致力于追求三种正义,即市场正义、政府正义和个人正义。这三种正义需要通过社会财富或国民收入的三次分配——市场的自然分配、政府的制度分配和个人的道义分配体现出来。

财富的第一次分配即市场对社会财富的自然分配,是社会财富按照市场调节的原则在人们中间的分配。在市场经济体制中,依法追求经济效益的最大化和依法享受最大化的经济效益都具有道德上的合理性,因为它们体现了按劳分配的价值导向。马克思曾经说过:“消费资料的任何一种分配,都不过是生产条件本身分配的结果。”其意为,掌握较好生产条件的人必然在社会财富的市场分配中占有更多的份额。这种情况不仅发生在资本主义市场经济体制中,而且发生在社会主义市场经济体制中。按劳分配制度体现的是一种市场正义,它反映了当今中国社会对那些在社会财富创造方面做出较大贡献的人的充分肯定。

市场在分配社会财富方面所达到的市场正义是必要的,但也是有缺陷的,它很容易导致贫富悬殊的问题。因此我国则更应该致力于解决市场分配社会财富难以避免的贫富悬殊问题,以体现社会主义市场经济体制与资本主义市场经济体制相比的优越性。为了达到这一目的,我们不能寄希望于具有天然缺陷的市场,而是必须充分发挥政府调控市场经济发展的宏观作用。政府应该进入社会财富的分配过程,必须对社会财富进行必要的再分配。具体地说，政府必须通过宏观的税收政策、财政支出政策等干预社会财富的分配。由于政府干预社会财富分配的主要手段是设计和制定科学合理的社会制度，它所追求的正义通常被称为制度正义。这种制度正义的基本价值取向是，社会财富分配的正义天平应该向那些在市场经济活动中处于劣势地位的人倾斜。

不过，虽然通过政府达到的制度正义能够在很大程度上弥补市场分配社会财富的缺陷，但是这并不意味着财富分配通过制度的调控就能够达到理想的公平程度。政府通过诉诸制度设计和安排不可能彻底解决由市场分配社会财富所导致的贫富悬殊问题。常见的情况是，政府的宏观政策调控只是在一定程度上缩小了人与人之间的贫富差距，贫富悬殊的问题仍然以严峻的态势顽固地存在着。由于这一原因，当今中国社会还需要依赖第三次财富分配，即依靠个人的道德正义感所进行的社会财富分配，它寄希望于个人的仁爱之心、利他情感或社会责任感，呼吁那些在经过市场分配财富和政府分配财富的过程之后仍然掌控着巨大财富的人用他们的财富帮助需要帮助的人。这种财富分配方式就是人们通常所说的公益事业或慈善事业，它是由个人通过慈善捐赠、扶贫、助学、救灾、济困、解危、安老等自觉与自愿的方式进行的第三次财富分配，主要依靠个人的道德良知来发挥作用。在道德良知的驱动下，个人乐于用他们富余的财富帮助那些需要帮助的人。

如果说第二次财富分配是第一次财富分配的补充，即政府弥补市场之不足，那么第三次财富分配则是对第一次和第二次财富分配的进一步补充，即以个人的道德正义感弥补市场和政府分配社会财富之不足。第三次财富分配的价值与贡献不仅在于它有助于缓解贫困、缩小贫富差距，而且还可以弘扬社会主义精神文明、促进社会和谐、增进中华民族的团结与融合和提升国家、社会的凝聚力。

**财富伦理要澄明什么？**　李培超，中国教育报，2010.7.5

作者认为，呼唤财富伦理，在归根结底的意义上就是希望树立起一种正确的财富价值观，使被遮蔽的财富的本性、被窄化了的财富内涵、被颠倒了的人与金钱的关系能够敞开、丰富、理顺。但是一种正确的财富价值观的确立必须获得整个社会的认可，从而成为整个社会价值体系的有机组成部分。换句话来说，我们建构财富伦理就是要使人的生命、尊严和创造力得到整个社会充分的保护和尊重，使每个人都能够借助道德的力量而挺立起做人的脊梁。

一、金钱不是财富的全部

财富从本质上说是对人的生命活动的一种确证,任何一个现实的人都是财富的创造者或者说都拥有财富,所以财富蕴含着人的属性和特质——需要、交往、创造、享受等,而金钱或货币只是财富的一种特殊的存在方式,并不是财富全部,更不是财富的本质属性。从历史发展的必然性和客观规律的角度看,财富的这种属人的本质应当逐渐得以显现,作为财富的物质形式的货币或金钱也应当是人的全面发展的条件,不是统治人和驾驭人的异己力量,而将金钱等同于财富的本质意味着财富的物质属性对人的本质属性的排挤,或者说人性终将被物性所遮蔽。资本主义的发展表明,经济冲动的合法化的确转化为了强大的社会动力,但是没有约束的经济冲动也必然会瓦解整个社会的价值基础,财富观被彻底颠倒,财富的丰富内涵被筛落,不再被看成是人的生命活动、创造力、尊严的体现,人却沦为炫耀、体现财富(金钱)的道具并根据金钱的数量而被划分为富人和穷人,这表明“物的世界的增值与人的世界的贬值成正比”,也表明无论是穷人还是富人都处于一种异化状态。

二、财富的真正拥有者是社会而非个人

既然财富是人的需要、交往、才能的体现,是人统治自然和人本身的结果,因而财富的获得必然与个人的劳动、奋斗密不可分,体现了个人的能力和禀赋。从个人作为财富的创造主体来看,起点会有差别,结果也会有所不同。但是财富的获得并不纯粹是人的个体性或独立性发挥的结果,而是个人的社会化的体现。“劳动不是一切财富的源泉。自然条件同劳动一样也是使用价值(物质财富就是由使用价值构成的)的源泉。”劳动和自然条件作为财富的共同源泉都说明了,人们创造财富的过程不仅是与人打交道的过程,也是一个同自然打交道的过程,这就像人们不能随心所欲地创造历史一样,任何个人也不能随心所欲地创造和获得财富,任何人获得财富都要利用现有的生产力、自然条件和社会关系状况。对“需要”这样一个驱使个人创造财富活动的内在原动力而言,它必须“既对现实世界作出规定,同时又受现实世界的规定”。在财富创造和获得的问题上,只突出个人的禀赋、心理素质和能力的观点是狭隘的。

全面地看,财富的创造和获得是个人能力与社会条件的有机结合,是个人实现社会化的过程和结果,因此个人并没有绝对的理由自诩为财富的拥有者。尽管在今天人们可以通过劳动、遗产继承和接受赠予等诸多方式来获得财富,并且这些方式都是具有法律意义上的正当性的,但这仍然是社会所赋予个人的一种权利，并不是个人自为的结果。在这种意义上说，财富的真正拥有者是社会而并非个人。一个在创造财富方面获得了成功的人尽管付出了自己的劳动，体现了自己的才能，但是他也广泛地利用了社会的资源。因此，在成功面前，他有理由为自己的能力而接受鲜花和掌声，但是他更应该有一种谦卑和感恩的心态。

三、财富应以回馈社会为归宿

既然财富的获得是个人能力与社会条件合作的结果，在更本源的意义上是社会对个人社会化塑造的结果，所以任何个人，无论以何种合法的方式来获得财富，充其量不过是财富的看护者，而不是一个绝对的支配者。如果说，财富的获得需要依赖于社会，那么财富的使用也应当以回馈社会为归宿，这就是财富的良性循环或和合人性化运作。历史或岁月实际上是以这种类似宿命的严厉方式证明了这样一个道理：使用财富的最好方式就是让它用之于社会，保护财富的最佳途径就是将其放在社会之中，这与“一滴水只有在大海中才永不干涸”是同样的道理。

总之，财富伦理要通过对财富的本质、财富获得和使用的真谛来揭示或澄明彰显出一个国家和民族应有的精神气质。从根本上说，财富的世界并不是纯粹的冰冷的物的世界，它凝聚了人的能力、智慧、社会交往水平和与自然界的物质交换能力，因此在这种意义上，财富应当受到人的呵护与尊重。反之，仇视财富也会发展为敌视人或敌视社会的乖戾心理。

**马克思恩格斯生态文明观探究**　李春秋，伦理学研究，2010.7

马克思主义经典作家马克思恩格斯的生态文明观是马克思主义理论体系的组成部分，是马克思恩格斯在考察资本主义工业化发展早期的生态环境状况基础上，批判吸取历史上特别是同时代思想家有关生态环境思想的合理因素而创建的。如马克思从李比希的思想中受到启示，引申并发挥了人与自然间的物质代谢的概念。马克思指出，大土地所有制造了各种条件，“这些条件在社会的以及由生活的自然规律决定的物质交换的过程造成了一个无法弥补的裂缝。于是就造成了地力的浪费，并且这种浪费通过商业而远及国外(李比希)。”不难看出，马克思不仅受李比希的启发而采用了物质代谢概念，并且提出了人类对生态环境的破坏造成的大自然物质代谢过程中的“裂缝”。马克思恩格斯正是在吸收其他思想家关于人与自然关系的合理主张，创造性地形成了科学的生态文明观。

马克思恩格斯的生态文明观揭示了人与自然的关系，人与自然的依存关系、建立人与自然的和谐关系，善待自然，合理利用和保护环境，人与自然和谐才能最终实现。提出人类开发利用自然的原则，以及建立人与自然和谐发展的最终条件。马克思恩格斯的生态文明观对我们今天建设生态文明有着极为珍贵的启示，是建设生态文明的重要理论来源。其一，找准人在自然界中的定位；其二，坚持可持续的发展模式；其三，树立正确的利益观；其四，强化广大干部群众的生态环境意识，克服不利于生态环境保护的传统价值观念，增强法制意识，树立正确的政绩观。

**论生态经济学的伦理基础** 张德昭、杨华，伦理学研究，2010.7

生态经济学主张经济发展的现实基础是人的感性生存。生态经济学不再将经济规律视为与人的生存相脱离的东西。相反，它要求将经济发展与人的生存、实践、目的、价值和伦理等方面结合起来，要求经济规律必须不断接受人的价值选择和评价，要求在经济发展过程中，将合规律性与合目的性、真与善、科学与道德、事实与价值统一起来，使经济发展符合人的感性生存。从这种意义上说，生态经济学倡导的是一种德性的经济发展观，它倡导在经济发展过程中必须坚持一种存在论意义的生存伦理。

经济发展的动力机制是人类文明的可持续性。对可持续性的追求不仅是经济发展的动力，而且本质上是一种伦理诉求：它强调经济发展的可持续性，最终目的是要强调人类文明的延续。将人类生命的延续看得至高无上，将人类整体的生存繁衍视为最高价值。为了实现这一理想，生态经济学要求经济发展必须坚持以下两个伦理原则：第一，经济发展不应该破坏生态系统的整体性。生态经济学包含的伦理原则和道德标准是：为了保护自然而限制人的需要、限制经济规模和经济增长是一种善；为了满足人的物质需要的无限扩张和实现经济增长而无节制地开发、利用自然则是一种恶。第二，经济发展应该坚持节约原则与利他原则的统一。生态经济学倡导的是一种全新的伦理观：传统伦理是一种近距离的伦理，是他人在场的伦理；而生态经济学倡导的是一种远距离的伦理，是他人不在场的伦理。这一特点决定了实现生态经济发展的根本途径只能是人对自身进行自觉的伦理约束，是人自身以他人的利益和需要来审视、限制自身的利益和需要。而达到这一点的关键在于人的内在利他主义道德境界的提升和外在行为上对他人的公平与正义。生态经济学所要求的对人自身利益、需要的限制只能通过人的自我限制来实现。从这个意义上说，实现生态经济的关键在于人类自身内在道德境界的提升。

经济发展的价值目的是人的全面发展。从经济人到全面发展的人，这本质上是向人的伦理存在的回归。生态经济学对人的感性生存的关切，正是通过凸显人的全面发展这一伦理关切来实现的，只有全面发展的人才是真正伦理生存的人。在这种意义上，生态经济学同样是一种人本主义的、德性的经济学。生态经济学的这一伦理维度首先体现在它对人的非经济利益的强调，它强调资源节约、保护物质生产的自然潜力、保护良好的生存环境、不破坏自然生态系统的整体性、不破坏他人的发展、强调发展的可持续性等等，这些都是凸显人的非经济利益，其目的都在于实现人的全面发展。

**企业伦理建设:挑战、关键与路径选择** 陈雷，伦理学研究，2010.7

经济全球化对我国企业伦理建设构成了诸多挑战。在经济全球化过程中，发达资本主义国家的企业注重自身的伦理、道德建设，它们在企业伦理规则、特别是企业社会责任标准中所折射出的"权利"意识，以及它们的一些公司、尤其是跨国公司所表现出的良好的道德风貌，在不同程度上得到了相关国家和地区的消费者、甚至同行的认同和赞许，这些因素客观上都有助于增强它们的竞争实力。随着经济全球化进程的加快，我国的一些企业开始与国外的企业建立了相应的经济联系。可是，在这一过程当中，却出现了一些人们不愿看到的情形，例如，一些国内企业由于缺乏社会责任感，而难觅或者失去了合作伙伴。这样的情况，尽管目前尚不具有普遍性，但毕竟给相关企业敲响了警钟。相关企业应该认识到，在经济全球化这一背景之下，在世界经济舞台上，人们对企业综合素质的评判，已经内在地包含着伦理、道德方面的指标了。

企业伦理主体性:缺乏和构建。当企业出现问题后，在认定主要原因时，绝大多数被调查者都将外部原因视作是最主要的原因，其实内部的原因才是最主要的、第一位的。其实，把企业的目标单一化为追求经济效益，主观上不重视伦理、道德建设；企业伦理、道德建设的主体单一；企业最高领导层对企业伦理、道德建设的重要性认识不够，等等原因才是企业伦理、道德建设中存在众多问题的症结之所在。这一问题也可以归结为企业伦理主体性缺乏的问题。因此，企业伦理主体性的缺乏是企业伦理建设的瓶颈。重建企业伦理主体性是企业伦理建设的关键，而确立"权利"意识则是构建企业伦理主体性的前提。构建企业伦理规范体系必须注意以下几点:企业伦理规范体系应体现当代社会占主导地位的伦理、道德价值观；企业伦理规范体系应注意层次、结构与机制的合理安排；必须正确处理好企业伦理规范体系与惯例的关系。

**马克斯·韦伯的宗教经济伦理思想及启示** 孟庆刚,湖北社会科学,2010.7

韦伯论证了新教伦理是近代理性资本主义兴起的重要精神驱动力。同时它还通过比较研究,强调中国的宗教伦理阻碍着中国资本主义的产生和发展。他的这些见解对于我国学者研究世界和中国资本主义经济具有一定的借鉴作用,同时对我国当代市场经济建设也具有重要的启示。

一、新教伦理:近代西方理性资本主义兴起之内动力

韦伯认为16世纪欧洲宗教改革后的新教伦理,其核心是“天职观”和禁欲主义。新教反对只有教会才有权力解释《圣经》的传统的非理性的观点,认为个人的良知有领悟《圣经》的优先权。在宗教改革中,新教又赋予“天职”以新的含义。

禁欲主义是“天职观”之根源。韦伯认为,资本主义无法利用那些无纪律散漫自由人的劳动。为了实践神示的天职去寻踪上帝之国,教会把禁欲主义强加给那些一无所有的阶层,即那些为雇主提供了有节制的、认真工作的、勤勉的劳动大军,他们对待自己的工作如同对待上帝赐予他们的毕生目标一样,并认为这是他们对上帝应尽的职责。

韦伯还认为禁欲主义是“剥削合理”的依据。他主张由于受新教伦理的影响,资产阶级意识到自己受到上帝的充分恩宠和祝福,只要他们的财产使用合理,他们的道德行为是清白的,他们就尽可能听从自己金钱的支配,因为他们认为通过这种方式才能为上帝尽一种职责。

所以,资本主义发展需不断进行资本积累,而积累又需劳动大军,所以二者有着密切的关系,同时这种关系的合理性又有“天职观”和禁欲主义来保证。这样,资本主义的剥削关系就成为必然的了。可见,宗教在西方国家能够促进资本主义的发展,那么在中国是怎样的呢? 就此方面,韦伯又进行了比较研究。

二、传统宗教伦理:中国资本主义产生和发展之障碍

韦伯认为,中国虽然对于资本主义并不是不需要的,但为什么中国没有成功地发展出近代理性资本主义呢? 他通过研究认为,其原因就在于缺乏一种像西方新教伦理那样的教化作为精神支柱。

韦伯认为由于中国宗教特别是儒教与道教没有经过宗教变革,其宗教伦理精神不仅没有推动中国民族资本主义的产生和发展,反而起了“严重的

阻碍作用”。

但是，韦伯把中国没有发展成为资本主义社会仅仅归结为宗教的原因，显然是站不住脚的，是片面的和非历史主义的。

三、启示：应建构中国特色市场经济之伦理

韦伯明确地指出市场经济并不是欺诈经济和投机经济，而是一种信用经济，这种信用的培育需要人们观念和素质的提升，需要有一种相应的道德与伦理与之相适应，因此它必须建立在人与人之间的相互信任上。也就是，在这一点上，新教精神提供了一个重要的伦理规范。

与西方资本主义社会相比，中国社会最缺乏的恰恰是类似于新教伦理的经济伦理。如果一个社会缺乏调控伦理的手段，那么任何严酷刑法都将无济于事，因为法不责众。因此社会主义市场经济不但应该是法制经济，也应该是伦理经济和道德经济。法制可以为经济的发展提供必要的法律与秩序的保障，伦理则为经济的发展提供动力与价值尺度。

**技术创新价值取向历史变迁的多重剖析** 易显飞，自然辩证法研究，2010.7

技术创新作为技术—经济实践，不同历史阶段的经济伦理观与创新主体的价值取向有着天然的内在联系。农业经济时代，创新主体以“生存价值”作为自己进行创新活动追求的核心价值，与农业社会的自然经济思想不无关系。在自给自足的自然经济的条件下，由于很少进行交换，手工业和商业缺乏它们发展所需要的广大市场，创新主体更多的仅仅是追求创新产品的使用价值，而非追求利润。并且在农业社会，经济与伦理紧密相依，创新受到社会的经济伦理思想的制约。如古代中国，居于正统地位的儒家财富观、贵义贱利观、朴素的“节俭主义”均体现出强烈的惟伦理倾向，尽管对于创新主体如何进行合乎伦理道德、避免“惟经济价值取向”的技术创新活动，在技术创新活动中嵌入道德伦理观，具有特别重要的意义。但当道德命令成为压倒一切的东西，人们更多地把目光锁定在人与社会这一角度，对自然的关注也就少了许多，而作为处理人与自然关系的实践活动之一的技术创新，在过多地关注“道”的同时，自然也就养成了“轻器”的习惯与心理。其直接的结果就是，人们不再更多地关注“我们应该进行怎样的技术创新”，而是思考“我们是否真的需要进行更多的技术创新”这样一个更根本的问题。当一个社会还在对技术创新本身进行怀疑和反问的时候，整个社会的创新能力和动力都将受到严重的冲击。

工业经济时代,经济学被视为一门研究人类社会如何使用稀缺资源生产有价值的商品以及把这些商品在不同的人们中进行分配的学科,而且被视为同伦理学分离的实证科学。作为实证科学的经济学,只遵循“工程学”方法论准则,只关心最基本的逻辑问题,而不关心人类的最终目的是什么,以及什么东西能够培养“人的美德”或者“一个人应该怎样活着”等这类问题。经济学与伦理学的分离,使得经济学越来越走向工具化、技术化甚至机械化,因而越来越丧失价值理性,它导致创新主体仅仅把技术创新当做是经济行为,并且是脱离伦理与价值关怀的经济行为,这已成为创新价值危机四伏的原因之一。同时,传统市场经济本身的“先天缺陷”也是创新价值异化的原因之一。“看不见的手”思想是市场经济的灵魂,其内在逻辑是丛林法则,它总是强调对效率的推崇。在突出效率的同时,市场经济的缺陷也暴露无遗,它的自发性、盲目性引发的诸如恶性竞争、短期行为、道德缺失、生态失衡等严重后果日益显露出来。市场经济对于创新主体价值取向的指引性作用十分明显,它作为技术创新的外在环境把创新主体与创新组织带进了一个充满功利与竞争的社会市场,经济的、功利的价值成为即使不是唯一的也是基本的价值标准,其可怕后果就是创新的经济理性压倒一切,与价值理性日渐疏远。

传统经济观并没有对技术创新的生态价值危机给予一个合理的解决方案,而且,按照传统经济学的理论来指导的技术创新活动反而会加剧这一危机。因此,迫切需要一种新的经济理论来指导技术创新活动,使技术创新仍然在实现其经济价值的同时,不会或尽可能少的带来生态负价值。“循环经济”,可以看做是在经济学领域对这一问题消解的尝试性突破。循环经济理论突破了把经济和环境系统人为割裂的传统经济发展理论的弊端,把经济发展建立在自然生态规律的基础上,从而使经济活动像生态系统那样,能够自我调节控制。并且,在循环经济的发展过程中,传统的市场经济也正在向生态市场经济发展。按照循环经济范式,技术创新应遵循生态学规律,合理利用自然资源和环境容量,在物质不断循环利用的基础上发展技术与经济,使技术系统、经济系统和谐地纳入自然生态系统的物质—能量—信息循环过程,实现技术创新活动的生态化。

**确证的道德信念为何可能——语境对比主义对道德怀疑主义的批驳**

曹剑波,哲学动态,2010.7

该文仅以来自道德假设的道德怀疑主义论证为例,分析否认有确证的道德信念的道德怀疑主义，并用语境对比主义来批驳道德怀疑主义。

一、来自道德假设的道德怀疑主义论证

对每一个信念来说，都可能有一些不相容的假设是不能排除的。虽然与各个信念不相容的假设并不必然相同，也不需要相同，然而为了一劳永逸地驳倒独断论，怀疑主义者经常借助一些与所有的或大部分的信念不相容，却不能用任何方法排除的怀疑主义假设。

来自怀疑主义假设的论证同样可以应用到道德信念上。以恶魔假设为例，这个论证通常由于没有人相信有骗人的恶魔存在而被摒弃，其他怀疑主义假设由于也面临类似的牵强，在论证没有确证的道德信念的论题上，很少有学者使用这类论证。但在道德领域，仍有人借鉴了这种方法，提出了类似的道德假设，即道德虚无主义。以道德虚无主义为基础，可以为道德怀疑主义提供有力的论证。反对道德怀疑主义的这种论证的策略主要有两种，但都不成功。

二、语境对比主义

如何反驳道德怀疑主义呢？作者认为，语境对比主义是一种较好的策略。这种观点认为：确证是语境对比的，具有相关对比性。其要点有二：一是信念的确证取决于语境，由相关对比类决定。非对比的确证在某种语境中是正确的，在另一种语境中则可能是错误的。二是相关对比类是影响确证的决定因素。语境对比主义的关键在于寻找相关对比项。作者认为，判断一个对比项是否相关的标准是语境的，取决于当下的问题域。我们可以提出语境对比主义的确证原则：在特定的语境中（能满足当下的对话目的），S能确证p，当且仅当，在此语境中，S的证据能排除p的所有相关对比项q。要注意的是，这个原则中的“特定语境”，既可能包括日常语境，也可能包括怀疑主义语境。

三、语境对比主义论确证的道德信念的可能性

语境对比主义的确证观同样能应用于道德信念。辛诺特·阿姆斯特朗（Walter Sinnott-Armstrong）举的一个例子是：康莉身患癌症，没有多少时间可活，剩下来的只有病痛，因此，她要求她的医生给她实施安乐死，并拒绝讨论其他的方案。她的医生把她的要求提交给医院伦理委员会，由他们决定在道德上他应该怎么做。

伦理委员会有时不仅把积极的安乐死当做不相关的而不予考虑，而且他们几乎总是把道德虚无主义当做不相关的而不予考虑。作者认为，虽然道德虚无主义可能是对比项，然而由于医院伦理委员会成立的宗旨是对医

疗事件做出伦理仲裁,它本身的成立就是对道德虚无主义的否认,因此道德虚无主义在医院伦理委员会看来,必定不是相关对比项。

在道德信念上,作者赞同语境对比主义的观点:在日常语境中,只要相信者的证据能排除所有与待证的道德信念不相容的现实的相关道德信念,相信者就确证了待证的道德信念;在怀疑主义的语境中,由于相信者无法排除与待证的道德信念不相容的道德虚无主义,因此相信者没有确证的道德信念。然而,在现实生活中,我们最佳的语境是日常生活的语境,因此,在正常情况下,我们赞同常识派的确证观,主张我们有确证的道德信念,道德怀疑主义是错误的。

**"分"与"惠"的辩证——先秦儒家分配伦理的价值路向解析** 陈继红,伦理学研究,2010.7

先秦儒家分配伦理中存在着两条并行的价值路向:"分"与"惠"。"分"涉及社会各阶层之间的利益分配,以孔荀为代表的先秦儒家皆表达了对"分"的认同,并从理论上论证了"分"的合理性依据。作为"分配"之"分",具体而言是指土地、俸禄、宫室、宗庙等社会资源的分配。此种意义上的"分"与等级区分之"分"虽然内涵殊异,但内在关联却非常密切:后者是前者的前提与基础,前者是后者的具体体现,二者融合于先秦儒家的分配原则中形成了一种"分"的价值路向,即以人与人之间的等级区分为依据进行社会资源的分配,以此达到构建政治秩序的目的。在先秦儒家分配伦理中,"惠"是一条与"分"并行的价值路向。先秦儒家所谓"惠"涉及国家与庶民之间的利益分配,指称了一种道德义务,并且,这种道德义务的主体有特定的指向:以"君子"为代表的统治阶层。而"惠"之所以成为"君子"所特有的道德义务,是因为其中蕴含了一条重要的价值路向:要求统治者在社会财富的分配中对贫富差距进行合理调控,满足民众的利益需求,以此在"安民"、"息民"中达成政治秩序构建之目的。如何在社会财富分配中体现"惠"的价值路向?先秦儒家设计了种种分配机制,主要体现在三个方面:其一,在生产资料与生活资料的初次分配中确定合理的分配基数。其二,确立二次分配中国家利益与庶民利益的合理比例。其三,通过社会救助措施使贫困人群利益得到保障。

在先秦儒家分配伦理中,"分"与"惠"并非是两条平行线,而是一种相互交融的辩证关系。一方面,"分"内在地涵蕴了"惠",以"惠"作为其获得合理性的评判底线。"惠"的提出是基于先秦儒家强烈的忧患意识,他们认识到,社会财富分配中存在的最大问题是由“分”而导致的积重与空虚的两极分化，民众基本生活得不到基本保障，而这正是引发政治秩序混乱的主要隐患。先秦儒家上述批判的目的不是为了取消分配中的等差层次，其主旨是：财富分配中的“分”应当控制在合理的范围之内，而所谓合理的一个基本评判依据是基本生活需要是否得到了保障。此即前文所述“惠”的内涵。另一方面，“惠”并非意味着对“分”的消解，而是以认肯“分”为前提，并最终强化了“分”。二者的辩证关系体现了分配的理想状态：中道。

“分”与“惠”的结合点在于一个共同的主题：“秩序建构”。先秦儒家以为，这两种价值路向只有在“礼”的范围内并行互补，社会才能达于“安”或“和”。这种思路在先秦时代有极其重要的现实意义，如后世学者所言：“先秦儒家是以礼义的秩序反对‘强者为王’无序的自然法则，或者说，是以‘正义的差等’反对‘自然的差等’。”当前，我们同样面临着社会财富分配中积重与空虚的分化问题，国家如何在社会财富分配中承担应有的义务，在“分”与“惠”的辩证中将贫富差距控制在合理的范围内，这无疑是一个具有挑战性的任务。先秦儒家的思路也许会给我们带来有益的启示。

**论当代中国经济伦理的内在紧张**　张志丹，现代经济探讨，2010.8

该文首先批判了当前国际上对中国经济的“无伦理论”、“悖论论”、“对立论”、“困境论”、“和合论”等无理责难，认为当代中国经济伦理的现实“镜像”的偏向，应当回归到以一元指导与多元整合、普世性与中国特色以及理论与实践等内在紧张的视域来阅读当代中国经济伦理的道路上来，重构当代中国经济伦理的原动力，开拓当代中国经济伦理的理论空间，并找到解决问题的合理路径才具有现实意义。

一、当代中国经济伦理“镜像”的误读

“无伦理论”存在着某种隐性的目的论偏向，其出发点是为了力促当代中国经济伦理的迅速形塑和经济伦理秩序的建立。然而，当代中国经济发展历程是以“五化并举”为内容的典型的“后发式”发展理路。“五化并举”决定了当代中国经济社会发展的轨迹，也框定了当代中国经济伦理发展的可能性空间。

我们也不同意另一种对当代中国经济伦理的误读，即“悖论论”、“对立论”和“困境论”。作为“无伦理论”的另一版本，把当代中国经济伦理中存在的道德与利益、传统与现代、普世性与中国特色、理论与实践等两极解读为不可调和的关系，在绝对对立中来思索问题。依此，问题的破解只能是要么高扬理想、张扬道德自觉性，要么崇尚利益、推崇自发性；要么是复古主义，要么是虚无主义；或者要么是崇洋媚外、独尊西化，要么是故步自封、保守僵化。如此一来，经济伦理的各种版本“困境论”便横空出世，并大有弥漫拓展之势。

而“和合论”则是着眼于以“和合学”的哲学视角来审视当代中国经济伦理“镜像”。在它看来，由于中国经济伦理的创变发生的“复调式”的现实语境，任何一种经济伦理思想资源都不能“包打天下”，因而完成中国经济在伦理道德的轨道上理性推进的任务，必须涵摄多种经济伦理思想营养，“兼收并蓄”、“折中调和”，共筑中国经济伦理理性化的大堤。一般来说，任何一国的经济伦理必然是有主次、强弱之分别，因而在汲取各种资源之时必然存在价值优先性的选择问题，不可能无条件地“兼收并蓄”、“折中调和”、“和合中庸”，“告别冲突”，选择绝非仅凭兴趣、随心所欲之事。

二、马克思主义与其他经济伦理思想之间的内在紧张

从历史性角度看，当代中国经济伦理第一个内在紧张关系是马克思主义经济伦理思想一元指导与其他经济伦理思想多元整合的问题。

马克思主义经济伦理思想的特质有二：一是批判性与建构性的统一；二是以劳动解放与人的自由全面发展为旨归。

尽管资产阶级的思想家并非都简单地为资本主义经济伦理唱赞歌，但是，他们众口一词地在假定资本主义制度是“历史的终结”的理论悬设中、在不触动资本主义基本制度的前提下，以哲学上的个人主义和经济上的自由主义为依托，着眼于私人利益之间的博弈与分割，谁也不顾全整体的利益，因而不可能以最广大人民群众的利益作为出发点和归宿，这是他们讨论问题不容“拆散”和触动的“底线”。按此逻辑，整合个人利益的分裂、实现人的自由平等权利和全面发展等问题就绝无可能。

在马克思主义经济伦理思想看来，市场经济所形成的以个人利益为基础的自由、竞争、开放等伦理道德原则是重要的，但是，它们也是有缺陷的，需要道德的重构和提升。因此，马克思主义经济伦理思想并不简单一概否定世俗利益，也不粗率地肯定一切利益，而是在分清何种利益是符合历史发展趋势的、具有历史合理性的基础上对该种利益加以肯定和褒扬。

三、全球经济伦理与中国特色之间的内在紧张

之所以存在全球经济伦理与中国特色的内在紧张问题，主要原因在于，中国经济伦理的创变是不能在“真空”中进行的，而要在经济全球化背景中展开，需要对话、沟通与交流。这就决定当代中国的经济伦理不是自绝于人

类文明的大道，而是要充分汲取普世性的合理精华，取长补短，为我所用。

中国经济伦理的推进必须透过普世性伦理来领会其中国意蕴，把普遍性原则与特殊性国情结合起来。无论是普世性还是中国特色，其目的都是指向当代中国的根本利益以及广大人民的现实的长远的利益，这是当代中国经济伦理重建始终不变的评判准绳和价值皈依。

四、经济伦理理论与经济伦理实践之间的内在紧张

当代中国经济伦理第三个内在紧张关系是经济伦理理论与经济伦理实践之间的紧张问题，也是解决当代中国经济伦理重构过程中的主观辩证法与客观辩证法之间的内在紧张问题。

中国经济伦理发展历程中的一个规律性的现象是，经济伦理的理论与实践是一个双向发现的过程，是一个理论不断发现实践中的积极的因素，和实践不断发现理论的实践性、现实性力量，实现实践理性化的过程，是一个充满着内在紧张、辩证互动的过程。

**利益关系格局的制度伦理调控——对我国《物权法》的伦理解读** 李建华、张善燚，哲学研究，2010.8

正确处理国家利益和个人利益的关系是伦理制度安排的宗旨，也是建立优良的社会伦理秩序的前提。2007 年 10 月《中华人民共和国物权法》(以下简称《物权法》)的实施，不仅是我国法律史上的重要里程碑，也是我国道德生活中的一件大事，它为社会利益关系格局的调整奠定了制度性基础。随着我国社会转型的加快，社会利益格局发生了重大变化，其中最根本的是由过去单一的国家利益本位转向“以人为本”的对个体权益的深切关注。这一转变要求我们对《物权法》也要做伦理解读。

首先，物权的伦理价值核心是平等问题。物权是关于财产的权利，它作为绝对性权利最终来自于法律的规定。而不论是从人类追求财产平等的历史来看，还是从规定物权的法律的属性来看，这种权利的伦理核心都是平等。平等是制定物权法律的基石。

我国以往的物权模式采用的是“三分法”，即按照所有制划分，将所有权区分为国家、集体和私人三种类型分别予以规定。在“三分法”的模式下施行的是国家本位，优先保护国家、集体利益。而从中国进入市场经济体制之日起，伴随而来的是国家与社会的二元分离。在社会领域，公民的个人权利日益凸显，保护公民权利成为法治的根本目标。因此，在伦理原则上由过去的单纯强调国家利益转向今天的重视个人权利的保护。

在《物权法》中最为世人所关注的是伦理关系的变革,即明确提出“平等保护”的物权原则。“平等保护”体现了《物权法》的伦理本质,也是社会主义市场经济条件下社会伦理生活的基本前提。其中作者对“平等”含义的解释分为以下四点:平等不是平均,也不是绝对的平等。它从来不是谋求消灭差异或绝对平均,它所谋求的只是差异的合理性;平等是主体地位的平等,是对物权保护的平等;而且平等不但是结果的平等,也包含了机会的平等;“平等保护”的对象不仅是所有权,更重要的是使用权。《物权法》是民法体系的核心;作为保护最广大人民群众利益和维护我国社会主义基本经济制度的重要法律,它规定的“平等保护”原则对整个民法体系都有重要的意义,同时预示着传统利益关系之伦理格局的解体,以及新的社会伦理秩序的产生。

**正义之善何以可能——权力之正义价值探析** 唐土红,哲学动态,2010.8

综观有关权力正义问题的研究,学者们往往偏好于探究其“是什么”的问题,而对权力正义的“为什么”即“何以可能”问题研究有待深入。

一

政治生活其实也是人类理性的产物,人创造权力其宗旨就在于使自己能过上优良正义的生活。从古典正义观到近现代自由主义正义观的探索中,我们发现,历史上几乎所有的政治思想家都一致认为:权力正义不仅是政治生活的目的本身,也是政治生活的本源存在;而权力则是正义的载体和化身,对正义的追求是其永恒的价值理念。因此,从某种意义上说,一部权力发展史也是一部正义探索史。

利益关系及其冲突是正义问题藉以产生的现实前提。但由于中西方文化传统的差异,人们对正义所持的态度和看法是不同的。在中国传统文化中,权力正义观念往往与均平要求相涵摄,“这种正义是指‘义’要依‘情’而定,合乎情的就是义,反之就是不义。这不同于西方社会以契约为基础的正义观念”。

二

在古典政治生活中,政治与伦理相互渗透,权力、正义与善联为一体,政治生活往往也是人们的伦理生活,正义本身作为一种善,成为二者共同的目标和准则。所以,权力不能没有正义。

古希腊人的社会生活以城邦为中心,权力探讨的主题就是公民如何参与城邦的政治生活。柏拉图认为权力与正义不可分,沃尔泽和亚里士多德认为权力又要体现和捍卫正义。承接古希腊这一传统，权力的正义性一直成为后人研究政治和权力伦理的焦点。

我们讲正义是权力最高的善，是基于正义之于其他善的优先性而言。首先，正义是权力及其运作总的价值要求。正义因其指向公共善而统率着其他政治价值，所有政治道德规范和政治决策都要以正义为价值要求。其次，正义是权力及其运作总的价值指向。正义不仅是一种伦理道德文化和人类高贵的道德品质，而且还是一种充满着强烈人性尊严的政治精神。再次，正义是人类最基本的价值理想。正义既是人类对社会实然性价值的拷问，亦是对未来应然性价值的期待。

三

作为权力的正义理念，它之于权力有双重意蕴：既是规范性的，又是价值性的。本文主要侧重价值探索的一面。正义作为权力的价值理念，它本身意味着：

第一，正义对于自由、平等、民主等政治权利具有至上性。正义是实现自由、平等、民主等权利的必要的条件，如果权力缺乏正义性，绝对自由主义便会成为社会的时尚，公民权利则随时有受到侵害的可能，再美好的权利设计也将难产。

第二，正义是人类对优良秩序的理性要求。社会构成的要素与运转的条件纷繁复杂，但我们认为，有两样东西在任何社会都是最为重要的，即权利与秩序。对个人而言，权利是人之为人的根据，为每个人所关注；对整个国家而言，秩序是社会正常运转的必要条件。

第三，权力的外化形式——法律体现着正义精神。从应然意义上看，权力是正义的化身，但权力的正义性最终要通过其外在的表现形式——法律来体现和实现。法律尤其是具有道德正当性的“良法”（法律应然是良法，但从实然看，现实生活中并非所有法律都是良法）是实现正义的前提，公正司法是实现正义的重要保障。

随着现代公共行政、责任行政和民主行政的勃兴，权力的正义理念将日益深入人心，正义之于权力和社会的影响也必将空前深远，权力与正义关系的这种发展走向将成为权力价值性“回归”的一个征兆。

**论金融信用与伦理责任** 郭建新，财贸经济，2010.8

一、金融危机与伦理责任

以信用危机为本质的现代性金融危机对社会经济生活所造成的破坏力

和影响力是巨大的。尤其是在我们这个以经济生活为中心的时代,经济体系的运转不良所造成的后果必然不会只限于在经济领域内部。我们不能把化解危机的视角局限在经济领域。引发现代金融危机的原因除了经济因素以外必定还有其他类型的社会因素。而社会伦理道德,尤其是财经信用体系中的伦理道德因素无疑是需要重点考察的要素之一。

从利益相关者理论来看,一方面,在股东和公司高管层之间所发生的信用关系中包含着受托责任(Fiduciary Responsibility)。这种受托责任完全建立在股东对企业高管层的信任基础上。因此,企业的高管层不仅要为企业带来利润,还要对股东的信用托管负责,也就是对企业全面的经营管理尤其是长期的发展负责。但是,那些将受托责任抛之脑后的企业高管层,正如马克思所形容的那样:“这种人办起事来和那种亲自执行职能、小心谨慎地权衡其私人资本的界限的所有者完全不同。”由此可见,如果单从信用的经济效用来看,似乎没什么问题,但若没有建立在信任基础上的受托责任,所谓的信用关系其实是形同虚设。另一方面,在企业与客户或消费者之间的所发生的信用关系中也存在着相应的责任要求。企业对客户或消费者的责任在于满足其真实的投资需求和消费需要,而非诱导其非理性的投资需求和消费需要。在这次由美国房地产市场所引发的次贷危机中,许多企业还怂恿那些信用记录不达标,甚至是信用记录很差的人申请按揭贷款,这实际上是在诱导消费者而非为消费者服务。从表面上看,企业是在帮助大量无房户实现“居者有其屋”的理想,两者在自愿的基础上所建立的信贷关系也毫无问题,但是,这实际上只是企业为了自身的盈利目的而不顾消费者死活的自利行为。所以,倘若缺乏对伦理责任的承诺与担当,这种信贷关系也只不过是空中楼阁罢了。

二、金融信用与信用主体的伦理责任

完全意义上的金融信用关系应当是由利益关系与伦理关系共同构成的。健全合理的信用关系就是利益关系与伦理关系相互制衡的结果。在金融信用关系中一开始就客观存在着由伦理关系所引发的伦理责任。但是,在现实的经济活动中,金融信用关系的这两重维度往往会发生冲突,这种冲突的实质则是:经济目的要求之“利润”和伦理关系要求之“责任”之间的冲突。要尽可能地避免这种冲突,就必须协调两者之间的关系。但这种协调从本质上说不应该是限制性的,也就是说,不应以“责任”去限制“利润”,而应是达成两者之间的“相互制衡”(check and balance)。一般说来,在这样一种“行动框架”内,在“利润”和“责任”的制衡关系中,“利润”目标要远比“责任”概念清晰而明确，因此，讨论金融信用体系中信用主体的伦理责任问题就显得尤为重要。

从信用主体的角度来看，金融信用体系中的伦理责任主要体现在政府、企业和个人三者身上。

作为金融信用体系的管理者和监督者，政府的责任主要在于通过立法的方式和行政管理的方式去维系和支撑金融信用体系中的伦理责任。政府完全可以通过有效的立法方式把伦理责任带入企业行为当中，它不仅仅是一种“惩恶”的手段、一种对“责任”概念的宣传，而是真正在把伦理责任引进了经济行为的活动框架，带入了经营管理的规范机制之中。也正是在这个基础上，政府对金融市场的行政管理才会有据可依、有据可行。

企业在金融信用体系中的伦理责任是和企业与利益相关者的关系分不开的。伦理责任产生于企业和利益相关者之间的经济往来之中。但问题的关键不在于企业对这些利益相关者各自负有什么伦理责任，而是，如何通过一种方式将这些伦理责任整合成一套企业所特有的经营哲学。要想在企业层面维系伦理责任，最牢靠的方式只能是塑造并经营一套包含核心价值理念、制度规范、管理程序、道德权威、文化符号在内的特有的企业文化。唯此，企业才可能在各式各样的利益冲突和道德两难中做到坚守责任、“一以贯之”。

个人在金融信用体系中的伦理责任似乎是最不难言明的，因为在大量的法律法规、行业规范和公司守则中，对个体的责任限定几乎是疏而不漏。但对个体在金融活动中伦理责任的强调主要是针对企业高级管理人员的。一般而言，企业高级管理人员的伦理责任主要体现在两个方面：其一，监督和引导企业与利益相关者之间的各类伦理责任。其二，他们有责任在企业的文化身份中扮演道德权威的角色。

三、金融信用领域内的道德建设

从总体上说，金融信用领域内的道德建设应从观念形态、规范原则、制度建构和机制运作四个方面进行系统的把握。第一，要以新的道德理念作为支撑点，把确立信用观念、培养良好信用习惯和规范市场行为，作为信用制度建设和金融道德建设的有效向导。第二，要通过确立具有制度约束力的信用原则，让资产信用原则、道德信用原则、社会警示原则成为信用制度化建设的依据，成为道德调节制度化和刚性化的依据。第三，通过重视对道德责任法制化和政府管理职能道德化的探索，形成有利于规范市场行为的法律、行政、道德综合监督的机制，为创造符合经济可持续发展的目标提供保障。第四,提出与我国经济社会发展状况相适应的金融伦理原则和道德规范,提高金融从业人员的职业道德素质,为倡导信用文明、完善金融伦理打好坚实的人才基础。

从上述四个方面出发,金融信用领域内的道德建设需要从以下三个方面进行:

其一,优化金融市场道德环境。信任作为一种文化价值理念和行为规则,不仅是伦理关系相互结合的纽带,也是金融共同体相互聚合的基础,更是市场道德环境的重要依托。要建立以信任为基础的市场道德环境,关键是要把相互信任的伦理规则落实到各种制度、规范、管理措施、企业文化中去,从而使信守契约、遵守交易规则被视为是合乎金融伦理原则的要求。

其二,健全金融信用伦理管理体制。健全的金融信用伦理管理体制是除法律法规和管理制度之外有效处理利益冲突的途径。它应该包括:(1)金融行为的价值理念和道德信条。(2)金融行为的原则及其相互关系。(3)具体的行为规范要求。(4)处理利益冲突的实体。

其三,营造金融企业伦理文化。要平衡企业利益冲突并协调好各种利益关系就需要营造良好的企业伦理文化。良好的企业伦理文化可以发挥如下的作用:(1)作为企业集体人格的经济伦理式激励,它通过向员工提供一种合理合情的生存方式,增加其集体归属感和个人生活的幸福体验。(2)作为企业与各种利益相关者之间伦理关系的协调者,它可以在明确各种伦理责任的基础上,根据企业经营哲学中所特有的文化价值序列进行取舍,从而达到平衡利益关系的效果。(3)作为制度与规范对行为人的约束和导向,也就是以原则或规范的形式规约活动主体的行为,以引导其在企业文化的主旨下坚守伦理、践行道德。

**试论财富积聚和财富支配的道德评价差异性** 彭怀祖,毛泽东邓小平理论研究,2010.8

在市场经济场景下,道德评价问题上的观点差异和思想对立有着复杂的背景和深刻的原因。市场经济条件下的经济问题是非常丰富和复杂的,试图用统一的道德评价一劳永逸地解决所有问题,难免顾此失彼、挂一漏万。较为正确的方法应该是强化对经济问题的分层研究,探寻出与各个层面的经济问题相呼应和协调的道德评价,从而营造良好的社会氛围,激发和引导人们践行道德。分别研究和把握财富积聚、财富支配的道德评价体系,有助于防止道德评价的过于严苛或失之偏宽,还可以启示人们分层正确把握道德评价体系。

一、厘清财富积聚和财富支配的各自内涵

财富积聚是指人们在遵守法律和制度的前提下，通过市场竞争获取资源，不断地累积财富的方式和过程。财富支配是指人们在财富累积到一定程度后，根据自己的意愿，支配财富的方式和过程。两者在各个方面存在差异性。第一，财富积聚和财富支配的动因有着差异。第二，财富积聚和财富支配的制约因素有着差异。第三，财富积聚和财富支配对社会的作用存在差异。

二、财富积聚和财富支配应有不同的道德评价体系

对个人财富积聚的道德评价标准只能在正直的纬度方向展开讨论。真正做到即使竞争失败也毫不动摇对规则的确认和遵守，是非常难能可贵的。

财富支配的内涵是十分丰富的。人们在财富积聚到一定程度以后，必然面临着财富支配问题。财富支配的主要方式有：一是自己正常消费，这是完全应该的。二是自己过度消费，这种支配方式不应提倡。三是全部用于自己的企业发展，这种做法有可商榷之处。四是馈赠于子女，用于继承，这种做法存在负面效应。五是自身寻找应该帮助者，把财富直接捐赠给对方，这种做法是同情心的具体体现，应该鼓励，但有时也有可能出现捐赠者与被捐赠者之间的人际阴影。六是通过基金会等方式，将财富有效地支配给弱势群体，这是较为科学的方式。

三、财富积聚与财富支配过程的道德体系建设差异性

人们在财富积聚过程之中，第一位考虑的是如何在竞争配置资源中脱颖而出，迅速、大量积聚财富，这是无可非议的。

关于诚信问题，要让人们认同这样一个事实，违背诚信会从量变积聚成质变。在财富积聚过程之中，最为严重的违背诚信的事件，必然是触犯法律的行为，在牛奶中加入三聚氰胺、地沟油走上餐桌就是严重违背诚信的典型案例。

相对于财富积聚的道德评价指向——诚信而言，人们在财富支配过程中的道德要求，应为同情心的展现。两者的实现路径是不相同的。

无论任何人，他的财富积聚的量总是有限的，在短暂的一生中，一味地追求财富的增加，并把此作为唯一乐趣、精神动力，是不足取的。社会各方面有责任培育财富积聚者良好的、多方面的情操和爱好，激发他们的社会责任感，鼓励和引导他们，通过加入慈善事业的行列，获得宁静、充实和愉悦。社会舆论等各方面必须形成良好的导向，不提倡过度消费、无节制消费，大

力弘扬乐于助人的精神。

怎样才能真正做到让人们在财富支配过程中,把一部分财富用于对困难者的捐赠呢?除了上文中提到的自觉培养子女自食其力和独立精神外,必须做到以下两点,一是要让人们在财富馈赠中获取实实在在的宁静和愉悦,享受精神崇高带来的力量和乐趣。二是必须通过科学的方式,让捐赠的财富,用于真正需要帮助的人,减少捐赠者与接受者双方的不必要的误解。

市场经济背景下的社会协调统一的讨论,离不开对财富积聚与财富支配的审视。财富积聚与财富支配问题,是市场经济条件下不断面临的两大问题,它们在内涵、道德评价体系及其建设路径等方面,都存在较大的差异,分析并认清它们,有助于增强道德建设的合理性、有效性、科学性,有助于社会风尚的不断提高。

**后危机时代背景下对全球经济危机的哲学反思** 冯晓宁,重庆理工大学学报(社会科学版),2010.9

该文指出,资本主义经济的基本矛盾始终存在于资本主义经济制度中,与这一基本矛盾相联系的经济危机也始终与资本主义经济相伴随。不过,经济危机不是任何时候都会发生的,它的爆发是有条件的。推动其发展的动力就是矛盾,同其他事物一样,世界想发展就必须通过矛盾的运动,没有矛盾就没有世界,没有矛盾的运动自然也不会有世界的发展,“每一事物的内在矛盾是这个事物发展变化的动力”。旧的资本主义政治经济秩序就是引起当今经济危机频发的祸因,而2008年爆发的全球经济危机的直接原因就在于世界经济的失衡,没有形成和谐共赢的局面,并且一些国家在应对危机过程中采取以邻为壑的态度和政策,更是违背和谐共赢的理念。唯物辩证法认为矛盾斗争有两种基本的形式:对抗性的形式和非对抗性的形式;解决事物矛盾的方法是由事物矛盾的性质决定的,矛盾的性质不同,解决矛盾的方法也就不同,“不同质的矛盾,只有用不同质的方法才能解决”。所以对于经济危机这种非对抗性矛盾则只能采取非对抗的形式去解决,正确认识矛盾的性质是解决矛盾的前提;“和谐共赢”的理念极具创新地包含着对时代主题所蕴涵矛盾性质的科学判断,是我们化解危机的一种有效手段。经济全球化的今天世界各国之间的贸易交往非常密切,可以形容为“牵一发而动全身”。诸如美国那样在危机来临后采取逼迫他国货币升值,大搞单边贸易保护主义,妄图转嫁危机以求自保的“零和博弈”,最终只会是损人损己两败俱伤,更加阻碍全球经济的复苏。“和谐共赢”的理念可谓是世界经济迷茫中的摆渡者,是全球经济健康发展的一剂良药。正如胡锦涛主席提出的那样:“各国应该维护世界多样性和发展模式多样化,坚持平等对话和交流,倡导开放和兼容并蓄的文明观,使不同文明在竞争比较中取长补短,在求同存异中共同发展。”即要在“和谐共赢”理念下抛弃各国零和博弈的旧思维,推进当今世界经济向着自己的理想模式发展,使其步入良性循环。

**新儒商的商业伦理观及其管理模式** 苗泽华、毕园,商业研究,2010.9

一、新儒商的商业伦理

儒家的经济伦理思想具有十分丰富的内容,是一个有机的体系。儒家经济伦理的思想出发点是仁者爱人,归宿点是治国平天下,价值尺度是君子爱财,取之有道。

(一)新儒商伦理的出发点

儒商经济伦理精神的基础是人道主义。现代市场经济仍应提倡企业和企业家“仁者爱人”的人道主义伦理思想。现代商品经济、市场经济是人(买者和卖者)、财(货币)、物(商品)的运动,其中核心是人。应当尊重人、理解人,人是经济活动的核心,也就是儒家所说的“仁者爱人”。这种以人道主义为经济伦理思想的经济,就应当是道德经济。

(二)新儒商伦理的归宿点

儒家倡导“修身齐家治国平天下”,可以说“富民强国”是儒家经济伦理的归宿点。儒家、儒商利民惠民、藏富于民的经济伦理,在现代市场经济条件下仍有十分重要的指导意义。从一个国家的宏观经济来看,“富民”是社会经济发展的根本目的。我国改革开放以来实行“富民”的政策,不仅带来了人民的富裕,而且国家也得以强大。

(三)新儒商伦理的价值尺度

儒家认为,君子爱财,应取之有道。如果取之有道而至富贵,那才是真正的“贵”,即实现了不只是“经济人”同时也是“道德人”、“社会人”的价值。利作为社会发展的驱动力有其合理的一面,然而,唯利是图必然导致无利可图,利也将逐渐失去其社会驱动能力,最终导致天怒人怨,把社会推向动荡的边缘。儒家经济伦理的价值尺度为儒商的经济行为提供了衡量标准,为儒商提供了先进的价值观念,也为新儒商工程指明了发展的方向。

二、新儒商的经营与管理观

儒家的经济伦理思想与现代全球化的市场经济相结合形成了一系列的职业观、规则观、竞争观、决策观、组织观等企业管理观念,其强大的生命力和竞争力对现代的企业管理产生了深远的影响。

(1)新儒商的职业观:敬业乐群。(2)新儒商的规则观:德法并重。(3)新儒商的竞争观:和而不同。(4)新儒商的决策观:慎思笃行。(5)新儒商的组织观:赏罚分明。

三、基于新儒商伦理观的企业管理模式

新儒商企业管理模式是一项系统的工程,它包括文化(儒商价值观),组织结构模式,规章制度,绩效考核机制,控制与保障机制。

(一)新儒商价值观与文化

新儒商管理模式的文化核心是"以人为本",其本质就是爱人、关心人、尊重人。以"忠"育人,使员工爱岗敬业;以"德"待客,使企业有口皆碑;以"和"为贵,财源滚滚而来。这就是新儒商管理模式的灵魂。

(二)新儒商管理的组织结构

新儒商管理模式作为一种先进的管理模式,有着不同的组织设计理念。"忠孝温情"就是新儒商管理模式中组织设计的指导思想与基本原则。

(三)新儒商管理模式的制度保证

新儒商管理模式的制度要德法并重、道之以德、齐之以礼,使管理人员、技术人员、生产人员、销售人员和保安人员明确责任,各负其责,协同作战。

(四)新儒商管理模式的绩效考核

新儒商的绩效考核制度不是清一色的绩效指数指标,还包括进取心、诚信度、忠诚度、敬业度等一系列定性的指标。

(五)新儒商管理模式的控制机制

新儒商管理模式的控制机制则更注重员工行为的"合理性",从而发现并纠正员工行为中不符合道德规范和儒商文化的因素。与此同时,新儒商的控制机制还要求"赏罚分明",做到有功必赏,有过必罚,使企业能够令行禁止。

**经济伦理视野下的军民融合发展** 高剑,军事经济研究,2010.9

该文指出,经济伦理学的核心价值目标就是实现经济的合理性与伦理的正当性的统一,经济的合理性要求对资源进行合理配置,实现经济效益的最大化,伦理的正当性则要求实现人的价值与尊严,最终达到幸福。自由、公平、竞争正是实现这一目标的基础。军民融合发展不仅要求国防和军队现代化建设深深融入经济社会发展体系之中,同样也要求国防和军队建设促进国家经济社会发展。而在这相互兼顾、相互促进的关系中,可以看到伦理与军民融合发展的内生关联。因此，从经济伦理的角度审视军民融合发展，既是我国经济伦理学的一项重要任务，也可以使我们更好地理解、贯彻军民融合发展。

**马克思的相对过剩人口理论与中国的"民工荒"问题——对我国经济增长方式的一种反思** 陆晓禾，毛泽东邓小平理论研究，2010.10

今年春以来，"民工荒"问题蔓延全国，与此同时，"洋黑工"浪潮也加速涌入。有学者将"民工荒"问题归咎于最低工资标准，也有学者主张中国"应容忍亚非国家向中国大量移民"。该文认为，"民工荒"问题本质上是资本与劳动的关系问题，受资本积累的一般规律的支配，涉及的是马克思的相对过剩人口规律及其在中国的特殊表现；有关劳资关系的主张和政策不应只考虑资方的利益，而应顾及这种主张和政策将对中国工人特别是农民工造成的影响。从马克思的资本理论尤其是相对过剩人口理论来分析，将有助于我们认识和应对我国今后几年仍将面临的"民工荒"以及"洋黑工"问题，反思和转变我国的经济增长方式。

**经济伦理的几个问题——全国经济伦理学学术研讨会综述** 张露，光明日报（理论版），2010.11.9

近日，由中国伦理学会和南京师范大学联合主办的"中国伦理学会经济伦理学专业委员会成立大会暨第四次全国经济伦理学学术研讨会"在南京师范大学召开。来自全国40多所高校和科研单位的60余名专家学者出席了会议。大会通过了《中国伦理学会经济伦理学专业委员会章程》，选举产生了首届中国经济伦理学会理事会和常务理事会。与会学者围绕"面向实践的中国经济伦理学"这一主题，就经济发展所面临的各种伦理问题及相应对策，进行了理论与实践层面的探论。

一、经济伦理基础理论与经济发展的伦理反思

经济伦理基础理论与经济发展实践之间的关系问题是该次研讨会上最受关注的议题。学者们普遍认为，经济伦理的学科价值不仅表现在理论层面，更体现在对经济实践的巨大指导意义上。

武汉大学乔洪武教授探讨了经济伦理教育之于当前西方经济学教学的重要性。他指出，西方经济学本身就富含着对经济道德的科学认知和价值判断，在西方经济学的教学中应当融合经济伦理教育，这不仅有助于我们对西方经济学价值取向进行认识和了解，有益于经济学相关专业学生树立正

确的经济伦理观,更可为我国市场经济秩序的完善提供借鉴。苏州大学李兰芬教授对民生幸福问题表现了极大的关注。她认为,随着后金融危机时代的到来,关乎人自身生存与发展普遍“善”的民生幸福,逐渐成为社会各阶层关心的基本问题。转变经济发展方式成为增强民生幸福的理性选择。上海社会科学院陆晓禾研究员从目前中国“民工荒”的现状入手,对中国经济增长方式的转变进行了经济伦理反思。

二、公平正义与财富伦理

何谓公平正义?如何实现真正的公平正义?如何通过合乎伦理的财富分配实现经济公平?对于上述问题,学者们也从多角度做出了阐述。

湖南师范大学王泽应教授从民生幸福的维度,探讨了效率与公平这一对经济伦理范畴的深层意义。他指出,从民生幸福的视角出发,真正为人需要的效率是促进人生幸福而不只是财富最大化的效率,真正为人需要的公平是促进最大多数人利益并因此提高人的幸福和尊严的公平。在民生幸福的视角中,公平与效率的关系跳出了“优先”与“兼顾”的藩篱,成为相互促进的讲公平的效率和讲效率的公平。华中师范大学龙静云教授从马克思主义视角分析了哈耶克的正义理论。她认为,哈耶克的正义理论存在逻辑前提自身矛盾和否定分配正义的重大缺陷。我国当前市场经济发展过程中的贫富差距和矛盾,必须在马克思主义坚持过程正义和结果正义的前提下,才能得到妥善解决。湖北大学强以华教授对经济公平问题进行了经济伦理思考。他指出,经济公平应当是一种建立在一般公平概念基础之上的、关于进入市场机会和收入及财富分配的公平。然而,市场进入机会的获得并非绝对均等,收入和财富的分配也只能是承认收入差距前提下的尽可能均等。因而,“追求最大的均等但不以牺牲较大效率为代价”,应当是实现经济公平的基本原则。

三、企业伦理与企业社会责任

与会者从不同的角度出发,就企业社会责任的理论基础和践行、企业伦理模式的形成以及企业诚信危机的表征和解决措施等问题展开了热烈的讨论。

首都师范大学王淑芹教授对企业社会责任的价值理由进行了伦理学的分析。她强调,人性的精神特质性、经济活动的人本目的性、经济活动方式的人道归属性、人类个体意志自由与责任的对应性,是对企业社会责任而言具有根本意义的理论支撑。中国社会科学院孙春晨研究员指出中国目前的企业诚信建设正陷入“瓶颈式”的困境,而解决困境的出路在于提升企业经营者的契约意识、强化法律对企业失信行为的惩罚和完善社会信用体系。河南财经政法大学朱金瑞教授对企业伦理模式形成的内外部要素进行了分析,认为企业伦理模式作为企业伦理的个性,其形成是企业内外部要素交互作用的结果。

四、金融危机的伦理审视

金融危机是近期受到学界和社会普遍关注的一个问题,从经济伦理的角度对金融危机的成因和对策予以探讨,也是该次会议的中心议题之一。学者们普遍认为,对于金融危机产生的根源,应从伦理的角度进行深层次挖掘,在此基础上提出相应对策。

上海师范大学周中之教授从伦理文化的角度,分析了此次金融危机产生的根源。他指出,金融危机是综合性危机,而消费主义是危机产生的伦理文化根源。因此,应对金融危机的策略应从经济、政治和文化多角度入手,加强消费伦理观教育,倡导"适度消费"。江西师范大学汪荣有教授认为,金融危机从某种意义上更是一场道德危机,其产生的深层原因在于西方新自由主义经济思想带来的贫富分化、消费主义文化带来的非理性消费以及过度的金融创新所带来的道德风险转嫁与积累。消除危机的路径是在工具理性和价值理性统一指导下,实现人与社会的有序发展。

**论儒家经济伦理与社会主义市场经济伦理的整合** 车运景,理论导刊,2010.11

社会主义市场经济是一种法制经济,也是一种伦理道德经济;它不仅包含一般市场经济伦理精神,还蕴涵着社会主义的价值承诺和道德理想;以最终实现人民的根本利益为目标。在构建社会主义市场经济伦理过程中需要汲取传统文化尤其是儒家思想的精华。可以说,儒家经济伦理思想是构建社会主义市场经济伦理的重要源泉。任何一种文化内容,离开了原有的文化土壤,都会有新的变化。要使之产生新的社会作用,必须因新的社会实践和时代精神进行转化,才可能赋予新的意义。对于现代化来说,儒家经济伦理也是如此。儒家经济伦理的合理的价值原则,只为我们提供了利用它的可能性,只是一种有益的文化源头,而要使之具有现代意义,必须发掘其中的现代性价值,从而实现文化的创新与转化,使之具有新的文化功能和社会意义。这样,它才能对社会现代化产生积极作用。如果仅仅局限于儒家经济伦理的原典意义来讨论其现代性,无疑会造成机械的文化观。

**民生问题的伦理学意蕴** 姚才刚,光明日报,2010.11.9

一、民生问题是一个伦理学的问题

首先,民生关涉到人的生计、生活以及发展等问题,而伦理学在一定意义上乃是人学或人生哲学,它除了探讨抽象的道德理念与原则之外,也高度关注人的生存之道、生活智慧和生命价值。由此可见,民生与伦理学之间有一种内在的关联。一些民生问题本身就具有较强的伦理属性。比如,民生资源分配中的公正问题、国民生活幸福感问题、人的生存尊严问题、人的全面发展问题等既是民生研究中的焦点问题,也是伦理学需要探讨的核心问题。此外,民生建设的背后往往蕴涵着某种道德价值的立场。考察一个社会的民生状况,即可看出该社会伦理道德的基本取向。当代伦理学日益转向生活世界,此种转向使伦理学找到了自己的生命和创新源头。关注民生是伦理学切入生活世界的方式之一。

二、关注和改善民生的伦理学根据

首先,关注和改善民生符合人性的需求。任何人都有生存、发展的需求,都有追求幸福生活的愿望,这是民生建设的立足点、出发点。人们谋求民生福利有其合理性。也就是说,每个人都应当有权利得到最基本的维持其生存所需要的物质生活资料,应当获得最起码的衣、食、住、行的满足。同时,人又是有尊严的存在者,既有物质方面的需求,也有精神文化以及寻求个体全面发展的需求。而且,人性的需求既不是单一的,也不是僵固不变的,而是处于动态发展之中。这样一来,改善民生也应是一个持续发展、不断提升的过程。其次,关注和改善民生是加强执政伦理建设的应有之义。解决民生问题是政府的基本职责,也可以说是政府的一个底线伦理要求。政府所要处理的乃是众人之事,对于社会成员而言,最基本、最重要的事情当然是衣、食、住、行等民生问题。因此,解决好民生问题,是现代政党治国理政的本质要求。再次,关注和改善民生有助于提高社会成员的道德素质。民生建设固然需要有一定的道德理念来支撑,反之,道德问题之解决也离不开民生,解决了民生问题,道德问题亦可解决大半,所谓"仓廪实而知礼节,衣食足而知荣辱"。

三、民生建设蕴含的伦理原则

一是公正原则。公正是现代社会的核心理念与基本价值取向,它也应贯穿于民生建设全过程。也就是说,民生政策的制定、民生资源的分配以及民生利益的协调都应做到公平、公正。这就要求在民生建设过程中,应考虑如何使社会成员普遍受益、共享发展改革的成果。当然,也应创造必要的条件，使社会成员各尽所能，各得其所，以便抑制民生建设中的平均主义倾向。二是以人为本的原则。该原则意味着：其一，民生建设的根本力量是广大社会成员。民生建设的每一环节、每一步骤都需要集中社会成员的智慧，凝聚社会成员的力量；其二，发展民生事业的目的是为了造福广大社会成员。以人为本，在一定程度上即是以民生福利为本。当然，以人为本不仅表现在物质利益方面，还表现在精神层面上。因此，在民生建设过程中，应使社会成员在获得民生保障的同时，也能感受到平等、尊严与关爱。三是幸福原则。幸福是社会成员所追求的一种重要价值目标，民生建设也应紧密围绕如何使社会成员过上更加幸福的生活而展开。幸福即是“一种令人满意的生活”，社会成员有时对生活不满意，可能与生活琐事或基本民生问题直接相关。四是民生与生态环境和谐发展的原则。民生建设应符合生态伦理、环境伦理的要求，也就是说，应在改善民生和保护生态环境之间保持适度的张力。人们的确有权利要求不断改善生活，民生标准的提升也是一个不可逆转的过程，可是却不能超出资源以及生态环境的承载能力，不可影响到地球生态的完整性及生物的多样性。良好的生态环境本身也是提高社会成员生活质量不可缺少的因素之一。

**“十二五”：公平正义的伦理呼唤**　葛晨虹，中国教育报，2010.11.15

公平正义是一个永恒主题，在今天则成为中国特色社会主义的时代主题，成为“十二五”规划建议中的一个主题词。社会公平正义价值理念中充满着道德理性智慧和伦理诉求。

伦理学在哲学社会科学中是一门独具地位的学科，它在本质上就是一种代表善的价值判断和选择的人类理性智慧。伦理学作为人类社会一种确定“应当”的理性智慧，不仅一直在解决人类思想史上关于我们“能够认识什么、应该做什么、应该成为什么”的基本问题，在今天中国现实发展中，也必须回答以下问题：中国向何处去？中华民族怎样才能持续走向繁荣富强？和谐公正的社会“应当”怎样发展？中国特色的社会主义道路到底“应当”怎样走？事实上，当代中国伦理学就是伴随着中国社会主义建设探索之路步步成熟起来的，它是我国社会发展的理论产物，在中国特色的应然发展之路中，发挥着伦理学具有的价值理性内在诉求和社会导向作用。

公平正义是一个历史概念，不同的社会、理论产生不同的公正观。社会主义公正观，首先意味着人人平等。平等不是要求权利的绝对相等，而是指权利不能成为占有他人权利的特权；财富不是不能有差别，只是这种差别不能造成财富的“马太效应”。公平分配并维护公民权利、财富是社会主义制度政策的出发点。

公平正义还要求付出与获得大体对等。一个公民尽了义务就应有一定权利,付出了多少就应得多少回报。这意味着按劳分配为主的多种分配形式的应然合理性,还意味着一个人作出贡献,即使他的动机不为索取报酬,但作为社会公正,也应当使他得到相应回报,否则就有失公平正义。

社会主义公平正义观在提出平等原则和对等原则的同时,还提出补差原则,即“以有余补不足”。国家鼓励部分人或地区先发展起来,但目标是走向共同富裕。公平正义不认为一个人或一个地域该绝对负担他在自然分配中所居的劣势,贫越贫,富益富,是道德理性不允许的。一个公平正义的社会,要公正对待全体成员,不仅要承认人们之间的利益分配差距,而且要承担缩小这种差距的伦理责任,“要使全体人民共享社会发展成果”。补差原则就是对那些因各种自然、历史因素造成天赋或基础落差的社会对象给予惠顾,以排除他们事实上所处的不平等的起点和障碍,理性创造出一种社会公平。

中国发展模式的公正观历来主张共同富裕、共享成果,今天我们可看到这种公正理念在社会主义实践中,越来越清晰、越来越凸显。从党的十七大提出的“经济发展方式转变”到“十二五”规划建议中“更加注重社会发展”,从“国富”指标到“民富”目标,无不体现着社会上下对公平正义伦理“应然”的进一步诉求和落实。公平正义理念,自党的十六届三中全会在科学发展观中明确提出,经党的十七大和“十一五”规划的部署,至此“十二五”规划建议的主题性强调,“四个更加”凸显对社会公平正义的“更加”诉求,更加体现了政党信念与国家发展、人民命运的进一步统一,更加意味着市场经济的效率优势和社会主义追求公平的本质属性的有机结合,更加标志着中国发展模式中公平正义具有了时代“新概念”。

**消费伦理:公民社会的公共德性** 王淑芹,光明日报,2010.12.5

公民社会的重要特征不仅在于公民权利的保护和民间社会组织政治参与度的增强,更在于公民个体所具有的独立人格所孕育的道德主体性,尤其是具有“他域性道德意识”的公共德性的增量。导引于资源和环境压力而产生的消费伦理,其所具有的利他性、自律性和社会责任性等道德特征,则是公民社会公共德性的重要表征。

消费的伦理意蕴。消费伦理作为一个突显的社会伦理问题,是人类科技发展到工业化时代的产物。人类消费的正当性是毋庸置疑的，但人类消费活动的伦理意蕴则是需要阐释和说明的。无论是个人的生活性消费还是企业的生产性消费，都不止是一种单纯的物品消耗，而是社会关系的反映。因为在消费活动中，人们的消费方式和程度不仅会对自然产生影响，而且也会对他人、社会乃至自身产生影响。因此，消费活动内涵了人与自然、人与人、人与社会、人与自身的利益关系。而道德作为协调社会利益关系的一种价值原则和规范要求，就决定了构成社会利害关系的人类消费活动，必是道德调控的对象。

消费伦理是对传统道德观的一种超越。一方面，消费伦理转换了传统伦理学中"人类唯一性"的道德思维方式，使道德关怀对象由人类扩展到了自然及其资源；另一方面，消费伦理具有人类的整体主义道德思维方式，突破了道德的阶级性、民族性、地域性的局限，主张站在人类与自然和谐共生的关系上以及人类经济可持续发展的视阈中思考现代人的德性。

消费伦理的价值原则。对消费伦理的理解和界定，切忌把伦理学中的一般道德概念、范畴直接搬到消费领域进行简单化的推演，即把消费伦理仅看成是消费活动中的道德关系和道德规范的总和，应该站在社会经济发展实力、科技发展水平和社会价值观念的广阔视阈中把握消费伦理的内涵。因为离开社会生产方式、科技手段和社会主倡的价值观念，就无法真正理解消费伦理的社会价值诉求。为此，我们认为，消费伦理作为一个社会历史的范畴，是基于人类消费行为方式和程度合理性的社会历史规定性及其社会道德限度所形成的消费价值观念、规范以及与之相应的行为和品德。消费伦理的本质是"中道"的适度性原则。在"适度"原则的统摄下，消费伦理还有三大具体原则，即资源节约的共享原则、环境保护原则和身心健康发展原则。所以，消费伦理所主张的是以"适量使用、节约资源、保护环境、代际公正"为价值尺度的理性消费。

消费伦理的道德特征。消费伦理彰显了道德的利他性。利他性是道德行为的一个重要特征，而动机的利他性则是道德的本质特征。在当代社会，消费伦理的个人功利特征虽没有完全消除，仍然存在仅出于个人功利考虑的节约性消费行为，但同样不可否认的是，消费伦理价值观已渐进成为普遍的社会意识，经济实力已不再是人们厉行节约的全部道德根据，资源和环境本身的价值已跃升为重要因素。这种不以个人利害得失而基于环境保护和资源共享的消费伦理行为，是公民社会公共德性的突出表现。消费伦理突显了道德的自律性。自律性是道德的重要特征，但消费伦理的自律性更为突出。由人类的欲望和需要引发的消费,在一定意义上彰显的是人的理性与欲望的平衡,尤其是在物质较为丰裕和社会价值多元的时代,各种物品对人们享受欲望的刺激以及人生价值观的多样性,更加突显了理性对欲望节制的必要。所以,在很大程度上,消费伦理是人的一种自制的德性,是人们对那种浪费资源和破坏环境消费方式的自觉抵制。消费伦理突显了道德的责任性。消费伦理使公民具有了社会责任的思想境界和行为方式,表现为他们在购买商品时,不只是看重商品的质量和价格,同时也在乎商品本身的环保性以及企业环保社会责任的履行情状。

**浅论商业伦理研究的立场与视角** 刘宝成,(未发表)外经济贸易大学国际经济伦理研究中心主任,中国经济伦理学会理事

伦理学所研究的究竟是一个科学命题,还是一个实践命题?若判别一门学问能否可以归类于科学的范畴,一个简单的测试就是要看它是否敢于在普遍意义上问鼎“是什么”和“为什么”。伦理学研究工作的任务是不断透过客观现象去探寻人类精神活动的起源、规律及其对主客观两个世界的正反作用,其目的在于明确人类思考和活动的理由,促使人类当前以及未来作为共同体及其与客观世界和谐相处,与主观世界心安理得。正如罗素所言:伦理学“旨在发现关于德行与恶行的真实命题,而这恰好是真理的一部分,正如关于氧气或乘法表是真理的一部分一样”。显而易见,伦理学是当之无愧的人类科学,是对真理的系统探究。“伦理学研究的不是某种科学以外的和与科学并驾齐驱的东西,而仅仅是诸种科学中的一种。”

长期以来,学者们在形式上对于伦理学抱有三种截然不同的误解。第一种将其固守于哲学命题的终极拷问,唯恐将伦理学的研究世俗化;第二种将其泛化为文化的范畴,而放弃了从全人类的景观全面探究其是非善恶的使命,从而为伦理相对主义和极端的主观主义提供了借口;第三种则更为急功近利,它将伦理学具体化为团体行为的教条,而不惜抹煞其科学的主旨,而更为可怕的是,它为野心家维护局部而短暂的政治权力创造理论依据。作为一门人文科学,伦理学需要回答“是”、“应该”和“如何”这三大问题,于是便产生了既层次分明又彼此衔接的三大体系,即元伦理学、规范伦理学和应用伦理学。

随着商业活动日趋渗透甚至主宰了人类生活的各个角落,商业决策对人类价值的影响愈发举足轻重,商业伦理学作为应用伦理学的一个分支应运而生,并且呈现出方兴未艾的发展势头。沿用伦理学的三大体系,商业伦

理学旨在以商业活动为主线，探究决策者行为背后的动因，构建商业世界的价值规范，判别、分析和指导具体的商业行为，以期促进商业繁荣与人类社会以及自然环境的和谐发展。

传统伦理学研究中的两大流弊折损了其对商业活动的应用价值。弊端之一在于训诂主义，研究者往往热衷于言必及希腊，语不离孔孟。厚古薄今的倾向在中国尤为严重，春秋末期的孔子便崇尚摇摇欲坠的西周，而战国时代的孟子动辄诉诸尧舜，以董仲舒和朱熹等为代表的后世学者则将孔孟之道奉若神明，使之神秘化、教条化。另一弊端是缺乏对商业世界的针对性，其主要原因恐怕是以伦理学为标签的学者本身便对商业不屑一顾，而在商业价值研究中有所建树的学者则往往乐得跻身于经济学家之列。诚然，古希腊、古罗马以及古埃及、印度和中国等古代文明的确积累了丰富的人生哲学和智慧，但它们所赖以成长的基础是城邦文化和农耕文化，因而大都醉心于市民政治、氏族宗法和君臣纲常。19 世纪以来，工业化、信息化、全球化等新概念如雨后春笋般涌现，公司一方面以法人的形式聚集和调配社会资源，推动、深化和扩散这些新文明的成果，另一方面也以集体人的方式彻底粉碎了传统市民及农业社会的人际结构。特别是在股票市场出现之后，在信息化以及全球化的推动之下，公共公司、跨国公司开始左右主流人类社会中的政治、经济、文化等各个层面。由此，集体理性、有限责任、代理人、交易成本、关联交易、职业道德、竞争法则、价值链、利益相关者等富含实质内容的全新概念对该领域的研究者提出了新的挑战。这样的挑战是史无前例的，我们固然可以效法考古学家从先哲那里发掘出光鲜而凝练的智慧，来诠释和批判眼前的商业世界，然而断章取义是任何一位研究者都无法回避的风险。原因其实十分简单，伦理研究不能和它赖以发育和接受诠释的时代割裂开来，纯粹依靠哲学理念和逻辑推断的研究，无异于研究者孤芳自赏式的自恋。

在宏观的层面上，商业伦理学属于经济思想的范畴。从纵向来看，它是一种历史的研究；而从横向来看，它又是一种跨文化、跨制度、跨发展水平的研究。近景来看，这门学科始终不能脱离以商业为主导的现实社会。就中国而言，早在 20 世纪 30 年代，经济思想家赵兰坪就对中国古代的经济思想做出了全面否定："盖吾国古代之经济思想，与今之欧美之经济科学较，本无一顾之价值，自不待言。"30 多年之后，一位西方学者附和了赵氏的论断："在东方国家的古老文化中，大概没有一个曾经包括足以同中世纪西方的经院学者们在经济分析方面所做的良好开端相媲美的东西。"对于带有民族情结的东方学者来讲,这似乎意味着一种沮丧。他们非常希望从祖先的思想库中淘宝,以彰显民族主义的自信,进而炫耀其所谓的独特优势。殊不知,孔孟之道大多是在奴隶社会向封建社会过渡时期的治国和为人方略,与主流的商业社会没有太大的联系。当然,纯粹从智慧和文化的角度,那些的确是一笔价值不菲的遗产。某些学者甘冒断章取义的风险,从古代思想库中采撷某些能放之四海的孑遗去启迪今人的思维,这本是一件赏心悦目的乐事,但若将此奉为商业伦理的指导思想,则大谬不然,在考证之后难免贻笑大方,结果无异于康有为用心良苦的《孔子改制考》。这无疑也提醒了我们,护短的倾向本身便是违背科学精神的,真正的学者必须忍痛摆脱各种情结的滋扰,因为科学研究的态度必须是纯粹理性的,只有站在公正无偏的高度,方能在纷杂的历史和现实中抽象出能经得起客观世界和历史长河考验的理论。

既然欧美发达市场经济的沃土滋养了商业伦理的思想,这是否意味着我们要全盘舶来西方的伦理思想呢?非也,理由显而易见:中国的市场经济正处于破土而生的兴盛时期,各种商业思潮和行为方式仍然浸润着传统的政治体制、经济制度以及文化传承的烙印,中国人的精神境界不仅不会随着市场经济的发育以及与世界经济日益频繁而密切的交往而同步嬗变,而且在许多方面会得到进一步的巩固,尽管其中既有不合时宜的糟粕,也有启迪世界走出困境的精华所在。这一切为聚焦于中国商业伦理的国内外研究者提供了广阔的用武之地。但是西方伦理中有一点是要我们谦卑地学习的,那就是其一以贯之的理性主义。将之化解到经济领域,竞争意识和契约精神业已成为全球商业生活的基本伦理原则。然而相形之下,西方的结构主义(连同解构主义)和实证主义固然为他们打下了自然科学的基础,但同时也稀释了他们对人伦境界的想象力和无比惬意的东方式审美情怀。

最终,西方理性主义和东方理想主义若能各取所长,实现有机的融合,那将构成一幅美轮美奂的伦理图景。作者相信,在信息化和全球化两大引擎的推进之下,尽管反动的逆流依然汩汩不绝,人类却正以坚定的姿态朝这一美景迈进。毕竟,商人的道德直觉既不值得信靠,又不能构成伦理知识的来源。因此,诚切期望本领域的学者能抓住这一历史机遇,为加速推进东西方伦理思想的融合做出独特的贡献。

**从马克思主义视角看哈耶克的正义理论** 龙静云、沈昊驹，哲学研究，2010.12

哈耶克继承并发扬了西方的自由精神和法制之下个人主义的自由传统，融政治、经济、社会、法理于一体，并在思想史、方法论与心理学等方面做出了重要贡献，是新自由主义思想的最著名代表。在《法律、立法与自由》中，哈耶克对正义问题做了研究，阐述其对正义的基本立场以及对社会正义的批判。本文旨在分析哈耶克对社会正义或者说分配正义的批判，解读其正义理论的内涵，分析这一理论的逻辑前提，进而从马克思主义的视角对其进行批判性分析，以期为探究中国改革开放以及市场经济的正义问题提供思想资源，并揭示这一正义理论的重大缺陷及其局限性。

在哈耶克看来，“社会正义”这个概念在自由市场秩序内部既不意味着正义，也不意味着不正义，因为这个概念根本就毫无意义的；这就是说，“社会正义”根本就是一个空洞无物、毫无意义的术语。这就是说，从“社会正义”角度对市场秩序所产生的结果所作的判断，既不是真的也不是伪的，既不是正义的也不是不正义的，而是毫无意义的。哈耶克认为，社会和组织是不同的概念，社会秩序与组织秩序亦有不同，前者是自然演化而成的，它具有自生自发性。市场秩序就属于自生自发的社会秩序。而组织秩序是人为造就的，如国家和政府。两者运行的规则也是不同的。因此，有必要对“社会”或“社会的”这一概念进行澄清。“社会正义”是在人们普遍关注市场经济发展过程中各种不平等现象的背景下提出的一种主张，最初主要是为贫困者所作的一种善意的表达，其目的主要在于唤起人们对其利益没有得到充分关注或被忽视的那部分人的重视。

哈耶克在上述对社会正义思想的批判以及阐述其自身正义思想的过程中，潜含着两个逻辑前提，对这两个逻辑前提的理解是把握哈耶克正义思想的关键所在。第一个逻辑前提在于，哈耶克认为，正义是人之行为的一种属性，只有人之意志造成的那些情形才能被称作是正义的或不正义的。如果正义要有意义，它就不能被用来指称并非人们刻意造成的或根本就无力刻意造成的事态，而只能被用来指称人的行动。哈耶克正义思想中潜在的第二个逻辑前提是，自生自发秩序比任何一种组织秩序都更优。这是哈耶克在《法律、立法与自由》第一卷中极力要证明的一个命题。哈耶克对“社会正义”的批判以及对自身正义思想的论证，均是以由正当行为规则所支配的自由市场秩序要比任何由命令支配的组织型社会都更可欲这样一项基本的前设为依据的。离开这一点，我们很难完整地理解哈耶克对“社会正义”的批判以及他所谓的"否定性正义"观。

马克思虽然没有专门论述正义问题的著作或论文,但这并不意味着马克思没有正义理论。在马克思看来,判定某一社会的分配公平与否,没有一个绝对的、超时空的自然准则,而是要看该分配制度所依存的生产方式,即在资本主义市场经济之下,"生产当事人之间进行的交易的正义性在于:这种交易是从生产关系中作为自然结果产生出来的。这种经济交易作为当事人的意志行为,作为他们的共同意志的表示,作为可以由国家强加给立约双方的契约,表现在法律形式上,这些法律形式作为单纯的形式,是不能决定这个内容本身的。这些形式只是表示这个内容。这个内容,只要与生产方式相适应,相一致,就是正义的;只要与生产方式相矛盾,就是非正义的。在资本主义生产方式的基础上,奴隶制是非正义的;在商品质量上弄虚作假也是非正义的。"

很显然,马克思更多地从社会生产关系着手来思考和讨论正义问题,马克思所关注的是正义背后的物质利益动因与客观历史规律。这与哈耶克所谓建立在自生自发秩序基础之上的自然和绝对的正义观有着本质的区别。但不可否认,哈耶克对过程正义或交换正义的坚持与马克思对资本主义交换正义的肯定之间具有某些一致性,同时也说明过程正义具有必要性与合理性。正因为如此,20 世纪 80 年代初,实行了社会主义计划经济 30 年的中国率先开始了一场伟大的变革——由计划经济向市场经济转型,而承认和实行市场经济的前提之一,就是要承认和遵循市场经济运行的规则,坚持以交换正义为核心的过程正义。从马克思主义的视角来看,哈耶克的正义理论也存在着重大缺陷和错误:其一,哈耶克正义理论的逻辑前提——自生自发秩序学说内含深刻矛盾。其二,哈耶克完全否认分配正义,这与马克思主义格格不入。

从我国目前的现实情况来看,尽管坚持市场经济的过程正义会从整体上、长远上促进经济效率的提高和社会福利的扩大,但是市场经济的发展必然带来社会分化,而社会分化的结果是群体的类别增多、异质性增加。在这种情况下,我们必须以马克思主义的公平正义理论为指导,在坚持过程正义的同时坚持结果正义,通过建立公平正义的社会基本结构和制度建设从深层次上解决分配不公问题。

**企业信息决策中的诚信问题** 李玉琴,社会科学家,2010.12

当前,企业信息决策中存在的不诚信现象不但大大削弱了信息消除市场不确定性的功能，而且还使商业失信现象越演越烈，市场风险愈益增强。因此，在信息不充分、不完备、不对称的市场环境中，规范企业信息决策行为，尽可能地消除虚假信息的传递，减少信息不对称现象，是增强市场信心、提高企业竞争力、规范市场秩序的有效手段。

一、企业信息决策的诚信要求

基于诚信要求下的企业信息决策，从总体上来说应当是在尊重客观事实、尊重利益相关者利益的基础上及时、坦诚地披露相关信息。具体而言，其信息决策过程中的信息发布与处理应具有如下品质：第一，企业信息决策要具有合法性。第二，企业信息决策要具有主动性。第三，企业信息决策要具有真实性。第四，企业信息决策要具有有用性。第五，企业信息决策要具有完整性。第六，企业信息决策要具有及时性。第七，企业信息决策要具有充分性。

二、企业信息决策的诚信边界

伴随商品经济的发展，经济活动中的诚信要求逐渐由道德规范上升为了法律原则。诚信要求的这一历史变革，使得现代语境中的商业诚信具有了二重性，即道德商业诚信和法律商业诚信。虽然法律商业诚信是由道德商业诚信上升而来的，是道德商业诚信要求的法律再现，但两者在企业信息决策过程中所显现出的具体要求的边界是有所不同的。

按照法律商业诚信的规则要求，企业在信息决策过程中是否诚信主要涉及两个方面：一是是否主动提供相关信息；二是是否提供真实信息。而从道德商业诚信的要求看，拥有信息优势的企业在信息决策中不仅应主动按照国家相关法律和双方所签合同规定向交易对象提供真实的信息，而且信息提供在主观上应富有诚意、在数量上应足够使交易对象形成正确的交易决策。具体而言，这里至少包含两方面的要求：第一，除涉及商业秘密的信息外，其他信息都应属于被提供的范围。第二，对那些会损害对方实际利益的信息，即使国家相关法律及对方都未提供要求，即使一旦提供会给自身利益带来损失，信息拥有者也应主动地向对方提供。

需要提及的一点是：在这里，无论是法律层面的商业诚信还是道德层面的商业诚信对企业信息决策的要求最终强调的并不是倾其所有，毫无保留，而只是一个合理的信息披露边界。企业出于信息安全、商业机密的考虑，只局限于公开特定范围、一定数量的信息资源。

三、企业信息决策的诚信问题

具体而言，当前企业信息决策中的不诚信行为主要表现为以下几个方面:(1)利用信息优势索取超额利益。(2)虚构相关信息谋取不正当利益。(3)隐瞒相关信息获取不正当利益。(4)侵犯消费者隐私获取不正当利益。(5)侵犯知识产权谋取非法利益。(6)制造信息污染谋取不正当利益。

四、企业信息决策的诚信治理

在信息经济时代的今天,信息已成为市场交易的基础性要素。解决企业信息决策中存在的诚信问题,其关键在于尽量消解信息不对称现象,杜绝不诚信信息的传递。

1. 完善企业自身对信息决策的诚信管理

企业信息决策说到底是企业在一定价值观念指导下的自主行为,因此,完善企业自身对信息决策的诚信管理是治理企业信息决策中不诚信现象的根本。当前,我国的企业应以社会主义核心价值观为指导,确立"以见利忘义为耻,以诚实守信为荣"的经营理念,将诚信原则真正落实到企业信息决策的全过程。企业信息决策从总体上可分两大块:一是针对企业内部的信息决策;二是针对企业外部的信息决策。就企业内部信息决策的诚信管理而言,管理者与员工之间、员工与员工之间应在相互信任的基础上建立起畅通无阻的信息传递渠道;企业外部的信息决策诚信管理主要强调的是企业对外披露、散布、传递的所有信息都必须是富有诚意、真实可靠的。

2. 加强政府对企业信息决策诚信的监管

在整个社会诚信度还不是很高的情况下,政府在提高社会主体诚信水平方面的作用往往显得尤为重要。政府对企业信息决策诚信度的影响主要在于相关制度的设置与运作,在于外在的规约与激励。加强政府对企业信息决策诚信的监管,政府一是要利用自身的权力权威以及摄取企业信息资源的便利优势,征集企业包括基本情况、经营状况、行政处罚记录、法律记录、资信情况、社会评价等在内的所有信息,并进行动态跟踪,以便对企业信息决策行为随时进行必要的监督与管理。二是要通过电子政务建设,在公开、公正原则的基础上,依法将企业的相关信息向社会披露,方便社会公众对企业信息的查询或验证。三是要采取多种措施帮助社会公众甄别企业的虚假信息。四是要通过完善立法,进一步规范企业的信息决策行为,建立奖惩机制,在使信息决策行为诚信度高的企业得到鼓励和支持的同时,对散布、传递虚假信息的企业进行严厉的打击,对其进行足够强度的惩罚,使之不敢不信。

3. 加强新闻机制对企业信息决策诚信的监督

以报纸、杂志、电视、广播、网络为核心的新闻机制在揭示企业虚假信息方面具有极为重要的作用。“一个受法律保护的自由新闻媒体是市场经济发展的必要制度机制”,也是敦促企业提高信息决策诚信度的重要力量。新闻媒体的报道监督会在外围对企业信息决策诚信度的选择形成一定的挤压力、威慑力,并且这种约束力量有时甚至强过政府的行政处罚乃至法律制裁。许多散布虚假信息或隐瞒危害信息的企业就怕被报纸、电视、网络等媒体曝光。他们知道一旦被媒体曝光,他们的社会声誉必然会受到极大影响,而良好的社会声誉则是他们吸引顾客、投资者、潜在员工和商业伙伴的重要法宝。此外,媒体监督还是一种用更小成本减少信息不对称的有效手段。尽管增加信息透明度的机制有多种,但从成本、效果上看,新闻媒体披露的信息成本更低廉,并且由于报纸、杂志、电视传播与披露的信息,“有可查、可见的具体信息负责人,其发布信息的可靠性、真实性一般更令受众信服”,因此效果更好、更广泛。

**国有企业与民营企业的伦理比较——以浙江省中小企业为例** 陈雷,华东经济管理,2010.12

中国特殊的国情决定着国有企业、民营企业并存的二元企业结构将长期存在。

从应然的角度讲,国有企业与民营企业在性质、地位以及改革、发展的状况等方面的差异,决定着彼此所应提倡的伦理、道德准则必然会有所不同。

《中华人民共和国宪法》(2004年修正)第七条指出:“国有经济,即社会主义全民所有制经济,是国民经济中的主导力量。国家保障国有经济的巩固和发展。”《中共中央关于建立社会主义市场经济体制的若干问题的决定》对国有企业提出了改革的要求:“必须坚持以公有制为主体、多种经济成分共同发展的方针,进一步转换国有企业经营机制,建立适应市场经济要求,产权清晰、权责明确、政企分开、管理科学的现代企业制度……”

对于民营企业,《中华人民共和国宪法》(2004年修正)第十一条指出:“在法律规定范围内的个体经济、私营经济等非公有制经济,是社会主义市场经济的重要组成部分。国家保护个体经济、私营经济等非公有制经济的合法的权利和利益。国家鼓励、支持和引导非公有制经济的发展,并对非公有制经济依法实行监督和管理。”为了确立非公有制经济平等的市场主体地位,《国务院关于鼓励支持和引导个体私营等非公有制经济发展的若干意见》还做出了许多具有针对性的规定。

上述相关规定,以及国有企业、民营企业改革和发展的实际,是我们认识这两种不同类型的企业伦理的重要前提。

作者认为,上述的国有企业的性质、地位及其处于改革、发展过程当中的实际,决定着国有企业应侧重提倡如下一些伦理、道德要求:第一,国有企业应具备一定的政治功能,以便履行维护和巩固社会主义基本经济制度的权利和义务。第二,国有企业有责任防止国有资产的流失。第三,国有企业应积极应对公有产权的内在矛盾。第四,国有企业应尊重和保护企业员工的受权利保护的利益——权益。第五,国有企业应该成为贯彻落实社会主义核心价值体系的模范。

和国有企业相比,民营企业的性质、地位及其改革和发展的实际都有自身的特点。有鉴于此,民营企业所提倡的伦理、道德应有自己的侧重点。作者认为,有别于国有企业,民营企业应侧重提倡以下几个方面的伦理、道德要求:第一,确立权利主体意识并提升企业人格。第二,积极进行产权制度改革。第三,正确处理好资本与权力的关系。第四,正确对待财富。第五,随着自身权利的不断扩大,民营企业应积极参与扶贫开发、社会救济等社会公益性活动,增强社会责任感。

此外,作者还从实然的角度对国有企业、民营企业的伦理进行了探讨。2007 年 1 月,作者组织力量,对浙江省 700 家中小企业的伦理、道德状况进行了问卷调查。后来从 532 份有效问卷中随机提取出 50 份国有企业样本、50 份民营企业样本进行了比较研究。实然研究(问卷调查)表明,国有企业与民营企业的伦理、道德既有共同点,更有诸多差异。第一,对于企业伦理在企业经营活动中的作用及其作用点的理解,浙江省国有企业、民营企业有着较为一致的认同,分别有 56%、50%的企业认为“比较重要”,并且二者都认为企业伦理的作用涉及企业对内、对外的所有利益关系当中。第二,对于若干具有负面伦理效应的行为,浙江省国有企业、民营企业表现出了不尽一致的反应。例如,对于企业为办成事,给有关人员(政府官员、客户等)送礼品、送礼金、给回扣等行为,国有企业、民营企业都作出了较为无奈的反应,不过民营企业对此表现出了较高的容忍度,较国营企业高出了近 24 个百分点。第三,浙江省国有企业、民营企业在所期待的伦理原则方面,表现出了比较多的一致性。例如,“诚信”、“互惠双赢”、“以人为本”等伦理原则已广为企业所熟知和向往。第四,在企业的伦理建设方面,浙江省国有企业与民营企业的表现有较大的差异性。国有企业的表现总体上好于民营企业。单就伦理制度化建设而言，前者高出后者近26个百分点。

上述的实然研究和应然研究的结果可以相互补充、相互印证。

总体上讲，通过对国有企业与民营企业在伦理、道德方面的共同点的把握，客观上有助于我们提出企业伦理、道德建设的一般性要求，而对彼此诸多差异的了解，则成为我们有区别地进行企业伦理、道德建设的逻辑前提。

**论康德的责任思想——兼论康德责任思想对当代企业社会责任问题的启示** 强以华，武汉科技大学学报(社会科学版)，2010.12

一、从康德的道德律来思考

首先，康德的道德律规定着他的责任思想的内容。康德将其道德律(道德法则)首先表述为："不论做什么，总应该做到使你的意志所遵循的准则永远同时能够成为一条普遍的立法原理。"道德律的这一表述形式就是要求，道德行为就是那种不以后天的经验内容(准则)为意志动机单以先天的道德律或道德法则(法则)为意志动机的行为。由此出发，人的道德责任的内容就是人应以先天的道德律而非个体的行为准则作为自己意志的动机。其次，康德的道德律规定着他的责任思想的性质。康德为了找到一个说明"人的准则必须符合法则"的根据，他又从起源的角度表述了道德律。他说："个个有理性者的意志都是颁定普遍律(亦即道德律——引者)的意志。"(亦即"自律")道德律的这一表述形式就是强调，人作为有理性者遵循道德法则的根据就在于它原本就是人(作为有理性者)自身的法则，所以对人来说道德法则就应该是无条件遵守的"绝对命令"。由此出发，人的道德责任的性质就是绝对命令亦即不计道德行为的任何条件和效果。最后，康德的道德律规定着他的责任思想的指向。康德的道德律还有一种表述形式，即"你须要这样行为，做到无论是你自己或别的什么人，你始终把人当做目的，总不把它只当作工具。"就道德律与责任的关系来看，假如说康德道德律的上述两种表述分别指出了责任的内容和性质，那么，他的道德律的这一表述形式则进一步指出了责任的最终指向，亦即"人是目的"。

二、从康德的自由与理性来思考

康德把自律也叫做自由。他的自由的含义在于：人作为有理性的人应该彻底摆脱他律而只执行自己为自己颁定的普遍道德律。因此，联系责任思想，他的自由表达了这样的意思，即人的自由是人之所以能够承担责任的必要条件,换句话说,只有当人的选择没有受到任何外界强制时,他的选择才纯粹是他自己的选择,因而他才必须并且应该承担选择的后果。理性,作为“实践(道德)理性”,它反映了康德的这样一个思想,即理性是人成其为人的基本条件;不仅如此,由于实践理性同时就是“自律”的理性,所以,理性是人成其为人的基本条件,同时也意味着承担道德责任是人成其为人的基本条件。

康德关于理性与道德相互关系的另外一种意义进一步彰显了自由与理性之间在履行道德责任方面的内在联系。康德认为理性所颁布的道德律是善恶的标准,因此,他的理性内在地包含了这样的思想,即“理性使人能够辨别善恶、从而进行正确的道德判断和道德选择”。因此,假如说康德关于自由与责任之间相互关系的思想论证了人(作为自由的人)“客观上”应该乃至必须承担责任的话,那么,他关于理性与责任之间相互关系的思想则论证了人在“主观上”应该如何(通过辨别善恶)承担责任。

三、康德责任思想对于当代企业社会责任问题的启示

康德责任思想对于当代企业社会责任问题的启示之一在于:企业必须无条件地承担以人为最终指向的社会责任。企业作为经济领域的基本组织,它之“应该存在”的最终根据就是为了满足人类生存发展之物质生活方面的需要;并且,它还不能因为满足人类物质生活方面的需要损害人类生存发展其他方面的需要。康德责任思想对于当代企业社会责任问题的启示之二在于:为了使企业有效地承担社会责任,必须给予企业以合法的“自由”。企业若要并且能够承担社会责任,它的一切行为都应该是它合法地自由决策的结果。所以,为了企业能够更为有效地承担社会责任,必须给予企业充分的合乎法律的经营自由。康德责任思想对于企业社会责任问题的启示之三在于:为了使当代企业有效地承担社会责任,企业必须培养自己的理性(实践理性)能力。当代中国企业培养自己的理性能力,大致应有两条路径:其一,理论上提高道德素养。其二,实践上注重道德训练。

## 著作摘要

**《资本论》经济伦理思想发微** 胡贤鑫,湖北人民出版社,2010.1

该书根据经济关系决定经济伦理关系、经济伦理关系决定经济伦理价值观的原则,以经济关系为基础,分析了经济伦理关系的形成及其发展,特别是资本主义经济伦理关系的形成和发展;以经济伦理关系为基础,分析经济伦理价值观的形成和发展,尤其是资本主义条件下经济伦理价值观的形成和发展。基本内容主要有:经济伦理关系的形成以及资本主义经济伦理关系的形成、所有权关系中的经济伦理问题以及资本主义所有权关系中的经济伦理问题、劳动伦理以及资本主义条件下的分配伦理、资本主义条件下机器应用中的经济伦理、资本主义管理中的经济伦理问题等。

该书共十章:第一章经济伦理关系的形成,介绍了商品交换关系是经济伦理关系的历史起点和逻辑起点以及商品交换中的经济伦理原则,如:尊重劳动产品所有权和劳动者自由意志的原则、公平和公正的原则、平等原则、相互服务原则、尊重劳动的原则等;第二章所有权关系中的经济伦理,介绍了所有权的基本概念、对黑格尔所有权理论的批判,以及对前资本主义土地所有权的三种形式及伦理合理性和局限性的综合评说,继而介绍资本主义所有权关系的实质和伦理关系;第三章资本主义生产与资本的经济伦理属性,阐述了资本主义生产的伦理二重性,资本提高生产力的动机与资本的经济伦理属性、资本主义生产的目的与资本的经济伦理属性、降低劳动力的价值与资本的经济伦理属性、资本主义条件下生产力的提高与工人命运;第四章资本主义劳动关系中的经济伦理,介绍了协作的基本形式以及资本主义协作的意义,阐述了资本主义协作劳动条件下的劳动伦理关系,资本主义制度下的分工以及分工的经济伦理特征,“片面的人”;第五章“劳动时间”的经济伦理问题,阐述了资本对剩余劳动时间的贪欲,劳动时间的身体界限和道德界限;第六章资本主义条件下机器应用的经济伦理,介绍了机器“资本主义应用”的二重性,阐述了资本主义条件下机器的应用加深了社会不平等、资本主义条件下机器的应用剥夺了劳动者的劳动自由,以及导致社会道德的堕落;第七章“资本精神”与资本主义分配关系中的经济伦理,介绍了“资本精神”与“资本主义精神”,剩余价值的来源与“资本精神”,“资本精神”与资本主义生产的目的,剩余价值的形成过程与“资本精神”,剩余价值的分割与资本主义分配的经济伦理关系;第八章资本主义商品交换中的经济伦理,阐述了资本主义商品交换与前资本主义商品交换的根本区别,资本主义商品交换中的经济伦理原则和经济伦理关系;第九章资本原始积累过程中的经济伦理问题,阐述了资本原始积累的本质,剥夺农民土地的基本形式,血腥的立法和殖民制度;第十章资本主义管理中的经济伦理,阐述了管理与生产的关系,资本主义管理的特殊属性以及对资本主义管理的伦理评析。

**金融市场秩序、伦理规制与有效监管** 宋文昌,中国金融出版社,2010.3

美联储前主席沃克尔曾睿智地评论:“如果我们仔细观察每一次危机,都能发现贪婪、恐惧和狂妄自大这三大因素。这些因素足以再次产生未来的国际金融危机。”2008 年,时值亚洲金融危机十周年,正当我们回望与反思亚洲金融危机时,更猛烈的金融危机再次冲击了全球。由美国次贷危机引发的金融危机迅速影响到了银行业、保险业、证券业等,并导致房地产业、零售业、制造业、服务业等一系列行业的严重衰退。这场危机从美国迅速蔓延到欧洲、亚洲、拉丁美洲,霎时间整个世界沦陷在经济衰退的阴霾中。对这些危机追本溯源,我们清晰地看到危机形成的轨迹,更坚定了我们的看法:正是人类的心智因素酿成了一系列危机。高盛、美林一批投资银行“虚夸 CDO”产品,纳斯达克前主席麦道夫玩弄庞氏骗局,丝毫不加节制的贪婪和狂妄自大制造了巨大的泡沫,泡沫的膨胀又引发了恐惧和惊慌,随之而来的就是经济的崩溃。

金融危机的频繁爆发也让我们认识到这样一个事实,主流经济学所倡导的没有伦理思考、只追求经济单位自身利益最大化,并用来推导经济学模式的惯性思维受到了市场的严重挑战。金融市场的贪婪如果没有伦理和道德的规范与约束,就会使市场的价值取向发生扭曲,陷入秩序混乱甚至出现法律被践踏的无序状态。

该书共八章。第一章导论,主要描述了研究背景——金融市场无序发展引发的担忧,提出问题——中国金融市场持续发展的伦理基础,以及相关研究文献综述和研究思路及内容;第二章市场秩序理论与金融市场秩序,阐述了市场秩序理论和金融市场概论和秩序,以及发达国家金融制度与金融市场秩序;第三章金融伦理与伦理规制,对金融进行伦理分析,阐述伦理规制和金融伦理规制;第四章现代金融市场秩序的伦理分析,分析了现代金融市场无序和危机及市场伦理缺失,以及发达国家金融市场发展的伦理规制借鉴;第五章金融伦理与有效监管,阐述了金融监管,并对有效金融监管分析,以及有效金融监管的伦理基础;第六章现代金融市场的有效监管分析,阐述了现代金融监管理论,有效监管在现代金融市场发展中的作用,有效金融监管的市场基础架构,并对发达国家金融监管体系进行分析;第七章中国金融市场发展分析,介绍了中国金融市场体系,并分析了中国金融市场伦理现状,中国金融监管体系;第八章推动中国金融市场有序发展,构建中国金融市场伦理规制体系以及有效监管体系。

**发展伦理探究** 王玲玲、冯皓,人民出版社,2010.7

随着经济与科技的迅速发展出现的发展问题和发展障碍,彰显了发展结果与发展初衷的严重相悖。21世纪愈发凸显的发展异化现象昭示着“发展”无法逃逸在道德哲学的反思和价值评判之外,现代伦理精神的确立为人类的发展提供了价值论的基础,也表明了“发展”内含的生存论和幸福论本质。作为反思发展合理性的发展伦理学,比以往任何一种发展理论都更加直接地从伦理层面反映了人们对发展终极价值目标的向往和追求。发展伦理学的建构,从理论上完成了公平与效率统一、种际正义和人际正义相映的逻辑论证,并可能指导我们走出经济发展和生态失衡的困境,以实现科学的可持续发展。发展伦理学作为人类发展自我控制、自我校正、自我约束、自我免疫的机制,成为保证社会健康、和谐、公正、全面发展的必要基础。

该书共有九章,外加一个前言和结语。第一章提出问题,并强调发展不应该也无法逃逸在伦理审视和道德规约之外,确证了“正确的经济学同高尚的伦理学是不可分离的”,以及“中国的现代化还应该包括社会的公平、正义和道德的力量”等理论。第二章从道德哲学的视域考证了发展伦理得以可能的现实依据和学理依据,并力图阐释发展伦理的理论内涵。第三章通过论证发展的价值维度,强调只有全体人民幸福美好的生活才是发展的终极目标,才是真实的发展。第四章通过剖析发展进程中“恶”的不可避免性,讨论如何立足于“善”的基点实现对发展的代价——“恶”的超越,并力图由此展开生存权利和发展责任之间辩证关系的梳理。第五章基于“只要社会还有大量的贫困存在,发展就不可能是真实的,也不可能是持续的和科学的”这一理论前提,重点论证了“贫困不是天命”,消除贫困是一切发展的第一目标。第六章探讨了发展伦理的路径以及科学发展的价值向度必须是制度公正、经济公正和政治公正的问题。第七章、第八章和第九章是通过扩展思路,讨论了发展伦理和经济伦理、生态伦理及其他应用伦理之间的辩证统一关系。结语具有概括的性质。力图通过梳理发展的历史脉络,从发展伦理的视角对发展进行价值层面的反思和批判,以期对发展的终极价值目标有一个明晰的认识,探索人类社会更合理、更有利于社会可持续发展的发展模式。并得出结论:发展伦理学的建构,可以指导我们实行科学的可持续发展。在终极价值目标上,发展伦理学研究的根本宗旨和科学发展的终极目标完全一致,都是为了全体人民的幸福美好生活。在结语的最后,提出了一系列本书没有完成的有待开发和深化的研究课题。

**金融发展的伦理规制**　丁瑞莲,中国金融出版社,2010.9

该书是作者主持的国家社科基金项目的最终成果。现代主流金融理论的"去价值化"倾向把金融发展的动力机制过多引向金融技术创新,忽略了金融伦理资源的开发和供给,不能满足抑制金融之恶和张扬金融之善的双重需要。全书以金融与经济、社会、环境、人的和谐发展为基本价值取向,以金融与伦理内在统一为理论建构的核心命题,以金融制度、金融市场、金融组织和金融个体等金融的学术文本为经,以各层面伦理规制生成、运行、演进合乎逻辑的展开为纬,遵循从历史到现实、从抽象到具体、从一般到特殊、从理论到实践的叙述逻辑,揭示了金融伦理规制的可能性、必要性和可操作性,勾勒了金融伦理规制的基本理论框架,特别是,从资本全球化视角对中国金融发展现实进行了伦理反思,导出了中国金融发展的伦理规制机制和方法。

全书八章大致可以分成四部分:第一、二章为第一部分,主要界定了金融伦理、伦理规制和金融伦理规制三个核心概念,梳理了古今中外有关金融伦理的思想和观点,为金融伦理规制理论框架的建构提供历史资源。第三、四章为第二部分,揭示了金融伦理规制的内在根据和作用机理,从理论上回答金融伦理规制何以可能的问题。作者从金融理论的伦理假说、金融制度的伦理性质、金融市场的伦理支点以及金融机构的伦理治理四个方面剖析了金融内在的伦理特质,认为金融发展不只是金融效率的改进,还体现了金融要素与伦理要素的融合。作者还认为,外在的伦理规制只有通过金融制度伦理、金融市场的伦理激励以及金融组织的伦理决策等环节,才能转化为金融个体的内在道德。第五、六章为第三部分,重点考察了转型期中国金融发展的伦理规制现状及其制约因素,回答了金融伦理规制为何必要的问题。

作者认为我国金融改革与发展始终缠绕着效率与公平的矛盾，各金融主体之间的伦理冲突凸显。由于金融伦理规制是被嵌入社会政治、经济、文化环境之中的，转型期中国金融伦理规制的缺失或失灵，除了金融个体道德修养等主观制约因素外，还有现代金融市场自身难以克服的缺陷，来自我国经济、政治和社会领域的共时性和历时性关联约束，以及滞后的传统诚信文化和社会伦理治理文化等客观因素。第七、八章为第四部分，构建了中国金融伦理规制的实现机制和方法体系，回答了金融伦理规制如何操作的问题。作者针对我国新型加转轨的特殊金融市场及其衍生的特殊伦理问题，提出了以价值引导、制度强制、文化提升和教育疏导为内容的金融伦理规制的实现机制，并提供了编制金融市场道德指数、开发金融伦理产品、构建伦理预警体系等实施金融伦理规制的具体方法。该书最后强调，无论中国和西方发达国家的金融伦理存在怎样的差异，面对同样的金融社会、科技时代和低碳时代，金融发展都将承担越来越多的社会责任，以对社会、人类、环境和未来负责的态度，谨慎对待金融活动，避免伤害，将成为各国金融体系共同的伦理诉求。

**宗教经济伦理研究**　*黄云明，人民出版社，2010.9*

该书是目前国内第一本有关宗教经济伦理问题研究的学术专著，它将宗教经济伦理的哲学思索与一般宗教信仰知识、宗教伦理以及宗教经济伦理观念的介绍融合，深入浅出，是对诸宗教经济伦理的全方位解读。

该书对犹太教、天主教、基督教新教、儒教、道教和日本宗教的简单历史、基本信仰和主要宗教伦理以及宗教经济伦理观念做了比较全面的介绍，语言简练、朴实。

全书共分八章。第一章对宗教经济伦理研究相关的伦理道德、宗教、经济伦理以及宗教经济伦理等主要概念进行了界定；第二章对宗教经济伦理研究的奠基者马克斯·韦伯的宗教经济伦理理论的基本概念、理论观点进行了客观介绍和理论反思。本书从第三至第七章分别对犹太教、天主教、基督教新教、儒教、道教的历史发展和主要信仰进行了简单介绍，对马克斯·韦伯、托尼和桑巴特等思想家关于每一种宗教经济伦理的不同认识在客观介绍的基础上进行了对比分析，对以上每种宗教经济伦理，在尽可能全面介绍的基础上，进行了理论反思，对于各种宗教中富有特色，对中国市场经济有特别指导意义的观念进行了更加深入的分析，对犹太教的唯一神信仰、律法信仰、契约观念；现代天主教的社会理论、企业家理论；基督教新教的天职观念、个人主义观念、勤俭观念；儒教的义利观念、诚信观念；道教的诚信贵和、柔弱自守等观念进行了更深入的探讨。第八章对日本的神道信仰、佛教和儒家思想基本情况进行了简单介绍，对日本武士道信仰对日本经济发展的影响进行了客观介绍和评价，最后，对在日本佛教、儒教经济伦理现代化方面有重大贡献的铃木正三、石田梅岩、涩泽荣一等三位思想家的宗教经济伦理思想进行了分析研究。

**金融伦理研究** 单玉华，光明日报出版社，2010.11

该书作者主要从以下几个方面对金融伦理这一门新颖的、正在形成中的学科来进行研究：金融伦理的历史思考、金融道德风险与金融伦理关系的调节、金融的信用基础、金融的公平准则、金融活动中值得关注的几个伦理问题、金融伦理的二难选择、金融伦理的法制化建设。

导论主要概述了金融的概念和金融的产生、近现代金融的产生和发展、金融伦理与金融伦理学、本文的选题、思路、研究方法及研究内容；第一章金融伦理的历史思考，主要阐述了马克思的金融信用观，并分析了经济与金融活动中的“自由”与“规则”；第二章金融道德风险与金融伦理关系的调节，介绍了金融活动中的道德风险以及金融全球化过程中的伦理困境，并分析了金融伦理关系的构成和特征，金融伦理关系面临的冲击，金融伦理关系的法律调节与伦理调节；第三章金融的信用基础，主要概述了信用的概念及信用伦理准则的产生、中西传统信用观、中西信用发展之比较，金融信用与伦理信用的历史考证和二者的内在关系；第四章金融的公平准则，阐述了经济和金融活动中的公平准则以及国际游资及其运动中的“自由与公平”；第五章金融活动中的若干伦理问题，分析了银行信用的伦理问题等。

**经济伦理的当代理念与实践** 王小锡主编，上海人民出版社，2010.12

无论是从理论还是实践层面看，经济伦理道德领域都有很多值得研究和落实的问题：一是经济伦理学作为新兴的交叉学科，其学科体系的建立尚需花时间和精力去“打磨”；二是作为经济伦理道德研究的指导思想和理论资源的马克思主义经济伦理道德观，需要我们更深入系统地进行文本解读和研究提炼；三是创建中国经济伦理学需要研究中国传统经济伦理思想的精华和国外经济伦理思想的优秀成果，并能充分地承继和吸收；四是经济伦理道德的应用问题尚没有引起我们足够的重视，需要全社会尤其是理论界引起关注，以有说服力的成果指导支撑经济活动的正常开展并凸显经济伦理学的学科价值，等等。

基于上述思路，自2005年课题立项以来，课题组成员围绕课题研究计划较为系统地研究了经济伦理道德领域的一些基本理论问题，重点探讨了诸如马克思主义经济伦理思想、经济伦理道德与经济社会发展的关系问题、市场经济与道德理性的关系问题、经济伦理道德的作用与企业发展问题、企业伦理道德与企业利润实现问题等等。同时，课题组还坚持理论联系实际的学术路向，针对诸如金融危机、赈灾活动、生产安全等重大事件或案例展开了深入的学理分析，以期用伦理道德的眼光去剖析、说明和启迪现实。

**儒家经济伦理及其时代命运** 张鸿翼，北京大学出版社，2010.12

该书在保持了原作上篇和中篇的基本理论结构的基础上，重点是加强了下篇的内容，增补了几章新的内容，重点阐述了儒家经济伦理思想在不同时代的不同文化命运，即主要分析研究了其对于中国古代、近代社会发展和当代从计划经济到市场经济的经济制度变革中所发生的文化影响，强调了儒家传统文化对于当代社会和人的思想观念的深远影响。

如何评价和把握传统在现代经济社会发展中的作用，始终是一个剪不断、理还乱的社会热点问题。该书在系统介绍儒家经济伦理思想的基础上，历史地分析了传统文化对于中国古代社会、近代社会以及当代社会从计划经济到市场经济的转变中所产生的深远影响，进一步展望了中国传统文化在中国现代和谐社会价值重建中的价值回归。

全书分为上中下三篇，上篇包括第一章至第四章，主要论述儒家文化包括其经济伦理思想形成的历史条件和历史过程、儒家文化作为我国古代知识分子群体的思想意识的思想特征；第一章介绍了儒家文化经济伦理思想形成的历史条件，第二章阐述了儒家文化的历史成因，即春秋战国时期的社会结构变革与儒家文化的历史成因，并分析了社会政治结构变化、社会经济结构变化、社会文化结构变化、儒家学派的创立与儒家文化的形成；第三章中国古代知识群体的文化心态与儒家文化的思想特质，首先介绍了儒家文化代表了我国古代知识群体的主流意识和价值取向、儒家文化的三个价值层面、儒家学派及其文化价值的"超越性"；第四章儒家经济伦理的形成和发展，阐述了儒家经济伦理的理论奠基、儒家经济伦理的政治化、儒家经济伦理的制度化、儒家经济伦理的制度化和正统化的最终完成。

中篇包括第五章至第十章，着重从六个方面对儒家经济伦理思想的内容给予全面介绍和展示；第五章经济运行的道德法则，包括整体和谐法则、天人合一法则、社会人本法则、循环发展法则、中庸守常法则等;第六章经济关系的道德原则,主要有重群体而抑个体、重公益而抑私利、重名分而抑僭越、重均平而抑分化、重利他而抑利己、重礼让而抑侵争等;第七章经济行为的道德规范,阐述了贵义贱利是儒家约束人的经济行为的基本道德规范以及社会经济生活中人的经济行为应当遵从的道德规范;第八章经济政策的道德准则,主要是儒家关于治国为政的指导思想和儒家关于经济政策的道德准则、儒家伦理对于我国古代社会经济政策的影响;第九章经济管理的道德手段,介绍了我国古代社会的经济管理体制与儒家管理思想的理论特点、儒家的人性论及其管理哲学、经济管理中道德手段的运用;第十章经济生活的道德价值。包括有经济生活的道德价值、经济效益的道德评价、经济发展的道德理想。

下篇包括第十一章至十五章,着重研究了儒家经济伦理的深远的社会影响及其时代命运。第十一章儒家经济伦理与中国古代社会经济结构的长期延续,介绍了经济结构的多层次性与儒家经济伦理的聚合功能、经济机制的运行特点与儒家经济伦理的调节功能、经济制度的周期性危机与儒家经济伦理的修复功能、食与货的结构整合与中国古代自然经济的超常稳定;第十二章儒家经济伦理与中国近代商品经济和企业制度的不发达,阐述了近代进步思想家对儒家经济伦理的批判、儒家经济伦理对于近代商品经济和企业制度的阻碍作用;第十三章儒家经济伦理与中国当代计划经济的终结,概括了中国实现工业化道路之选择与计划经济的建立、计划经济体制与传统的自然经济的结合、计划经济及其道德观念与儒家经济伦理的融合、经济体制的异化与计划经济的终结;第十四章儒家经济伦理与中国当代市场经济的兴起,介绍了80年代的思想解放、观念启蒙与市场经济的全面兴起、经济体制的历史性转轨与社会经济伦理观念的文化蜕变、经济体制的急剧转轨与社会经济伦理观念的文化断层;第十五章儒家经济伦理与中国现代和谐社会的价值重建,阐述了市场经济纵深发展与社会经济伦理的价值导向调整,并进一步分析了和谐社会的价值重建与儒家经济伦理的价值回归。

**企业的道德——走进真实的世界** [美]安德鲁·吉奈尔,张霄译,中国人民大学出版社,2010.9

此书为国际知名的高等教育出版机构麦格劳希尔(McGraw-Hill)推出的一本兼具实用性与启迪性的企业伦理学教材。该书最大的特色在于:不追求抽象的概念解释和繁琐的哲学论证,而是力图帮助职场中的员工在面临“道德两难”时如何“做正确的事情”。据此，作者在书中遴选了大量的美国商界事件作为案例，通过对其精炼的分析和简明的推理，以各类具有针对性的知识问答和专项练习，引导读者检测所学知识，反思价值观念，进而处理各类道德难题。除了在写作理念上的独具匠心之外，本书在内容的选择上更是广泛地涉及组织伦理、企业社会责任、利益相关者、公司治理、企业与政府的关系、伦理学与技术以及企业伦理的全球化等热点议题。尤其是，该书在附录中收编了美国相关行业的职业守则六种，两篇论及企业社会责任的学术文章以及安然公司的伦理守则和安德鲁公司的举报政策，这无疑为国内相关行业或企业在制定各类守则和政策时提供了可资借鉴的经验和范本。总之，该书不仅是一部通俗易懂的企业伦理学教材，也是一部企业管理的实用手册，更是企业员工贴身的问题咨询专家。该书的作者安德鲁·吉奈尔现为美国阿格西大学商业与信息技术学院的院长，同时也是一位具有22年管理职业生涯及商业培训经验的专业人士。作为专家写就并由权威出版机构推出的这部颇具前沿性的力作，发表之时正值金融海啸席卷全球之际，不同的读者或许可以从中读出各自别样的感受和启迪。

# 伦理学前沿

## 论文摘要

**论当代中国公益伦理建构的现实视角** 卢先明，湖南师范大学社会科学学报，2010.1

随着我国公益事业的迅速发展，建构当代中国公益伦理已成为一项重要而紧迫的课题。应如何建构呢？

一、对传统公益伦理进行现代诠释和价值提升

所谓对传统公益伦理的现代诠释，是指从我们今天所处的时代这个视角，对传统公益伦理所进行的一种新的诠释；它必须立足现实，把传统公益伦理同当代的现实要求联系起来予以探究，其实质在于将过去与现在连结，使人们自觉地参与到现代公益伦理建设上来，即在我国构建社会主义和谐社会的过程中以及在建构当代中国公益伦理的过程中，批判地继承传统公益伦理，赋予其新的内涵。所谓价值提升，是指立足于现代社会发展的需要和时代精神的要求，对传统公益伦理进行的一种扬弃。换言之，就是要把那些具有普遍意义的传统公益伦理赋予其新的历史内涵，即"去其旧染之污"而日新。

二、贯彻集体主义原则和为人民服务的精神

在公益活动中，贯彻集体主义原则和为人民服务的精神，就必须以弱势群体为本。首先，以弱势群体为本是集体主义道德原则的必然要求。其次，以弱势群体为本与为人民服务的精神是根本一致的。

三、体现公益活动的特殊本质和基本要求

公益伦理作为调整公益活动内外关系的道德规范体系，同公益活动必然有着紧密的联系。公益伦理作为规范和倡导公益主体行为的道德准则和要求，是在长期的、特殊的公益活动中逐渐形成的，是由公益活动的具体利益和义务及其具体活动的内容和方式等所决定的。由于公益活动直接影响着公益主体道德心理的特殊倾向，制约着公益伦理调节的特殊方向，所以，公益伦理必须体现公益活动的特殊本质和基本要求。公益活动，从本质上讲，是一种非营利性的活动。

四、反映当代中国公益存在的伦理问题

伴随着公益事业的发展,存在于公益活动的伦理问题也日益凸显出来。当代中国公益存在的伦理问题主要表现在以下方面:(1)诚信问题。诚信对公益事业的意义是十分重要的。从我国目前的情况来看,虽然在公益慈善活动中绝大多数公益组织和个人能够自觉地遵守诚信原则,但也存在着不少有违诚信的现象和行为。(2)民众和有关组织参与公益活动的道德自觉问题。公益救济自古以来是中华民族的优良传统,并且现实中,富有公益慈善之心的事例也不胜枚举,但我国公民和有关企业参与公益活动的道德自觉性还是不够理想的。(3)公益活动资源配置的公平问题。社会公益活动和公益组织的管理部门,应该积极参与公益活动和公益组织行为章程的制定和监督,为保障公益活动中公平价值的实现做出贡献。

**制度德育研究的缘起与发展路向** 杜时忠,德育研究,2010.1

重德育、讲礼仪可谓我国的文化传统和教育传统的精髓之一。然而,自从我国改革开放以来,逐步进入市场经济体制以后,这种传统就面临着前所未有的挑战。尽管我们可以从多种角度来理解市场经济,但它的第一个前提却是以个人利益最大化为目的。这种经济活动的目的与我国传统的道德文明存在着"天然"的冲突。三十多年来,社会风气一定程度的恶化就是证明。

针对我国存在的道德问题,要求加强道德建设是可以理解的。不过,如果认为仅仅依靠道德建设就能改变社会风气,或者认为最重要的就是加强道德建设,这都是不切实际的,属于头痛医头,脚痛医脚。从理论上讲,解决道德问题的最终办法不在道德本身,而在道德之外;从历史和现实来看,阻碍我国现代化建设的因素固然有多种,但制度障碍却是最为根本的因素。正因为我们的各种制度还不完全是公平公正的,所以建设和谐社会还任重而道远。

不仅如此,制度建设对于学校德育同样是十分重要的。一方面,近代社会以来,学校教育,当然包括学校德育,本身就是一种制度性的存在,制度化是学校教育的重要特征。另一方面,从近二十多年来的德育改革来看,德育制度的变革没有引起足够的重视。

展望未来,下一个十年,制度德育论将如何发展。作者认为,一方面,要完善制度德育论的理论体系,提升制度德育论的理论水平。另一方面,要理论联系实际,通过学校德育实践来检验和发展制度德育论。

今天,制度建设的重要性正获得越来越多的认同。2007年3月16日上午,温家宝总理在回答中外记者的提问中,更是明确指出,社会主义的两大任务就是:“一是集中精力发展社会生产力;二是推进社会的公平与正义,特别是让正义成为社会主义制度的首要价值。”党的十七大报告也指出:“要通过发展增加社会物质财富、不断改善人民生活,又要通过发展保障社会公平正义、不断促进社会和谐。实现社会公平正义是中国共产党人的一贯主张,是发展中国特色社会主义的重大任务。”可以说,制度德育论所需要的外部环境正在日益好转。然而,掌握外在的制度作用于个人内在德性的具体机制,由理论上的制度德育推进德育实践的变革等等,还有更艰苦、更漫长的路要走。尽管如此,我们仍然充满乐观地期待:有朝一日,我们会形成教育学上有中国特色的制度德育学派!

**空间伦理与文化乌托邦** 张中,华中科技大学学报(社会科学版),2010.1

一、空间的形成

在现代,空间首先是一种意识,它是不可替代的网络框架和想象形态。文化意义上的空间在历史上首先是和政治联系在一起的。现代国家的兴起,逐渐让平等政治空间成为想象和幻觉。这样,政治空间也就慢慢隐退或者仅仅停留于人们的意识和想象之中。大众文化的兴起也让传统文化精英主义空间逐渐失去活力和市场。但现代消费时代的文化逐渐显现出狂欢和冷漠的残酷对比,也逐渐出现反文化和泛文化的极端或篡改倾向,这些都不是知识分子所能掌控的。所以,文化的空间伦理问题也逐渐被提出。这样一来,现代空间的形成首先是在意识上的纠偏,然后就是扩展,所以,可以这样说,现代社会的任何一个场域、任何一个人都已经被裹挟进这种空间的延宕之中。而在其间,伦理问题逐渐凸显出来。

二、空间的文化伦理

1. 意见空间伦理

新媒体、新技术的兴起带来了新的空间形式和空间想象,同时也将人们更紧密地联系在了一起。在网络技术日益发达的日常生活里,每一个人都可以参与到这一虚拟空间中。人的自由、个性可以在这里充分释放和张扬;个人的政治追求、文化视野、精神生活也都可以在这里得以满足;爱情、交友、生活也可以在此实现。这样就逐渐形成了一种所谓的“舆论空间”和“意见空间”。在新的意见空间里,伦理问题是首要问题。

2. 城市空间伦理

一个不容乐观的事实是在都市化过程中产生了所谓“过度都市化问题”。人们在同一个空间里生活，却在体验着不同的人生冷暖。对于城市化和城市空间而言，身体从最深层的意义上来说可以是一个积累策略。那么，经过这样的规训和积累过程之后，现代城市伦理空间就将人的锐性抹平，逐渐将其打造成为适合都市需要的人。现代城市空间的发展缺乏真正的人文关怀和生态理想，它们都以建构一个实在与幻觉相交织、现实与符号相混淆的空间为原则。

三、文化乌托邦与空间幻灭

1. 时间与传统文化的消解

现代空间意识的兴起彻底改变了人们传统的时空观。在现代性社会里，与地点相对，空间则具有动感性，与方向、速率、变动的时间等相联系。空间是由一系列互相交错的移动因素所组成的。现代空间的两大形式网络空间（虚拟）和都市空间（现实）也就各执两端，彻底碎化了都市大众的时间和他们自身。

2. 新政治与文化空间的兴起

按照哈维的观点，空间即政治。政治空间就是广义上的，当然也绝非是现实的政治生活中的政治。它主要包括一切可资利用又具有自主性的空间，比如：网络空间、城市空间、意识空间等等。这样一来，新政治空间的外延和内涵就扩大了，它甚至就是一种泛文化空间。而与之相应的是新文化空间也扩大了，它包括现代性审美文化、后现代性审美文化和日常生活文化等方面。

3. 空间伦理的追求

哈维认为空间伦理的中心问题是人的问题。网络空间、都市空间、文化空间、意识空间等这些纵横交叉的空间脉络最终都直指着人的生存伦理和价值伦理问题。生态地考虑和筹划人的生存将是空间伦理的主要目标，也是其前景和理想。然而，在现实的都市空间、文化空间塑造中，很容易形成制造乌托邦的幻觉和迷茫。或许会使我们失去判断和反思能力。因为这是乌托邦的空间，虽然它实际存在那里但它们却是空间伦理的一种诉求，也是一种损害。

**公共健康伦理——一个有待开拓的研究领域** 肖巍，河北学刊，2010.1

公共健康伦理是生命伦理学在21世纪的新发展，作为一门新兴的承载着前所未有的历史使命的交叉学科,它正在开拓自己无比广阔的研究领域。公共健康伦理之所以具有广阔的疆域,主要有以下五个方面的原因。

其一,公共健康伦理服务的领域——公共健康本身便是一个拥有广阔领域的学科。宽广的公共健康领域也决定了公共健康伦理开放性的思维空间。其二,公共健康伦理得以产生的母体——生命伦理也是一门方兴未艾、具有十分诱人前景和广阔研究空间的新学科。公共健康伦理是当代生命伦理研究的新方向,或者说是换一个层面或角度来研究生命伦理领域所有与公众健康相关的问题。其三,公共健康伦理研究主要针对公共健康实践中的伦理问题。当代社会各种流行病的蔓延和公共健康危机的出现,不断拓宽了人们的研究视野。其四,公共健康伦理的学科性质注定其必须在跨学科的交叉中成长。作为一门新学科,公共健康伦理的学科性质可以从不同方面来揭示:它既属于一门在当代公共健康实践中发展起来的应用伦理学,也是一门研究公共健康专业人士道德行为规范的职业伦理学;既是传统医学伦理学在当代公共健康领域的新拓展,也是当代生命伦理学研究的新方向和新层面——人口健康层面的生命伦理学研究。其五,公共健康伦理追求促进公众健康和预防疾病、减少风险和伤害的目标,决定了它必然与每一位公民息息相关,人们的健康需求和风险规避、社会和环境中每一个促进健康及导致健康风险的因素都必然归入到它的思考中来。

公共健康伦理研究可以分为两个层面:学术理论层面与实践、规范和政策层面。宽泛地说,公共健康伦理旨在研究与公共健康相关的所有伦理问题以及解决这些问题所应奉行的伦理原则和道德规范。它应当包括五个方面:一是要论证一个社会本身所具有的公共健康制度是否合乎伦理,也就是公共健康制度伦理问题;二是建立一个公共健康伦理的学科体系,有一套特有的概念系统以及原则和基础理论,亦可称之为公共健康理论伦理;三是探讨在公共健康政策、条例和法规及法律方面的伦理问题,亦可称之为公共健康政策和法规伦理;四是对于所有关系到公共健康问题的伦理分析,亦可称之为对于公共健康问题的伦理分析;五是研究全社会和每个人所奉行的一整套的公共健康伦理原则及规范,也可以称之为公共健康原则和规范伦理。

就公共健康资源分配的公正性而言,基于目前中国公共健康现状,公共健康伦理应当追求消除贫困和社会公正,尤其是公共健康资源分配公正的目标。而就流行病防治中的伦理学问题来说,我们应当研究的主要问题是,如何从道德视角看待流行病的成因;在流行病防治过程中,我们应当奉行什么样的道德原则。针对环境与健康关系问题,从公共健康伦理角度来看,应当主要讨论三个重要的现实问题:其一是对“可持续发展”的重新思考;其二是环境公正问题;其三是环境社会责任问题。

精神健康目前已成为公共健康领域面临的世界性难题,并对人口健康和经济社会发展产生了巨大的影响。从公共健康伦理角度分析,该领域当前需要研究的主要问题,一是加强社会和政府有关部门对于提高精神健康服务的社会责任意识,并通过制度与政策等途径重视和解决精神健康问题。二是公平地分配精神健康服务。在精神健康领域,公正是要求以社会政策和制度形式保证把精神健康服务落实到每一个公民。三是关注社会弱势群体,尤其是关注老年人、贫困人口、妇女、儿童及青少年的精神健康问题。

最后,公共健康领域的道德教育也十分必要,在公共健康领域,接受道德教育的对象主要分为三类人:政府官员、公共健康专业人士和普通公民。前两类人的教育目标是提高政府和公共健康专业人士在公共健康领域的伦理素质及道德责任意识。责任首先意味着一种承诺,负责任意味着承诺一种积极的行为,并致力于行为目标的实现。作为一种社会善,公共健康目标的实现需要政府和社会来统筹安排。而对于普通公民来说,公共健康领域的道德教育旨在培养公民在公共健康方面的“公德”。

**从行动者到行动:伦理主题的现代转换及其问题**　晏辉,哲学动态,2010.1

人类的道德生活史与人类的发展史同样长久,因为只要有人类存在,只要人们意愿生活下去并试图过上好生活,道德的存在就是必然的、必须的。伦理学就是基于对过往道德生活经验的总结而对道德本质的研究,并指明一种好生活的可能性。由于人类的生产方式、交往方式和生活方式是不断丰富发展的,因而人类的德性也是流动的。流动的德性要求伦理学也要随之变化和发展。一如每个时代的人们都在造成着也试图解决着道德难题那样,不同时代的伦理学也有它的主题。主题是对难题的理论把握方式。道德难题的历史性变迁反映在理论上就是伦理主题的历史转换。古代伦理学向现代伦理学的转向表现为从行动者到行动、从德性到规范、从幸福到德性、从德性之美到城邦之善的主题变迁。然而,伦理主题的现代转换既带来了伦理学上的困境,又造成了实践中的难题。

一、伦理主题的诸种形态

传统社会,在行动者与行动、德性与规范、幸福与德性、德性之美与城邦之善之间并不存在内部的分离,而是有机统一的。行动是行动者的显现方式、印证方式。行动者蕴涵着行动,可合乎逻辑地推出行动。行动者作为一个本体概念,蕴涵着德性、幸福、规范与正当等诸项内容。一如行动者与行动那样,德性与规范也是内在一致的。德性是规范的内化形式,规范是德性的外部形态。由行动者和行动、德性与规范的内在统一所决定,德性与幸福也是统一的。当一个人的"合于德性的实现活动"得到了他者的认同、确认、肯定和褒奖,基于此之上的满足感才会产生。与德性与幸福相关的就是德性之美与城邦之善的一致性问题。在古希腊伦理学和儒家伦理学那里,德性之美与城邦之善之间的统一是毋庸置疑的。

二、伦理主题的现代转换:问题与表现

在一个反复交往的人群中,人们可以靠着爱情、亲情、友情或宗教感情而联结在一起;在一个由资本的运行逻辑所支配的社会里,基于各自自利打算的人们常常靠着经济依赖性而组合在一起,而这种结合愈来愈依赖于被人们普遍认可的行为规范,人们行为的合理性、合道德性或合法性就取决于行为合乎规范的程度。在这种语境下,道德行动的结构发生了颠覆性的变化:由行动者转向行动、由德性转向规范、由幸福转向德性。

伦理主题的历史性迁移意味着,伦理学越来越脱离终极价值转移。这种转移的一个直接后果就是,好生活从伦理学中消失。伦理主题的现代转换所反映出的问题并不仅仅是伦理学的困境,实质上是现代伦理生活陷入危机。其一,道德生活中的拔根与无根现象。其二,德性愈来愈成为个人的事情。其三,好生活的隐匿与消失。其四,由德性转向规范引发了道德力量的削弱。

三、拯救伦理学还是拯救伦理生活

拯救伦理生活比拯救伦理学更为重要,因为它更为根本。若欲拯救伦理生活,就必须动员全体社会成员的力量,超越资本的魔力,展现人的主体性力量。但拯救行动必须依照历史的逻辑,简约地说,只有当资本的力量被充分释放出来之后,人才能成为最后的力量。

拯救伦理学的任务与拯救伦理生活同样艰难。就伦理学理论把握生活的方式而言,主要有政坛伦理学,讲坛伦理学,论坛伦理学。我们当下的伦理学处于尴尬境地:既没有康德道德哲学那样的高度,又失去了实践伦理学的传统。无论是坚持美德伦理学还是规范伦理学,其根本使命不是给出孰优孰劣的根由来,而是要深入分析使行动者与行动、德性与幸福、德性与规范、德性之美与城邦之善之间发生严重分离的原因,以此来预设解决问题的可能道路。从生活中来到生活中去,才是拯救伦理学的根本出路。

**当代西方德性伦理学研究的迷失** 黄显中，哲学动态，2010.1

当代西方德性伦理学在复兴的50年中虽然取得了令人瞩目的成绩，却一直构建不出自己的科学体系而成为当代“德性伦理学”的理论典范，以致当谈及德性伦理学大师时仍然不得不把遥远的亚里士多德和阿奎那搬出来。当代西方德性伦理学的研究并非未产生自己的代表，而是这种研究状况作为结果证明当代西方德性伦理学的研究不够成功。就此而言，仅仅局限于当代西方德性伦理学的内部分歧和问题，远远不足以洞察出当代西方德性伦理学研究的困境。因而有必要回顾当代西方德性伦理学的兴起和研究，发现和反思其复兴过程所导致的整个事业的迷失，从而为我国当代德性伦理学的构建提供有益借鉴。

一、理想的自负：试图取代现代规则伦理学

当代西方德性伦理学的复兴正是以现代伦理学为理论背景，即以反思和批判现代道德哲学为突破口而掀开复兴的事业。其标志当推1958年伊丽莎白·安斯库姆的著名论文《现代道德哲学》。后来的学者多是沿着这一思路从事当代西方德性伦理学复兴的工作。不论是早期复兴的他者批判还是中期的理论建构，取代现代伦理学似乎皆当代西方德性伦理学复兴的直接目标。这就涉及德性伦理与规则伦理的关系，或者说德性伦理学在伦理学体系中的地位问题。独立自成的德性伦理学或许为当代西方德性伦理学复兴所需，然而这种设想本身就犯有与自己批判的现代规则伦理学同样的错误。

当代西方德性伦理学的复兴虽然抱有过高因而不切实际的幻想，但不可否认当代德性伦理学家们将关注的重心拉到了德性上面，在道德哲学界形成了一种共识，即作为道德主体的人的德性绝对不能忽略。因此，尽管对于现代规则伦理学而言，当代德性伦理学并非合宜的替代品；但对于未来完整圆融的伦理学的建构，当代德性伦理学自在地构成了历史进程中的一环。然而，它同时又只是一个片面的环节，一个必然要扬弃的环节。

二、晃动的根基：德性伦理建构基石的错位

当代西方德性伦理学的复兴发生在两个不同背景之下，一是现代伦理的叙事背景，即在批判现代规则伦理的进程中展开复兴工作；一是古典伦理的叙事背景，即在回归古希腊尤其是亚里士多德德性伦理中建构当代德性伦理学。然而，这是两种时间相距甚远且具有不同意义和内涵的叙事背景，它们能否及如何整合为一体即是一道难题；如若不能建构为连贯相融的理论体系大厦的基石，当代德性伦理的复兴事业不可避免陷入摇摇欲坠的危机。

当代西方德性伦理学尽管将现代规则伦理学树立为自己的对立面,它的复兴和建构却不能脱离和抛弃现当代社会长期繁荣发展的路径。当代西方德性伦理学将特殊道德文化共同体的地方主义理论视阈,移植于当代社会德性伦理学的复兴和建构,所奠基的理论基石具有无法弥合的错位性。一方面,当代西方德性伦理学应该且只能建立在现当代社会的根基之上,然而它在彻底否定现代规则伦理学之时,并未奠定属于现代社会的从而也是其自身的基石;另一方面,当代西方建构了"新亚里士多德式"的德性伦理学,却缺少其得以发挥功效的伦理共同体环境,因而所寻求的远古的基石与当代社会的发展不合。

三、内容的碎片:德性伦理实践能力的残缺

当代西方德性伦理学的复兴和建构,不仅搬来了古典德性伦理学的伦理生态,而且也主要运用了亚里士多德德性伦理学的基本思路,尽管建构德性伦理体系时都对亚里士多德理论的若干概念进行了改造。

德性伦理学虽是目的论的,却是以德性能力为主体内容的。当代西方德性伦理的研究,尽管继承了亚里士多德的目的论思路,却未能阐释当代社会普遍自由的效用目的;围绕道德行为者的主体因素和道德心理做文章,却未能对道德心理中影响德性实现的具体内容展开深入研究,以致以德性能力为内容的理论体系至今未建立起来。在此意义上,当代西方德性伦理学的兴起,还仅仅只是借助古典理论资源搭建了一个初步框架,而"应该成为什么样的人"及"如何从事德性生活"等核心问题,当代西方德性伦理学还根本没有现实方案,因而作为实践哲学尚不足以引导德行功用。

四、本性的偏离:现代规范伦理思路的沿袭

对于以德性为中心的德性伦理学,不仅德性必须通过德行功用才能表达和实现出来,而且德性乃一切行为是否正当的终极标准和依据。然而,对于以行为为中心的规则伦理学,行为的正确性是根据道德规则进行界定和确认的。现代规则伦理根据其这一显著特点,向当代德性伦理学提出致命性挑战:当代德性伦理学既以德性为中心,德性如何界定正确行为呢?由于这一难题关涉到当代德性伦理学复兴的命运,当代西方德性伦理研究不能不对其做出直接的回应,从而影响和拉动着其向规则伦理学的方向发展,以致偏离了德性伦理学自身的理论本性。

**安全伦理观念是安全文化的灵魂——以核安全文化为例** 冯昊青，武汉理工大学学报(社会科学版)，2010.2

核实践是指人类通过技术手段对放射性物质的特性和规律进行探索和开发利用的实践活动，它在为人类掘出幸福之源的同时，也划破了人类的心田，威胁着人类安全，引起人类对生存发展前途的担忧和不安。因此，研究核安全问题具有极强的现实意义。

一、人因控制是安全文化的中心

传统的观念一般认为，事故与灾害应靠技术对策加以控制，但国内外减灾实践证明，软对策往往比硬技术更为有效。安全文化正是对这种实践经验的哲学总结，也是所有软对策中的“种”。从现实实践和研究结论来看，人因是影响核安全的核心因素，是核安全文化关注和着力的核心。

二、安全伦理:安全文化之灵魂

目前，安全文化理论及实践在认识上还存在着深层次的欠缺。传统观念一般认为安全文化的核心是人的安全知识、安全技能和安全意识，但对人的安全伦理观念关于安全的道德观念、态度、品德、修养及其深层次的价值理念等精神因素和道德素质认识不够。安全伦理观念及其素养是人的精神和灵魂性的东西，左右着人的行为，一切行为只不过是观念的外化，人因控制既然是安全文化的作用中心，那么左右人的行为的安全伦理观念就必然是安全文化的灵魂。充分发挥伦理道德在核实践中的约束和导向作用，确保核实践安全无害地为人类社会的健康发展服务，是安全伦理的实践价值。核实践要受到科技规律的制约还必须受到伦理道德的约束和控制。安全伦理在保证核安全、防止核事故、核伤害方面比其他规范具有优越性，因为道德法庭的审判是任何人也逃避不了的。以安全责任伦理为灵魂构造现代核安全文化管理模式，把核安全管理的中心由事故处理转移到事故预防上，由主要硬件转移到硬件软件并举上。

三、安全文化应倡导的安全伦理观念

在核安全文化上不能犯技术决定论的错误，也不能犯道德决定论的错误。安全文化应该倡导以下主要伦理道德观念。

首先，应倡导安全原则为首要美德的观念。安全是核实践的首要价值基础，安全便是核实践的首要原则和第一美德。其次，应倡导安全发展理念，绝不能以发展牺牲安全。再次，提倡知识即美德的伦理观念。学习核科学与技术知识和工作规程是保证核安全的前提。同时，安全伦理的教育和学习也是非常必要的。另外，应该倡导生态伦理观念。核安全文化中的生态伦理观念以尊重和保护生态环境为宗旨,以现代及未来人类的可持续发展为着眼点。

**论个人道德责任的根据** 江娅,哲学动态,2010.2

亚里士多德在《尼各马可伦理学》中,讨论了公正与意愿行为、意愿与选择以及意愿与行为责任的问题。这些问题实际上就是我们今天所说的意志自由和道德责任的关系问题,以及判断道德行为的标准问题。亚里士多德把行为者的意愿,即主观动机作为判断一个人是否应对其行为负责的必要条件,他的这一思想对后世的许多思想家都产生了深刻的影响。

一、判断个人行为的根据

亚里士多德说:"一个行为是否是一个公正的或不公正的行为,取决于它是出于意愿还是违反意愿。如果它是出于意愿的,做出这个行为的人就应受到谴责,这个行为就是不公正的行为。"那么,哪些行为才算是出于意愿的行为呢?亚里士多德对此进行了严格的限定。为了进一步说明"出于意愿"在道德行为判断中的作用,亚里士多德以导致伤害的行为为例,进一步区分了"出于意愿"和"出于选择"的行为在道德责任方面所存在的差异。

纵观亚里士多德的思想,无论是"出于意愿"还是"违反意愿"的行为,也不论是"出于无知而做出的行为"还是"处于无知状态的行为",人要想不为自己的行为负责,或为自己的错误行为找到免除谴责和惩罚的理由,都是非常困难的。因为,每一种论证的最后,亚里士多德都会把论证的落脚点最终归到人的品质上。

二、意志自由与行为责任的关系

在人应当对哪些行为负责的问题上,亚里士多德把个人意愿(意志)放在了非常高的位置,排除了人能够不负责任的诸多可能性。个人意愿在道德行为判断中的地位和作用问题,也就是意志自由和行为责任的关系问题。许多伦理学家从不同的角度探讨了这一问题。

何为意志自由?包尔生在《伦理学体系》一书中给出了较为清晰的论述,又把意志自由作为人的本质的存在方式。包尔生所说的意志自由类似于康德的善良意志。康德认为,判断行为之是否道德,根据就在于它是否出于由善良意志所决定的行为准则。一个行为的道德价值,不取决于实现行为的意图,而取决于决定该行为的原则。

关于意志自由和行为责任的问题,弗兰克纳在《伦理学》一书中,根据责任感和愿望的程度差异,把历史上的哲学家的观点分成了四种。这四种观点都强调了动机或愿望在行为的道德判断中的作用，强调的程度从较强到较弱。弗兰克纳认为第四种观点是比较合理的观点，前三种观点都过分强调了责任感或正当行为的愿望，是一种较高的道德美德，在实践中因要求太高而很难实现。弗兰克纳还探讨了两种其他的观点，作为对亚里士多德关于行为责任的观点的补充。

意志自由与行为责任的关系问题，一直是伦理学史上争论不休的问题。伦理学家们因对此问题的回答各异而被划分成了不同的派别。那么，一种符合生活常识、在实践中又相对比较可行的道德责任的标准是什么呢？通过对亚里士多德观点的评析，我们也许能找到答案。

三、道德责任的标准

个人责任包括道德责任和法律责任。亚里士多德关于个人责任的根据的论述，有些适合于道德责任，有些只适合于法律责任。当亚里士多德把"出于意愿"还是"违反意愿"作为判断一个行为是否公正的标准时，他的相关论述和给出的理由完全可以作为个人道德责任的判断标准；而他对"出于无知而做出的行为"和"处于无知状态的行为"所做的区分和解释，就很难作为道德责任的判断标准，而更适于作为个人法律责任的认定标准。

一种既尊重传统思想，又具有现代理念的评判个人道德责任的标准，应当包含以下四个方面的内容：(1)是否出于意愿。只有那些出于行为者的意愿和自觉选择的行为才具有道德价值，人也只对这种行为负有道德责任。(2)是否存在不可控因素。"对于那些我们不能控制或受不是由我们控制的因素影响的事情，对那些我们从理论上讲不可能做到的事情……要求我们对这些事情担负道德责任是不适当的。"(3)是否是行为的始因。当行为的始因是行为者自身时，尽管后面发生的行为是由不可控因素造成的，你也要为行为负道德责任。(4)是否导致严重后果。在生活中，源于同样原因的两个行为，由于行为导致的后果不同，道德责任的归属也就不同。

只有当我们从这四个方面考察一个人的行为时，我们才能够比较全面而公正地评价，人在何种情况下、在多大程度上对自己的行为负有何种道德责任。那些只强调意愿而完全忽略行为结果、或只强调结果而完全不顾意愿的道德评判标准，在现实中无疑都会遇到严重的挑战，也很难获得有说服力的证明。

## 论伦理生态——关于伦理生态的概念、思想渊源、内容及其价值研究

张志丹,伦理学研究,2010.2

伦理生态概念是一个创新性的伦理学概念范式。伦理生态是指人自身、人与人、人与社会以及人与自然的关系达到一种理性和谐状态,也就是人的理性生存样态,是人类发展的"应该的应该之应该"。而阐述伦理生态的概念、思想渊源、涵盖内容及其研究意义是研究这一重要课题的首要任务。

在世界范围内疾风劲吹的"回归形而下、拒斥形而上"的"后哲学"思潮的影响下,与许多人文社会科学的研究一样,伦理学研究在热衷于伦理学分支学科的"细小叙事"的同时,却忽视了伦理学研究应有的理想建构的这一"宏大叙事"的理论宏旨。故而,伦理学犹如被打碎的花瓶,陷入了无止境地纠缠于细枝末节、无关紧要的理论层面的"怪圈",失却了自己应有的理论主旨和逻辑力量。因此,构筑人类社会的伦理之基,客观上要求批判沉溺于"细小叙事"、回归"宏大叙事",实现伦理学言说方式和研究范式的革故鼎新,而当务之急则要寻找构建人类的理性生存样态和道德理想的可能表达方式。伦理生态概念的提出,是对"哲学终结"时代的时代性"症候"的某种积极的理论回应,也顺应了世界历史发展的大趋势。作为伦理生态概念,它高扬道德理想之风帆、彰显道德理性之张力,可能会给伦理学研究带来新的概念范式和理论视阈,并为当今现实问题的解决提供某种启发或思路,因此,确有必要从学理上进行探讨。

一

"生态"在此不是一般生态学意义上的"自然生态"概念,而是一种哲学一伦理学意义上的"社会生态"概念,它是一种富有"生态哲学和生态智慧的世界观、价值观和方法论"之底蕴的概念,以此来重新审视人与人之间、人与社会之间、人类与自然之间的关系的一个系统性问题。如前所述,伦理是人及其关系的"应该的应该之应该",意味着人类社会的理性和谐样态。由此不难看出,伦理与生态有着某种内在的契合性、通约性与一致性,这是构建伦理生态概念之学理依据所在,也是其合法性所在。

所谓伦理生态,是指人自身、人与人、人与社会以及人与自然的关系达到一种理性和谐状态,也就是一种合理性的人的理性生存样态,是人类生存与发展的"应该的应该之应该"。与自然生态相类,伦理生态表征着某种人类和谐美好的生存状态,但异质性在于,伦理生态的建构需要有人和社会的参与或"交往实践"(哈贝马斯语),而自然生态的建构则主要是自然力盲目

自发起作用的结果。正如恩格斯所言："在社会历史领域进行活动的，全是有意识的、经过思虑或凭激情行动的、追求某种目的的人；任何事情的发生都不是没有自觉的意图，没有预期的目的的。"大体说来，伦理生态自然有不同于自然生态的基本特征和运行机制，其主要的特征有三：其一，伦理生态的合规律性。其二，伦理生态的合目的性。其三，伦理生态的合理性。

二

通过回顾中西方思想史，来探讨历史上思想家们是如何从不同的视角来阐述其道德理想的，其中又蕴含着怎样的伦理生态思想，可以为我们理解伦理生态这一呼之欲出的理论范式提供必要的思想史支撑，并可扫除思想认识上的可能障碍。

如果说，中西传统伦理思想史中所包涵的伦理生态思想都因某些时代与历史局限而流于空泛乏力的话，那么，马克思主义思想中的伦理生态思想则是具有现实性的科学思想范式了。中国伦理生态跃升至一个新的历史平台并具有实现的制度可能性，是在马克思主义指导下中国逐步建立起社会主义制度之后才逐步开始的。在此过程中，当代中国马克思主义者们进行了不遗余力的探索，其中以毛泽东、邓小平、江泽民和胡锦涛为代表。所谓要实现"温饱型"、"小康型"和"富裕型"现代化的阶段性目标，实质是为了一步步实现人与人、人与社会、人与自然关系的和谐理性的状态，构建"应然"的伦理生态。而"三个代表"重要思想的本真命意蕴含着中国政治（政党）伦理生态的构筑。尤其是"和谐社会"命题的提出和有关建设的铺开，就是力图构建一个伦理生态型的小康社会的中国。现代中国在马克思主义的指导下，正是秉着伦理生态的理念一步步推进自己的发展与建设步伐，不断地实现自己的阶段性理想的同时，向着自由人联合体的境界挺进。总而言之，马克思、恩格斯和中国共产党人的思想宝库中蕴含着博大精深、内容丰富的伦理生态思想。

三

任何事物都有自己的内容和结构，伦理生态也具有自己独特的内容和结构。作为"能指"的伦理生态概念具有多个"所指"。从基本方面来看，伦理生态可分为人本身的伦理生态、社会的伦理生态以及人与自然的伦理生态。人自身的伦理生态是人之为人生活的"应该之应该"。实现社会的和谐首先要实现人自身的和谐，建构社会的伦理生态首先要建构个人的伦理生态。社会的伦理生态又分为政治伦理生态、经济伦理生态和文化伦理生态。

可见，伦理生态作为社会生态（人之生态），不仅在现实中存在大量"实然”,而且也是人与社会发展之“应然”。因而它绝不是一个没有形而下根据或指称对象的空概念,应该说,它首先是一个科学概念,是充分依据了经验事实并完全经得起实践检验的科学抽象。总体上,具有内在整合性的伦理生态关涉物质和精神两大领域,是由人、社会和自然三大板块所构成的辩证结构。从系统论角度看,伦理生态是一个大系统,其中若干方面构成中系统,而中系统又由无数小微观系统构成,各个系统与系统之间既相互区别又相互联系。

四

伦理生态概念在概念本性上具有的普遍性、具体性与辩证性,比“道德生态”、“伦理有机体”等概念在理论上具有更大的解释力和融摄度,因而在实践层面上也具有更大的合理性与现实性。简述伦理生态概念对学科建设和实践需要的可能意义与价值有:(1) 重新框定伦理学研究的理论旨归与方向。(2) 实现伦理学研究的“范式转换”(库恩语)。(3) 构建整体性的伦理学学科视域,推进对现实伦理问题的思考与探究。

探讨伦理生态理论,要求我们站在全球的高度,以世界历史的视角和批判性的眼光,善于从国际形势发展变化中把握发展机遇,应对风险与挑战,营造良好国际环境,解决国内乃至世界的发展问题,以及人自身和谐发展等诸多问题。在此意义上,伦理生态概念或许可为构建和谐身心、和谐社会与和谐世界提供某种坚实的哲学—伦理学基础。

**国外公务员伦理制度建设对我国的启示**　刘兰华,理论探讨,2010.2

现代政府是责任政府,而伦理责任是责任政府的应有之义。行政人员的伦理道德是政府实现善治的基础。长期以来公众对政府和政府公务员所持的负面评价很大程度上来源于政府公务员的伦理道德失范。公务员伦理制度是在公务员生活中形成的稳定的道德行为模式和准则。通过公务员伦理制度的建设,可以使责任、效率、社会公正、回应性这些价值理念在政府行为中得到体现,减少政府行为的失范现象,提高政府的公共服务能力。

一、国外公务员伦理制度建设引介

(1)重视公务员伦理立法。美国是研究公务员伦理较早的国家之一,其伦理制度建设也比较系统。早在 20 世纪 50 年代,美国就开始了公务员伦理规范的制定。在亚洲,日本的公务员伦理制度也是比较健全的。(2)设有专门的公务员伦理管理机构。制定了公务员伦理法的国家多数都会设立专门的管理机构来保障该法的实施和执行。(3)全面具体的公务员伦理法规内容。由于各国在公务员分类以及政治生活方面的差异，加上各自传统伦理道德的区别，导致各国公务员伦理方面的规定自成体系。但是总的看来，各国的公务员伦理制度突出地强调以下内容：公共服务理念以及公共利益；忠诚于国家和社会，忠诚于法律法规；公正公平公开地执行公务，强调正直、诚实的个人品德；恪尽职守，不谋私利。为了在实践中真正实施这些规范，各国又规定了一些具体的措施。

二、国外公务员伦理制度建设的借鉴与启示

(1)进行公务员伦理立法，把公务员职业道德建设纳入法制化轨道。我国目前没有专门的公务员伦理法规，对公务员职业道德的要求体现在各种法律文件中，由于这些文件的规定过于宽泛散乱，不系统，加上相关的配套措施不完善，缺乏可操作性，因此实施效果并不理想。(2)设立公务员伦理审查委员会，监督公务员伦理法规的实施。再好的规则如果没有完善的监督体系也会成为一纸空文，所以国外都比较重视公务员伦理管理机构的建设。(3)强化公务员伦理教育，建立公务员伦理培训机制。为了使公务员具有良好的伦理素养，切实把法律规范内化为自身的道德修养，公务员伦理管理机构应该认真而经常地对公务员群体进行伦理培训，通过各种有效方式使他们逐渐养成良好的道德品质，并对他们的道德素养进行测评，以提高他们的伦理道德自主性和自控能力。(4)重视利益相关群体对公务员伦理行为的监督，建立良性运行的社会监督机制。这里的利益相关群体是指公民、新闻传媒、非政府组织、私人部门等所有政府部门以外的群体，在西方，这类监督被称为第四种权力，是其他监督手段的有效补充。

**探求死亡伦理** 张怀承、姚站军，湖南师范大学社会科学学报，2010.2

一、从“环境伦理”到“死亡伦理”——生命拓展的哲学情怀

对于生存的人类自我而言从空间意义上说是与存在的自然环境相对，我们通常从主体与客体的两分来理解；立足存在的人类在自然之思的深层价值面上便产生了环境哲学和环境伦理。而对于生存的人类自我从时间维度而言是与人类的消亡即死亡的人类应对，我们一般从今生与来世的两分来剖解，立足在世的人类在死亡之思的深层价值面上对应地有了死亡哲学和死亡伦理。在死亡伦理中我们也不妨借助类似环境伦理的思路去探索人类的生存是否应对人类的死亡讲道德、讲道义，生人是否应对死人或者“临死人”、“准死人”、“垂死人”讲道德、讲道义？(当然死亡的标准以心脏停止跳动还是以脑死亡为底线尚在争议之中，也是死亡伦理研究的一个前期问

题)生者是否对死者有必要的道德义务和责任？死亡本身是否具有“内在价值”？死亡对于生存是否具有价值及这种价值仅仅是手段意义上的吗？人类的死亡是否对人类的生存还具有不局限于“工具价值”的意义？人的死亡是否与人的生存一样具有它的“目的价值”、“固有价值”或者说“死亡”本身就是某种“终极意义”的存在？

死亡伦理首先考察的问题是人类的生存是否对死亡有伦理义务。我们在这里主要关注的死亡伦理是狭义的理解，即关注人类的生存对人类自我的死亡这种关系；但是广义的死亡伦理还要关注人类的生存对人类以外的生命的死亡的关系，所以从这层面来看死亡伦理学，人类的生是研究的起点或出发点，而“非人类”的“死”和“人类”的“死”(总称“生命的死亡”)是研究的终点(对死亡中心论者来说)或者中点(对生存中心论来说)。在生对于死应讲道德的论证中，认为生对于死仅具有工具手段价值的死亡伦理学派是“死亡中心论”者，而认为生对于死具有绝对目标、终极价值的死亡伦理学派是“生存中心论”者。关注生存与死亡的价值定位，重新审视生与死的道德关系是现代死亡伦理学的要务，但是死亡伦理的思想从古就有，中西皆有探索。

现代(弱式)“生存中心论”是在经历了“死亡中心论”对传统(强式)生存中心论的诘难反思之后的一种生存中心论。现代(弱式)生存中心论者认为人类关注、关怀死亡最终是为了提高人的生存质量和进一步提高人对待死亡的智慧。死亡仅是考察生存者之间伦理关系的一个中介过渡。死亡伦理关注死亡、尊重死亡及思考如何处理生与死的关系，实质上还是在处理、调整生存者之间的道德关系，即生与生的关系，一部分生者与另一部分生者的关系。现代(弱式)“生存中心论”者一定程度上是传统“生存中心论”与“死亡中心论”者的一种妥协产物。现代“生存中心论”者以死亡为中介关怀从而更好地关注生存质量，对死亡的研究关注仅仅是为了更好地有利于我们人类的生存，有利于我们生存着的生命更加安顿，在浮躁的世俗社会中能常常清醒和镇静，也有利于临死、垂死的人能安息，能更坦然、更轻松地走进死神。

贵生说在现代生存论者与传统生存论者中间存在的一个巨大区别在于前者不仅认为“贵己生”而且要“贵他生”，不仅要贵他生而且要贵芸芸众生，不仅要贵当代人生而且要贵后代人生；而后者常常仅限定贵生为贵己眼前之生，甚至可以以其他所有生为代价来成就自己眼前当务之生。当然生存论者的贵生说与死亡论者的贵死说相对而言的特点在于前者认为死亡伦理研究死亡归根到底是为生存之需要，死亡没有目标价值，最终的伦理价值还是为了服务于生。而后者认为死亡本身就是一种道德价值的实现，本身成仁即如此。

二、死亡伦理的求索——生命超越的道德智慧

当然当我们跳出“贵生说”与“贵死说”之争看死亡伦理的宗旨就离不开对死亡本身的看法是否合乎道德性及这种道德性标准又是如何的思考。这就涉及死亡的道德评价及对死者权利的尊重及减少死亡过程生理、心理上经历的痛苦及体现对生命价值善始善终尊重的临终关怀等一系列问题，另外在于死者殡葬的选择问题上也存在一定的道德性评价及道德性标准问题之争，及对死亡方式的选择和决定上也有巨大的道德性标准的分歧和道德性评价问题等。

其一，人生时序中的死亡伦理：临终关怀。临终对于临终者本人而言最大的伦理关怀是为自己壮丽的一生而自豪，自我对临终时的幸福感的享受有巨大的人生责任，他看似从生到死无任何带来也无任何带走，但在他的墓前高尚的人们将默默地洒下充满深情与崇敬的热泪。一个人一生总有无数没法了却的心愿，所以到了临终之前，给临终者最大的伦理关怀，对于临终安抚者及送终者而言，最重要的是承诺或现场尽力了却临终者一些极想但已无力了却的心愿。这样当临终者合眼时，尽可能减少一些遗憾，这会大大减少临终者心理的“死亡痛苦”。

其二，生命终结的死亡伦理：殡葬选择。殡葬是对死者尸体的一种处理形式，传统有土葬，现在有火葬。殡葬的讲究涉及遵从老人生前的遗愿选择合适的形式，这也当是死亡伦理中的一部分，而这里又有一个火葬的道德性对传统土葬道德性的挑战问题。

其三，超越生命的意义：死亡目的性价值与手段性道德关注。关于死亡的德性问题的思考主要指死亡的目的的伦理性与死亡手段的伦理性的理解。关于死的方式方法的选择也是死亡伦理关注的一个有机方面，如对于死刑问题的处死方式历来是一个伦理问题的争议焦点。

三、死亡态度的伦理寻根及争鸣——生命境界的神圣提升

为什么要死？怎样死？愿不愿死？这些问题的寻根就是对死之态度的伦理层面的挖掘过程，也是生命境界的不断升华过程。与人同归于尽的狂徒总喜欢以自己什么都不拥有的现状来跟相对于他拥有多得多的人比较，认为自己的贱命换仇敌的贵命划得来、合算。“生不如死”是自杀最简单的理由，还有什么“长痛不如短痛”之类的补充理由。但他充其量更多地看到

对自我的死亡道德关怀,却忽视了"自我死亡"对他人如亲人的伦理责任。当然每个人由于生前的价值观不同,从而对精神、物质上的痛苦的看法也就不可能一样。

死亡有自然之死、主动之死、被动之死三种类型。自然之死在道教教义中是"至善"之死,功德圆满,自然化归。主动之死是对死的一种自我选择,有自杀和牺牲两种截然相反的表现,自杀是因为畏惧于生的痛苦,对生命和前途的绝望,在自杀者的观念之中,活着已经是一种难以忍受的痛苦,生命对他而言只具有负的价值,减少或者消除痛苦的途径就是结束。而牺牲则属于舍生取义,是为了追求某种更高的价值而舍弃生命。被动之死属于非正常死亡,它也有两种表现形式,一是因天灾人祸而死,二是自己不敢死,不愿死,但在某种特定的情形下不得不死。

道教、儒家、佛教这三家的思想共同之处都是对生命的严肃思考,都在探讨死亡的价值,探讨对死亡的超越,只是各自选择了不同的超越路径。它们给我们的启示是:入世与出世在死亡伦理中是融通的,死亡伦理与其说是知识,不如说是体验,对死亡态度的坦然需要由本我(小我大我)到超我、无我至天地万物与我一体便自然归化于极乐世界成仙成佛。死亡有智慧,死亡有境界,对死亡的态度是一种素质。超越生命是一种智慧,也是一种伦理。生命对于每一个人来说都只有一次,不可能失而复得,如果能够死而复生,我又何尝不想去感受一次死亡的滋味,对于死亡时刻肉体上的痛苦,我们生者只能从其他临终人的表情上来体会,自我却不能亲自去体验,没有勇气去为一次异样的体会而永远结束生命,因为在这里,挑战生命肉体的极限就是挑战死亡。

**德育引领创新人才培养**　周中之、王亚娟,伦理学研究,2010.2

党中央、国务院做出的建设创新型国家的决策,是事关社会主义现代化建设全局的重大战略决策。创新型国家的形成需要一大批创新人才的不断涌现。围绕创新人才的培养,德育要在引领中发挥自身的扶正、纠偏、导向、协调、激励等功能,推动创新人才的个体性发展与社会性发展的协调统一。

一、德育在创新人才培养中的价值

就创新的基点而言,德育具有方向上的引导性。一者,德育教会青年学生"如何做人",从源头上促进其遵守基本的政治与道德底线,保证创新人才培养的合格性。二者,德育教育青年学生"勇于担当",从心灵上激发其强烈的民族精神,强化创新人才对自己国家的归属感、责任感与认同感。

就创新的主体而言，德育能够塑造具有个性化发展的时代精英。对外开放的不断扩大与社会主义市场经济的深入发展，要求德育必须突破以往的灌输模式，造就具有个性化特色的全面发展的人。在具体的教育过程中，教育者既要尊重青少年学生的主体性，又要满足青少年学生的合理需要，坚持人的多样性和多样化发展，提高青少年学生认识世界与改造世界的能力。

就创新的过程而言，德育将从意识、能力、行为三层次提供全方位的支持与保障。意识层面，引导青少年学生勇于超越，开拓创新，在挖掘自身潜能的基础上实施走出去战略。能力层面，引导青少年学生善于协调。这里的协调既包括人与人之间的协调，也包括人对其自身的协调。行动层面，引导青少年学生乐于实干。即不仅要求受教育者将创新意识内化于心，而且要求受教育者在一定的社会实践活动中将其转化为具体的实际行为。

二、创新人才培养对德育提出的新课题

改革开放以来，社会发展的内容与形式均呈现出多元化、多样化的态势。多方面因素的影响也使得青少年的思想与行为产生不同的利益趋向。直面社会转型带来的种种变化，必须思考德育引领创新人才培养面对的新课题。细化而分之，主要表现为以下几个方面：在社会主义市场经济条件下，如何教育青少年学生跳出狭隘的个人功利的眼光，把个人的发展与社会的发展、科学技术的发展紧密结合起来？在追求物质生活享受、一夜成名，一夜暴富的媒体环境中，如何教育青少年学生耐得住寂寞，找到人生幸福和成功的正确之路？在强调循规蹈矩的传统德育评价中，如何教育培养青少年学生独立思考、打破常规的观念和思维方式？在市场竞争激烈的情况下，在独生子女占多数的条件下，如何教育青少年学生更好地培养合作意识、群体意识？

三、德育引领创新人才培养的对策

首先，将德育的重点移到德性伦理的基础上。为了更好地引领创新人才，必须革新观念，将德育的重点由规则伦理移到德性伦理的基础上。这种德性伦理要建造受教育者的良好的精神世界，注重的是价值导向。

其次，将德育的引领落实到具体学科中。具体的学科中蕴藏着丰富的德育资源，德育的引领就是要发挥这部分学科资源的德育功能，帮助创新人才确立正确的人生观和价值观，鼓励学生在创新的道路上不断攀登。

再次，通过兴趣小组和社团活动等第二课堂培养学生的群体意识和合作意识。现代社会的大量创新活动，特别是科学技术前沿的攻关，并不是一个人单枪匹马所能完成的。良好的群体意识和合作意识已成为创新人才素质中的必备成分,需要从小培育,小学开始要有兴趣小组,中学和大学应有社团活动。

最后,建立尊重差异,包容多样的学生德育评价观。这并不是否定统一的德育评价标准,而是说德育评价的标准应该有一定的弹性,要根据学生的实际情况灵活掌握,保护学生中有利于创新素质发展的个性。而要做到这一点,必须从不适应创新人才成长的学生德育评价观中走出来,实现观念的变革。

**制度伦理学:新学理典范的创制及其实践介入性品格——现代社会"道德人"理想诉求何以可能的否思** 袁祖社,陕西师范大学学报(哲学社会科学版),2010.2

当代制度伦理学的兴起,一开始就表现出直面伦理困境、勇于范式变革的创制性实践品质和智慧。这可以看做是对当代社会"道德人"目标证成的一种必要的尝试和努力。这个目标的实现虽充满困难,但当代依然活跃异常的每一种伦理文化却都乐此不疲、锲而不舍。

一、伦理智慧的历史性生成与确证方式:纯粹道德观念之"相对性"复杂特质的虚妄与"制度伦理学观念"出场的逻辑必然

以伦理方式存在,是人类社会寻求心灵的秩序之自我确证实践进程中的获得性习性。当代伦理学无论在理论形态、研究典范还是主题、论域以及语境等方面,与以往都有了很大的不同,正以其独有的方式重新观念地安排和塑造着人们生存于其中的现实,引领着优良道德生活的努力方向,但这只是其中一方面。另一方面,我们依然面临一些前提性的问题需要深入思考。其原因在于,我们在对伦理学一些基本问题的定位和把捉上一直游移不定。一个常见的情形是:一些看似精致的伦理理论一旦被付诸现实,常常会遭遇被漠视、边缘化甚或集体性嘲讽的尴尬境地。看来,我们需要以伦理的方式思考伦理学本身的问题,这是一种清明世界和正派社会吁求实践中伦理观念纯粹性的理智型努力。虽然遥遥无期,但必须坚定信念、果敢前行。以人类新文明的视野、立场和气度考量,对待伦理道德观念的最好方式,不是去一厢情愿、明知不可而为之地去试图发现所谓"道德的本质是什么",而是要觉识到一点:对于业已构成人类实际的须臾不可或缺的"道德",我们力所能及的能做些什么?这样一种姿态,看似理论上的"后退"或不自信,其实是我们当下所能够选取的最恰切的方式。

二、"自向性"与道德主体的自律品质的主观先验设定:传统社会制度伦理之"道德人"的意蕴、标准及其可能性

从人类社会共同体之理想、规范的优良生活秩序何以可能以及因何可能的意义上讲,伦理道德之所以必需,其原因就在于,一方面,它可以为公共生活提供一个合理的标准,帮助人们分清是非;另一方面,就旨在纯化社会风尚的社会性公共道德的功能指向来看,道德被认为是指明心灵寻索正义之途的一座灯塔。我们并不缺乏伦理和道德教化的理论说教和日常实践。我们要反思我们的伦理道德范型及其证成方式。中国传统道德的伦理范型而言,被公认为是一种"人格道德",它诉诸主体的人格境界修为和人格理想的养成。

传统社会的道德排斥道德个体的自主选择,是政治上占统治地位的阶级依据自己的意志自上而下强制配给全社会民众的结果,服从是单一的秩序逻辑。至于民众接受、认同与否,则是另外一回事。传统社会制度道德实践的局限性表明,道德作为后天获得性文化习性,并不是人性的本质要素,它只是人之为人的自我设计、自我认同和实现过程中可资参照的一种必要的方式而已。道德人理想涉及和实现的上述矛盾,似乎使我们陷入一种难以解脱的悖论之中。但我们恰恰忽视了,道德的本质在于鲜活的生活实践。在这个意义上,可以说制度伦理取代传统的个体心性伦理是历史的必然。制度伦理的提出为我们摆脱危机、寻找出路提供了一条致思路径和价值取向。制度伦理不是所谓学人的闭门造车,其有着深刻的学理依据和实践基础。

三、"他向性"道德主体的他律品质的主导性:现代社会制度伦理"道德人"的新意蕴、标准及其可能性

将伦理生活导向"制度性"努力,我们所面临的首要问题,就是对制度给出一个本体论的解释。正式的各种习俗、惯例和规约等。简言之,制度即行为的模式。它可以是正式的、成文性的、上升为国家意志的、并受国家法律保护的制度,也可以是非正式的、不成文的、没有上升为国家意志的、不受国家法律保护的制度。作为社会关系的组织体系,制度具有鲜明的价值目的,它包括某些共同价值和秩序,以满足某些基本的需要。所谓共同价值,是指共有的观念和目标;所谓共同秩序,是指团体标准化的行为模式;所谓关系体系,是指角色与地位的结合,透过这种结合,行为目标得以实现。

对以往人类伦理生活的历史考察和现实考辨表明,世俗生活中纯粹的道德人,一直都是一个理想的预设,现实中的道德人仅仅是一个悬设起来的目标而已。一部伦理学的发展史,就是合理的"制度规训"形成的历史。当

伦理分析的制度维度清晰化以后,有一点慢慢变得非常清楚:以往的一切伦理知识和道德设计,其实只是"制度理性不及"的必然产物。制度伦理学的出现,就是要以充分的自信宣称:传统的伦理生活的努力已近终点,相应的道德性建制已告终结。

无论如何我们得承认,关于道德的社会文化建构,人类尽力了但并不成功。只有在制度规训的合理性得以真正确立的时候,道德生活才回归到了它的真实,道德主体的"自由意志"实践才获得了一个可以依托的现实背景,道德自我追寻的现实历程才得以起步。

制度伦理学的出场,并非表明诉诸制度的道德就一定能解决一切棘手的道德难题,从而应对制度顶礼膜拜。千万不可忘记,制度的制定者和践行者都还是人自己。"法令滋彰,盗贼多有"是中国的一句古语,其深刻之处在于提醒我们:法律法规多了,反倒有更多违法的人。很显然,社会个体假如内心失去道德,法律规范和条文于他只是一纸空文。

**与世纪同步　与实践合拍——读廖申白教授《伦理学概论》** 王小锡,道德与文明,2010.3

廖申白教授所著的《伦理学概论》一书于不久前出版,拜读此书,深感是一部新世纪教材的精品力作。它构思精妙、主旨鲜明、范畴独到、逻辑自然,是一部融思想性、学术性、时代性与前沿性于一炉、具有个性特色的创新之作。概括起来,该书具有四个鲜明的特色。

其一,创新性的逻辑理路和结构体系。作者从对伦理学的初步说明谈起,厘清伦理学是一种怎样的研究,在伦理学的历史演变轨迹的思想史平台上,从伦理学的基本概念、常识道德到交往伦理学,再到哲学的伦理学,最后又回到善的生活。如此条分缕析、剖丝抽茧的分析,好比一个个理论的"圆圈",理路新颖,环环相扣,结构完满,融分析伦理学、规范伦理学和应用伦理学于一体。然而,这仅仅是该书展开的显性逻辑。其隐性的逻辑是,以基于实践的德性论伦理学来克服传统的规范伦理学的内在矛盾,从而,以基于实践的德性论伦理学来展开整个理论逻辑。坦率地讲,在本人所见国内外伦理学原理著作的"森林"当中,尚无从此逻辑理路来布局谋篇的,其创新性的理论形象着实令人耳目一新。

其二,鲜明的教材主旨,标杆式学术前沿。教材独具匠心地围绕生活实践中的一系列伦理问题与困惑,与读者(学生)一起遭遇、一起阅读、一起思考和解决这些问题。而这种"坚定不移"是与著者对伦理学的学科性质的理解把握连在一起的。在著者看来,伦理学就是对人的问题的思索与研究,不仅如此,伦理学是唯一的对"人的总体的生活"进行研究的科学。在对人的总体生活的思考过程中,著者涉及了生活实践中的诸多问题。著者立足于学术思想史和学术前沿,充分汲取古今中外思想资源,领读者一同进行哲学的沉思、探讨,研究这些我们经常会遭遇的一系列现实生活领域的各种问题,进而回答与解决这些问题,这确实能够起到解疑释惑、引领方向的作用,从而为读者(学生)走好人生旅途、过上"善的生活"备好了充足的伦理学"知识谱系"。

其三,独到的范畴,细腻而深入的解剖。著者在众多伦理学范畴中,萃取了三个范畴——实践与实践智慧、善、正当作为伦理学的基本概念,并对它们进行了深刻的分析。他认为,实践与在最宽泛意义上属于每种存在物的活动的不同是,它是人所特有的一种基本活动,实践的实质是一种交往活动,是"人之为人"的活动。不仅如此,实践是一种内在目的性(而非外在目的性)的活动。关于善的概念,他首先从善在日常语言中的用法谈起,厘清了道德意义的善与非道德意义的善,而后对"善的"作为性质、"善的"的第一种类比意义、"善的"的第二种类比意义进行了分析,最后对善进行了哲学分析:目的善与手段善、内在善与外在善、"总体上是善"与"对一个人而言是善"、"是善的"与"显得善"以及关于最高善。他还在剖析正当概念的时候,仔细区分了应当、正当之区别与联系。尤为重要的是,著者认为,亚里士多德、康德、黑格尔的伦理学属于"最为重要的伦理学体系"。他进而指出"哲学的伦理学"的概念。诸如此类的对概念、范畴的层层解剖,厚实到位而又细腻认真,书中多有展示。

其四,深刻的问答逻辑,与时代同步的道德哲学。以问答逻辑的形式展开研究和阐释是该书的又一重要特点。从本书的逻辑结构,到每一编,再到每一章、每一节,甚至概念范畴的陈述与展开,都体现了这一特点。值得一提的是,问题逻辑关键并不在于必须通过设问的方式(当然并不排除)来展现陈述本身,而是要以理论内在的逻辑来呈现,展现理论自身的张力与魅力。但做到这点实属不易,因为它不仅需要著者问题展现的环环相扣,而且需要他厚实而独到地把握问题、富有时代感地哲学审视问题。著者以难能可贵的现实的敏锐性和理论的洞察力审视了书中关涉的古老而常新的话题,展示了该书是一部不可多得的与时代同步的道德哲学教材。关于时代感的问题,著者的许多论题都体现了这点。将时代性课题作为基本元素嵌入文章构架之中,这就使得一种强烈的时代气息扑面而来。问答逻辑与时代感的内在契合，使得行文酣畅淋漓、扣人心弦。

世事之贵，贵其所难。能够做到以上四点的确难度系数不低，而这四大“难”集中表征着申白君这部教材的巨大成功。然而，正如马克思所言，一切发展着的事物都是不完善的。如果“硬说”该书有什么不足之处的话，也许正如著者所言，应将更多思想家(包括马克思)的思想有机地融入文中；尚可进一步结合理论研究的实际展开批评性研究，在学术对话的基础上立论，进一步增强理论说服力；还可紧密结合中国乃至全球性的伦理道德现实，提出有针对性的道德建设建议。当然，这只是对一位潜心求索、淡定沉思三十载，志于沟通古今、融会中外，对中西伦理思想和现实问题进行严肃、扎实而系统研究的思想者所“耕犁”出的一部高水平力作所提出的更高要求。准确地说，这不唯是申白君之责，也是广大伦理学同仁需要解决的我们共同面临的重大时代性课题。

**加强大学生网络伦理教育略论** 何广寿，学校党建与思想教育，2010.3

一、加强学校对大学生网络伦理教育的责任感

(1)强化伦理理论研究。当前，大学生网络伦理教育无论从理论上，还是从实践形式上，都相对单薄，理论的探索和研究极大滞后于当代网络技术的发展。思想政治教育工作者应加大研究力度，并注重在实际工作中总结和提炼，进一步深入研究大学生网络伦理教育的特殊内容，对大学生网络伦理教育遇到的问题进行正确客观的判断和分析，并提出有针对性的应对措施和防范手段，提出适合大学生特点的、有推广价值的理论成果，提高大学生网络伦理教育的水平，做到理论先行。(2)提高大学生网络伦理教育工作者的素质。首先，强化理论学习，坚定政治信仰。其次，加强网络技术培训，熟练掌握互联网的使用。第三，加强外语水平的培训，提高网络阅读水平。(3)加强网络伦理教育硬软件建设。利用网络技术创新手段，杜绝不良信息的传播。此外，学校和有关部门要灵活运用主流思想，结合大学生的学习生活实际，建立系列的红色网站，占领网络阵地。(4)加强高校学生社团建设。调查显示，有82%的大学生认为网络主题社团活动形式适用于网络伦理教育。因此，应加强网络主题社团的建设，促进大学生网络伦理教育。(5)开设“大学生网络伦理教育”课程。网络伦理道德应列为道德教育的一部分，现行的高校应当开设网络伦理教育课程，并随着网络技术的发展而发展，使之成为一个不断进步和发展的开放体系。(6)开展网络伦理主题社会实践活动。调查显示，有85%的大学生认为网络伦理主题社会实践活动形式适

用网络伦理教育。因此,要组织学生以大学生网络伦理教育为主题,扩大教育影响力,最终达到全体学生受教育的目的。(7)形成全方位的网络伦理教育格局。对学生的网络伦理教育要依靠学校、社会和家庭各方面的综合力量。

二、加强网络自身伦理教育管理

(1)加强社会网络伦理教育舆论导向。伦理道德教育的首要途径是社会舆论的引导,网络伦理教育也是一样,必须利用社会舆论,推动网络社会的道德建设。社会舆论的导向作用是非常强大的,使网络社会的道德观念深入人心,建立良好的道德环境,使人们自觉地将伦理观念带入网络社会中,对于网络社会的道德建设是行之有效的。(2)利用校园网加强对大学生网上行为的管理。(3)开发网络监控技术,提高网络的安全性。(4)加强网络法制教育和网络法制建设。

三、加强大学生网络伦理自律教育

(1)确立大学生网络道德主体地位。确立网络道德主体地位是培养大学生自律精神的前提和基础。道德首先表现为主体性特征,因为一旦没有主体,便没有道德,而且即便是有了主体,但如果主体并不敬仰和服膺道德,也同样没有道德。(2)培养大学生的网络道德意识。一是社会责任意识,二是互敬互助意识,三是诚实守信意识,四是慎独内省。

**英国福利制度的伦理考量及启示**　庞永红,道德与文明,2010.3

该文试从制度伦理的角度对英国福利制度理论的道德基础、伦理价值诉求、社会作用效果的伦理评价等几个方面进行探讨,以期对我国当前福利制度伦理建设有所启迪和帮助。

一、英国福利制度产生的理论依据及道德基础

(一)英国福利制度产生的理论依据

(1)庇古的“福利经济学”理论。福利经济学是最早对社会保障进行经济研究的学派。庇古主张国家实行养老金制度和失业救助制度,建立了福利经济学的社会保障经济理论。庇古提出转移性支付以及一些改革社会福利的理论几经演变并广为流传,为社会保障制度的建立奠定了理论基础。(2)凯恩斯的国家干预主义。在凯恩斯的国家干预思想中,社会保障占有相当重要的地位,他主张通过累进税和社会福利等办法重新调节国民收入分配,还提出消除贫民窟,实行最低工资法,限制工时立法等主张。在社会保障制度理论方面,凯恩斯主义是一个新的里程碑,成为西方国家制定公共政

策的主要依据,对采取普遍福利的社会保障起了促进作用,可以说它直接推动了第二次世界大战后社会福利保障制度的建立。(3)贝弗里奇报告。英国福利蓝图的真正实施是第二次世界大战期间由经济学家威廉·贝弗里奇制定的,他提出社会保障应遵循四项基本原则:一是普遍性原则;二是保障基本生活原则;三是统一原则;四是权利和义务对等原则。通过这样一种制度设计,贝弗里奇将不同收入、不同职业的所有公民都纳入到他的社会保障计划之中。

(二)英国福利制度理论的道德基础

建立福利制度的初衷是解决贫困问题,但关键还在于如何解决贫困问题。英国的福利制度建设选择的是干预和调节社会产品的分配,把富人的一部分所得转移到穷人方面来,以此保证社会整体的基本生存,在原有制度的框架内追求某种程度的社会公正。因此,首先,福利制度的建立本身的立足点是道德的。那么,这种国家干预理论的道德基础是什么呢?历史的发展证明,任何社会的稳定和发展总是离不开强大的权力中心来维持的。在人类社会出现了国家后,这个权力中心便以代表国家意志的政府来体现。但是政府的合法性并不在于它代表了国家的意志,从根本上说,它必须得到社会成员的普遍认可。而近代以来人们对西方国家政府的合法性认识则来源于人的天然权利和社会契约。社会对政府的合法性之所以能够形成这种认识,从根本上讲,是建立在社会普遍地对人本身及其利益的尊重之上的。

二、英国福利制度的伦理价值诉求

从英国福利制度的产生我们可以知道,英国的福利制度基本上是为了弥补“市场的缺陷”而向公平靠拢的制度安排,体现出来的是补偿正义,是为了缩小贫富差距,消除贫困,保护弱势群体。首先,在对待老人方面,英国实行覆盖全社会的养老体系,既有完善的养老法规,又有完善的养老设施,以及合格的养老设施经营管理机构和员工。其次,在对残疾人和有儿童的家庭进行帮助方面,英国政府承诺对所有有儿童的家庭,尤其是对贫困家庭提供支持和帮助。伤残人士不仅能得到政府提供的伤残生活津贴,还可以得到以收入为基础的求职津贴、退休金信用、住房福利或市政税福利、工作税收抵免、儿童税收抵免等;在教育、就业、医疗、度假休闲等方面享受政府的各种特定政策支持。

三、对英国福利制度作用的伦理评价

英国“从摇篮到坟墓”的社会福利制度在其发展史上确实发挥了积极作用,极大地促进了资本主义国家的政治稳定、经济发展和社会进步。但传统的福利制度也有一系列的弊端,有的学者称之为"消极福利"。我们应对此作一分为二的伦理分析和评价。从积极方面来看,英国的福利制度是由国家立法而建立起来的比较完善的社会保障制度,是西方资本主义发展到一定阶段的产物。包揽一切的"福利国家"在一定程度上缓解了社会矛盾、减轻了事业压力、降低了人们的生活风险。从消极方面来看,社会福利政策确立的初衷是为了社会公正,但结果却很可能造成新的不公正。最后,福利制度的贯彻在一定程度上影响了全社会的心理。如果说社会上有相当一部分能工作而且应该工作的人不愿工作却一直在依赖纳税人的钱生活,这无疑会对那些努力工作的人们的积极性产生极大的挫败,从而直接影响到他们的工作情绪。这样一来,西方传统的工作伦理和价值观念就可能被颠覆,整个国家的生产积极性和生产能力就会受到影响。

四、英国福利制度对我们的伦理启示

尽管英国的福利政策和社会保障制度的实践存在诸多问题,但不可否认,作为保证社会稳定和发展的必要措施,其社会福利制度在调节收入分配方面发挥的重要作用对我们是有借鉴意义的,在实践中也为我们提供了极为丰富的伦理启示。

第一,社会发展应当更加突出对弱势群体的关怀。当由于禀赋的差别造成收入差距和地位差别时,应该对最少受惠者给予补偿,这样社会才能保持良性运转。第二,社会福利制度在注意努力实现公平与效率的动态平衡时应更加注重公平。公平与效率的关系问题始终处于福利制度的核心地位。公平从分配方面影响社会福利,效率从生产方面影响社会福利。第三,建立完善的福利制度有助于整个社会的道德进步与和谐。社会保障制度本身的公正性和互助意义,也直接召唤社会成员互相关爱,互助共济。这些伦理文化精神在社会生活中一旦形成合力,便会促使整个社会形成良好的道德风尚,促使整个社会文明的进步。

**民生伦理:关于民生问题的伦理学诠释** 陈进华,哲学研究,2010.3

民生问题不仅是经济和社会问题,也是伦理道德问题;民生问题的解决不仅依赖于社会经济的繁荣昌盛,还需要仰仗于合乎一定伦理秩序的执政理念和制度安排。以关注和改善人的"生存、生命、生活"为价值旨归的"民生"话语,为民众所诉求和执政党所尊重,并形成了与之相适应的民生伦理。作为中国当代伦理学的重要构成,民生伦理通过彰显"人性尊严"、"公民权利"、"公众参与"和"国民福祉"等基本的价值诉求,以确证科学发展、和谐社会建设的现代性意义。换句话说,科学发展、和谐社会建设不仅需要市场经济、民主政治、城乡一体化的制度安排与社会结构,而且亦表现为与此相适应的社会精神文化形态——民生伦理的建构。因此,探究民生伦理的精神价值范式及其现代性意义,也属于科学发展、和谐社会建设的基本要求。

作为经济、政治和社会层面的民生问题的价值标尺的民生伦理,是一种以民生问题为伦理实体、以"人性尊严"为逻辑起点、以"公民权利"为价值基准、以"公众参与"为诉求动力、以"国民福祉"为发展境界的综合伦理。从政治的视角看,以民心或民意为表达方式的民生是政府得以产生、存在和进行公共管理的基础和依据,是政府公共权力的唯一来源;故而,民生伦理是公民对以管理公共事务为己责的政府的一种权利诉求。它一方面是公民对自我生存状态的认同信仰,另一方面也是在与政府互动中形成的,甚至它本身就是公民权利的一部分。从一定意义上说,民生伦理是调节政府与人民关系的一种价值取向和行为规范,亦是科学发展、和谐社会建设的一种实践精神。作为一种实践精神,民生伦理主要体现为以实现"国民福祉"为核心价值的民生型政府的执政理念;作为一种价值取向和行为规范,它通过设定一定的善恶标准,规定着在科学发展、和谐社会建设进程中政府、公民应该做什么和不应该做什么,从而保障经济发展、社会运行和人民生活的有序进行,以实现尊重"人性尊严"、保障"公民权利"、拓展"公众参与"和提升"国民福祉"的发展境界。

**社会救助的道德风险及防范** 邹海贵、刘峥,道德与文明,2010.3

社会救助制度作为社会保障(福利)制度的一个重要组成部分,是现代社会维护弱势群体利益、促进社会公平正义的重要制度设计,具有丰富的伦理道德意蕴。但是实践表明,社会救助制度也是一把双刃剑,其负激励作用可能引发道德风险。鉴于此,作者以研究社会救助制度环境下的道德风险为基础,分析社会救助制度道德风险的原因、具体表现及其防范策略。

一、道德风险与社会救助制度

所谓道德风险,亦称道德危机,首先是一个经济哲学范畴的概念。美国经济学家阿罗(KennethJ. Arrow)最早提出道德风险的概念,他认为道德风险是指"从事经济活动的人在最大限度地增进自身效用的同时做出不利于他人的行动"。社会救助制度是一项现代性的制度安排,是指当社会成员由于各种原因陷入社会生活困境或无法伸张其权益时,由国家和社会按照法定的程序和标准向其提供现金、物资或其他方面的援助与支持的一种制度安排，这种制度安排旨在保障社会成员的基本权利，促进社会的和谐稳定。社会救助制度道德风险的状况，是社会救助的参与各方与社会救助制度环境博弈的结果。因此，分析社会救助制度道德风险，不能不分析社会救助的制度环境。(1)社会救助制度是一项有多种利益主体参与的特殊制度安排。国家和政府是最终的责任人，但其利益主体是多元的。(2)社会救助制度具有委托代理关系较复杂的特征。其中值得注意的有两点。第一，社会救助具有准公共产品特征，在总体上属于介于公共产品与私人产品之间的优效品，即社会成员不论收入水平如何都有权消费的准公共物品。第二，委托代理关系比较复杂。(3)社会救助各个方面存在不同程度的信息不对称和不确定性信息。(4)社会救助领域中国家和政府的责任是有限的。在现代社会不断完善发展社会救助制度的过程中，国家所实施的社会救助的内容和范围应该是有一定限度的，从法律权利保障的角度来看，社会救助权的保障也是有一定限度的。

二、社会救助制度道德风险的具体表现

社会救助制度所产生的道德风险主要体现在救助依赖和“贫困陷阱”两个方面。救助(福利)依赖与“贫困陷阱”之间存在紧密联系，救助依赖是“贫困陷阱”的一般表现，而“贫困陷阱”又往往是救助依赖的结果。

其一，社会救助制度的实施可能会给被救助者带来救助依赖和反工作伦理的问题。救助依赖的主要表现是救助对象对政府的依赖性增强，缺乏通过自身努力摆脱救助的动机，进而在整体上救助对象和群体的道德主体性及道德发展水平下降。从社会伦理的角度来看，救助依赖使具有工作能力的弱势(贫困)群体人员减少劳动工作的积极性、主动性，不愿意主动就业，从而出现所谓不劳而获、奖懒罚勤的现象，引发反工作伦理。西方福利国家的反对者指出，超额的救助和福利产生了新的不平等和依附文化，对福利的依赖构成贫困文化的一个重要组成部分。

其二，社会救助制度可能带来“贫困陷阱”问题。所谓“贫困陷阱”是指处于贫困状态的个人、家庭、群体、区域等主体因贫困而不断再生产出贫困，长期处于贫困的恶性循环中而无法自拔。“贫困陷阱”为什么能够相对地把人锁定在贫困中，其基本原理是物质、人力资本投入和文化三者之间的相互影响和制约导致贫困的恶性循环。

三、社会救助制度道德风险的防范

综上所述，社会救助制度道德风险的存在不仅会导致社会救助制度运转效率低下，而且对社会公平正义构成了直接挑战，使之走向制度设计的反面。但是道德风险不等同于道德败坏,道德风险是一种特殊的社会风险,内含着道德价值及其社会后果上正向与负向、积极与消极的多种可能性。防范社会救助制度的道德风险就是要规避其负向和消极的后果,引导其向正向和积极的方向发展,实现社会救助制度的伦理生态。(1)构建社会救助制度责任主体的多元关系。社会救助的责任主体是多元的,在社会救助活动中,政府与非政府组织和个人应该构建一种伙伴关系,社会救助在一定程度上的"社会化"和社会工作的职业化是一种合理而现实的选择。(2)强化社会救助的激励机制和约束机制。社会救助的所有参与方,包括个人、企业、中介机构和政府,都是理性"经济人",都存在机会主义倾向,都可能产生道德风险。因此,在社会救助中仅靠社会救助参与方的"觉悟"或自律是远远不够的,而应通过激励和约束并重的制度设计,将"经济人"动机置于有效的激励和约束之下。(3)完善社会救助制度的运行机制和管理体制。提高信息对称度的策略可以从两方面施行。第一,完善管理体制,建立高效的社会救助信息管理和披露系统。第二,对信息不对称的重点领域、重点主体采取有针对性的重点措施。(4)坚持政府责任与个体责任的统一,实现社会救助制度中个体德性与制度正义的伦理生态。现代性社会要求政府责任与个人责任紧密结合,不可偏废,这样才能促进个体的全面自由发展,使个体道德的发展与社会伦理道德的进步相得益彰。

**高校道德环境建设与大学生道德价值认同** 郭建新,王春茹,南京审计学院学报,2010.3

大学生是否具备良好的道德素质已经成为衡量他们是否成为合格人才的重要标准。不过,道德素质的养成并非一日之功,就高校而言,道德素质的养成关键在于发挥道德教育长期的、持续而有效的作用。正是在这个意义上,高校道德环境建设应该得到足够的重视。良好的道德环境对大学生道德意识的形成、道德情感的熏陶、道德实践的引导都具有举足轻重的作用,而其核心则在于以道德环境激发大学生的道德价值认同。

一、道德价值认同是道德环境建设的基础与核心

(一)高校道德环境建设需要重视发挥德育功能的作用

关于什么是德育环境,国内学者的看法较为统一,只是在侧重点上有所差别,分别强调的是德育环境的物化方面、德育环境的内化方面、德育环境的系统化方面。德育环境的上述三个方面与道德环境是相互关联的。其一,道德环境也是一种物化的结果;其二,道德环境也是一种内化的结;其

三,道德环境也是系统化的。德育环境并不等同于道德环境,两者是有所区别的。

(二)高校道德环境建设需要重视道德价值认同互动作用的发挥

那么,如何看待道德价值认同是道德环境建设的基础与核心呢?在高校中,道德环境从本质上说是道德价值观在校园共同体内的物化表现。它主要涉及以下四个方面:一是较为普遍的道德价值观念、评价标准或立场;二是较为普遍的人际交往规则和活动方式;三是具有一定权威性的榜样人物或理想人格偏好;四是较为普遍地共享特定的价值符号。由此,道德环境与大学生之间的关系,实际上是教育者与被教育者双方价值观之间的互动关系,可以综合为三个特征:渗透性、群体性、规范性。

二、促进道德环境与大学生价值认同的良性互动

(一)使道德环境有利于大学生的全面发展

道德环境建设必须和大学生的全面发展相协调,"过"或"不及"皆不可取。所谓和大学生的全面发展相协调,就是要把促进大学生的"自我改变"作为环境建设的根本与目的。在此基础上,学校应该根据并联系自身的办学理念与办学特色,对道德环境的建设进行合理的整体规划,根据大学生全面发展的需要坚持贯彻和落实方方面面的道德环境建设。

(二)使道德环境在大学生品德形成过程中起关键作用

道德环境在大学生的品德形成过程中起着重要的作用。(1)道德环境直接影响着人的道德认知过程。(2)道德环境对人的道德情感的锻造和陶冶举足轻重。(3)道德环境有利于习惯性道德行为的养成。

(三)促使大学生成为既是环境的受动者,也是道德环境的创造者

大学生不应该只是作为环境被动、消极的受动者,而要积极主动地去改变环境,对此,需要切实理解人和道德环境的关系,要警惕环境决定论、自我论和人境调和论这三种误区,从而为自己的全面发展提供一个良好的道德环境基础。

三、探寻道德环境建设与大学生道德价值认同的路径

(一)着眼于道德环境的系统性渗透,全面激发价值认同

学校应当把道德环境作为一个开放性的系统来审视,注重道德环境建设的系统性和开放性,使校园道德环境在大学生自由全面发展的各环节、各层面、各阶段系统地发挥作用,潜移默化地改变大学生的思想观念,使之渗透于大学生日常的行为规范中。着眼于人的全面发展的校园道德环境建设不仅要体现在硬环境建设中,还要体现在软环境建设中。在建设过程中,要

以人的全面发展的整体性视野对校园道德环境资源进行全面规划和系统整合,要把社会主义道德价值和伦理精神灌注在环境建设的方方面面,不断优化和美化校园道德环境。

(二)以校内媒介为主阵地,为价值认同营造良好的道德氛围

校园道德环境建设是长期的、潜移默化的过程,而充分利用和开发校内媒介设施对大学生道德素质的培养具有特殊的渗透力和影响力。校内媒介设施主要包括校内传媒设施和校内信息管理设施。在校内开展传媒设施建设要坚持正确的舆论导向,大力宣传体现社会主义核心价值体系与时代精神的道德行为和高尚品质,弘扬校内正气,把遵守道德规范的意识渗透到大学生生活的方方面面。要充分运用网络信息技术等高科技手段,开发校园道德环境建设的新方式和新途径,彰显其时代个性。

(三)建立健全合宜的制度安排,为价值认同提供有序的制度基础

建立健全相关的制度安排,能够为校园道德环境提供健康有序的基础性保障,从而可以塑造有序的道德生活。作为一种稳态的结构性关系实体,能够使身处制度中的大学生养成良好的行为习惯,对大学生道德品质的形成和发展起着重要的作用。在高校校园道德环境的建设过程中,要科学合理地设计制度、系统全面地安排制度、规范有序地操作制度,从而保证制度的良性运行,使高校校园道德环境能够在一个规范的制度环境中开展和实施。

(四)丰富道德实践的多样化途径,在实践中锻造大学生的价值认同

高校应广泛地开展多样化的社会实践活动,深入联系社会实际,在社会交往实践中,帮助大学生在正确道德观念的指导下,养成良好的行为习惯,从而使其能够有所准备地步入社会、面向生活。因此,开辟多样化的道德实践途径是高校校园道德环境建设不可缺少的部分。围绕独具亲和力的道德实践活动、具有渗透性和一体化的德育测评、公正的道德评价激励机制等方面,针对大学生中普遍存在着“知与行”脱节的矛盾,把提高大学生道德实践能力、缩短知行距离作为道德实践环节探讨的突破口。

**美好生活:关于城市意义的批判与建构** 李兰芬,中国社会科学(英文版),2010.4

城市意义乃是一种以本体论、认识论、生存论的多元视角,对汇集、附载、传承、集聚人类财富、权力、信息乃至全部生活方式的城市指称、城市观念、城市功能、城市形态、城市变迁的生发逻辑及其实际效用考量的价值论

论域。城市意义的批判和建构，则是人们关于"为了什么发展城市"、"城市又发展了什么"和"该怎么发展城市"等问题进行经验的、科学和有伦理性的自主选择和责任担当。当代中国城市意义批判与建构的运思指向主要有二：一是因当代中国城市化进程的实践战略和深度推进而日渐突显城市意义问题的严重性和建构的迫切性；二是将彰显城市功能、城市形态、城市研究的价值整合和时代转型：即由"怎么发展城市"的技能知识性诠释向"为了什么发展城市"、"需要何种城市"的目的价值性求证转型。对于当代中国特色社会主义城市建设而言，经历了30年改革开放的摸爬滚打，对"怎么发展城市"已在技战术上创制了一系列实践典范和成功经验，诸如广东深圳、上海浦东、江苏苏州等等。但，或许是受中国城市发展阶段性的制约，或许是受世界城市发展格局性的影响，关于"为了什么发展城市"、"需要何种城市"等问题还尚未引起国人的深切关注。然而，中国和世界城市化运动中所滋生出来的、让生活变得更糟糕的城市问题，诸如：交通堵塞、人群拥挤、空气污染、水源短缺、房价高昂等等一再警示人们，"为了什么发展城市"、"需要何种城市"是一个远比"怎么发展城市"更需要反思和澄明的时代问题。"美好生活"将在规范和理念双重意义上统摄并超越"怎么发展城市"的技能知识性诠释，以求对"为了什么发展城市"、"需要何种城市"的时代问题做出生活论视域的城市意义考量。

## 一、以生活的名义叩问城市意义

为了弄清究竟"为了什么发展城市"和为了达到所期待的城市人们究竟又该"怎样行动"的问题，必须倡导一种能够得到大多数人最大认知和共识的城市价值体系作为生活路径——这种城市价值体系能告诉人们什么是"好"的城市，什么是"恶"的城市，在城市化运动中应该追求什么和避免什么。尽管这种价值体系在城市化进程的起步、加速、基本实现、完全实现等不同阶段必然会呈现出不同层次的战略战术目标和行为规范准则，但它始终主导、掌控和统领着城市发展和市民生活的内在要求和变迁逻辑，因为，城市发展无法摆脱人自身的视角，无法排除人之为人的生活方式、价值期望和行为规范。

"城市，让生活更美好"作为一种时代精神和价值取向的话语表达，为参展各国和各方提供了创造性想象空间的意义、内容、方法、导向和目标的2010年上海世博会主题精神的划时代意义在于重新开启人类以生活的名义反思、批判与建构当代城市意义之先河。"伟大的博览会始终表达了它们所处时代的形态，表达某个鼎盛时期的风尚，与之共存的某些勇敢的领先尝试,以及对昔日风尚的依稀回忆。”以生活的名义考量城市作为上海世博盛会聚集和团结世界各地代表全人类智慧和文化结晶的话题、纽带和平台,既饱含着世人对城市的赞礼,也暗含着对现代性“城市病”:诸如交通堵塞、人群拥挤、空气污染、水源短缺、房价高昂等让生活变得更糟糕的反思和批判,更预示着在危机中蹒跚前行的世界、在磨难中团结奋发的中国,重构让生活更美好的未来城市的期待和信心,即通过类似一个人类生活的实验场——以压缩、交织、纠缠、融合着的各种声音、颜色、思想、夸张的举止在一起的世博会——把现代性的“城市问题”以空间立体形式摆放出来,让公众运用自己的双眼、双脚、头脑,来观察、思考、触摸和寻求未来城市的发展路径,以寄托好的城市让每个人,包括弱势者的生活也越来越美好的愿景。生活城市是对工业城市、旅游城市、卫生城市等进行目的论反思和建构的一种新型城市文明形态。

二、“去生活化”的城市空间批判

关于城市意义的批判和建构将成为中国政界、学界、实业界乃至每个市民积极参与未来中国城市发展所必须选择的理性行动。所谓“城市病”,作为一种关于在一国城市化尚未完全实现的进程中,伴随城市扩张和城市化快速发展,因城市系统存在缺陷而凸显出来的,和城市系统整体性运动相关的问题和矛盾,诸如城市中的人口、环境、交通、居住等等社会问题的人化的形象说法,其本质是指城市发展已“染”背离人性需求、人性生活和主体价值之顽症。当下中国“城市病”的焦点集中于交通堵塞、人群拥挤、空气污染、水源短缺、房价高昂等问题域。如何将种种关于中国“城市病”多发期和爆发期的危机感、担忧感的情绪化的认知表达转变为一种真正富有治理效果的行动系统,需要基于对“为了什么发展城市?”“需要何种城市?”或者“城市病”究竟伤及了谁?怎样才能让城市摆脱“病痛”的折磨?如何使城市发展走上健康的轨道?等问题的理性反思和深刻批判。这种反思与批判,是一种理智的、有价值介入的,即既是对某种或某些现代性“城市病”的追根溯源以考察其基础、区分现象和本质从而真正理解之,又是那种旨在协调城市生活中个体间、社群间、个体与社会间、社会与政府间合理关系的规范建构。这种反思批判,是“以城市本身为对象的人类活动”,其目标在于追求“城市的合理意义”和“市民的美好生活”。

美好生活是城市意义的价值诉求。人们是为了美好的生活选择居住于城市。然而,当人们按照家的模式来察见城市的时候,却发现,现代化的城市具有强烈的去生活化倾向。所谓“去生活化”的城市空间,就是在城市发展的特定阶段摆脱市民生活，使该阶段的城市发展不顾市民生活的需求，超越"市民生活"的视域进行城市规划和城市发展评估。这种"去生活化"的城市空间现象，充斥于住宅和社区、公共场所、城市结构、城市体验等等方方面面。种种"去生活化"的住宅、"去生活化"的公共场所、"去生活化"的城市结构和"去生活化"的城市体验造成市民"心理空间堵塞"，导致了现代性"城市病"的深度病理。

三、美好生活：一种新型城市文明形态何以可能

生活与城市是天然不可分隔的"连体物"，"人们为了生存而来到城市，为了生活得更加美好而居留于城市"（亚里士多德语）。未来城市生活的走向必将从"功能城市"走向"文明城市"。如何使作为"城市功能"的生活走向作为"城市文明"新型形态的生活成为可能，需要以"美好生活"为理念来规范和引领城市空间的变迁和重构。

城市作为现代性的核心基础，是从人类生活中生成出来而不是从人类生活中"切割出来"的；城市既不是一个独立的实体，也不是一个独立的社会过程，它必须寓于人类生活之中，不能脱离生活而存在。当然，人类生活也不只是应环境刺激而动的对环境的消极适应，而是人类利用、改造环境的过程。因此，作者以为，空间决定论坚持从"城市功能"解读人的"生活"与文化解释论主张以"城市文明"解释人的"生活"反映了"城市与生活"关系在城市化进程中不同阶段、不同主题的不同形态。因为，"城市是人类生存的集合空间载体，支撑这个载体的'硬道理'在相当程度上可以理解为构成人工空间与环境的技术体系，而导向这个载体运行的'软道理'则是城市文化"。"任何一座城市起源于人类的'软道理'——想象力与自治力。城市衰落往往与'软道理'背道而驰——夸张与破坏。"从时间上来看，作为城市功能的"生活"早于城市文明的"生活"，城市的文明生活只是城市功能生活发展到一定阶段才形成的。从理论上讲，城市生活文化解释论的理论价值不在于否定城市空间对市民生活的影响，而在于将城市生活从被支配的"城市病"中解脱出来，以市民追求"美好生活"的价值意志改造城市空间的理论意图和实践方向。"美好生活"作为城市特性所显示的"生活样式"的意义，既是一个城市发展理念，也是一个具体的城市建设内容和文明形态。以"美好生活"的理念和规范，催生城市生活本身的转型去批判和建构决定城市空间的理论构架，对于既置城市发展关键期，又遇城市病多发期和爆发期的中国具有一定的必要性和可能性。30 年改革开放，市场经济和城乡一体化进程，生活在城市中的市民不再是被动地决定，而是主动地寻求和创造新的生活

方式和空间形式,以"美好生活"为理念规范和引领城市空间的结构变迁,使城市真正成为滋养灵魂和身体的"诗意地栖居"之地。对"美好生活"的自觉意识、自觉行动和自觉创造绘画着未来中国城市的意义蓝图。

**从自然人到社会人:教育人性基础的现代转向** 刘铁芳,华东师范大学学报(教育科学版),2010.4

一、古典教育的要义:对美善事物的追求与对自然人的成全

以苏格拉底、柏拉图为代表的古典教育,其核心旨趣正是对美善事物的追求,这意味着古典教育本身的教养性。在苏格拉底、柏拉图看来,真正的美好事物在实际生活中是看不见的,或者说实际生活中的美好事物是不纯粹的,因而是不可靠的。这意味着我们需要抛开感官经验,以理性方能接近美好事物。

古典教育的内在场域乃是人的灵魂,真正的教育发生在人的灵魂之中。柏拉图教育即回忆、教育即灵魂的转向,都是凸显教育作为灵魂的事件,凸显在人的灵魂之中所萌发的对美好事物的欲求。苏格拉底、柏拉图以对话作为教育的基本形式,正是把教育置于灵魂之中。

古典教育的外在场域是城邦。在柏拉图看来,个体灵魂的德性乃是和城邦之德性相统一,这意味着追求灵魂的正义与追求城邦的正义相统一,这样柏拉图就把好人与好公民相统一。柏拉图提出,美好的城邦首先建立在人的灵魂之中。柏拉图用语言建立起来的那个"理想中的城邦",在地球上是找不到的,但却可以实现在人的灵魂之中。

美好事物的最终依据来自宇宙自然。"善是天地万物的秩序,也是人的本性与自由所在。"古典教育的基本预设乃是自然目的论,自然目的论作为教育的基础,使得教育的过程就是向自然的回返,也就是回复到宇宙的理性设计。

二、从理念论到经验论:现代教育的经验转向

如果说古典教育的方法论基础是神话式的,那么现代教育发展的过程,乃是自然之魅消逝,"神话"转变成"人话"的过程。为现代教育奠定方法论基础的重要人物是培根,他主张抛开扰乱人心的四种假象,即种族假象、洞穴假象、市场假象和剧场假象,主张一切认识都起源于对事物的感觉,知识的全部路径应当从感官开始。

萌芽于培根,始于夸美纽斯、洛克,经过卢梭、斯宾塞等,成于杜威的现代教育理念,实际上主要集中在现代教育的两大根本性主题之上,一是科学

教育,这不仅意味着通过科学知识来扩展人们对自然的认识、由此而提升人的生存适应成为现代教育的基本功能,同时意味着基于经验之上的知识获得方式作为现代教育的主导性知识方式,还意味着个体感性经验在教育中的抬升,以及由此而来的、在自然祛魅、自然目的论消解之上的对人的主体性的积极促进;一是民主教育,也就是伴随人的平等和人的主体性上升、每个人生存适应的满足而来的民主性格的养成和民主生活方式的习得。在这里,可以清楚地看出对夸美纽斯教育主题的回应。

杜威试图以其新经验主义哲学整合几乎所有教育主题,包括个人与社会、感性与理性、传统与现代、科学与道德、理性与行动。杜威,或者说以杜威为代表的新经验主义教育理念,无疑极大地扩展了个体对当下社会生活的介入,提升了个体民主德性,并在其中孕育着社会生活的自我促进。杜威的经验论的完成可以看做是洛克的民主教育、斯宾塞的科学教育、卢梭的儿童理念的综合。

三、教育人性基础的转向:现代教育的成就与困境

现代教育发展的过程乃是自然目的论在经验论的观照下不断消逝的过程,自然成为认识的客体与改造的对象,儿童自身也在这种客体化的过程中逐渐作为对象化的存在。如果说夸美纽斯教育思想的人性基础是二元的,既有自然人性论的基础,又有立足现实生活需要、自然祛魅的社会人性论的萌芽,那么,到洛克的绅士教育,则显然是直接把个体置于社会的境遇之中,自足未来绅士生活的需要来谈论绅士之德行的养成。斯宾塞的教育为生活做准备以及相应的对科学教育的凸显,尽管他也是从自然进化论作为出发点,但实际上他只是把自然进化论的理念贯彻于社会生活之中,并不是立足儿童自然本身来展开其教育理路。

与此同时,我们又应该切实地看到现代教育面临的困境:自然目的论的消解意味着教育的目的论基础的消解,教育越来越多地被还原成纯粹的事实;经验主义对理性主义的取代,直接削弱了教育中的价值理念,导致工具理性对价值理性的僭越;以大众化为基本特征的现代教育的平等诉求对古典自由教育卓越理念的扯平;教育对个体生存适应的满足压倒对理性卓越的追求,人文理想在生活中的闲暇位置与人文教育本身边缘化;从古典自由教育以心灵作为教育的根本性场域到现代教育以经验世界为基本场域,个体知识获得过程中经验主义上升,科学教育在教育中占据主导性地位,客观上削弱了人文教育所注重的阅读与沉思在现代教育中的重要性。

四、从好人教育走向好公民教育:现代教育的整合与超越

现代教育根源于现代人之于自然的主体性的整体上升,教育中人的主体意志也同步上升,导致现代教育中的理智自负,相信每个人都能凭借教育的力量达至对现代生活的全面适应。正因为如此,现代教育或多或少总是会表现出对自身力量的迷信,以及基于对自身力量迷信而来的对人的塑造,教育中对自然人的远离可谓根本性表现。

现代教育发生发展的过程乃是经验主义上升,人自身客体化的过程,儿童被置身社会空间之中,儿童自然成为观照的对象与教育行动的依据,儿童作为社会人的雏形取代自然人的存在成为教育的起点,教育转换成了以社会人为起点、以好公民为基本目标、以民主与科学为基本主题的教育形式。

如果说民主与科学乃是现代教育乃至整个现代社会的最高成就,那么这意味着我们今天的教育依然需要,甚至可以说是亟须促进两大主题在当下教育实践中的实现与深化。但我们遭遇的问题是双重的,我们不仅有现代性不够充分的问题,也就是民主与科学两大教育主题远未充分实现,我们同样有伴随现代教育而来的虚无与虚弱问题,这从当下教育越来越多地显现出平庸的品质可见一斑。这意味着我们的教育重建,不仅需要充分体现现代性的基本要求,体现教育的时代精神,同样需要超越时代,回到教育本身,而不仅仅是回到现代教育的问题。

**多元文化教育与公民的多元文化伦理** 金生鈜,当代教育与文化,2010.4

一

不同民族的文化之间存在差异,比如,语言文字、宗教信仰、风俗习惯、道德价值与标准等等,这些文化差异是形成民族特性的重要组成部分,也是民族成员形成的独特的社会认同、文化归属、宗教信仰、道德认同的重要内容和方式。每一个人都是在已文化的哺育中成为具有民族文化认同的个体,每个人都在精神人格上是民族的,也是文化的。

多元族群和异质文化也是中国社会的特征。中国社会逐步认识到在一个多元文化的社会里,每一个族群的文化具有独特的重要性,不同文化间的相互学习、相互包容、相互尊重是文化交流和进步的重要途径。这不仅是少数民族文化的发展的需要,而且也是共同创造一个多元、和谐、开放、健康的社会的需要。

但是,在教育领域里,我们对于多元文化的重要性,以及如何在教育中

对多元文化的理解认识不够。我们的课程和教材,基本上没有把多元文化的发展作为重要的奠基原则,也没有对于少数民族文化和语言给予更多的重视。所以,在教育领域里,单一文化主义还是主导的意识形态。

多元文化的教育是公民道德教育的重要内容和途径。不同民族之间的文化的相互尊重、共同发展、相互学习、相互欣赏,形成多元文化意识和文化发展能力,这是多元社会中的公民应当具有的能力,应该是公民公共道德教育的重要内容,因为,不同文化群体之间、不同文化背景的个体之间,相互尊重、互相学习、共同发展、形成和谐的健康的大社会的公共社会空间,且是公共生活和谐的基础。因此,公民道德教育应当包含多元文化教育。

二

一个国家可能采取强制同化政策,利用国家的一些公共机构或制度——比如法律体系、学校教育、甚至国家行政公权力等,使一种强势的文化成为主导文化。但这样就会导致主导文化对于其他族群文化的胁迫和压制,导致非主导文化的衰弱和流失甚至消亡,造成文化丰富性的丧失,也造成民族成员的文化认同、情感认同和身份认同的困难和危机。

在我们中国社会里,由于多方面的历史和现实的原因,汉文化意识形态具有强烈的优越感。特别是在教育领域里,我们缺乏多元文化的意识,从国家的教育制度设计,到教材的编选,从教学方式到评价方式,我们可能都是从单一的汉民族的文化形态来考虑的。尽管在少数民族地区,双语教学、地方课程、校本课程反映了少数民族的独特的文化,但是在课程衔接、教育阶段的衔接等方面都难以在更高的教育阶段呈现多元文化的特点,更为重要的是在主流文化区域中的教育根本就没有多元文化教育的内容,造成对少数民族的文化理解和接纳的障碍。这当然与社会以单一文化作为认同基础的取向是相关的。这样的教育对于形成团结的公民社会是不利的。

三

不同民族的文化之间的伦理态度和行动方式是重要的公民品质的内容,是公民道德教育的重要组成部分。在多族群文化共存的社会里,一方面,少数族群成员在主流文化的压力下如何对待自已的己文化,对待多数族群的文化和其他少数民族的文化;另一方面,多数族群文化的成员,即主流文化的成员,在主流文化的有利条件下,如何看待和对待少数族群的文化,都是在多元文化的社会中生活的公民需要面对的问题,也是我们公民道德教育需要处理的问题。

公民建立族群之间、文化之间的平等关系也是多元文化教育的主要范畴。由于历史发展等多方面的原因,族群关系往往可能存在偏见、误解、歧视等,这些都是多元文化共同发展的障碍。对于公共社会的健康和谐发展而言,公民之间要形成和谐、信任、合作、团结的关系,就必须消除偏见,消除歧视,建立积极、和谐、平等的族群关系。所以,平等对待不同族群的态度和行为方式是公民道德教育的必要内容。

四

在世界范围内,多元文化教育在20世纪后半叶兴起,主要起源于三项因素:不同文化族群的文化意识的觉醒;文化多元主义对同化主义的质疑;对现代教育单一化文化与文化不平等的反思。实际上,多元文化教育不仅反映了对少数族群文化认可的政治价值的诉求,更重要的是把多元文化的共生和共存放置在积极的教育追求上,通过教育不仅实现文化的发扬和发展,而且培育多元文化的伦理关系和公民人格。

五

对于少数民族地区来说,多元文化教育目的是促进教育的民族自治,培养立足于民族发展的公民,拓展文化对话的渠道,建立文化发展的生机,实现民族文化的可持续发展。

少数民族地区的多元文化的教育,不仅在于少数民族文化的继承和发扬,更在于促进民族文化的欣欣向荣,也就是通过民族文化的可持续发展,实现文化的共生和丰富,所以民族教育要肯定民族传统文化的价值,激发民族文化的生命力和教化力量,使之成为当代文化中富有风采、独具价值、生机盎然的文化体系。

多元文化教育其实也是非多元民族地区的教育的必要内容。实际上,承担文化发展和文化保存的责任是每一个公民的道德责任。对不同民族文化的理解和接纳是现代社会文化发展、创新与交流的重要方式。参与到文化变革之中,是每一个受到多元文化教育的公民的特性表现。公民接纳不同文化的态度、平等对待不同文化的意识,促进文化平等交流的能力是公民多元文化伦理的重要内涵。

多元文化的学校文化建设也是多元文化教育成功的关键。多元文化的学校文化建设要做到以下六点:突出文化的多元性;建立多元平等的环境;建立民主开放的教育环境;鼓励民主性的对话环境;多元文化的学校要营造一种民主、尊重、关怀、交流的学习和发展环境;学校要在各方面都呈现出文化多样性,在学校和教室的物质环境布置方面,对不同文化的实物都能得到充分展示,呈现出文化多样性。

**中学师德建设调查十大发现** 檀传宝,中国德育,2010.4

伴随着教师专业化进程的加快,加强师德建设,并使其从一般意义上的"职业道德"向"专业道德"转换,是当前我国教师教育与教师伦理等领域必须直面的理论与现实课题。为此,檀传宝教授领导的"师德现状与教师专业道德建设研究"课题组综合运用问卷调查、访谈(个别访谈和集体访谈)与文本分析等方法,在我国东、中、西部共选择了北京、杭州、芜湖、甘肃宁县四个不同层级的地区,深入中学面向教师、学生、家长三个群体,围绕中学教师的师德现状及师德建设问题展开了调查。样本总量 1 810 份,其中学生问卷 1 300份,教师问卷 350 份,家长问卷 160 份。

该文主要呈现了这次调查的一些发现,以为教师的自我成长、教育行政部门的工作,以及公众的舆论认识提供启迪,这些发现主要包括如下十个方面:(1)多数教师的职业信念不够坚定,男教师与欠发达地区教师的职业认同度更低。(2)四成的学生认为教师像领导,八成的学生希望教师像朋友。(3)教师同教研组的关系与学校领导是否重视师德建设呈正相关。(4)八成教师对其他教师的教改举措表示认同,地区间对教改的态度没有明显差异。(5)大多数教师都重视自我道德修养的提高,而教师道德学习的积极性与学校类别及地区差异有关。(6)市场经济的快速发展在一定程度上降低了广大教师对中国传统师德的认同度,欠发达地区和乡镇受市场经济的影响最强烈。(7)教师迫切希望首先解决社会对教师的期望与教师的实际地位之间的矛盾,并承认自身素质是制约师德建设的首要因素。(8)师德规范能够发挥一定的指导与监督作用,但成效并不显著。(9)大多数教师不赞同以舍弃自身权益为代价来从事教育工作。(10)师德培训内容偏离重点,内容选择存在地区差异。

**论世界主义伦理观的核心命题** 李建华、张永义,哲学动态,2010.5

一、理论内涵的演进

世界主义的核心命题,首先是由对人的自身定位关系的追问引起的。斯多葛学派创始者芝诺则根据理性统一性的宇宙因式,认为人类应当生活在统一的政治实体——世界城邦——之中,该实体导致个体不再有身份之别,均为"世界公民"。

作为对斯多葛朴素观点的深化,康德的世界主义伦理观则是一个精深的完整体系,包含了相应的哲学原理、正义理念与制度设计。康德认为,一个自由和理性的公民,既属于其所在的民族国家,同时也属于整个世界,即所谓的世界公民。康德的这种思想,从其后的理论史来看,为世界主义伦理观价值主体的确立奠定了根本基础。

罗尔斯在《万民法》中继承了康德的个体关怀方式,将讨论的基本单位定位在人民而非国家,旨在将其思想与传统构想的政治国家区分开来,也与30年战争后国际法中包含的政治国家的主权概念区分开来。罗尔斯以全球普遍正义的规范主义为基准,不再沿用传统的民族国家利益至上的功利主义法则,认为自由国家人民的根本利益在于按照普遍正义之原则,对国家边界之外的人民予以同样的尊重和认可。而贝茨的世界主义观点则主要属于正义世界主义(juridical cosmopolitanism)的范畴。在贝茨看来,国际政治的主要行为体——国家,因参与了复杂的国际关系而不再自给自足,而必须渗透到某种全球社会合作的体系之中。贝茨不仅将罗尔斯的正义原则应用于国际分配正义领域,而且同样采用了个体关怀的分析方式。

二、核心命题的建构

从前述世界主义伦理观的演进脉络来看,作为个体的人和作为整体的人类在各种世界主义论述中始终占据着中心地位。世界主义伦理观始终关心的是人(个体的人与整体的人类)究竟占据何种道德地位以及是否认可世界公民身份,前者涉及道德的关怀对象,而后者则涉及伦理的价值主体。因此,世界主义伦理观的核心命题在于,就道德的关怀对象而言,个体的人与整体的人类被视为最根本的价值目标和道德关怀的终极单元,每个人都具有同等的道德地位与价值序位;就伦理的价值主体而言,所有个体皆被视为普遍意义上的世界公民,个体彼此之间的世界公民关系是先天自在的。

韦尔托维奇(Steven Vertovec)的观点对于分析和理解世界主义伦理观的核心命题很有裨益。世界主义民主理论学者赫尔德(David Held)亦珍视个体的价值地位,他将个体公民的政治参与和公民权从地方到全球的扩展视为民主世界主义模式的核心特征之一。在博格(Thomas Pogge)的世界主义论述中,亦将世界主义伦理观的关怀对象命题与价值主体命题有机地包容于一体。

具有世界公民取向的个体成为世界主义伦理观的价值主体意味着其基本原则具有实质性的普遍意义,而不应因国家、族群、文化、习俗等因素的不同而发生改变,亦不因原本并不存在而被人为指定的边界所限制。因此,无论个体或人群置身于何种文化域或国族圈内,他们皆为世界公民之一分子,皆应享有人的基本尊严与平等关怀。

三、规范视角的检视

世界主义伦理观的核心命题既继承了传统个体主义的基本理念，也体现出一定程度的普遍主义成分，即将个体置于一个更大的规范视角中，使个体具有更多的定位内涵与道德责任。世界主义伦理观的普遍主义成分恰与国际社会的此种发展情势相呼应。现代意义上的普遍主义则强调个体之间具备超越民族、国家与种族的普遍共性与基本人性，整个人类的聚合不仅可促进彼此间的共同利益，还可使共同人性得以不断丰富和自我完善。因此，人性问题，特别是构建于原子论基础之上的人性观，也就构成了世界主义伦理观的逻辑基点。

那么，在人类这一种群之下，基于文化与价值传统构建而成的社群是否一定成为人们垄断性的忠诚对象，而且人们对于本国人的责任与对于外国人的责任之间的差异究竟达到何种可以接受的程度，则是相当有争议的问题。

**道德·正义·平等——凯·尼尔森对马克思历史唯物主义的研究及其当代启示** 余京华，哲学动态，2010.5

在当代西方"分析的马克思主义"学派关于马克思主义与道德关系的大规模争论中，形成了马克思主义的"道德论"与马克思主义的"反道德论"两种观点对立的派别。在持马克思主义"道德论"立场的分析派学者中，加拿大著名哲学家、卡尔加里大学哲学教授、原哲学系主任凯·尼尔森(Kai Nielsen，1925)作为分析学派的代表人物之一，总体上倾向于马克思主义的"道德论"立场。然而，尼尔森与其他马克思主义"道德论"者的最大区别在于：他不是绕开历史唯物主义，而是在历史唯物主义的理论框架下来探讨马克思的道德思想，注重历史唯物主义自身的道德(正义、平等)维度的研究。尼尔森以自己的独特睿智及其对历史唯物主义深刻的把握，在肯定历史唯物主义科学性的基础上较为客观地揭示了历史唯物主义与道德(正义、平等)的关系。尼尔森的理论研究不仅为我们解决马克思主义的道德悖论问题提供了有效的研究思路与方法，亦为当代中国的社会主义正义观与平等观构建提供了一定的借鉴和启示。

一、历史唯物主义与道德的研究

尼尔森在其专著《马克思主义与道德观——道德、意识形态和历史唯物主义》(以下简称《马克思主义与道德观》)中比较完整、系统地论述了自己关于马克思主义"道德论"的观点。在尼尔森看来，马克思的著作中具有更多的道德判断——对资本主义的道德谴责。他认为,马克思没有彻底变革“道德基础”,也没有否认道德有一个理性的基础或特征,相反,马克思主义为我们提供了道德功能的社会学解释及道德说教的批判基于道德重要性的论证,但它本身并没有进行道德说教或继续寻求理性的道德基础。

然而,尼尔森与马克思主义“道德论”中的其他学者又有很大的区别。从历史唯物主义出发来论证马克思主义与道德的关系,这是尼尔森与马克思主义“道德论”中的其他学者相区别的重要特征。在尼尔森看来,历史唯物主义既是科学的经验论述,又饱含着鲜明的道德观念。总体而言,尼尔森对历史唯物主义与道德的关系做出了一种正面的肯定,超越了马克思主义“道德论”中的其他学者游离于历史唯物主义而抽象谈论马克思道德思想的唯心主义观点。

二、历史唯物主义视域下的正义与平等的研究

认真剖析凯·尼尔森关于马克思的正义观、平等观的研究,不难发现,与马克思主义“道德论”中的多数代表不同的是,尼尔森没有游离于历史唯物主义而抽象地谈论马克思的正义、平等思想,而是从历史唯物主义的视角出发来进行探讨,更为确切地说,他探讨的是历史唯物主义框架内的正义、平等维度。尼尔森的专著《马克思主义与道德观》以历史唯物主义文本为理论依据,对历史唯物主义与正义、平等的关系进行了较为客观的梳理与阐释,不失为当代西方马克思主义领域内较为本真地阐发马克思主义正义观和平等观的力作。

尼尔森关于“马克思与正义”问题的解读是在历史唯物主义的视域下进行的,他实际上是将马克思的正义与平等思想作为历史唯物主义的道德范畴来加以审视和研究的。不仅如此,尼尔森还在历史唯物主义的视域下来建构自己的正义观与平等观,从而使自己的“激进平等主义”正义观增添了鲜明的唯物主义色彩。基于此,我们认为,尼尔森的正义论是罗尔斯所无法比拟的,而他从历史唯物主义出发对“马克思与正义”的理解,毋庸置疑也是“马克思主义道德论”中的其他代表人物所不及的。

三、尼尔森的理论研究及其当代启示

尼尔森关于历史唯物主义与道德(正义、平等)的研究对于当前的历史唯物主义研究及中国的正义建设具有一定的借鉴和启示意义。其一,为坚持历史唯物主义的科学维度与道德维度的统一性研究做出了一定的理论贡献,为解决马克思主义的道德悖论做出了有益的尝试。其二,为当代中国的社会主义正义观与平等观构建提供了重要的借鉴和启示。

**青少年网络生活的道德状况及对道德教育的挑战** 孙彩平、刘文亮，思想理论教育，2010.6

互联网进入中国人的生活，也还只是十几年的事情，但其发展速度之迅猛，如同它的出现一样让人惊讶。网络是一项技术，更是一种新的生活方式，因为它极大地改变了我们的生活，为生活提供超出意料的可能。特别对于青少年而言，互联网给他们带来了新的信息资源、新的娱乐方式、新的交往与交流的空间和可能。在种种新的可能中，有突破空间界限所带来的解放与自由的感觉，也有因身份隐匿而带来的摆脱生活监控的轻松与新奇。正是这种自由、轻松、新奇的感觉，深深吸引着青少年。同时，也正是这种虚拟世界与现实生活的不一致性，导致青少年的道德成长面临着新的困境与挑战。

为了客观深入地了解青少年网络生活中的道德状况与问题，课题组进行了全国范围内大学生及中学生网络生活的系列调查，整套调查包括网络生活习惯、网络交友(网恋)、网络游戏、网络安全、网络文化、网婚、网络聊天七个专题。该文综合几个专题的调查结果，分析青少年网络生活所带来的道德困境及其对学校道德教育的挑战。

一、研究方法与工具

课题组采用网络调查、发放问卷、深度访谈相结合的资料收集方式，力求客观、深入地对全国范围内在校青少年学生的网络生活进行全面了解。

调查问卷由课题组自行编制，其中对网友依恋程度的部分，参考了当前国内流行的网络成瘾问卷。调查数据采用 SPSS11.5 进行统计分析。

二、被试的范围与分布

大学的调查范围包括吉林省、北京市、河南省、浙江省、江苏省、上海市、广东省、湖北省、新疆维吾尔自治区九个省市自治区，涉及部属院校和省市级一般院校、普通高校和专科院校 10 所，跨文、理、工、医、商五个专业，回收到有效问卷 4 120 份。中学调查范围包括河北省、内蒙古自治区、安徽省、河南省、北京市、吉林省、湖北省、广东省、上海市、新疆维吾尔自治区十个省市自治区，对 16 所中学(其中包括 4 所完全中学)的 2 450 名高中生进行了网络生活概况的专题调查。

三、青少年学生网络生活中的道德问题

1. 期待并不可信的情感满足

青少年学生一方面期待网友满足自己的情感需要，另一方面宽容网友的谎言，知道网友不可信。

2. 网络游戏中朋友气短,自利情长

玩网络游戏是青少年网络生活的另一项主要内容,特别是对于男生和中学生而言。84%的中学生报告他们正在玩或者曾经玩过网络游戏,而63.7%的大学生玩网络游戏。20.6%的大学生把玩网络游戏当做是与朋友(包括网友)交往的一种方式。

尽管有四分之一的大学生和近一半的中学生会区分现实生活和网络生活,他们会把网络生活的方式限定在虚拟空间,这样使得网络生活对他们的现实生活基本不发生影响,但是,仍然有四分之一的大学生和15.3%的中学生会把网络生活与现实生活一样对待。对这些学生而言,他们在网络生活中的言行会在很大程度上影响他们的现实生活,反之,他们在现实生活中的行为方式也会直接影响他们的网络生活方式。

四、学校道德教育不可回避的道德问题

问题1:对诚信教育的挑战

众所周知,互联网技术给远距离的熟人和陌生人的交流带来了极大的便利。对于熟悉的人而言,它可以提供方便、快捷、廉价、甚至面对面(通过视频技术)的交流,从而促进交流和沟通;对于陌生人而言,互联网相当于为我们打开了一个新世界,我们可以在网上遇到和结交各种各样的人。但同时,虽然我们能够听到甚至看到不认识的人,但由于虚拟空间的身体的匿名性、身份的可变动性,单凭一个人偶尔向我们透露的信息,或者他人提供给我们的形象,我们依然无法确知这个人的社会身份、性格特征与人格倾向,更无法仅凭一时的交流判断他内在的行为动机。

如果学校只告诉学生,请认真考虑,一定要慎重,然后自己做出判断,这无异于对于这样一个新的生活或者学生成长中遇到的新问题,学校什么也没说。

问题2:对道德信念教育的挑战

如果我们认为一个人在虚拟空间中不应该和在现实生活中一样,这就意味着我们要告诉学生,你们可以在网络生活中采用完全不同于现实生活中的道德规则与行为方式,你可以在现实生活中是一个好人,而在虚拟生活中扮演一个坏人。这无疑是在告诉学生他们可以有双重或者多重人格存在。这也许可以让学生在虚拟空间得到一定程度的放松,但却也有可能破坏他们的自我统一感。从长远来看,不同的价值倾向可能最终会相互影响,导致其价值选择的困惑。而且,这无疑也是在告诉学生,道德不是人生中一致的稳定的一种特征,而是可以随着情境、个人的意愿和感觉而不断变化的,那么,在这种意义上,道德不是一个我们可以追求的内在特征,而是一个我们凭借感觉与需要而确定的临时性选择。

因而,学校如何教学生面对网络生活,是网络社会学校道德教育必须面临的一个紧迫问题。

**道德教育的根本作为:引导生活建构** 鲁洁,教育研究,2010.6

道德教育的根本使命是“成人”。回归生活的德育要回归于人自身,而生活则是建立在实践基础之上的人之特殊生命活动。德育所回归的人是在生活实践中与他人、他物发生相互关系和作用的人,不是静止、孤立的实体。生活是人自己建构起来的,生活建构的结果,外在表现为生活方式,内在表现为人之品性。人就是他自己生活建构的结果,于是,生活论德育不是将人之至善追求诉诸孤立的人性改造,而是奠基于现实生活的改变。道德教育的根本作为就是引导生活的建构,它所指向的是更有利于人之生成和发展的好生活。道德教育要帮助学习者学会关注、反思、改变生活,提高他们的生活建构的品质和能力。

道德教育的根本使命就是要引导人走上“成人之道”。从道德的本意来看,道德就是要使人按照人的本然存在方式去存在,它为人指明的就是成人之道。由道德的本意所阐发的道德教育的根本使命也就是要促使人循着做成一个人的目的去生活,自觉走到成人之道上来,如海德格尔所说的,“使人随时随地都要去他所是的存在”,它所关注的是怎样使人活得更像一个人,它所确定的是人的生活原则、生活的根本方向,它所涉及的是整体生活的善,它最终要达及的是使人成为人。因此,道德和道德教育的核心问题是:“怎样去做成一个人”的根本生存方式问题,而不是具体行为规范问题。道德、道德教育的根本作为是在引导我们以人的存在方式去生活。回归生活的道德教育,究其根本而言就在于使其回到人自身,回到成人之道的原点上来。在生活论的视域中,道德就是人们所选定的特定的生活价值,道德教育就是要帮助人用道德作为参照点来确定生活的方向和道路,使人能够生活得“更像一个人”。

动物的生命存在方式是“生存”,只有人才有“生活”,生活是人之生命存在的基本方式,离开了生活就不存在人。“生存”与“生活”不同,生存活动只是活动者的自然身体与外在自然物之间的交互作用的活动,完全是由自然所支配和规定的活动,纯属自然现象,而不是属人的现象。这种活动所可能产生的结果,只能是生理意义上的存活,生物学意义上的生长发展,而不可能有“人”的生成。“生活”是专指建立在实践活动基础之上的人的特殊生命活动,这也是人之自我生成活动,人只有在生活中才可能生成。

生活哲学既认为人就是他自身生活建构的结果,为此,在生活哲学的视域中,不再将人之至善追求诉诸静态的、孤立的人性的改造,而是奠基于现实的生活建构活动。这也就是说,要改变和完善人之德性,既不能只从外部施加影响,同样也不能只是进行封闭式的自我修养,它只在人现实地改变自身的生活方式——生活活动、生活关系的过程中才得以实现,这也是生活论德育和传统德育的重要区别。

道德教育的根本作为在于引导生活的建构。生活建构活动不是人与生俱来的本能活动,就其本性而言,它是一种后天的习得活动。从人的本初状况看,他仅是作为一种被动体被抛入到既有的生存环境之中的,这时,人和他的周围世界都还只是一种自在的存在物,彼此之间并没有发生任何实质性的、生活意义上的关联,或者说,就生活而言,彼此之间还只处于某种潜在的关系之中。

作为主体性活动的生活建构,它是一种人的“自我实现”活动,也是以生成和提升主体人格为具体目标的活动。据此,教育要使每个人的发展可能在他自己所建构的生活中得到充分的实现,使各具特点和差异性的个体人格得以生成。然而,需要澄明的是,在生活论德育的理念中,任何人的自我实现,任何主体人格的发展都以体现人之为人的存在,展现人的存在价值和意义为根本指向。

德育引导的根本要旨是在把人培养成自觉的生活建构者。为使每个人生活建构的品质和能力在教育中得到发展和提高,生活论德育所倡导的道德学习要使人学会的是:关注生活、反思生活、改变生活。道德教育不仅要引导人通过关注而使人“在”生活之中,它的更进一步的任务还在于引导人对生活进行“反思”。反思使人得以“超越”于现存的生活,也即是“不在”现存生活中,以此生发出建构更好生活的愿望和指向。

更多的动机和动力往往来自于学习者从切身实践中获得的感知、体验、体认等,由此可见,为解决践行的问题还需要从践行中去获取动力和相应的资源,“在践行中学习践行”这正是道德教育的独特之处,对于道德教育而言,“学”与“习”是永远不可分的,“学而时习之”也许正是道德学习的法则。而如何促使学习者改变生活的活动得以形成和发生,则是生活论德育需要努力去探索的另一个重要问题。

**道德:理性与情感——兼论应用伦理学中理性与情感的地位** 强以华,哲学动态,2010.7

按照传统哲学的分法,人通常具有知、情、意,与其相应,人能追求甚至创造真、善、美。因此,知、情、意,以及真、善、美的相互关系问题就成了中西哲学史上的重要问题。西方哲学(形而上学)重点探讨了真与善的相互关系,从苏格拉底的"美德就是知识"一直延伸到康德关于"道德世界"与"科学世界"的分离;中国哲学(儒家哲学)虽然没有系统探讨真与善的关系问题,但却一直把情感直接与道德联系起来,将仁爱作为道德原则的基础内容。本文试图围绕"道德"探讨道德与理性和情感的关系问题。

一

从道德、理性、情感的各自特征来看,道德与理性和情感存在着明显的区别。尽管如此,道德介乎理性与情感之间的特征同时又提供了道德与理性和情感在内容上相互结合的可能性,并且这种可能性还因理性与客观性、普遍性的对应关系,以及情感与主观性、个体性的对应关系可能存在的某种弱化而得到加强。

从道德内容来看,道德与理性和情感之间既有区别,也有结合。一方面,道德与理性和情感之间有着明确的界限,它们各有十分清晰的内容领域,因此,它们之间的区别是绝对的、必然的;另一方面,道德介于理性和情感之间,并且理性虽然具有客观普遍的特征,它也有着某种主观倾向,情感虽然具有主观个体的特征,它又有着某种客观普遍的倾向,因此,在由道德介于中间而形成的从客观普遍的理性到主观个体的情感的连续的轴上,道德的某些内容向客观理性方向的延伸能够与理性偶然结合起来,道德的另外一些内容向主观方向的延伸能够与情感偶然结合起来,因此,它们之间的结合是相对的、偶然的。

二

理性和情感不仅在内容方面与道德有着偶然的联系,而且它们还以自己特有的优势影响着道德判断和道德评价。在道德判断中,理性的优势在于它能帮助人们更为准确地做出道德判断,甚至使人们的道德判断成为可能;情感的优势则在于它能影响人们道德判断的程度,使人们的道德判断表现出一定的韧性。

三

在应用伦理学中,理性和情感所占有的地位应该远远高于传统的理论伦理学,尤其在应用伦理学的道德判断中,理性和情感起着前所未有的重要作用。之所以会出现这种情况,主要在于应用伦理学所研究的问题的特殊性。正是这些问题的复杂性和公共性的特征,促使人们在有关这些问题的道德认知尤其是道德判断中更多地借助于理性的力量,并且也使情感在其中发挥着更为重大的作用。

**为生活德育论辩护——与冯文全教授商榷** 高德胜,教育研究,2010.9

一、生活德育论是“极端的提法”吗

西华师范大学教育学院冯文全院长在《教育研究》2009 年第 11 期上发表了《关于“生活德育”的反思与重建》(以下简称“冯文”)。冯文在貌似承认生活德育针对的现实背景,即德育的政治化、知识化之后,笔锋陡转,批评生活德育是从“唯理性走向反理性”。“从哲学的观点来看,一是因为德育的政治属性是由教育的社会属性所决定的;二是由于人是一个理性的动物,因此,他的任何道德行为无不以道德认知能力为前提和基础;三是任何事物的发展都有一个前后相继的过程,因为历史是不能割断的,否则我们就陷入历史虚无主义的泥潭。对此,我们要反对一切形而上学的否定观(要否定就彻底否定),坚持辩证的否定观。”这几句话的哲学性很高深,逻辑很不容易懂,读了多遍,遂有以下几点疑问。

第一句话——“德育的政治属性是由教育的社会属性所决定的”——很是费解,大意应该是指德育有政治性,不能用生活德育否定德育的政治性。如果是这个意思,大可不必如此曲折,可直接表述为“德育具有政治属性”就是了,何必用教育的社会属性来论证,即使非要如此,也应该从教育具有政治属性而不是社会属性来论证。

第二句话的逻辑大有问题,说“人是理性动物”没错,问题是人仅仅是理性动物吗?理性只是人的属性之一,我们不能以此否定人的情感属性,以及直觉、潜意识等非理性属性。更何况理性的概念也是很复杂的,有理论理性、实践理性、生活理性等不同的类型,因为没有交代,看不出冯文是在何种意义上使用理性概念的。由这一前提推出的结论——“他的任何道德行动无不以道德认知能力为前提和基础”——更是不靠谱。

第三句话——“坚持任何事物的发展都有一个前后相继的过程,因为历史是不能割断的”——貌似有理,其实又自陷于该文所批评的走极端之泥潭。第一,历史有连续性的一面,也有非连续性的一面,执于历史的连续性,而不承认历史有不连续性,才是真正的“虚无主义”。第二,作者所说的“形而上学的否定观”(要否定就彻底否定),实属臆造,“形而上学的否定”既可以理解为哲学上的否定，也可以理解为根本性的否定。第三，冯文所指责的生活德育是对以往德育的彻底否定同样不是事实，而是一种妄断。

二、生活德育论否定了学校教育的作用吗

冯文从教育学的视角出发，认为生活德育论“否定了学校教育在青少年品德形成与发展中所起的主导作用”，论据在于生活德育论者所主张的生活就是日常生活，而日常生活有好有坏；生活德育论者没有对生活做事实与价值的分类，“走向对学校德育的全面否定”。这样的指责，既违背理论常识，也严重背离事实，也是不严谨的。

第一，冯文断言生活德育论者所说的生活只是日常生活世界，但没有给出证据，只提到有作者用了胡塞尔生活世界的概念；第二，冯文断言生活德育论者没有对生活做事实和价值的分类，同样不是事实；第三，冯文断言生活德育论否定学校教育在青少年品德形成与发展中的主导作用，才真正没有对生活做事实与价值的分类；第四，冯文指责生活德育论者所倡导的日常生活犹如万花筒，不能确保其有教育性。

三、生活德育违背了青少年品德形成与发展的规律吗

冯文说生活德育论“严重违背了教育规律和青少年品德形成发展规律”。所谓违背教育规律是指用生活否定学校教育，这一指责的谬误前文已经论及，这里着重分析冯文对生活教育违背青少年品德形成发展规律的指控。

冯文指出：“从青少年品德形成发展规律看，一个人的品德形成都是‘知情意行’的渐次发展和相互作用与影响的结果。”这句话有点曲绕，大概有两层意思：第一层是说人的品德形成是“知情意行”渐次发展的，第二层意思是人的品德形成是“知情意行”相互作用与影响的结果。第二层意思大致不错，第一层意思则大错特错了。所谓渐次发展，就是先后发展，也就是说一定是从知到情，再由情到意，最后由意到行，有先有后，一环扣一环，没有前面一个环节，就没有后面一个环节。难道这就是青少年品德形成发展的规律？人的品德形成与发展是多开端的，可以从知开始，也可以从情意开始，更可以从行为养成开始。如果说生活德育论违背的是冯文所认定的这一规律，倒也恰如其分，因为这样的所谓规律必须违背，否则就不是德育，只能是机器人的训练与组装。

四、生活德育论试图摆脱政治影响和价值引领吗

冯文指控生活德育论者“企图在幻想中摆脱社会对德育的政治影响和价值引领，因而是一种非理性的德育主张。”其之所以犯了这么多逻辑和事

实的错误,在于经常偷换概念。正如冯文所说,生活德育论者针对的是学校德育的政治化问题,但由此却得出了生活德育论者试图摆脱政治影响,不知不觉间,冯文将“政治化”偷换成了“政治影响”。改革开放初期,学校德育确实存在着过度政治化的问题,单纯、粗暴的政治说教与灌输不但败坏了道德教育的声誉,也使真正的政治教育污名化。对于这一点,不单是生活德育论者,而是所有有见识的教育学者都反对的。但反对学校德育的过度政治化不等于摆脱政治影响,这是再简单不过的。

应该承认,生活德育论从提出到发展演变至今也就不到 20 年的时间,还不那么成熟、不那么完善,需要检讨和反思的地方还很多,但需要的是有品质的批评。

**康德伦理学中的正义概念** 舒远招,哲学动态,2010.10

一、罗尔斯的观点引出的问题

在《正义论》一书第 4 章第 40 节中,罗尔斯以“康德对正义即公平的解释”为标题,论述了康德的绝对命令就等于“正义原则”,按照正义行动,等同于按照绝对命令行动。

该文试图提出并回答这样一个问题:罗尔斯认为康德的绝对命令本身就是正义原则,那么,这一观点是否有康德本人的论述作为支撑?在康德伦理学的范围内,他是否根本就没有正义论?如果有,他是如何阐释界定自己的正义概念的?康德伦理学中的正义论与其实践哲学中的另外一个部分——法权论——中的正义论,到底有什么区别?对上述问题做出回答,是本文的主要目的。

二、康德对伦理学传统的偏离

当我们从“正义论”的角度来审视康德的伦理学著作时,我们立即就会发现一个值得特别注意的现象:在康德主要的伦理学著作中,他很少谈论正义问题。如果我们更仔细地进行考察,就会发现:康德不仅没有把正义当做我们对之负有义务的“德性”来理解,他也从来都没有明确地提出,他所说的绝对命令本身就是一条正义原则。康德的这种做法表明:他的伦理学在正义问题上确实偏离了西方古典规范伦理学的传统。

三、至善(德福统一):康德思考伦理正义的基本框架

康德确实在谈论个人对于自己或对于他人的所有义务时,都从来没有说到个人要履行正义的义务。在康德伦理学中,正义一定是在至善(德福统一)的框架中得到思考的。康德尽管不像柏拉图那样乐观,他放弃了从现实

或事实层面去论证有德之人一定是幸福的，但他的伦理学并不简单地排斥幸福，我们更不能说，他主张为了道德就一定要牺牲幸福。康德确实刻意区别道德与幸福，认为不能简单地用幸福来界定道德，但是，他在进行这项工作时，仅仅是为了给幸福设置一个更高的道德前提，而一旦人们具有了享受幸福的资格，人们是可以希望自己享受幸福的，而且从价值层面上说，这样在现实中不能享受幸福的有德之人，却恰好是"应该"享受幸福的：他享受幸福是正义的，他不享受幸福恰好是不正义的。

四、康德伦理学中的惩罚正义概念

康德进一步强调了对幸福的希望是道德律能够贯彻下去的条件，而且说到了道德律本身就具有"各种预兆"和"各种威胁"！预兆是就幸福而言的，威胁是就不幸而言的：如果一个人在行为中贯彻道德律，就预示着他或她将享受相称的幸福，但是，如果一个人在行为中践踏了道德律，就意味着他会丧失相应的幸福，即受到相应的惩罚。按照这种理解，则不仅一个有德之人或一个道德的世界按照德性的程度享有成比例的幸福是正义的，而且缺德之人或一个非道德的世界按照德性之缺乏的程度而遭到相应的惩罚，也同样是正义的。在《实践理性批判》中，我们可以明确地看到：康德本人明确地把缺德之人遭到报应和惩罚当做正义(Gerechtigkeit)来界定。

五、与法权论中的正义概念比较

在法权论的范围内，康德似乎并没有偏离西方正义论的传统。康德法权论的正义观与伦理学中的正义观的最主要区别，是它们分别涉及不同的关系：法权论的正义观涉及的，是如何依照外在的法律来公正地分配、交换、补偿各个公民的私人法权问题，因此，法权正义最根本的目标，是要在"各得其所"的原则指导下，依照法律来实现法权的公正的分配、交换和补偿，当然，还要依照法律来实施对犯罪即侵害他人法权的惩罚；伦理学中的正义观则根本不涉及法权在国家范围内的正当分配、交换和补偿，而仅仅是要在道德与幸福之间实施正义的、按照合理比例而进行的分配，当然也包括对不义的道德惩罚。

**动物本能起源的伦理因素——凯恩斯与韦伯关于资本家行动逻辑的分析** 贾丽虹，学术研究，2010.11

该文指出，新古典综合派认为投资决策依赖于对成本—收益的精确计算。凯恩斯则指出动物本能也是影响长期预期以及投资决策的因素之一，并且指出危机的发生与集体动物本能的萎缩有关，但是关于动物本能的起源，凯恩斯尚未详细分析。韦伯对资本主义精神与新教伦理的分析，解释了资本家投资的动力源泉是“天职”观念以及由此演化而来的职业责任感。虽然资本主义精神与动物本能这两个范畴从属于不同的理论体系，但是它们之间存在着历史的联系，并且相互印证了非经济的伦理因素是驱动资本家投资的动力源之一。关于资本家投资驱动源泉的分析，无论是凯恩斯所提及的动物本能，还是韦伯论述的资本主义精神，这两个概念与范畴虽然从属于不同的理论体系，但是两者之间存在联系；资本主义精神演化的过程对于理解动物本能的起源具有启示：其一，包括企业家在内的所有人类的经济行为，其动因往往是复杂的，精确的数学估算对于决策的形成是必要的，与此同时也不能忽略文化伦理等因素的影响力；其二，市场经济从繁荣到危机再走向复苏的周期性运动与集体动物本能的萎缩与扩张有关，作为制度供给者的政府，需要充分考量制度环境对动物本能的影响。

**基于分层教育理论的榜样教育实效性研究**　彭怀祖、杨建新，思想教育研究，2010.11

一、注重个性差异的分层教育理论及其优势

当前高校教育主要实行统一教育，一般教育目标会显得过于笼统和空洞，缺乏层次性和具体化，易脱离实际，影响教育效果。通过分层分类教育，能够优化师资的合理配置，提高教育成效。

二、分层教育理论的应用价值

在榜样教育中也要采用分层教育理论，教育者可根据教育目的、受教育者的身心发展特点，选择相应的榜样，增加其主动性、引导性、渗透性和针对性，启发、引导受教育者模仿、学习榜样的行为习惯、知识技能、思想品德。

三、分层教育在榜样教育中实效性应用

随着改革开放和多元化社会格局形成，曾经被压抑和边缘化的个人需求开始复苏和觉醒，社会倡导的单一需求不再能满足广大学生的心理，其他需求与期望逐渐在青少年的心中占据地位。而且，当代大学生思想、才能存在着差异性。

因此，我们必须构建一种能代表广大青少年多样化需求和期望的当代榜样教育的模式，为此，榜样的分层分类就十分有必要，这样更具合理性与实效性，从而吸引更多的大学生群体效仿或学习。

四、分层教育需依循的基本原则

实现分层分类教育必须遵循几项基本原则。首先，因材施教原则。其次，以学生为本的育人原则。再次，加强基础和提高层次的原则。

五、榜样教育分层计划与实施步骤

可按教育内容划分，可按教育对象的年龄段和年级段划分，可按当代大学生受教育的层次梯度划分。

总之，在榜样教育中运用分层教育理论，就要从学生现实出发，坚持具体问题具体分析、因材施教进行差别化教育，切近学生实际，提升高校榜样教育工作的实效性。

**革命传统道德的先进性与当代性** 钱广荣，红旗文稿，2010.18

道德文明生成和发展的规律表明，特定时代提倡的道德是优良的传统美德与现实的道德要求。中国革命传统道德，内容主要包括追求真理和不怕牺牲的革命精神、积极进取和勇于变革的创新精神、不畏艰险和顽强拼搏的奋斗精神、毫不利己和专门利人的奉献精神等。这些优良道德是对中华民族传统美德的承接和升华。在革命和战争年代，它是激励和推动中国共产党人与革命人民前仆后继、勇往直前，推翻旧政权、夺取革命和战争胜利的最重要的精神力量。新中国成立后，社会主义道德建设的一项基本任务就是要继承和发扬革命传统道德，但同时也要看到：新的历史条件下继承和发扬革命传统道德应当适应社会主义体制创新的客观需要，革命传统道德在新的历史条件下必须向职业道德转变，在当代性的视野里理解和实践革命传统道德的先进性。

## 著作摘要

**伦理学纲要** 李泽厚，人民日报出版社，2010.1

该书是从作者著作中有关论议伦理学的部分摘取汇编而成，它们分别写于世纪交替以来的不同时日，这次汇集未作改动，加一短文《新一轮儒法互用》作结尾。

全书内容包括两大部分：内在自然人化说，关于情本体。总的说来，就是在中国传统情本体的人类学历史本体论哲学视角下，从“人之所以为人”出发，将道德、伦理作内外二分，道德作宗教性与社会性二分，人性作能力、情感、观念三分，提出“共同人性”、“新一轮儒法互用”等来讨论伦理学的一些根本问题。如宗教性道德、自由主义的问题、道德律令与理性凝聚、宋明理学追求超验的失败、权利与善谁优先、谈“恻隐之心”、理性与本能等等。

这些属于不同岁月的文字合成本书，形式结构上虽有不少重叠雷同反复陈说的地方,但内在脉络和论证说法相当一贯,而且不断有所补充扩展。

**西方道德难题** 张桂华,山东人民出版社,2010.1

道德,从来是最敏感也最广泛反映社会问题的领域。西方当代道德问题的有关思考和探讨,于我们是极其有益的参照。该书对西方安乐死、堕胎、性骚扰、色情文学、原住民的权利、环境保护、人道主义国际援助等道德问题进行了探讨。当代西方,社会公众关注的道德问题很多,但书中所选问题仅基于中国现实,两者有重合,却不尽相同。书中所选问题,一是我们社会也已出现或已现端倪的,如安乐死、性骚扰和死刑。二是同样性质却多少是以不同形式、不同意义出现的问题,如环境保护,我们虽然也注重,可我们注重的仅及于人类自身,而不同于西方将其扩展到人类的未来一代,扩展到自然界中的动物和植物。三是我们完全陌生、从不认为是问题的问题,如人道主义国际援助,如原住民。

对于每一问题的意见的采择,作者奉行的也是西方同类书籍执行的几个标准:其一,每一问题讨论或争论中最有影响的意见。其二,意见尽可能采自社会各个层面、各个领域。其三,选取意见尽可能完全和平衡,既选择正面赞成的,也选择负面反对的,既有出自传统自由主义、保守主义立场的,也有新近出现的女权主义者、环保主义者的看法。

有些问题已在中国出现和正在出现,并愈来愈显示出相似的社会反应和应对趋向。比如安乐死,比如性骚扰,这些 20 年前闻所未闻的名词,今天已成为中国公众时常议论的话题,并正试图进入相关的立法程序。环境保护,虽然在经济增长的方式上、在工业制造排放污水废气的具体指标上,中国以及其他发展中国家与西方发达国家之间还存在分歧,但保护环境的基本理念:我们共有一个地球、爱护人类的家园、保护濒临灭绝的珍稀动物、保存不可再生资源等等,则已渐渐成为中国公众的共识和规范。又如恐怖主义,原来似乎极其遥远以至于可作壁上观的远景,现在也逼近和降临到身边,成为我们不得不认真应付的现实威胁。

中国和西方存在着传统意识形态分歧,在伦理思想、道德原则上有着直接间接的冲突。可事情还有另一面。我们应该看到,冲突和分歧之外,还有共识和融合,基本原则之外,还有更为普适化的道德准则和道德规范,还有人类共同和共通的道德良心和人道情怀。这种种构成了人类道德文化的"黄金储备",也构成了人类交往中所必需的道德背景和联结基础。中国和其他发展中国家正在努力工业化和实现现代化。同样性质、相似结构的经济增长和社会发展，虽有先后快慢之分，但所要经历的路径和最终指向却无甚差别，因此，无可避免，中国也就将面对西方已发生过的同样的难题和困境。

需要注意的是，即便汇集了多种意见和看法，经过了详尽的讨论和争论，许多道德问题甚至可以说所有问题，我们仍然不能期望会有一个最终的简单结论，尤其不可能期望一个非黑即白的明确答案。可以期望的只是，呈现如此广泛而多面的意见，一个理性的人将能从中得到启发，有所领悟，习得一些推论讲理的方法，当在实际生活中面对这些道德问题时，能采取一种合理的立场和态度。

道德研究的学术转向和发展，已积有大量研究成果。作者更为关注的却是，这一趋向在大学教学中的反映。近几十年来，美国大学为学生普遍开设的伦理学基础课程已完成了这一转向，这些教科书都是以问题为主干加以撰著编写的。如此教材和教学，既能激发学生兴趣，实际培养学生的推理能力、公民意识，又现实地将大学与社会紧密联系在了一起。作者希望在若干年之内，我们也能开设同样的课程，也能有如此教科书可用。此书可算是作者的一个先行尝试。

**论道德判断的基础**　赵祥禄，中央编译出版社，2010.1

在人生的漫漫历程中，人要面对各种各样的挑战：生存问题、与他人的矛盾和冲突问题、终极价值追求问题等等。有些问题构成了人生理论的基本内容，如在维持和改善我们自己的生活时我们应该如何正确对待功利？在资源有限的条件下，我们应该如何应对与别人的竞争？我们的权利是无限的吗？别人的权利应该得到怎样的对待？当现世存在着诸多不足和缺陷时，当我们陷入人生的绝望、失落和苦难时，我们该如何应对？上帝能够解救我们的苦难，承诺我们以永福吗？当权利、功利与永福发生矛盾和冲突的时候，我们有没有一种共同的道德基础来化解这些矛盾冲突？如果有，它们是什么？

以上这些问题都涉及道德判断的基础是什么？或者说，行为的善恶要依靠什么来判断？作者以这个问题为核心，对比分析了西方三位著名哲学家——康德、密尔与克尔凯郭尔在这个问题上的争论。作者解读了康德的权利道德观、密尔的功利道德观和克尔凯郭尔的永福道德观，对比研究了这三种道德观的联系与区别，在此基础上提出了以对人的尊重和关爱为主要内容的道德判断标准，并指出了该理论与西方传统道德哲学的研究路径和西方当代道德哲学的研究路径的关系。

作者从以下几个章节来展开论述：

第一章研究康德的权利道德观。作者首先分析康德道德理论的历史渊源,接着分析其道德理论的基本内容,并在此基础上指出康德的道德理论所遭受的一些批判。

第二章研究密尔的功利道德观。作者首先分析德谟克里特、伊壁鸠鲁、卢克莱修、哈奇逊、休谟、边沁等人的理论,指出它们与密尔的功利主义理论的渊源;其次,研究密尔的功利道德观的具体内容;最后,指出密尔的功利理论所遇到的一些批评。

第三章研究克尔凯郭尔的永福道德观。作者首先分析克尔凯郭尔理论的历史渊源;其次分析克尔凯郭尔的人生三阶段理论,研究克尔凯郭尔反对道德律令和功利,赞同通过宗教来实现永福的理由;最后分析克尔凯郭尔所遭遇到的一些批评,包括宗教生活方式的可靠性、信仰荒谬的可行性等问题。

第四章研究康德、密尔与克尔凯郭尔理论的联系与区别。作者对比分析三个问题:康德、密尔与克尔凯郭尔在对待权利、功利与永福的问题上存在着哪些区别和联系?康德、密尔与克尔凯郭尔的宗教观存在着哪些不同?在三人的道德理论中,他们是如何对待人的主体性问题的?

第五章研究道德判断的基础应该是什么?作者首先指出,道德判断的基础应当是对人的尊重和关爱,并分析了这种观点与康德、密尔和克尔凯郭尔的不同;其次,作者分析了道德判断的基础为什么应当是对人的尊重和关爱,以及怎样实现对人的尊重和关爱;最后,作者分析在当代道德哲学的背景下,我们所提出的对人的尊重和关爱的理论与传统道德哲学的研究路径和当代道德哲学的研究路径存在着一种什么样的关系。

**计算机伦理与专业责任** [美]特雷尔·拜纳姆、[英]西蒙·罗杰森主编,李伦、金红、曾建平、李军译,北京大学出版社,2010.1

该书是西方广为流行的众多高校选用的一本计算机伦理的教科书,主题涵盖了计算机伦理学的方方面面:计算机伦理学的历史,计算机的社会环境,计算机伦理方法,专业责任和伦理规则,计算机的安全、风险和可信度,计算机犯罪、病毒和黑客,电子数据的保护,隐私,知识产权和开放资源运动,全球伦理,因特网社区,等等。全书分为四个部分:何谓计算机伦理学?专业责任;伦理准则;计算机伦理的主要问题。

每章前面的编者导读指出了该领域的关键主题和概念,同时还配备大量用于教学和课程的精彩案例、问题和进一步讨论的题目。作为一本教科书,该书完美地实现了实用、清晰、易懂。

**杜威与道德想象力——伦理学中的实用主义** ［美］斯蒂文·费什米尔，徐鹏、马如俊译，北京大学出版社，2010.1

在杜威看来，道德想象对于道德判断至关重要，因而道德想象力是人类伦理生活的重要因素。该书作者就探讨了实用主义对伦理学的影响，精巧地阐述了实用主义对道德经验、道德研究和道德判断的贡献。作者认为道德想象可以被设想成一个审美感受和艺术创造的过程。该书采用了一种清晰的实用主义方式切入伦理学、美学、政治学、道德教育和道德行为，尤其是作者精妙地运用"喜剧排练"和爵士即兴演奏来比喻社会理智，获得了广泛的赞誉。全书共7章，分为两大部分，具体如下：第一部分古典实用主义中的性格、信仰与理智包括三章节，即第一章、习惯与性格，第二章、实用主义转向，第三章、理性的实用主义重构；第二部分道德想象力包括四章节，即第四章、实用主义伦理学中的想象力，第五章、喜剧排练，第六章、杜威的理想，第七章、道德艺术家。

**司法伦理** ［日］森际康友编，商务印书馆，2010.1

该书的目的是，为了在自由民主的日本，站在国民的立场上推进服务于国民的司法改革，应该如何考虑法曹伦理的规范。该书的结构：第一部分民事案件，讨论了律师的专业性职责问题。前三章概观了利益相悖原则、守密义务和其他的义务这些法曹伦理领域的基本原理。接下来的第四、五、六章中，按照时间顺序考察了委托人和律师的关系。接着在第七、八章中，考察了律师和诉讼对方、第三方、其他律师、法院的关系。在第二部分刑事案件中，在第九章考察了委托人和律师的关系、可能产生的各种问题，在第十、十一章中考察了律师和被害人、第三方、法官、检察官的关系，在第十二章中对以上关于律师的专业职责加以轮式，讨论了检察官的专业职责并从制度性、历史性的角度考察了其特质。在第三部分法律人士的社会责任中，第十三、十四、十五章中把律师的公共责任问题和作为经营者、企业家的责任分离开来，考察了这两种社会职责所不可或缺的素质。在第十六章中考察了律师自治的问题，在第十七章中对比了律师的专业性职责、法官的社会职责、伦理道德问题。最后一章，概观了21世纪发展起来的司法公共性的具体内容以及这些内容在实际过程中表现出来的司法人员的职责。

**护理伦理学** 徐晓霞主编，山东人民出版社，2010.2

护理伦理学是现代护理学和伦理学交叉形成的一门边缘学科，是专门研究护理道德的一门学问,意在加强护理人员的护理道德教育,提高护理人员的护理道德水平。教材由护理伦理学的基础理论、护理实践中的伦理规范和护理实践中的伦理问题三部分组成,共分十一章。分别是:绪论部分、护理伦理学的基本理论、护理关系伦理、基础护理心理护理与整体护理伦理、临床护理伦理、公共卫生与康复护理伦理、护理管理与护理科研伦理、护理伦理评价教育与修养、现代生殖技术应用中的伦理问题、器官移植与人体实验的伦理问题、死亡与安乐死的伦理问题。

其主要创新点如下:一是体系结构新颖。分三篇分别就护理伦理学的基础理论、护理实践中的伦理规范以及现代临床护理实践中的现代生殖技术、器官移植、安乐死、脑死亡等护理伦理前沿问题集中展开论述。二是内容富有时代特色和先进性。该书紧密结合当代医学发展和护理学发展以及卫生事业改革中呈现出的伦理问题进行探索,并积极吸收借鉴了国内外专家学者最新的研究成果,从而使教材内容具有鲜明的时代特色和先进性特征。三是逻辑结构严谨,目标设计明确。

### 经济公民、国家公民和世界公民——全球化时代中的政治伦理学

[德]赫费,沈国琴、尤岚岚、励洁丹译,上海译文出版社,2010.2

《经济公民、国家公民和世界公民》一书是当代德国最有影响的哲学家奥特弗利德·赫费的最重要著作之一。政治哲学往往主要是论证利益与权力、制度与程序等概念,面对当前世界的主要伦理问题,赫费阐述了自己独到的见解。该书集中阐述共同体中的责任主体,即三种公民角色与责任,以及当代公民社会的特征,表达了作者关于全球化时代政治伦理的新观点。该书作为一本伦理学著作具有前瞻性,对我国学术界有一定指导意义。

该书尝试采用把三个观点结合起来的方法:把伦理学、事物和时间的诊断与人类学结合起来。人类学的思考中又增添了规范伦理学的思考内容。同时还附带性地尽可能多地了解社会及政治现实。

该书分为四个部分,包括经济公民、国家公民、世界公民、公民及更多。第一部分:经济公民。亚当·斯密、黑格尔和马克思使劳动达到了哲学反思的顶峰,而且它在西方马克思主义中仍然具有长期的现实性,虽然如此,劳动在传统上却不再占据基本概念的重要地位。我们以拓展日常社会道德性的主题来驳斥该重要地位,首先要质疑的是,作为普通经济公民行为的劳动是否是一种徒劳,又或者劳动是否为包括自尊和他人尊重在内的自我实现提供了无限良机,从而使自己归属到必要性和自由性的双重领域中去(第2

章)。之后,我们就要关注常被政治哲学和社会道德完全遗忘的经济公民,关注"经济上的完整公民",他不仅是经济上的企业家,有可能还是科学和文化上的企业家:他仅仅是受利益驱使,还是在实现职业道德时不涉及自我实现呢(第 3 章)? 紧接着是对一个政治符咒的思考,即对常被引用、但很少被人加以认真反思的社会公正的思索:你们对公正的核心意义那广为传播的国家主义和家长式的理解仍然忠诚不变吗(第 4 章)? 我们最后以处在其他三个不同主题截面中的报酬公正性这一特殊主题作尾声(第 5 章)。

第二部分:国家公民。作为不同公民美德象征的公民意识是政治机构的推动力,我们就以此为出发点来对政治机构加以补充说明(第 6 章)。在机构范畴内,该补充说明还借助两个对立面而延伸到了在全球范围内占主导的、具有代表性的民主上。被评为平民群体的公民和直接民主的组成部分扩大了献身公共事业的可能性(第 7 章)。同时也值得对新近再次流行的忍耐这一美德进行深入探讨(第 8 章)。一般我们谈到公民美德只会想到普通公民的行为,第 9 章中的问题,即当职者何时应得到尊敬,驳斥了这一主题上的局限性。在回顾前两部分、同时向第三部分过度的内容中,简要提及了民主的教育事业应传递的基本价值(第 10 章)。

第三部分:世界公民。一般来说,人们认为世界公民仅仅指自然人。但在本研究的第三部分,会介绍世界公民的四种类型,并考量一些标准化的观点,根据这些观点来确定:共同体与文化如何能够和平共处(第 11 章)? 他们怎样才能遵循普遍的而非仅是西方的价值(第 12 章)? 霸权主义会如何影响它们的共处(第 13 章)? 紧接着阐述的是对于世界公民的不同类型来说的三种职权范围:在全球危机时刻,是否有责任给予援助(第 14 章)? 发展政策该如何为自己申述(第 15 章)? 全球保护自然的全球责任中最重要的一项呈现怎样的多面性(第 16 章)?

第四部分:公民及更多。自由的研究对民主集合体及全球的世界都是不可缺少的。从自我利益着眼、面向世界的公民对这种研究予以重视,经济公民、国家公民及世界公民均应如此。由这些学科所传授的能力及益处正如英语表达人文科学所揭示的那样并不仅局限于一种公民。这些能力及益处证实了这一展望的正确性:公民及更多。

**医学伦理学** 秦玉明主编,山东人民出版社,2010.3

随着人类社会的发展以及医学模式的转变,医学伦理学在医学领域中的地位和作用越来越重要。但由于我国正处在"黄金发展期"和"矛盾凸显期”并存的特定历史阶段,在市场经济条件下,医学科学的人文性被淡化,医学科学研究与医疗服务过程中的利益与价值、权利与责任、技术与道德、手段与目的等矛盾日益突出。医患关系不和谐、“看病难”“看病贵”已成为人们广泛关注的社会问题。全书共19章,在内容安排上,按照医学学科的学生人文素质培养的要求和学生未来工作的需要,注重了内容的宽泛性。该书对医学道德的本质、特点、社会作用、历史渊源、文化属性、与经济和社会发展的关系、社会主义核心价值体系与医德建设、基本范畴和发展规律、健康道德与公共卫生事件、生命技术与死亡、卫生决策与环境友好的伦理价值进行了新的理论阐述。该书主要使用于基础医学、临床医学、预防医学、护理学、口腔医学、药学等专业的学生学习以外,对其他相关专业的学生亦有重要的参考价值。

**善恶的此岸:伦理学史话** 李曦,湖南科学技术出版社,2010.4

20世纪我国接受了西方科学思维方式之后,主流的观点坚信逻辑严密的理性论证才是科学的,甚至是唯一正确的教育方式。作者对这种理解进行了批判和反思。这部著作就是关于人类思想者反思生活的历史、伦理学的历史。对于特定社会的人们,怎样的生活是好,怎样的生活是坏,怎样的为人行事是善,怎样的品格举止是恶。作者以这样的追问,带领读者穿越时空,去感受思想者的苦与乐,看看他们的追寻,究竟与普通人有何不同,看看他们构筑的伦理思考,又是怎样一道风景。

该书通过八个部分和一系列的作者手记将整个思想之旅贯穿起来。旅程的第一站是希腊。当思想者打开心灵之窗,开始追问生命的意义、探寻善恶的真相,希腊便是洒向读者的第一缕阳光。从苏格拉底、柏拉图到亚里士多德,探讨什么是“善”与“真”;从孔子到百家争鸣演绎儒学传承。离开希腊,读者将步入纷乱世界中安宁的思想桃园——罗马。这一时期的思想者,如斯多葛学派、伊壁鸠鲁等在静静憩息,守着心灵的一份净土,这与我国道家思想不谋而合。离开罗马时代,读者将进入基督教世界。这个世界里的“思想者”秉持迥异于哲人的思考方式,但他们对西方文明的影响,却有过之而无不及,这无异于儒、释、道对东方文明进程的影响。走出基督教世界,进入文艺复兴这一艰难重生的时期,这一时期在伦理道德上的主要矛盾是神性与人性的冲突,与我国宋明理学同处于近代转型时期。穿过文艺复兴之门,读者来到辉煌的科学革命时代。今天的我们,其实仍然生活在那一时代的光环和阴影之下。对善恶的思考,同样如是。历经文艺复兴和科学革命双重洗礼的“人性”，终在融融阳光中开花结果。进入启蒙时代，绚烂的色彩漫山遍野。理性主义与经验主义之争是这一时代的基调。19 世纪是个美丽的时代，也是开启魔盒的时代，功利主义伦理学得到长足发展。至此，旅程已近终点。回到现实的我们，终将成为后人的历史。只是不知身处梦境的我们，又何去何从，这将是没有终点的“终点”。

**伦理学要义** 余仕麟，巴蜀书社，2010.5

伦理学是人类传承下来的一门对全部人类道德现象进行系统的、理论的概括和总结的学问，是研究人类道德生活的学科。作者在近几年的教学和研究工作中，对伦理学的一些理论问题有许多思考，为了把这些研究成果和学术思考系统地反映出来，于是有了全面修订《伦理学概论》一书的想法。经过一年多的艰苦写作，现在终于将《伦理学要义》——《伦理学概论》的“修订版”呈现在了读者面前。该书沿袭了《伦理学概论》的体例，对相关内容进行了重大修改、删减和补充；尽可能地汲取和反映了近年来国内外伦理学界的最新研究成果；同时也反映了近些年来作者在伦理学问题上的一些新思考。

该书分为九章，内容包括：第一章导论主要探讨伦理学的性质、研究对象、特点、类型、任务及研究方法；第二章阐述道德的起源和社会功能、第三章展现中西伦理思想与学说，对中西伦理思想的特点进行比较；第四章对几个基本道德原则进行分析与评价；第五章讨论伦理学理论中的重要范畴；第六章涉及道德规范及社会道德的内化问题；第七章研究人的德性的完善；第八章关于道德选择与道德评价；第九章探讨应用伦理学问题。该书可供各大专院校作为教材使用，也可供从事相关工作的人员作为参考用书使用。

**伦理学与公共事务(第四卷)** 李建华主编，北京大学出版社，2010.5

《伦理学与公共事务》与时代共呼吸，注重原创性、前沿性和动态性，欢迎哲学社会科学各学科与伦理学相关的专题研究成果，关注当代中国政治、伦理、公共事务等各个领域的重大理论、重大事件及重大命题。该书主要从六个方面进行论述，分别是：马克思与正义；伦理史论与公共生活；国际伦理与国际事务；公共事务调查报告；探索与争鸣；书评，主要评论李建华教授主编的《伦理学研究书系——经济伦理》和评《西方遭遇东方》。

**当代生命伦理的争鸣与探讨——第二届全国生命伦理学学术会议论丛** 刘俊荣、张强、翟晓梅主编,中央编译出版社,2010.6

随着现代生命科学的飞速发展及生物医学技术的广泛应用,新的生命伦理问题、社会伦理问题不断涌现,如:辅助生殖技术的伦理问题、干细胞技术的伦理问题、器官移植的伦理问题、生殖性克隆技术的伦理问题、基因专利的伦理问题等等。这些问题引起了社会科学工作者的高度关注。

该书主要分为五个专题进行讨论,分别是:生命科学和生物技术中的伦理问题;扩大艾滋病检测与 opt-out 进路;临床伦理难题;生命伦理学的儒家进路;生命科学的哲学和文化层面。

**和谐社会的公民伦理研究——全球化时代哲学视域的一种转向** 周国文,海风出版社,2010.7

全球化时代是一个普遍性的哲学问题域更多地转化为政治哲学与伦理学的年代。在西方政治哲学视域下,关于对公民与公民伦理的探讨也正在成为 21 世纪哲学主流趋势与多元格局的重要一脉。对公民健全生活的推崇,是公民伦理存在的情感基础。着眼于公共领域美德的培养,何谓公民伦理,这是一个仁智交锋的问题。基于人是有理性的动物与社会合法正义的塑造这两个基本理念,公民伦理不仅是着眼于和谐社会共同体成员在交际生活中的要求,也是公民个体完善人格与实践品德的需要。

对一个发育的和谐社会的基本样态进行描述,实则也正是从价值蕴含、基本维度与目标途径等方面对其政治合法性进行分析。一个发育的和谐社会的政治合法性,是善治、公共性与民主的集中体现,而从政治道德原则而言又表现为对公民伦理的探析。

公民伦理不仅隶属于道德情操的范畴,而且它作为公民处理与他人(陌生者)关系的准则,应该遵照彼此配合的公共生活要求,设定每一个体的行为底线规范,在结构与制度的稳定运转中完成对实现自我生活与他人生活的和谐与互补,在一种普遍性的生活中构成一个利益、荣辱与价值彼此共融的共同体。

公民是具有道德权利与道德义务的主体,其伦理责任在于承担其自主选择行为所带来的后果。公民在相互性的公共生活中,需要以一种道德准则来规范在公共交往中彼此的关系。因此作为公共性交往的道德准则,公民在其社会公共生活中所对应的公民伦理并不是抽象的存在。公民伦理致力于平等,但它需要公民的德性;公民伦理致力于自由,但它需要社会的秩序。公民伦理并不是天赋的习惯,也不是人在出生之前就由上帝或自然印在人心灵上的规范,它体现为公民基于公共性交往的生活规范。

立足于公共性交往的需要与可能,公民伦理的内在属性在从人到公民这一角色变迁的意义上,是立足于人的统一性与差异性的平衡。在自我与他者的和谐相处中,公民伦理的价值立场在以人为本并尊重公民主体意志的条件下体现的是自愿与摆脱他役的原则,并且遵循在社会公共生活意义上的交往理性与自主性。在此意义上,公民伦理作为公民与社会共同体其他成员进行社会交往生活所必须依循的行为准则,秉持平等、公正、民主、理性与自由的价值立场。

在"视域交融"的框架中,"公共性"是一种多元的融合。基于公共性建构的公民伦理,在公民普遍性社会交往的意义上,承担的是整合理性的人与理性的规范的道德使命。无论是哈贝马斯基于交往结构来谈论的"公共性",还是阿伦特基于行为类别划分来分析的"公共性",都在公共领域成为联接公民与公民伦理概念的基本向度。因此,对于与"公共性"相接洽的公民伦理,实际上也揭示了作为公民的社会角色扮演应该遵照彼此配合的公共生活要求。它要求一种自我确定的制度性因素渗透进自我选择的生活观念之中。在整全性的哲学思辨中,公民伦理充当起公民社会的自然法,它体现了社会公共体成员对共同的善与共同利益的一致追求。

在一个共同生活的维度中,公民伦理的公共性显示着个人生活被凝聚起来的整体化,以善良原则、公正原则、不伤害原则加强个人相互合作的融合与友爱,在和谐互动的相互交往中体现公共性,在公民日常生活的行为规范中体现维持社会稳定团结的道德机制。总之,公民伦理其公共性逻辑的一贯性为其道德规则的稳定性创造条件,也为其普适性价值在多元文化世界中的凸显提供在交往维度的证明。

因缘于儒家伦理中"仁"的模式的诸因子并不全然构成现代公民意识的"善",儒家伦理中"仁"的模式与现代公民意识并不相契合。因此推究现代公民意识的地缘性,就必须研究与其相匹配的公民伦理的精神土壤。

中国和谐社会正在向现代法治社会迈进。从法律权利、政治权利、社会权利和参与权利的背景下考察公民伦理,它也应如本迪克斯所说的一样是"合法的存在状态"。公民伦理也需要公民在社会公共体的政治参与中得到体现。因为在和谐社会,社会公共体既是一个生活纽带,又是一个活动场所,它要求一种自我确定的制度性尺度渗透进自我选择的生活观念之中。

健全的公民伦理需要在中国"社会共同体"向"伦理共同体"的整合实践

中生成。审视公民伦理生成的路径,在家庭、氏族、部落、村社、城邦、帝国的交往范围内是不能生成出公民伦理的。在一个有着共同"善"的追求与利益趋向的共同体内对共同利益的共同关注,是现代公民伦理赖以存在的一个基本社会背景。一个体现基本德性在活动的社会,民间力量的不断凸显,才能使公民人格从威权崇拜的阴影中走出来;并依靠如诺齐克所说的最弱国家之正义原则的协调,把社会各阶层的"利益冲突"变为"利益合作",带来个人的幸福与群体普遍的幸福;在公民德性"超乎短视"的衡量中,以公民之间"超越利益"的联结取代社会功利化的道德困境,重构彼此可以信赖、价值可以共享的伦理共同体。它不仅在公民个人生活中,更多的也在市民社会的公共生活中得到体现。随之公民伦理的培养与造就也就有了目标——公民交往行事经过确认的理性标准与维持社会共同体秩序的基本共识为准。

**中庸与中道——先秦儒家与亚里士多德伦理思想比较研究** 晁乐红,人民出版社,2010.7

创立于先秦时代的中庸一直是中国儒学的重要概念之一,几千年来对它的诠释和解读几乎从未间断,著述可谓汗牛充栋,然而歧义颇多、众说不一,似乎已无定论或标准可言。在这种情况下,客观地再现先秦儒家中庸的原貌并得出有理有据的观点并非易事。该书作者将同样诞生在轴心时代的具有很大可比性的两个重要概念——中庸和中道——放在其时其势那个具体而独特的时代中,置于思想家丰富而系统的理论体系中,由表及里、以点带面地进行了中国先秦儒家与古希腊亚里士多德的德性理论的全面深刻的比较。从挖掘中庸与中道背后不同的地理、经济、宗教、政治及文化传统的支撑力量,到对两家重要美德的相同、相异、同中之异以及异中之同的全面而细致的逐一阐释和剖析,以及探讨中庸/中道对两家政治伦理思想的重要影响。第四章至六章是该书的主体部分,作者通过详细的伦理德性和理智德性的逐一比较,得出了一系列有说服力的观点,如亚里士多德的智慧之德对中道的拒斥在某种程度上强化了西方社会为真理而真理的科学精神;相比之下,孔子的以中庸之道贯通一切美德的思想所蕴含的价值理性优先的基本原理在科学仍然独霸话语权的今天无疑仍然具有重大的启示和意义。

**责任伦理导论** 程东峰,人民出版社,2010.8

该书是一部系统阐释责任伦理理论体系的专著。责任伦理是面向未来、面向世界、面向高科技时代的伦理,也是人类摆脱梦寐、告别崇高、揖别盲目信仰、进入世俗化社会的伦理。该书从全球伦理的视域出发，着眼于社会伦理的责任，以马克思主义基本原理和中国特色社会主义理论体系为指导，运用综合的研究方法，不仅提出了责任伦理的原则、范畴、主客体与类型，而且立足于当代中国的社会存在与现实，展开个人责任、组织责任、契约责任、职业责任、未来责任、神圣责任与天下精神的多维探讨，勾勒出责任伦理体系的基本内涵，对“责任伦理”作了颇具特色而富有体系性的阐发。该书结构：导论；责任伦理的逻辑起点：角色；责任伦理的原则；责任伦理的范畴；责任伦理的主体和客体；责任伦理的类型研究；个体责任的存在与实现；组织责任的存在与实现；契约责任的存在与实现；职业责任的存在与实现；未来责任的存在与实现；继承和借鉴：中国传统伦理和西方责任伦理；神圣责任与“天下精神”。

**疑难与前沿——科技伦理问题研究** 韩东屏等，人民出版社，2010.10

人类进入工业化时代以来，一直面临着如何处理“科技发展与人文精神”的关系问题。现阶段，新科技革命和经济全球化对人文社会变革提出了更高的要求，使科技发展与人文精神的两性健康互动问题变得更加突出和紧迫。其突出表现在：(1)科技发展需要人文精神的引导和提升。对于人类社会来说，科技的发展可谓一把“双刃剑”。(2)人文精神的塑造需要立足于当代的科技发展。人文精神的培育和弘扬既要继承优秀的历史传统文化，又要立足于现实进行新的创造。(3)科技发展与人文创新的良性互动是当代中国现代化进程的重要价值取向。(4)科学教育与人文教育并重是大学教育的重要方向。把科学教育和人文教育内在地结合起来，在真、善、美的统一中培养和塑造健全的人格，这是当代大学教育的发展方向。(5)重视科技与人文的互动也是当前我国哲学社会科学创新的现实要求。

该书主要分为六章，分别是：科技本身的伦理问题、工程中的伦理问题、网络信息领域的伦理问题、环境生态中的伦理问题、医学领域的伦理问题、生命科学领域的伦理问题。

**关怀伦理研究** 沈晓阳，人民出版社，2010.11

该书致力于把关怀伦理从女性主义视域中解脱出来，从伦理思想史中挖掘关怀伦理的丰厚思想资源，将仁慈、仁爱、博爱、人道、奉献等思想纳入关怀伦理的范畴进行研究。这种宽泛意义上的关怀伦理是与正义伦理相对应的。因此，该书的研究注重比较方法，即在与正义伦理的比较中把握关怀伦理的内涵、特点及意义。

关怀伦理不仅是西方女性主义伦理思想的独特风景,更是中外伦理思想史的“半壁江山”。作为不同于正义伦理的另一伦理维度,关怀伦理以理解为知识前提,以仁爱为情感基础,以责任为意志力量,以奉献为行为特征。就伦理层次言,关怀伦理属于高端伦理;就伦理机制言,关怀伦理属于德性伦理;就伦理特征言,关怀伦理属于柔性伦理;就伦理领域言,关怀伦理属于生活世界。如果说正义伦理旨在“划界”即权利义务的明确分界,那么关怀伦理旨在“融合”即人际关系的交流融合。该书从历史发展,思想内涵、价值意蕴、实践机制、建设路径、特殊领域等方面对关怀伦理做了全方位的研究。

## 学术活动

**会议主题：**“首届中国伦理学青年论坛”暨“中国青年伦理学会”成立大会

**参加人员：**国内近 50 所高校和学术研究机构的百余名 45 岁以下优秀青年学者

**主办单位：**中南大学公共管理学院

**时间：**2010 年 5 月 29—30 日

**地点：**湖南长沙

**主要议题：**首先，在中国伦理学会的支持下特成立中国青年伦理学会。李建华教授当选为首届会长，李培超、王露璐、唐文明、杨义芹、曾建平、田海平、戴木才、杨明、郭清香当选为副会长。该学会是中国伦理学会的直属分会，旨在团结和联系更多的青年伦理学者加入到伦理学理论与现实问题的研究大潮中，还将定期评选“中国十大青年伦理学家”。

中国著名哲学家、中国伦理学会会长、“长江学者”万俊人教授在论坛主题演讲中指出，在全球化和信息化浪潮的涌动下，人类赖以生存的传统社会遭遇了诸多新挑战，面临着前所未有的矛盾，如果静止地、单纯地看待和处理这些矛盾，就会面对越来越多的困惑。他认为，伦理学的要义，正是跳出问题所处的环境来看待问题和分析问题，它具有认识论和方法论上的最高理论价值。

与会学者接着就传统伦理、环境与生态伦理、公共管理与政治伦理经济伦理、技术伦理等视角来阐述当今社会诸多热难点问题，并引起激烈讨论和反思。通过这场学术盛宴，中国青年伦理学者的视角逐渐从书斋移至广阔的社会现实，系列现实和热点问题正成为青年伦理学家们深入研究的课题。

李建华教授指出，重视伦理学、倡导伦理研究紧密联系实际，不仅事关学界的科学研究，更与解决社会现实问题须臾不可分离。他否认了伦理学是一门“虚”学科。认为伦理学从本质上看就是关于人类道德建设的思维和学说，实际上与现实紧密相连，转型时期中国社会面临诸多的现实问题，伦理学恰恰能为这些问题找到思维和方法上的钥匙。

**会议主题**:中国伦理学会经济伦理学专业委员会成立大会暨第四次全国经济伦理学学术研讨会

**参加人员**:全国40多所高校和科研单位的60余名专家学者

**主办单位**:南京师范大学公共管理学院

**时间**:2010年10月16—17日

**地点**:南京师范大学

**主要议题**:会议首先通过了《中国伦理学会经济伦理学专业委员会章程》,选举产生了首届中国经济伦理学会理事会和常务理事会。与会学者围绕"面向实践的中国经济伦理学"这一主题,就经济发展所面临的各种伦理问题及相应对策,进行了理论与实践层面的探论。

一、经济伦理基础理论与经济发展的伦理反思

经济伦理基础理论与经济发展实践之间的关系问题是此次研讨会上最受关注的议题。学者们普遍认为,经济伦理的学科价值不仅表现在理论层面,更体现在对经济实践的巨大指导意义上。武汉大学乔洪武教授探讨了经济伦理教育之于当前西方经济学教学的重要性。他指出,西方经济学本身就富含着对经济道德的科学认知和价值判断,在西方经济学的教学中应当融合经济伦理教育,这不仅有助于我们对西方经济学价值取向进行认识和了解,有益于经济学相关专业学生树立正确的经济伦理观,更可为我国市场经济秩序的完善提供借鉴。苏州大学李兰芬教授对民生幸福问题表现了极大的关注。她认为,随着后金融危机时代的到来,关乎人自身生存与发展普遍"善"的民生幸福,逐渐成为社会各阶层关心的基本问题。转变经济发展方式成为增强民生幸福的理性选择。上海社会科学院陆晓禾研究员从目前中国"民工荒"的现状入手,对中国经济增长方式的转变进行了经济伦理反思。

二、公平正义与财富伦理

何谓公平正义?如何实现真正的公平正义?如何通过合乎伦理的财富分配实现经济公平?对于上述问题,学者们也从多角度做出了阐述。

湖南师范大学王泽应教授从民生幸福的维度,探讨了效率与公平这一对经济伦理范畴的深层意义。他指出,从民生幸福的视角出发,真正为人需要的效率是促进人生幸福而不只是财富最大化的效率,真正为人需要的公平是促进最大多数人利益并因此提高人的幸福和尊严的公平。在民生幸福的视角中,公平与效率的关系跳出了"优先"与"兼顾"的藩篱,成为相互促进的讲公平的效率和讲效率的公平。华中师范大学龙静云教授从马克思主义

视角分析了哈耶克的正义理论。她认为，哈耶克的正义理论存在逻辑前提自身矛盾和否定分配正义的重大缺陷。我国当前市场经济发展过程中的贫富差距和矛盾，必须在马克思主义坚持过程正义和结果正义的前提下，才能得到妥善解决。湖北大学强以华教授对经济公平问题进行了经济伦理思考。他指出，经济公平应当是一种建立在一般公平概念基础之上的、关于进入市场机会和收入及财富分配的公平。然而，市场进入机会的获得并非绝对均等，收入和财富的分配也只能是承认收入差距前提下的尽可能均等。因而，“追求最大的均等但不以牺牲较大效率为代价”，应当是实现经济公平的基本原则。

三、企业伦理与企业社会责任

与会者从不同的角度出发，就企业社会责任的理论基础和践行、企业伦理模式的形成以及企业诚信危机的表征和解决措施等问题展开了热烈的讨论。

首都师范大学王淑芹教授对企业社会责任的价值理由进行了伦理学的分析。她强调，人性的精神特质性、经济活动的人本目的性、经济活动方式的人道归属性、人类个体意志自由与责任的对应性，是对企业社会责任而言具有根本意义的理论支撑。中国社会科学院孙春晨研究员指出中国目前的企业诚信建设正陷入“瓶颈式”的困境，而解决困境的出路在于提升企业经营者的契约意识、强化法律对企业失信行为的惩罚和完善社会信用体系。河南财经政法大学朱金瑞教授对企业伦理模式形成的内外部要素进行了分析，认为企业伦理模式作为企业伦理的个性，其形成是企业内外部要素交互作用的结果。

四、金融危机的伦理审视

金融危机是近期受到学界和社会普遍关注的一个问题，从经济伦理的角度对金融危机的成因和对策予以探讨，也是此次会议的中心议题之一。学者们普遍认为，对于金融危机产生的根源，应从伦理的角度进行深层次挖掘，在此基础上提出相应对策。

上海师范大学周中之教授从伦理文化的角度，分析了此次金融危机产生的根源。他指出，金融危机是综合性危机，而消费主义是危机产生的伦理文化根源。因此，应对金融危机的策略应从经济、政治和文化多角度入手，加强消费伦理观教育，倡导“适度消费”。江西师范大学汪荣有教授认为，金融危机从某种意义上更是一场道德危机，其产生的深层原因在于西方新自由主义经济思想带来的贫富分化、消费主义文化带来的非理性消费以及过度的金融创新所带来的道德风险转嫁与积累。消除危机的路径是在工具理性和价值理性统一指导下,实现人与社会的有序发展。

**会议主题**:2010 第三届上海经济伦理国际研讨会:"危机中的资本、信用和责任:未来财富创造需要什么样的概念、制度和伦理"

**参加人员**:上海市委宣传部副部长、上海社科院党委书记潘世伟教授,上海市社会科学联合会学会处处长、经济学会副会长郝德良教授,美国圣托马斯大学金黛如(Daryl Keohn)教授,中欧国际工商学院教授翟博思(Henri-Claude de BETTIGNIES)教授,美国圣母大学 G·恩德勒(Georges Enderle)教授,中国伦理学会会长、清华大学哲学系万俊人教授,中国经济伦理学会会长、南京师范大学王小锡教授,来自美国、法国、德国、挪威、瑞士、比利时、荷兰、南非、日本,以及国内香港、北京、湖南、河南、武汉、江苏、广州和上海地区 70 余位知名学者、企业家和《道德与文明》、《伦理学研究》等学术刊物主编

**主办单位**:上海社会科学院经济伦理研究中心

**协办单位**:上海市伦理学会,上海市经济学会,美国圣托马斯大学,上海中欧国际工商管理学院

**时间**:2010 年 10 月 29—30 日

**地点**:上海社会科学院总部

**主要议题**:全球似乎正在走出金融危机的阴影,但导致金融危机的原因仍值得反思,资本、信用、企业社会责任在财富创造中的作用,仍值得探讨,如何从理论、制度和决策行为规范上,在未来财富创造中,发挥经济学、企业和伦理学的作用,是国内和国际经济伦理学界的共同问题,为此,上海社会科学院经济伦理研究中心联合上海市伦理学会、上海市经济学会、美国圣托马斯大学和中欧国际工商学院于 2010 年 10 月 29—30 日,在上海社会科学院举行了第三届上海经济伦理国际研讨会,主题为"危机中的资本、信用和责任:未来财富创造需要什么样的概念、制度和伦理"("Capital, Credit, and Responsibility in Crisis: What Concepts, Systems, and Ethics Are Needed For Future Wealth Creation?"),来自美国、法国、德国、挪威、瑞士、比利时、荷兰、南非、日本,以及国内香港、北京、湖南、河南、武汉、江苏、广州和上海地区 70 余位知名学者、企业家和《道德与文明》、《伦理学研究》等学术刊物主编参加了本次研讨会。上海市委宣传部副部长、上海社科院党委书记潘世伟教授,上海市社会科学联合会学会处处长、经济学会副会长郝德

良教授,美国圣托马斯大学金黛如(Daryl Keohn)教授,来自法国的中欧国际工商学院教授翟博思(Henri-Claude de BETTIGNIES)教授代表举办方致欢迎辞,随后中国伦理学会会长、清华大学哲学系万俊人教授受邀致辞。

在随后为期两天的研讨会中,共举行了八大专场包括一场企业家论坛。中外专家学者围绕"危机中的资本、信用和责任:对金融危机的经济伦理反思"、"未来财富创造所需要的概念、制度和伦理"、"财富、资本与伦理:经济伦理在资本时代如何可能?"、"财富创造、公民社会与民生幸福"、"危机中的资本、信用与企业责任"、"企业责任与诚信:经验与教训"、"财富创造、经济伦理观念与作为一门学科的经济伦理学"、"中国财富创造与发展经济伦理学"等议题作了40多个专题讲演,并展开了深入的讨论。

研讨会的第一场,学者们首先从经济伦理角度,对金融危机的根源和整个过程做了深刻反思,就"美国金融系统治理"、"金融危机与信用资本"、"金融赌博与过度投机"、"金融监管的伦理本质及局限性"、"责任伦理与金融危机防范"等问题发表述了各自的观点和见解。

美国圣托马斯大学(University of St. Thomas)的三位学者,带来了第二场"后信用时代所需要的新概念"专场讨论,阐述了后信用危机时代我们需要哪些新概念以及应当抛弃那些旧观念和做法,并提出了21世纪全球资本主义的一些准则观念和尊重股东的一种康德概念。

自经济伦理学产生之初,经济与伦理之间的关系就是学界和业界一直关注的重要问题,尤其是金融危机后,对经济与伦理的关系,更深入到了财富与伦理、资本与伦理的关系问题上,未来财富创造所需要的新概念,首先要对这两方面的关系进行重新审视,对此,在第三场中,学者们围绕"财富、资本和伦理"这一议题,从"经济伦理在资本的时代如何可能"、"道德资本及其经济价值"、"资本的道德性及其实现条件"以及"财富伦理向度对财富增长的意义"等问题展开了讨论。与会者认为,财富创造、资本利用,离不开伦理规范,需要从概念和实践上进一步澄清和深化。

财富创造、资本利用、经济发展,是在公民社会中进行的,其根本目的应该是民生幸福,学者们对此提出了富有建设的新概念新思路。在第四场"财富创造、公民社会和民生幸福"中,有的学者提出了"公民化"财富创造的新经济概念,也有一些学者分别从"财富分配"、"转变经济发展方式"、"公民责任"、"构建公正的国际金融秩序伦理制度"等方面对这一主题进行了深入的探讨。

在第二天的研讨会中,学者们从理论概念层面,转到了财富创造主体的企业层面上。未来财富创造中,企业是如何考虑它们的作用和责任的?在第五场主题为"危机中的资本、信用与企业责任"的企业家论坛上,上海申银万国总裁冯国荣先生、上市公司河南羚锐制药总裁吴希振先生、上海优秀民营企业富大集团总裁袁立先生以及跨国公司中国全球领导机构总裁柏泰德(P. Buytaert)先生就"转变经济发展方式"、"民企转型"等企业在自身发展过程中遇到的重大经济伦理和责任问题介绍了所在企业的做法和经验,阐述了当代中外企业家对企业责任的认识和理解,引起了与会者的强烈兴趣,会议展开了热烈的提问和讨论。

未来财富创造中企业的责任和问题,不仅是企业家需要思考和实践的问题,也是学界的研究热点,过去30年来,企业社会责任,一直是社会、经济伦理学家关心和致力于的重要问题。金融危机后,学者是如何考虑的?有哪些新的概念、思路和制度设想可以让与会者分享?在第六场"企业社会责任和信用:教训与经验"讨论中,挪威学者介绍了金融危机后,当地中小企业群用"企业群"来主动应对社会对企业责任的要求;日本学者就企业社会责任和治理发表了自己的看法;许多中国学者从"中国企业社会责任的差异化格局"、"企业社会责任的担当与评价"、"企业社会责任与管制"、"高管高薪中的企业责任"等发表了演讲,法国教授翟博思还就"中国企业社会责任(CSR)的问题与前景"提出了自己的观点。

在金融危机中,经济伦理学科本身的作用如何?有哪些经验教训可汲取?在未来财富创造,有必要对经济伦理学科本身进行反思和提升。研讨会上,学者们从经济伦理学基于过去30年的学科发展,特别是金融危机对经济伦理学提出的挑战,就这门学科当前亟待研究的重要问题、这一学科的教学与财富创造之间的关系,以及金融危机对经济伦理学发展的影响方面,提出了各自的观点,南非伦理学会首席执行主席、国际经济伦理学会前主席罗索夫教授还提供了与金融危机同步展开的"资本主义、金融和企业责任:2008年全球金融危机的影响"的全球调查报告,引起了与会者的很大兴趣和热烈讨论。

举行国际研讨会的最终目的是为了更好地研究中国经济伦理问题,促进中国经济伦理实践的发展。研讨会的最后一场主题为"中国的财富创造与经济伦理问题",中外学者从不同方面,对中国发展道路中的有关经济伦理问题及其经验教训做了深入研究和讨论。美国教授恩德勒从发展伦理学角度,系统研究了在中国的财富创造与经验教训,香港学者林洁珍和廖柏伟比较了中美两国信任结构,提出了对中美两国市场经济发展中的个人和团体产生的不同影响的实证研究。上海社会科学院的经济学教授杨卫还研究了后金融危机时代我国外汇储备币种结构问题，提供了基于收益的经济伦理视角的研究成果；南京师范大学的高兆明教授还从土地红利透视了中国财富增长方式，还有的学者介绍了中国经济伦理、企业伦理培训、教学与研究状况。

上海市伦理学会会长朱贻庭教授在闭幕辞中指出，各位学者的发言，给予我们这样一个启示：经济伦理作为应用学科，必须通过平等对话，与具体学科相结合，才能促进学科发展，发挥应有的作用。同时，全程出席本届研讨会的国际著名学术出版公司(Springer)的出版人 Neil Olivier 先生讲了话，他说，明年是《经济伦理杂志》创刊 30 周年，在 2006 年上海第二届经济伦理国际研讨会时，Springer 就提出要专门出版一份亚洲经济伦理杂志，这实际上是这个领域发展的要求，也是大家的期待，现在已经在网上建立起了征稿体系，2012 年将会正式出版，他期望这个杂志能够成为这个区域学术交流的一个重要工具，期待得到大家的支持。我国伦理学会专刊《道德与文明》杂志主编杨义芹也表示希望通过这次研讨会，《道德与文明》也能走出国门，走向世界，为中国伦理学与世界的交流提供平台，为世界了解中国伦理道德建设和研究提供窗口。

此次研讨会是一次全国性的国际经济伦理高层次研讨会，会议在后金融危机时期举行，提出了开放性的具有前瞻性的研究主题，吸引了中外高层次经济伦理专家(包括伦理学、经济学领域的学者和企业家)的极大兴趣，与会者提供了他们对会议主题的高质量的研究论文和演讲内容，对后金融危机时期这一关系未来财富创造和民生问题的国际经济伦理前沿课题，充分发表了他们的见解、观点和实证研究成果，突出了基于具有前瞻性的财富创造概念、制度和伦理对当今资本、信用和责任状况的重要作用，对我国目前正在进行的经济增长方式转变的思考和实践也具有重要的理论和现实意义。

最后，与会学者期望今后进一步加强合作交流，为应对危机、促进发展、更好地发挥经济伦理学科的理论和实践作用而努力。

**会议主题**："公平正义与社会和谐"研讨会

**主办单位**：上海市伦理学会和上海市社会学会

**参加人员**：近 60 位专家学者和高校研究生

**时间**：2010 年 11 月 13 日

**地点**：上海社科会堂

**主要议题**：此次研讨会围绕"为什么要集中关注公平正义问题?"、"为什么在讲和谐的同时，还必须讲公平正义?”、“公平正义如何破题?”、“公平正义与社会主义核心价值体系”、“具体社会领域中的公平正义”等议题展开深入讨论。

一、为什么要集中关注公平正义问题?

邓伟志教授认为，公平正义问题之所以引起了人们的广泛关注，也是在人们不断反思我们之前在“效率与公平”之间关系的基础上而展开的进一步的思考。公平是动力，公平也会出效率。赵修义教授认为，人们之所以集中关注公平正义问题，一方面，这是出于许多迫切的社会问题，是当今民意的一个集中体现。另一方面，又是一个民心的问题。朱贻庭教授指出，公平正义问题是考验学者的良心的，而这就要求我们必须以自己的良心和良知为基础，对公平正义问题深入研究，思考对策，寻求可能的解决之道。

二、为什么在讲和谐的同时，还必须讲公平正义?

朱贻庭教授指出，稳定不等于和谐，维稳不等于和谐，什么是和谐？我们到底要追求什么样的和谐社会？这些问题人们并没有真正想清楚和搞清楚。赵修义教授认为，问题之一是“和”是一种状态的描述，问题之二是中国传统的和往往被解读为一种处世态度——和为贵。但“和为贵”不能离开“礼之用”。礼则是制度性的安排，要旨就是公平正义。问题之三是公平正义是一个道义性的问题。我们的制度、政策，我们个人的行为、干部的行为、知识分子的行为，都需要有道义上的感召力和吸引力。然而和谐却未必具有这样的力量。只有强调公平正义才能赋予我们的制度政策以道义的巨大力量，在社会上也才能形成一种讲究道义的良好社会风气。陆晓文研究员认为，价值体系是社会建设和社会政策之魂，而公平、公正、以人为本是我国社会政策的核心理念。只有以追求社会公正与社会和谐发展为内涵的有意为之的政策体系才属于社会政策范畴。

三、公平正义如何破题?

公平正义问题的重要性在得到澄明之后，我们还必须看到，无论在政策上、制度上，还是在学理上都还有待破题。赵修义教授认为，在学理和观念的层面上，学界还有许多事情需要做。其中的关键是如何从思想史上厘清一些基本观念，努力寻求一种具有中国特色的亦即符合我们的民族传统与具体国情，也适应世界潮流的公平正义观。在新的历史条件下，我们该如何处理这两者之间的关系？既要传统的现代化，又要在融入世界的同时维系自己的传统和特色，才能建立起自己的符合时代潮流的公平公正的观念和“公平保障体系”，也就是在当代中国，老百姓对公平正义的理解到底有一些什么特质？就需要在学理上把这些问题搞清楚。这既是一个理论问题，也是一个需要实证研究的问题。朱贻庭教授则详细分析了中国传统的“公正观”。中国传统的“公正”观有其独有的特质：其一，中国古人所讲的“公正”、“公平”一词，是“公”与“正”或“公”与“平”的复合。其二，讲“公正”要在于“公”；要实现“公平正义”，其前提在于统治者或执政者是否存有“公心”，这是中国传统“公正”观的特点，也是优点。其三，实现“公正”是天下人的向往，是人君执政合法性的根据。现代的中国人在努力实现社会公平正义的实践中应该对其进行现代价值的再创造，实现传统“公正”观的现代转化。周中之教授认为，“共建共享”是当代中国公平正义的出发点。(1)“共建共享”和谐社会是权利与义务的统一。(2)“共建共享”和谐社会是效率与公平的统一。(3)“共建共享”和谐社会是理想与现实的统一。“共建共享”是理想的目标，其实现是一个历史的过程。社会的公平正义只能“逐步实现”，从理想与现实的统一中把握“共建共享”和谐社会，才能体现我们对社会发展客观规律的自觉把握。

四、公平正义如何实现？

学者们普遍认为，公平正义问题不是抽象的，而是体现在社会生活的方方面面，是具体的。从实践方面来讲，如何推进社会领域中公平正义的最终实现？

高国希教授认为，公正体现了社会主义的本质，因为公正涉及制度设计问题，从一般社会角度讲，只有在一个公正的共同体中，个人才能找到实现自身才能的手段；从社会主义角度看，公正体现了社会主义制度的价值追求；从公正的制度设计看，公正包含着社会整体的制度设计，体现为机会公平、教育公平和分配公平等方面，而制度上的公平，也表现在品格上和观念上。郭强教授认为现代社会生活中存在的不公正，根本原因就在于资本逻辑的作用。正是由于资本逻辑和资本的制度化，尤其是一定领域内的资本和权力相结合，从而为资本的更大发展和扩张给力，使得我们的发展往往表现为不讲道理(或不伦理)的发展。

五、把公平正义写入社会主义核心价值体系

邓伟志教授认为社会主义核心价值体系蕴含了公平正义理念，决定了公平正义的性质、特征和发展方向。建设社会主义核心价值体系，对于确立公平正义的价值理念具有重要的指导意义。最后，邓伟志教授强烈呼吁和建议把“公平正义”写入社会主义核心价值体系或核心价值观，此必将是民族之大幸，13亿中国人之大幸。

**会议主题**:“21世纪中国慈善事业与慈善伦理”研讨会

**主办单位**:上海市伦理学会、上海师范大学教育发展基金会、上海师范大学经济伦理研究中心

**参加人员**:上海师范大学党委书记周鸿刚,校长李进,党委副书记、副校长王莲华,华东师范大学校长助理杨伟民,上海市社团局基金会管理处处长王正敏,上海市伦理学会会长朱贻庭教授,华东师范大学赵修义教授,上海师范大学周中之教授,上海社会科学院陆晓禾研究员,同济大学邵龙宝教授等多位专家学者,上海浦发公益基金会、上海华杰仁爱基金会、伊顿(中国)有限公司、浦东发展银行、阳光种子行动等组织机构

**时间**:2010年12月7日

**地点**:上海师范大学

**主要议题**:会议围绕“21世纪的中国慈善事业与慈善伦理”这一主题,共同探讨中国慈善事业与慈善伦理的发展。

一、慈善的伦理追问

1. 慈善的本义

21世纪中国的慈善事业的健康发展,首先要以“慈善理念”为指导。与会学者基本形成一个共识:慈善的本真意义是纯粹的,但不妨碍包容多元的慈善观。朱贻庭教授认为慈善事业,安其本义。慈善的本质是一种社会伦理“文化”和人文关怀,应该倡导健康的慈善理念,慈善应该不求回报,去功利化,树立和追求“慈善明星”效应,有违慈善本义。赵修义教授认为舆论宣传对于慈善家与捐赠者的界定要清晰。民间慈善才真正体现了慈善的本质精神。陆晓禾研究员认为当代中国在重视社会公平正义的同时,仁慈才是社会制度的根本德性。基于普遍同情心的慈善需要倡导,从而补偿与关照制度之外的弱势群体。上海浦发公益基金会张弘林秘书长认为慈善理念应包容多元,不要过多追求慈善动机。包容多元的慈善理念将更适应中国国情。

2. 发挥慈善伦理功能,构建慈善伦理价值观体系

赵修义教授认为慈善事业大体有四种功能:其一,经济功能。慈善作为一种道德分配方式,用以校正市场分配不公。其二,政治功能。分配失衡带来公众对政府合法性怀疑。政府通过社会动员的中国模式的慈善,解决部分困难群体的生活问题。其三,社会功能。民间慈善组织发育,对资源募集能力较为有效,有利于缓解社会矛盾。其四,伦理功能。慈善不是富者对贫者同情而是一种对民族共同体的认同,具有重大伦理意义。邵龙宝教授在